住房和城乡建设部"十四五"规划教材

高等职业教育土建类学科专业"互联网+"数字化创新教材

建筑设备安装工程基本技能

主　编　徐洪涛

副主编　李　斌　魏国安　齐冠然

主　审　韩应江　王治祥

中国建筑工业出版社

图书在版编目（CIP）数据

建筑设备安装工程基本技能 / 徐洪涛主编；李斌，
魏国安，齐冠然副主编. — 北京：中国建筑工业出版社，
2022.9

住房和城乡建设部"十四五"规划教材　高等职业教
育土建类学科专业"互联网＋"数字化创新教材

ISBN 978-7-112-27801-5

Ⅰ. ①建… Ⅱ. ①徐… ②李… ③魏… ④齐… Ⅲ.
①房屋建筑设备-建筑安装-高等职业教育-教材　Ⅳ.
①TU8

中国版本图书馆 CIP 数据核字（2022）第 156951 号

本书入选住房和城乡建设部"十四五"规划教材。作为建筑设备类专业的实践性教材，其内容包括：钳工、焊工、管工、建筑电工和钣金工五个工种的基础知识和基本操作技能。采用"项目引领、任务驱动"的思路编写，每个单元均设计有来自于相关企业的典型操作项目，并按照项目工作过程分解任务，每个任务按照"任务描述—任务分析—任务目标—任务实施—任务评价—任务总结"的环节进行，可操作性强。本书的五个单元相互独立，既可以按教材章节完成五个工种的学习，也可以根据需要选择性学习。

本书图文并茂、通俗易懂，同时配有数字化学习资源和各任务知识测试线上文档，便于教师教学和学生自学。

本书可作为职业院校建筑设备类、机电类、土建类、管理类等专业的教材，也可供相关工程技术人员参考与自学之用。

责任编辑：李笑然
文字编辑：胡欣蕊
责任校对：赵　菲

住房和城乡建设部"十四五"规划教材
高等职业教育土建类学科专业"互联网＋"数字化创新教材
建筑设备安装工程基本技能
主　编　徐洪涛
副主编　李　斌　魏国安　齐冠然
主　审　韩应江　王治祥

＊

中国建筑工业出版社出版、发行（北京海淀三里河路 9 号）
各地新华书店、建筑书店经销
北京鸿文瀚海文化传媒有限公司制版
北京圣夫亚美印刷有限公司印刷

＊

开本：787 毫米×1092 毫米　1/16　印张：28¼　字数：870 千字
2022 年 9 月第一版　　2022 年 9 月第一次印刷
定价：**66.00** 元（赠教师课件）
ISBN 978-7-112-27801-5
（39818）

前　言

　　"教师、教材、教法"（"三教"）改革是职业教育关于"谁来教""教什么""如何教"的三大教学要素。其中，教材改革是"三教"改革的基础。教材是教学的蓝本，是学生获取知识的基本途径，是教师"教什么"的基础，是学生"学什么"的方向。传统教材多以知识体系为主线组织教学内容，强调知识体系的系统性、完整性和连贯性，重在培养学生的知识理论功底。职业教育是以培养学生某一方面的岗位操作能力为主，职业教育教材应该与传统教材的形态有所不同。

　　在产教融合、课证融通、校企双元精准育人的背景下，结合互联网＋、云计算、大数据等近些年涌现出的各种先进技术手段，借助入选高等职业教育住房和城乡建设部"十四五"规划教材的契机，编者精心梳理了我校近些年在职业教育教学改革中取得的各项成果，组织具有丰富教育实践经验的教师深入相关企业，置身实际工程，与企业中经验丰富的工程师反复探讨，推敲斟酌，联袂打造了这本集工单式、数字化资源于一体的校企合作特色立体化教材。

　　本教材具有以下特色：

　　1. 项目引领、任务驱动。教材中每个单元均设计有来自于相关企业的典型案例作为操作项目，并按照项目工作过程分解成几个任务，每个任务按照"任务描述—任务分析—任务目标—任务实施—任务评价—任务总结"的环节进行，可操作性强。

　　2. 理实一体、注重技能。任务完成的过程中，学生从明确任务开始，自主分析任务，编制工艺过程并合作优化，分步操作完成任务，通过自评、互评来提升任务，最后全面总结任务。整个系统化的工作过程中以学生为主体，学生在练中学、学中练，理实一体，通过完成工作任务来掌握相关知识和技能。

　　3. 内容简练、注重实用。任务实施的过程中，辅助一些简洁、实用的任务相关知识，让学生学得会、用得上。

　　4. 渗透思政、培养工匠。本教材以社会主义核心价值观为主题，紧紧围绕着"人格塑造、能力培养、知识传授"三位一体的课程设计目标，在课程项目设计和任务完成中寻找相关的落脚点，将"劳模精神""劳动精神""工匠精神"潜移默化地传递给学生。

　　本教材由河南建筑职业技术学院徐洪涛任主编并统稿，河南建筑职业技术学院李斌、魏国安、齐冠然任副主编。参加本教材编写工作的还有河南建筑职业技术学院张鹏举、郭红伟、王军艳、王海霞、郭瑞杰。编写分工如下：徐洪涛（单元一）；张鹏举、齐冠然（单元二）；郭红伟（单元三）；李斌、王军艳（绪论、单元四）；魏国安、王海霞（单元五）；郭瑞杰（单元一：项目一、任务三；单元三：项目四、项目五）。书中部分插图由郭瑞杰、王海霞、郭红伟绘制。

　　本书由河南建筑职业技术学院韩应江教授和河南安装集团有限公司王治祥高工主审，他们对初稿进行了认真细致的审查，提出了许多宝贵意见和建议，在此表示衷心感谢。

　　本书的出版得到了河南建筑职业技术学院设备工程系王铮主任的大力支持和帮助，在此表示衷心感谢！在编写过程中，我们借鉴和参考了有关书籍、工程案例和相关院校的教学资源，谨此一并致谢。

　　希望通过我们的这次探索，为我国高职教育的改革发展做一次有益的尝试。限于编者水平和经验，书中不妥之处在所难免。嘤其鸣矣，求其友声，诚恳地希望广大读者和同行专家批评指正。

　　与本书配套的数字资源（包括各任务知识测一测），请扫描图书封面或内文相应位置二维码观看和测试。获取本书配套的教师课件或对书中内容有疑问，可发邮件至543472076@qq.com。

编者

2022 年 6 月

目 录

绪论

Introduction

一、人人持证、1＋X 证书背景下技能人才的需求空前高涨

国家对职业教育和技能人才工作高度重视，强调要加快构建现代职业教育体系，培养更多高素质技术技能人才、能工巧匠、大国工匠。在此背景下全国都在掀起一股现代教育改革的浪潮。随着科技创新步伐的加快，新技术、新工艺、新设备、新材料在建筑工程施工中的广泛应用，对现代建筑安装企业的施工与管理提出了更高要求，对技术技能型专业人才的社会需求不断增大。作为担负培养技术技能型人才的职业院校，高素质技术技能型人才培养的任务也更加繁重。从事建筑安装工程施工与管理的专业技术人员，应当是懂专业、能操作、会管理、通经济的综合性技术技能型人才，不仅具有较高的综合素质和专业能力，还应具有熟练的基本操作能力。在建筑安装工程施工中，要求从业者具备钳工、焊工、管工、建筑电工和钣金工五个工种的基础知识和基本操作技能，这对于保证建筑安装工程施工质量、提高施工管理水平、保证施工质量与安全、适应社会对人才规格质量的需求，都具有重要意义。

本教材对接新形势下的职业教育三教改革和岗课赛证 1＋X 证书，岗课赛证四位一体，五个工种都对应有相关的技能竞赛和 1＋X 技能证书认定。每个单元通过手册式和工单式的编排，学生可通过每个工种的学习完成技能训练任务以达到岗位能力培养的目标。

二、本课程的性质与任务

本课程是职业院校建筑设备类专业的一门实践性很强的专业基础课程，主要内容包括钳工、焊工、管工、建筑电工和钣金工五个工种的基础知识和基本操作技能。注重培养学生从事安装施工所必要的基本操作技能，以及分析问题和解决问题的能力。

通过本课程的学习，学生可初步掌握五个工种的基础知识和基本操作技能，学会基本操作方法的应用，并能够做到安全文明操作，为今后从事钳工、焊工、管工、建筑电工和钣金工等工种操作，以及工程施工和管理等方面的工作，成为高素质技术技能型人才奠定基础。

三、本课程的学习方法与要求

1. 线下学习与线上学习相结合

教材中每个操作项目都按照项目工作过程分解成几个任务，每个任务按照"任务描述—任务分析—任务目标—任务实施—任务评价—任务总结"的环节进行。通过完成这些工作任务，学生可以构建起该工种的知识体系和岗位操作能力。任务实施过程的每个工

艺，都辅以实用的任务相关知识，供学习者查阅，并配有对应的动画、视频、慕课等数字化资源，学习者可以随时扫描二维码进行学习。

另外，本课程精心建设了在线精品课，配备了丰富的线上学习资源库，学习者可以在线学习，并进行在线测试。

2. 理论联系实践，强化基本技能训练

学习者要根据项目任务有目的、有计划、有组织地进行基本技能操作训练。要端正实训态度，基本技能操作训练不仅仅是为了提高动手操作能力，更重要的是培养解决实际问题的能力和创新能力。在基本技能操作训练中，学习者应以相关基本知识为指导，在操作中反复体会基本知识和基本操作要领，在提高动手操作能力的同时加深对基础知识的理解。

3. 注重工作过程，掌握核心岗位能力

本教材每个单元都设计了典型的操作项目，按照项目工作过程分解成几个任务。任务都按照企业实际生产中的工单编排完成，每个任务按照"任务描述—任务分析—任务目标—任务实施—任务评价—任务总结"的环节进行。任务描述，学生明确任务及其完成途径；任务分析，学生编制工艺过程；任务目标，学生明确完成任务后能达成的目标；任务实施，学生在优化后的工艺方案指导下，分步操作完成任务，并熟悉任务相关知识；任务评价，通过自评、互评、教师评价综合考核学生在完成任务过程中的基础知识、操作要点和职业素养；任务总结，学生在任务完成后的全面总结。学习者在任务完成的过程中要充分发挥主动性，通过完成工作任务，掌握岗位核心能力。

4. 重视安全知识，强化质量意识

在基本技能操作训练前，学习者要熟悉作业现场和机具设备有关知识，熟知本工种的安全操作规程，掌握必要的安全技术知识。在基本技能操作训练中，学习者要始终把操作安全放在第一位，时刻保持较强的安全意识，充分了解机具的性能，掌握操作要领，明确工作危险部位和危险设备及操作注意事项，凡没有经过安全教育和操作训练者，不得独立操作。在完成任务的过程中，学习者要按照相关规范和质量标准进行操作，力争高标准高质量完成项目任务。

5. "立德树人"为本，课程思政同行

本书共有五个单元，每个单元在学习过程中，都要求学习者树立"爱岗敬业，争创一流"的劳模精神，培养做事做工"一丝不苟"的工匠精神。通过有针对性的学习和训练，时常思考怎样做到"精益求精"。每一个学习任务和训练任务，学习者要一起探讨它的规律性，启发创新思维。每个任务完成后，都要求自己总结本节内容要点。学习者只有熟练地掌握了本教材主要知识点，又能"勤于思考"，"执着专注"于本专业，才能有所发展，有所创新，将来才能创造出一流的业绩，为实现"中国梦"贡献出自己的力量。

单元一

钳工

Chapter 01

教与学导航

学习任务	项目一钳工认知 项目二小锤子的制作	参考学时	14
能力目标	了解钳工的基本项目任务,能按照项目任务要求进行划线、錾削、锯削、锉削、钻削、攻螺纹、套螺纹等钳工基本操作,最后能独立完成小锤子的制作		
教学资源与载体	多媒体网络平台,教材,动画,视频,理实一体化教室,工程图纸,评价考核表		
教学方法与策略	项目教学法,任务驱动法,引导法,演示法,理实一体化		
教学过程设计	设计典型的钳工操作项目,按照工作过程分解任务。每个任务按照"任务描述—任务分析—任务目标—任务实施—任务评价—任务总结"的环节进行。任务描述,学生明确任务及其完成途径;任务分析,学生编制工艺过程;任务目标,学生明确完成任务后能达成的目标;任务实施,学生在优化后的工艺方案指导下,分步操作完成任务,并熟悉任务相关知识;任务评价,通过自评、互评、教师评价综合考核学生在完成任务过程中的基础知识、操作要点和职业素养;任务总结,学生在任务完成后的全面总结		
考核评价内容	从基础知识、操作要点和职业素养三个方面考核学生任务的完成情况,操作要点按工艺操作要点配分,重点考核任务实施的过程和成果		
评价方式	自我评价(　　)小组评价(　　)教师评价(　　)		

项目一　钳工认知

项目介绍

钳工是使用钳工工具,并经常在台虎钳上进行手工操作,对工件进行加工、修整、装配的工种。在实际工作中,有些机械加工不太适宜,或者不能解决的某些工作,必须由钳工来完成。

本项目主要任务:

（1）了解钳工的主要任务、常用设备、量具、基本操作技能和安全文明生产要求。

（2）认知钳工常用的金属材料。

（3）了解钳工识图的一些基础知识。

项目分析

请思考以下问题：

（1）在你的初次认知中，哪些工作是需要钳工操作来完成的？

（2）钳工操作中需要用到哪些设备、工具和量具？

（3）关于金属材料，你经常听到的名称有哪些？

任务一　初识钳工

任务描述

本任务主要是了解钳工的主要任务、常用设备、量具、基本操作技能和安全文明生产要求等相关知识。

任务目标

1. 知识目标

（1）了解钳工的主要工作任务及分类。

（2）了解钳工的基本操作。

（3）了解游标卡尺的结构和读数原理。

（4）掌握游标卡尺的读数方法。

（5）了解千分尺的结构和读数原理。

（6）掌握千分尺的读数方法。

（7）了解钳工安全文明生产要求。

2. 能力目标

（1）能使用游标卡尺测量工件。

（2）能使用千分尺测量工件。

3. 职业素养目标

（1）工作态度端正，纪律观念强。

（2）善于思考问题和敢于解决问题的能力。

（3）良好的协作精神和创新意识。

（4）遵守安全文明生产的要求。

任务知识

一、钳工的主要工作任务

1. 加工工件。此处的"加工"是指一些不易或不能采用机械方法完成的加工。如工件过程中的划线、精密加工（如刮削、研磨和制作模具等）以及检验和修配等。

2. 装配。将各种工件按技术要求进行组件、部件装配和总装配，并经过调整、检验等，使之成为合格的机械设备。

3. 设备维修。当机械设备在使用过程中发生故障、出现损坏或长期使用后精度降低，影响使用时，需进行维护和修理。

4. 工具的制造和修理。钳工还可制造和修理各种工具、模具、量具及各种设备。

二、钳工常用设备

主要有钳台、台虎钳、砂轮机、台式钻床、立式钻床等。

1. 钳台

钳台也称钳桌，有多种样式，钳台及其安装如图 1-1 所示。钳台的高度一般以 800～900mm 为宜，台面上安装台虎钳。

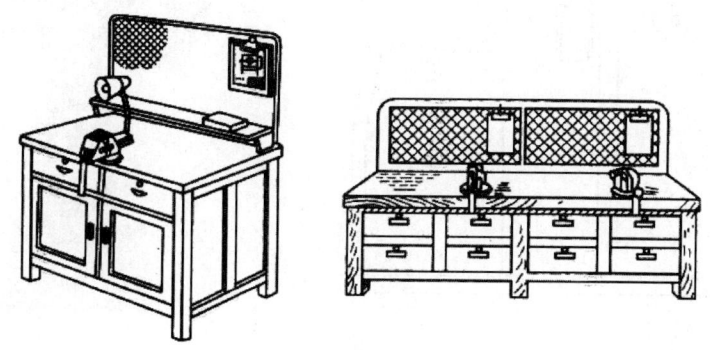

图 1-1　钳台及其安装

2. 台虎钳

台虎钳是用来夹持工件的。台虎钳的规格用钳口的宽度来表示，常用规格有 100mm、125mm、150mm 等。

台虎钳有固定式和回转式两种。两者的不同之处在于回转式可在底座上回转。台虎钳的张开或合拢，是靠活动部分一根螺杆与固定部分内的固定螺母发生螺旋作用而进行的。台虎钳座用螺栓紧固在钳台上，对于回转式台虎钳，台虎钳底座的固定靠两个锁紧螺钉的紧合，根据需要，松开锁紧螺钉，便可作人为的圆周旋转，如图 1-2 所示。

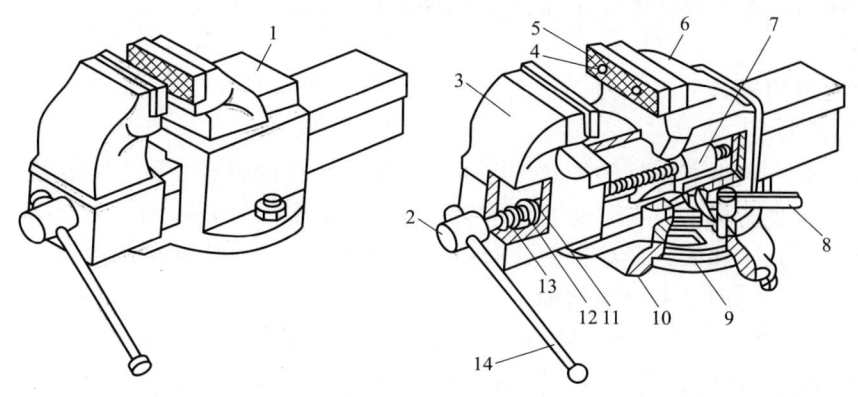

图 1-2　台虎钳

1—砧座；2—丝杠；3—活动钳身；4—螺钉；5—钳口；6—固定钳身；7—螺母；8—夹紧手柄；
9—夹紧盘；10—转盘座；11—销；12—挡圈；13—弹簧；14—手柄

3. 砂轮机

砂轮机用来刃磨錾子、钻头和刮刀等刀具或其他工具，也可用来磨去工件或材料上的毛刺、锐边、氧化皮等。砂轮机主要由砂轮、电动机和机体组成，如图 1-3 所示。

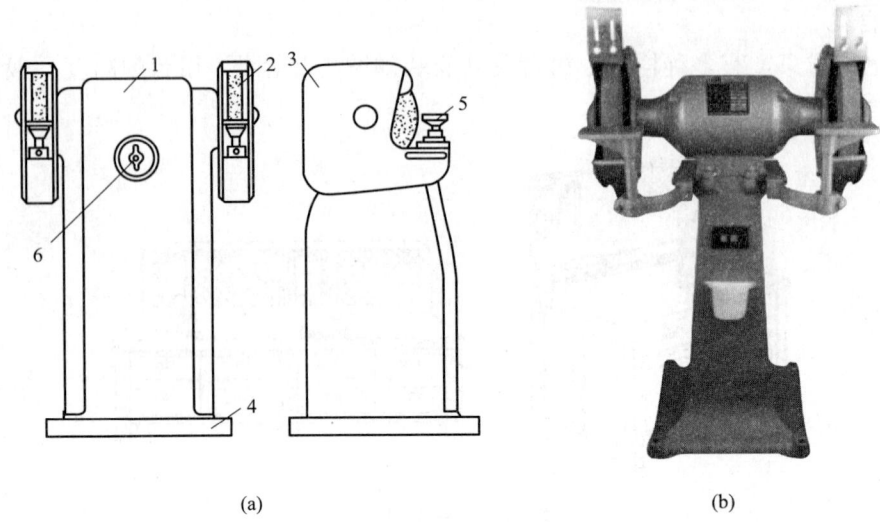

图 1-3　砂轮机

1—机身；2—砂轮片；3—保护罩；4—机座；5—工作台；6—开关

砂轮机使用时的注意事项：

（1）砂轮机的旋转方向要正确，只能使磨屑向下飞离砂轮。

（2）砂轮起动后，应等砂轮旋转平稳后再开始磨削，若发现砂轮跳动明显，应及时停机修整。

（3）砂轮机的搁架与砂轮之间的距离应保持在 3mm 以内，以防止磨削件扎人，造成事故。

（4）磨削过程中，操作者应站在砂轮的侧面或斜对面，而不要站在正对面，且用力不要过大。

三、钳工常用量具

（一）游标卡尺

游标卡尺是一种中等精度的量具，可以直接量出工件的外径、孔径、长度、宽度、深度和孔距等。常见游标卡尺有普通游标卡尺、深度游标卡尺和高度游标卡尺等。其结构和刻线、读数原理基本相同，此处以普通游标卡尺为例介绍其结构和刻线原理。

1. 游标卡尺的结构

游标卡尺

图 1-4 所示为常见的三用游标卡尺的结构。三用游标卡尺的测量范围一般有 0～125mm 和 0～150mm 两种。用外量爪 8、9 可测外尺寸，用刀口内量爪 1、2 可测内尺寸，深测尺 7 可测深度和高度，量爪 1、9 与主尺 6 为一整体，量爪 2、8 与尺框 3 为一整体，游标尺 5 用锁紧螺钉 4 固定在尺框 3 上。带游标的尺框能沿尺身移动，并可用锁紧螺钉 4 固定在尺身的任何位置上。尺框 3 上方内侧与尺身之间安装有一片簧，它可使尺框与尺身始终保持单面的可靠接触，使尺框沿尺身移动时保

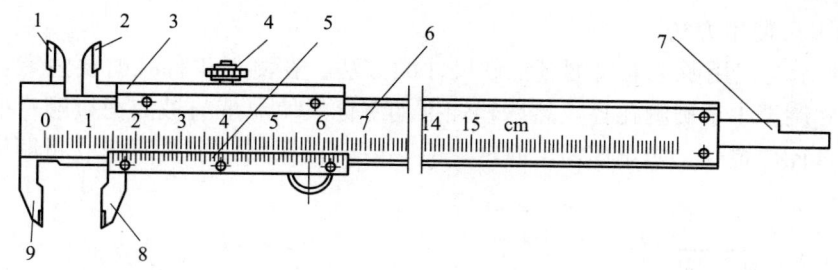

图1-4　游标卡尺

1、2—内量爪；3—尺框；4—锁紧螺钉；5—游标尺；6—主尺；7—深测尺；8、9—外量爪

持平稳。深测尺7的一端固定在尺框内，能随尺框在尺身背面的导向槽内移动。

2. 游标卡尺及读数方法

1）刻线原理

游标卡尺的规格按照测量范围可分为：0～125mm、0～200mm、0～300mm、400～1000mm、600～1500mm、800～2000mm等。按照其测量精度，有0.05mm和0.02mm两种，其中0.02mm精度的应用较广，本书只介绍0.02mm精度游标卡尺的刻线原理，0.05mm精度的游标卡尺刻线原理与之相似。

如图1-5所示，尺身上每小格是1mm，当两量爪合并时，游标上第50格的刻线刚好和尺身上49mm刻线对齐，尺身与游标每小格之差为：1－49/50＝0.02mm。这个差值就是0.02mm游标卡尺的测量精度。

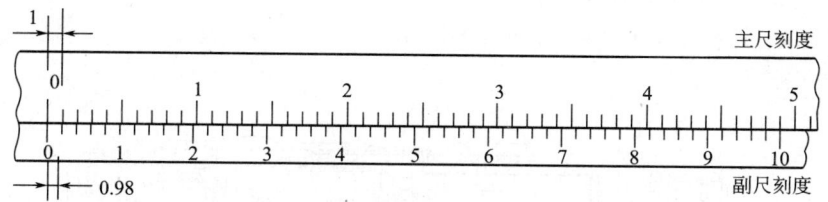

图1-5　0.02mm精度游标卡尺刻线原理

2）0.02mm游标卡尺读数方法

（1）读出游标尺上零线左边尺身上的整毫米数，作为测量结果的整数部分。

（2）读出游标尺上与尺身上刻线对齐的刻线数值，用此数值乘以0.02的乘积作为小数部分。

（3）把整数部分与小数部分相加即为尺寸测量的结果，如图1-6所示。图1-6所示的读数结果为33＋23×0.02＝33.46mm。

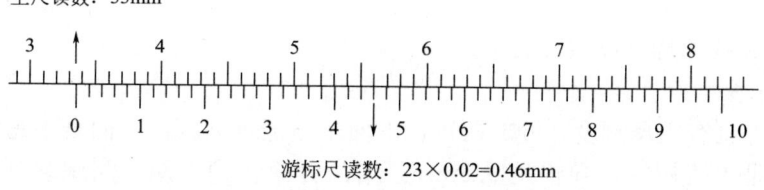

图1-6　0.02mm游标卡尺读数

3. 游标卡尺使用方法

图 1-7 所示为三用游标卡尺测量工件尺寸的方法。在测量工件孔时要注意：测前应将卡爪开口尺寸调至小于被测孔径，然后轻轻推动游标尺使卡爪与被测面接触；把游标卡尺的卡脚放在直径位置处，防止偏斜。测深度时，要防止深测尺倾斜而造成测量尺寸变大的现象。

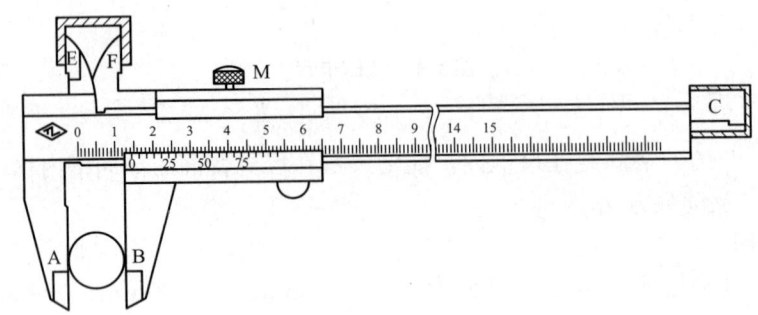

图 1-7　游标卡尺使用方法

（二）外径千分尺

外径千分尺

千分尺是一种精密量具，它的测量精度比游标卡尺要高，因而，在测量高精度零件尺寸时，要使用千分尺。本书以常用的外径千分尺为例说明千分尺的结构、刻线原理和读数方法。

1. 外径千分尺的结构

外径千分尺结构如图 1-8 所示。

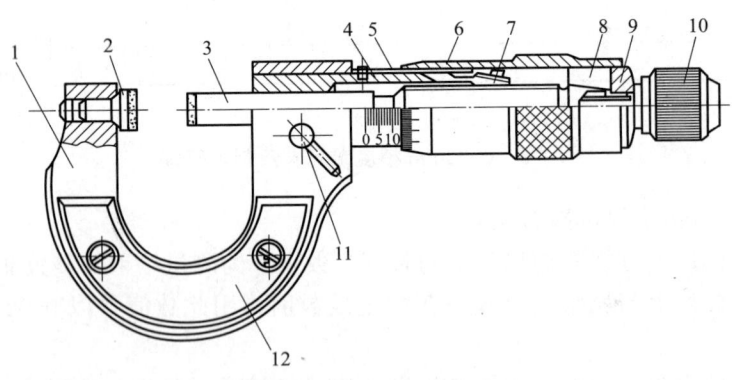

图 1-8　外径千分尺结构

1—尺架；2—固定测砧；3—测微螺杆；4—螺纹轴套；5—固定刻度套筒；6—微分筒；7—调节螺母；8—接头；
9—垫片；10—测力装置；11—锁紧螺钉；12—绝热板

2. 千分尺刻线原理及读数方法

1）刻线原理

固定套筒上刻有主尺刻度，分成两行，下面是整毫米刻度，上面是半毫米刻度。测微螺杆上的螺纹是单线螺纹，导程是 0.5mm，当微分筒转动 1 圈，测微螺杆移动 0.5mm，微分筒圆周上均匀刻有 50 格，这样微分筒转动 1 格，测微螺杆移动 0.01mm。

2）读数方法

（1）读出微分筒边缘在主尺上的整毫米数和半毫米数，一定要注意不能遗漏应读出的0.5mm 的刻线值。

（2）读出微分筒上的尺寸，要看清微分筒圆周上哪一格与固定套筒的中线基准对齐，将格数乘以 0.01mm 即得微分筒上的尺寸。

（3）把两个读数加起来就是测得的实际尺寸。

例如，如图 1-9 所示，读套筒上侧刻度为 3，下刻度在 3 之后，也就是说 3＋0.5＝3.5，然后读套筒刻度与 25 对齐，就是 25.0×0.01＝0.250，全部加起来就是 3.750。

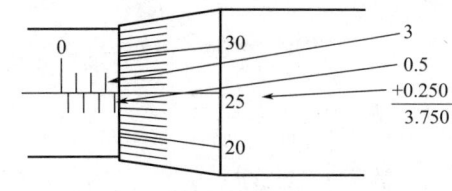

图 1-9　千分尺读数方法示例一

图 1-10 （a）中读数是 0mm，也就是在测量前确定千分尺的初始误差，如果测量前两砧座相接触时，读数不是图 1-10 （a）中的数值，在实际测量时读数后要把该误差考虑进去才能得到真实的尺寸；图 1-10 （b）读数是 5.385mm；图 1-10 （c）读数是 5.885mm，也就是说在读数时要注意看半毫米刻线有没有漏出来。

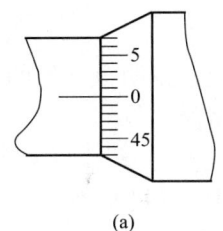　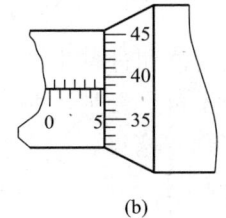　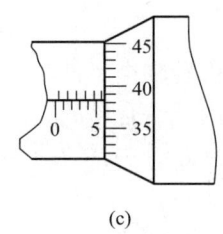

（a）　　　　　　　　（b）　　　　　　　　（c）

图 1-10　千分尺读数方法示例二

（三）内径千分尺

用于测量工件的内尺寸，如孔径、槽宽等，测量精度一般为 0.01mm。内径千分尺固定套筒上的刻线方向与外径千分尺相反，如图 1-11 所示。常用的测量范围有 5～30mm 和 25～50mm 两种，其读数方法与外径千分尺的读数方法相同。

（四）塞规

用来检验工件内径尺寸的量具。它有两个测量面：小端尺寸按工件内径的最小极限尺寸制作，在测量内孔时应能通过，称为通规；大端尺寸按工件内径的最大极限尺寸制作，在测量内孔时不通过工件，称为止规。如图 1-12 所示。

图 1-11　内径千分尺

用塞规检验工件时，如果通规能通过且止规不能通过，说明该工件合格。二者缺一不可，否则，即是不合格。

（五）卡规

卡规是用来检验轴类工件外圆尺寸的量规。它有两个测量面：大端尺寸按轴的最大极限尺寸制作，在测量时应通过轴颈，称为通规；小端尺寸按轴的最小极限尺寸制作，在测量时不通过轴颈，称为止规。如图 1-13 所示。

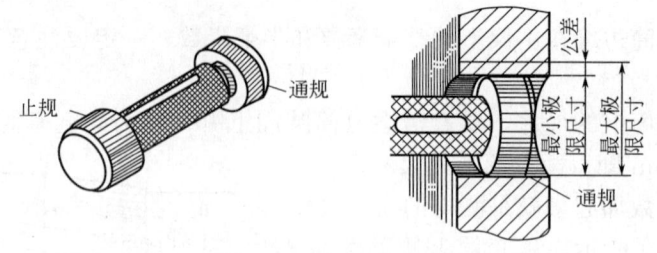

图 1-12 塞规

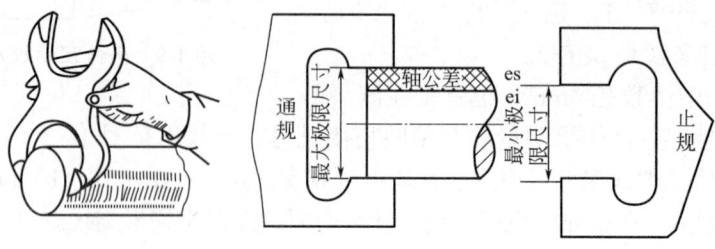

图 1-13 卡规

用卡规检验轴类工件时，如果通规能通过且止规不能通过，说明该工件的尺寸在允许的公差范围内，是合格的。二者缺一不可，否则，即是不合格。

（六）塞尺

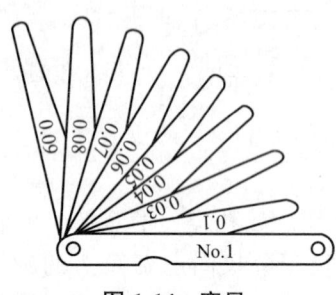

图 1-14 塞尺

塞尺也称探隙尺、厚薄规。塞尺是由一些不同厚度的薄钢片组成的测量工具。在每片钢片上都刻有厚度的尺寸数字，在一端像扇股那样钉在一起。如图 1-14 所示。

塞尺是测定两个工件的隙缝以及平板、直角尺和工作物间的隙缝使用的。

使用时，用适当厚度的塞尺插进被测定工件的隙缝里做测定。若没有适当厚度的，可组成数片进行测定（一般不超过 3 片）。使钢片在隙缝内既能活动，又使钢片两面稍有轻微的摩擦为宜。

四、钳工基本操作技能

钳工的基本操作主要有：划线、錾削、锯削、锉削、钻削、攻螺纹、套螺纹等，见表 1-1。

钳工的基本操作　　　　　　　　　　　　　　　　表 1-1

序号	操作内容	操作演示	简介
1	划线		根据图样的尺寸要求，用划线工具在毛坯或半成品上划出待加工部位的轮廓线（或称加工界线）的一种操作方法

序号	操作内容	操作演示	简介
2	錾削		用锤子打击錾子对金属进行切削加工的操作方法 錾削
3	锯削		利用手锯锯断金属材料（或工件）或在工件上进行切槽的操作
4	锉削		用锉刀对工件表面进行切削加工，使它达到零件图样要求的形状、尺寸和表面粗糙度的加工方法
5	钻削		用钻床在实体材料上加工孔叫作钻孔。用扩孔工具扩大已加工出的孔称为扩孔；用锪钻在孔口表面锪出一定形状的孔或表面的加工方法叫作锪孔
6	攻螺纹		用丝锥在工件内圆柱面上加工出内螺纹的加工方法
7	套螺纹		用圆板牙在圆柱杆上加工出外螺纹的加工方法

任务评价

钳工认知评价表

表 1-2

评价内容		分值	评价标准	自评	互评	教师评价
基础知识	钳工工种认知	6	回答正确，表述清晰，出现错误酌情扣分			
	钳工常用设备	6				
	钳工常用量具	6				
	钳工的基本操作技能	6				
	游标卡尺的结构	6				
	游标卡尺的刻线原理	6				
	千分尺的结构	6				
	千分尺的刻线原理	6				
操作要点	读取游标卡尺的读数	8	方法合适，结果正确，错误一处扣2分			
	使用游标卡尺测量工件尺寸	8	误差每超出1mm扣2分			
	读取千分尺的读数	8	方法合适，结果正确，错误一处扣2分			
	使用千分尺测量工件尺寸	8	误差每超出1mm扣2分			
职业素养	工作态度	5				
	协作精神	5				
	表达能力	5				
	创新意识	5				

任务总结

掌握的基础知识	
掌握的操作要点	
遇到的问题	
解决问题的方法途径	
心得体会	
其他	

任务二 认知金属材料

任务描述

钳工加工主要是使用机具对金属材料进行加工，那就有必要了解金属材料的相关知识。本任务主要是熟悉金属材料的种类、机械性能等基础知识。

任务目标

1. 知识目标

（1）熟悉常用钢材的种类。

（2）掌握金属材料的机械性能指标。

（3）了解金属材料的热处理方法。

2. 能力目标

能分析低碳钢的拉伸曲线。

3. 职业素养目标

（1）工作态度端正，纪律观念强。

（2）善于思考问题和敢于解决问题。

（3）良好的协作精神和创新意识。

（4）遵守安全文明生产的要求。

任务知识

一、金属材料的机械性能

金属材料在载荷作用下所表现出来的性能，称为机械性能（或称为力学性能）。材料的机械性能评价指标主要有：强度、塑性、硬度、冲击韧度和疲劳强度等。

（一）常用术语

1. 应力与应变

应力：物体内部任一截面单位面积上的相互作用力。同截面垂直的称为"正应力"或"法向应力"，同截面相切的称为"剪应力"或"切应力"。

应变：物体形状尺寸所发生的相对改变。物体内部某处的线段在变形后长度的改变值同线段原长之比值称为"线应变"。

2. 两种基本变形

弹性变形：材料受外力作用时产生变形，当外力去除后恢复其原来形状，这种随外力消失而消失的变形，称为弹性变形。

塑性变形：材料在外力作用下产生永久的不可恢复的变形，称为塑性变形。

（二）金属材料的机械性能

1. 强度

强度是指材料在外力作用下抵抗塑性变形和断裂的能力。在工程上常用来表示金属材料强度的指标有屈服强度和抗拉强度。

金属材料的主要强度指标是通过单向拉伸试验获得的。试验所用试样如图 1-15 所示。

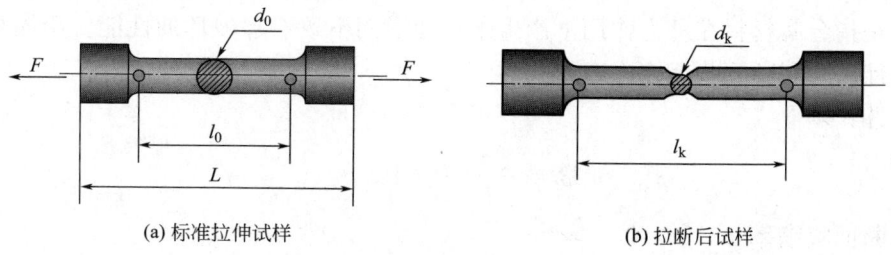

(a) 标准拉伸试样　　　　　　　　(b) 拉断后试样

图 1-15　拉伸试样示意图

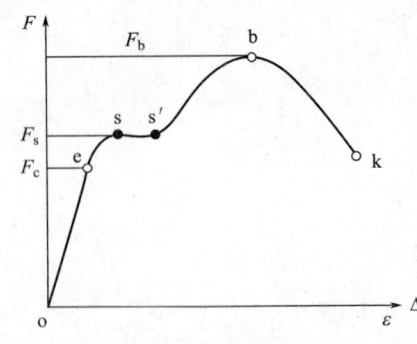

图 1-16　低碳钢拉伸曲线

图中 d_0 和 l_0 分别为试样在拉伸前的计算直径和计算长度，d_k 和 l_k 分别为试样在拉断后的断口直径和计算长度。

低碳钢和低合金钢（含碳量和低碳钢相同）一次拉伸时的应力-应变曲线简化后的光滑曲线如图 1-16 所示。

由应力-应变曲线中各段情况分析如下：

oe 段：直线，弹性变形。

es 段：曲线，弹性变形＋塑性变形。

ss′段：水平线（略有波动），明显的塑性变形屈服现象，作用的力基本不变，试样连续伸长。

s′b 段：曲线，弹性变形＋均匀塑性变形。

b 点：出现缩颈现象，即试样局部截面明显缩小，试样承载能力降低，拉伸力达到最大值，而后降低，但变形量增大。

k 点：试样发生断裂。

图中，e 为弹性极限点；s 为屈服点；b 为极限载荷点；k 为断裂点。

应力、应变由下式表示：

$$\sigma = \frac{F}{S_0} \tag{1-1a}$$

$$\varepsilon = \frac{\Delta l}{l_0} \tag{1-1b}$$

式中：S_0——试样的原始截面积（mm^2）。

（1）弹性极限（σ_e）。指金属材料能保持弹性变形的最大应力。它表征了材料抵抗弹性变形的能力。

$$\sigma_e = F_e / S_0 (MPa) \tag{1-2}$$

（2）屈服强度（σ_s）。指材料在外力作用下，产生屈服现象时的最小应力。它表征了材料抵抗微量塑性变形的能力。屈服强度是塑性材料选材和评定的依据。

$$\sigma_s = F_s / S_0 (MPa) \tag{1-3}$$

（3）抗拉强度（σ_b）。抗拉强度是材料在拉断前承受最大载荷时的应力。它表征了材料在拉伸条件下所能承受的最大应力。抗拉强度是脆性材料选材的依据。

$$\sigma_b = F_b / S_0 (MPa) \tag{1-4}$$

2. 塑性

塑性是指金属材料在外力作用下产生永久变形而不致引起破坏的性能。金属材料的塑性通常用伸长率和断面收缩率来表示。

（1）伸长率 δ

$$\delta = \frac{l_k - l_0}{l_0} \times 100\% \tag{1-5}$$

（2）断面收缩率 ψ

断面收缩率是指试样拉断后断面处横截面积的相对收缩值。

$$\psi = \frac{s_0 - s_k}{s_0} \times 100\% \tag{1-6}$$

δ 和 ψ 愈大，则塑性愈好。良好的塑性是金属材料进行塑性加工的必要条件。

3. 硬度

金属材料抵抗其他更硬的物体压入其内的能力，叫作硬度。

它是材料性能的一个综合物理量，表示金属材料在一个小的体积范围内抵抗弹性变形、塑性变形或破断的能力。

（1）布氏硬度（HB）

用布氏硬度机测试出来的硬度叫作布氏硬度。试验原理：用一定直径的压头（球体），以相应试验力压入待测表面，保持规定时间卸载后，测量材料表面压痕直径，以此计算出硬度值，如图 1-17 所示。

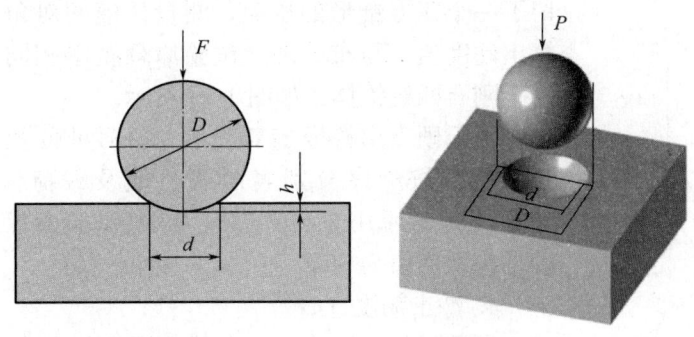

图 1-17　布氏硬度测试示意图

$$HB = 0.102 \times \frac{2F}{\pi D(D - \sqrt{D^2 - d^2})} \tag{1-7}$$

压头为钢球时，布氏硬度用符号 HBS 表示，适用于布氏硬度值在 450 以下的材料。压头为硬质合金球时，用符号 HBW 表示，适用于布氏硬度值在 650 以下的材料。

例如，120HBS10/1000/30 表示直径为 10mm 的钢球在 1000kgf 载荷作用下保持 30s 测得的布氏硬度值为 120。

（2）洛氏硬度（HR）

在洛氏硬度机上测试出来的硬度叫作洛氏硬度。试验原理：用锥顶角为 120° 的金刚石圆锥或直径 1.588mm 的淬火钢球，以相应试验力压入待测表面，保持规定时间卸载后卸除主试验力，以测量的残余压痕深度增量来计算出硬度值，如图 1-18 所示。

$$HR = K - e/0.002 \tag{1-8}$$

式中　K——常数，金刚石压头时 $K = 0.2$mm，淬火钢球压头时 $K = 0.26$mm；

　　　e——主载荷解除后试件的压痕深度。

根据压头类型和主载荷不同，分为九个标尺，常用的标尺为 A、B、C。符号 HR 前面的数字为硬度值，后面为使用的标尺。

如：60HRC 表示使用金刚石圆锥压头，所加载荷为 150kgf，所测得的硬度值为 60。

（3）维氏硬度（HV）

试验原理：以一定的试验力将压头压入试样表面，保持规定时间卸载后，在试样表面

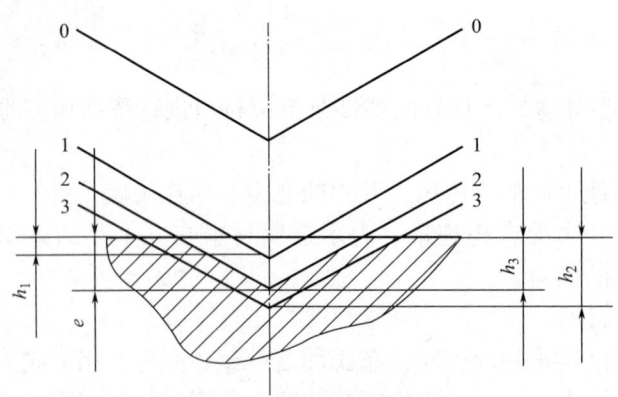

图 1-18 洛氏硬度测试示意图

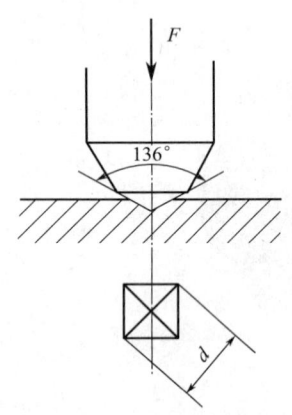

图 1-19 维氏硬度测试示意图

留下一个四方锥形的压痕，测量压痕两对角线长度，以此计算出硬度值。与布氏硬度试验原理基本相同，只是压头改用了金刚石四棱锥体，如图 1-19 所示。

维氏硬度用符号 HV 表示，符号前的数字为硬度值，后面的数字按顺序分别表示载荷值及载荷保持时间。例如：580HV30 表示用 30kgf（294.2N）试验力保持 10～15s 测定的维氏硬度值为 580。

4. 冲击韧度（a_k）

金属材料抵抗冲击载荷作用而不破坏的能力叫作冲击韧度。常用一次摆锤冲击试验来测定金属材料的冲击韧度，如图 1-20 所示。

$$a_k = A_k / S_0 (J/cm^2) \tag{1-9}$$

式中 A_k——折断试样所消耗的冲击功（J）；

S_0——试样断口处的原始截面积（mm^2）。

冲击韧度 a_k 就是试样缺口处单位截面积上所消耗的冲击吸收功。

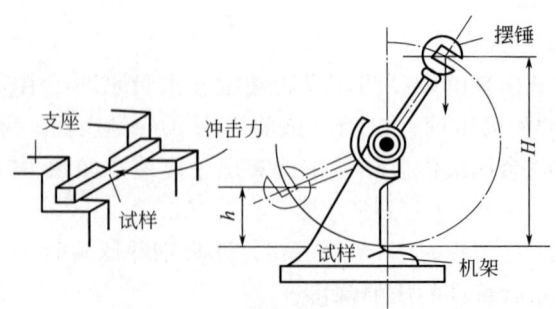

图 1-20 冲击韧性试验示意图

5. 疲劳强度

工程上一些机件工作时受交变应力或循环应力作用，即使工作应力低于材料的 σ_s，但经过一定循环周次后仍会发生断裂，这样的断裂现象称之为疲劳。据统计，约 80% 的机件失效为疲劳破坏。当零件所受的应力低于某一值时，即使循环周次无穷多也不发生断裂，称此应力值为疲劳强度或疲劳极限。

材料的疲劳强度通常在旋转对称弯曲疲劳试验机上测定。疲劳曲线如图1-21所示。无数次应力循环，对于钢材为10^7，有色金属和某些超高强度钢常取10^8。

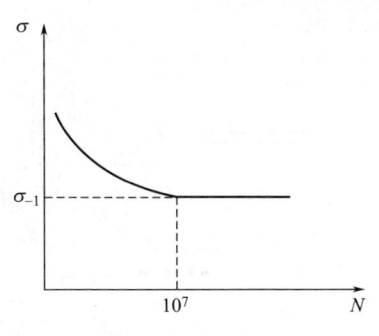

图1-21　疲劳曲线

二、建筑常用钢材

（一）钢材的分类

钢的分类方法很多，通常有以下几种分类方法。

1. 按冶炼时脱氧程度分类

按脱氧程度不同，钢分为沸腾钢（代号为F）、镇静钢（代号为Z）和特殊镇静钢（代号为TZ），镇静钢和特殊镇静钢的代号可以省去。

2. 按化学成分分类

1）碳素钢

化学成分主要是铁，其次是碳，故也称碳钢或铁碳合金，其含碳量为0.02%～0.60%，碳素钢除了铁、碳外还含有极少量的硅、锰和微量的硫、磷等元素。

碳素钢按含碳量不同又可分为低碳钢、中碳钢和高碳钢。低碳钢含碳量小于0.25%；中碳钢含碳量为0.25%～0.60%；高碳钢含碳量大于0.60%。

2）合金钢

合金钢是在炼钢过程中，为改善钢材的性能，特意加入某些合金元素而制得的一种钢。常用合金元素有：硅、锰、钦、钒、锭、铬等。

合金钢按照用途可分为三大类：合金结构钢、合金工具钢、特殊性能钢。

建筑结构上所用的钢材主要是碳素钢中的低碳钢和合金钢中的低合金钢。

3. 按其横断面的形状特征分类

钢材按其横断面的形状特征可分为板材（钢板）、管材（钢管）、型材（型钢）和线材（钢丝）四大类。

1）钢板

钢板按其厚度分为薄钢板和厚钢板两大类。

（1）薄钢板。薄钢板指厚度在4mm以下的钢板。按国家标准规定供应的薄钢板，其厚度为0.2～4mm，宽度为500～1500mm，长度为1000～4000mm。

薄钢板尺寸的表示方法：厚度×宽度×长度。如热轧厚度为1mm、宽度为750mm、长度为1500mm的薄钢板，尺寸标记为"1.0×750×1500"；如果是冷轧薄钢板，则应标记为"冷1.0×750×1500"。

（2）厚钢板。厚度在4mm以上的钢板统称为厚钢板，通常把4～25mm厚的钢板称为中板，25mm以上的钢板称为厚板。由于厚板轧机所能轧制的最大厚度为60mm，超过60mm的钢板需在专门的特厚板轧机上轧制，所以叫特厚板。厚钢板尺寸标记方法与薄钢板相同。

2）型钢

钢结构构件一般宜直接选用型钢，型钢有热轧及冷成型两种，如图1-22及图1-23所示。型钢的规格见表1-3。

钢板　　等边角钢　　不等边角钢　　钢管　　槽钢　　　工字钢　宽翼缘工字钢　　T型钢

图 1-22　热轧型钢截面

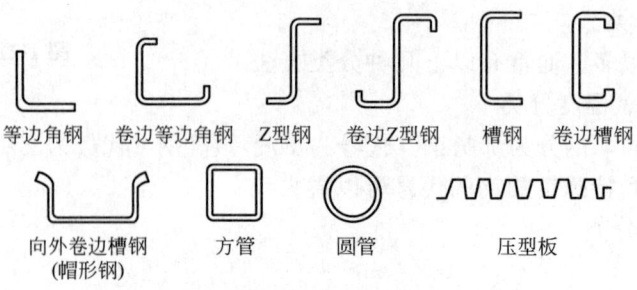

等边角钢　卷边等边角钢　Z型钢　卷边Z型钢　槽钢　卷边槽钢

向外卷边槽钢　方管　　圆管　　　压型板
(帽形钢)

图 1-23　冷弯型钢的截面形式

型钢的规格　　　　　　　　　　　　　　　表 1-3

项目		内容
热轧钢板		热轧钢板分厚板及薄板两种,厚板的厚度为 4.5~60mm,薄板厚度为 0.35~4mm。前者广泛用来组成焊接构件和连接钢板,后者是冷弯薄壁型钢的原料。在图纸中钢板用"厚×宽×长"(单位为 mm)前面附加钢板横断面的方法表示,如:—15×900×2800 表示某钢板厚度为 15mm,宽度为 900mm,长度为 2800mm
热轧型钢	角钢	有等边角钢和不等边角钢两种。等边角钢(也叫等肢角钢),以边宽和厚度表示,如∟100×10 为肢宽 100mm、厚 10mm 的等边角钢。不等边角钢(也叫不等肢角钢)则以两边宽度和厚度表示,如∟100×80×8 为长肢宽 100mm、短肢宽 80mm、厚度为 8mm 的不等边角钢。我国目前生产的等边角钢,其肢宽为 20~200mm,不等边角钢的肢宽为 25mm×16mm~20mm×125mm
	槽钢	我国槽钢有两种尺寸系列,即热轧普通槽钢[《冷轧钢板和钢带的尺寸、外形、重量及允许偏差》GB/T 708—2019]与热轧轻型槽钢。前者的表示方法如[30a,指槽钢外廓高度为 30cm 且腹板厚度为最薄的一种;后者的表示方法如[25Q,表示外廓高度为 25cm,Q 是汉语拼音"轻"的拼音首字母。同样号数时,轻型者由于腹板薄及翼缘宽而薄,其截面积小但回转半径大,能节约钢材、减少自重。不过轻型系列的实际产品较少
	工字钢	与槽钢相同,也分成上述的两个尺寸系列,即普通型和轻型。与槽钢一样,工字钢外轮廓高度的厘米数即为型号,普通型钢当型号较大时腹板厚度分为 a、b 及 c 三种。轻型工字钢由于壁较薄,不在按厚度划分。两种工字钢表示方法如 I32c、I32Q 等
	H 型钢和剖分 T 型钢	热轧 H 型钢分为 3 类:宽翼缘 H 型钢(HW)、中翼缘 H 型钢(HM)和窄翼缘 H 型钢(HN)。H 型钢型号的表示方法是先用符号 HW、HM、HN 表示类别,后面加"高度(mm)×宽度(mm)",如 HW300×300,即为截面高度为 300mm、翼缘宽度为 300mm 的宽翼缘 H 型钢。剖分 T 型钢也分为三类,即:宽翼缘剖分 T 型钢(TW)、中翼缘剖分 T 型钢(TM)和窄翼缘剖分 T 型钢(TN)。剖分 T 型钢是由对应的 H 型钢沿腹板中部对等剖分而成。其表示方法与 H 型钢类似,如 TN225×200 表示截面高度为 225mm、翼缘宽度为 200mm 的窄翼缘剖分 T 型钢
冷弯薄壁型钢		冷弯薄壁型钢是用 2~6mm 厚的薄钢板经冷弯或模压而成型的。在国外,冷弯型钢所用钢板的厚度范围有加大的趋势,如美国可用到 1 英寸(25.4mm)厚

4. 铸铁

含碳量大于 2.11% 的铁碳合金称为铸铁。在成分上铸铁与钢的主要不同在于铸铁含碳和含硅量较高，杂质元素硫、磷多。铸铁的强度、塑性和韧性较差，一般都不能进行锻造，但它却具有良好的铸造性、减磨性、切削加工性等。

根据铸铁在结晶过程中的石墨化程度不同，铸铁可分为灰口铸铁、白口铸铁。根据铸铁在石墨结晶形态的不同，铸铁又可分为灰口铸铁、可锻铸铁和球墨铸铁。

（二）建筑结构用钢的分类

钢结构用的钢材主要有四种：碳素结构钢、低合金高强度结构钢、高层建筑结构用钢板和优质碳素结构钢。

任务评价

认知金属材料评价表   表 1-4

评价内容		分值	评价标准	自评	互评	教师评价
基础知识	金属材料的机械性能	8	回答正确，表述清晰，出现错误酌情扣分			
	强度	8				
	钢材的分类	8				
	型钢的规格	8				
	钢材的牌号	8				
操作要点	拉伸试验的操作	20	过程完整，操作正确，出现错误酌情扣分			
	拉伸试验过程的分析	20	分析正确，出现错误酌情扣分			
职业素养	工作态度	5				
	协作精神	5				
	表达能力	5				
	创新意识	5				

任务总结

掌握的基础知识	
掌握的操作要点	
遇到的问题	
解决问题的方法和途径	
心得体会	
其他	

任务三　钳工识图

任务描述

识图是制造行业的一项基础工作，也是一项重要的基本技能。在实际加工中，如果管理者与操作员看不懂加工图，不能领会图纸的含义，不可能加工出满足图样要求的合格产品，可能造成产品的大量报废。

本项目主要介绍钳工加工图识图的一些基础知识。

任务分析

请思考以下问题：

（1）如果要加工一个工件，你会怎么把要加工的工件描述出来让加工人员知道？

（2）识读钳工加工图纸时，你会重点关注图纸上哪些内容？

任务目标

1. 知识目标

（1）掌握三视图的投影规律。

（2）熟悉各种视图的表达方法。

（3）熟悉尺寸公差、形位公差和表面粗糙度的表示方法。

2. 能力目标

能根据三视图的投影规律和各种视图的表达方法识读机件的零件图和装配图。

3. 职业素养目标

（1）工作态度端正，纪律观念强。

（2）善于思考问题和敢于解决问题的能力。

（3）良好的协作精神和创新意识。

（4）遵守安全文明生产的要求。

任务知识

一、视图

（一）三视图

一般只用一个方向的投影来表达形体是不确定的，通常需将形体向几个方向投影，才能完整清晰地表达出形体的形状和结构，如图 1-24 所示。

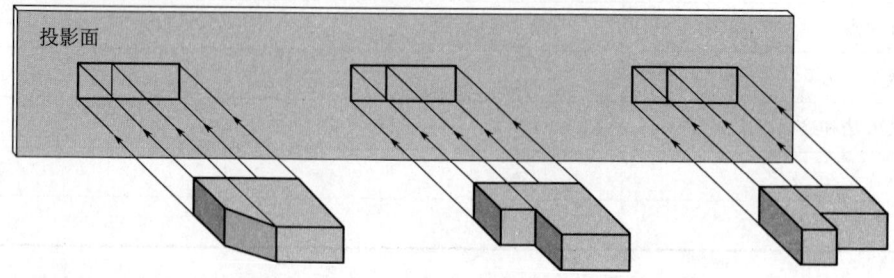

图 1-24　一个投影不能确定空间物体的情况

1. 三面投影体系

选用三个互相垂直的投影面，建立三投影面体系，如图 1-25 所示。在三投影面体系中，三个投影面分别用 V（正面）、H（水平面）、W（侧面）来表示。三个投影面的交线 OX、OY、OZ 称为投影轴，三个投影轴的交点称为原点。

2. 三视图的形成

如图 1-26（a）所示，将 L 形块放在三投影面中间，分别向正面、水平面、侧面投影。在正面的投影叫主视图，在水平面上的投影叫俯视图，在侧面上的投影叫左视图。

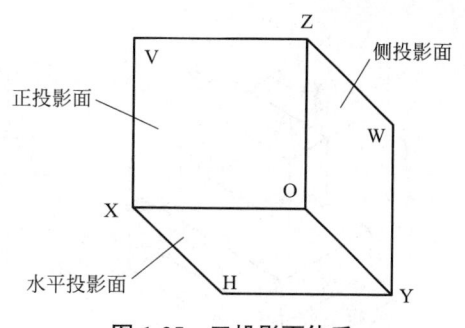

图 1-25 三投影面体系

为了把三视图画在同一平面上，如图 1-26（b）所示，规定正面不动，水平面绕 OX 轴向下转动 90°，侧面绕 OZ 轴向右转 90°，使三个互相垂直的投影面展开在一个平面上，如图 1-26（c）所示。为了画图方便，把投影面的边框去掉，得到图 1-26（d）所示的三视图。

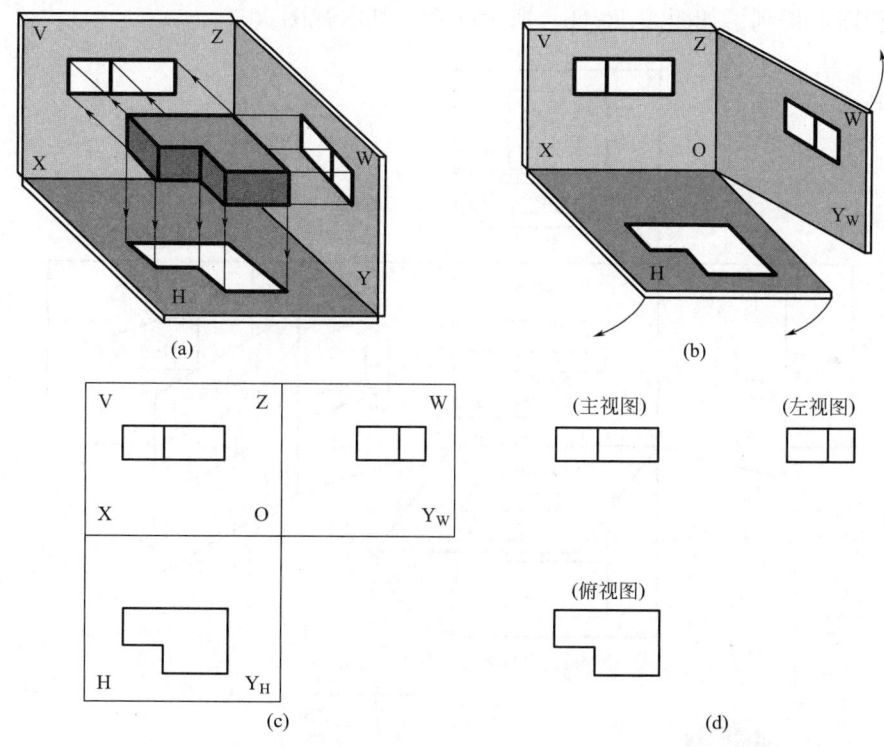

图 1-26 三视图的形成

3. 三视图的投影关系

如图 1-27 所示，三视图的投影关系为：

（1）V 面、H 面（主、俯视图）——长对正；

（2）V 面、W 面（主、左视图）——高平齐；

（3）H 面、W 面（俯、左视图）——宽相等。

这是三视图间的投影规律，是画图和看图的依据。

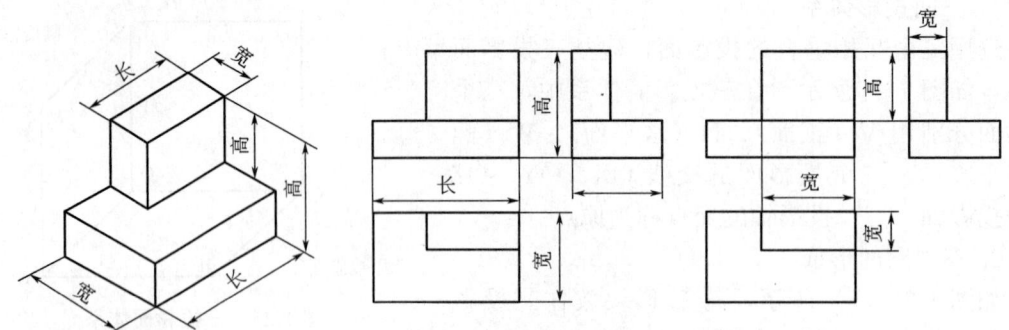

图 1-27 三视图的投影关系

（二）基本视图

1. 基本概念

如图 1-28（a）所示，在三视图（主视图、俯视图、左视图）基础上增加右视图、仰视图和后视图，得到了如图 1-28（b）所示的六个基本视图。

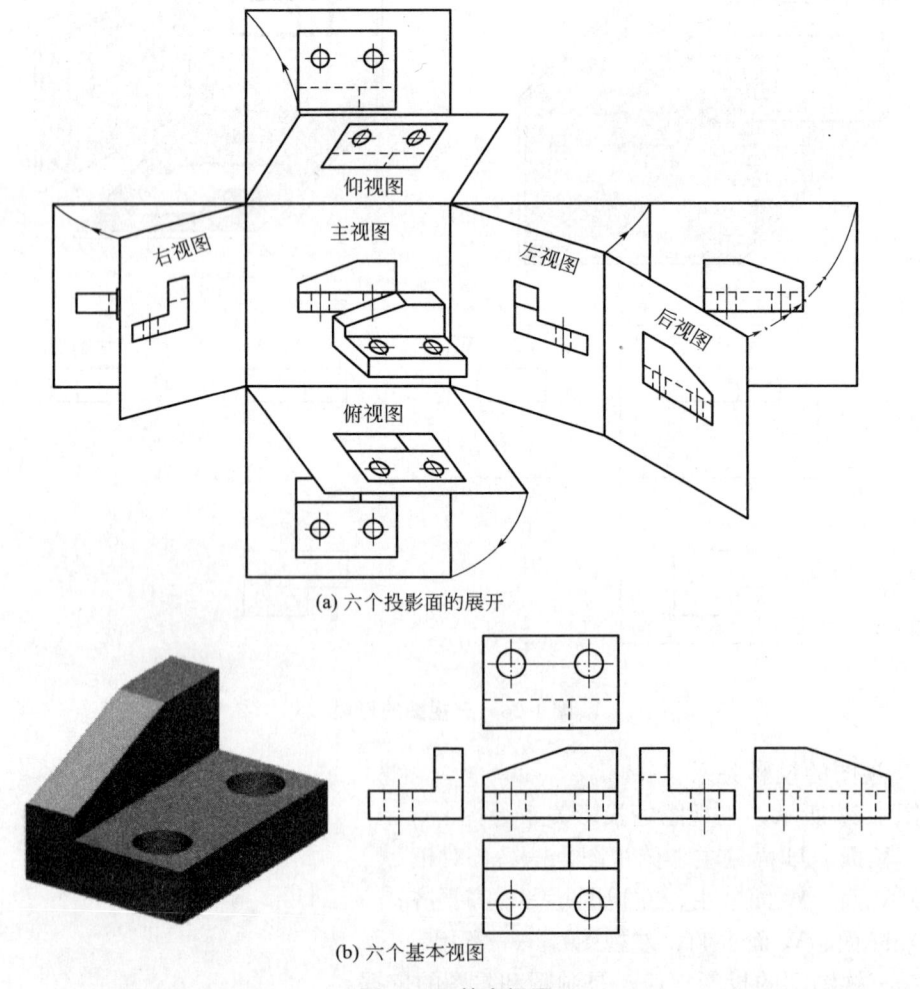

(a) 六个投影面的展开

(b) 六个基本视图

图 1-28 基本视图

2. 基本视图的投影关系

如图 1-29 所示，投影关系：仍遵守"长对正，高平齐，宽相等"；方位关系：除后视图外，靠近主视图是后面，远离主视图是前面。

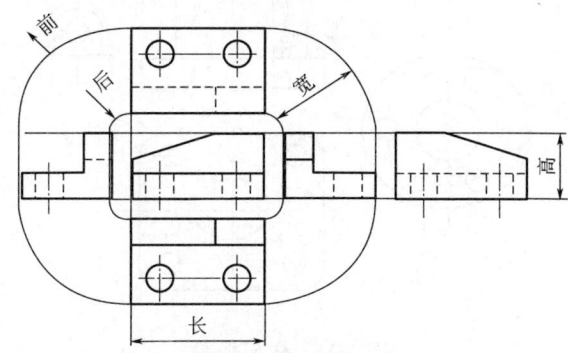

图 1-29 基本视图的投影关系

（三）向视图

有时为了合理使用图纸，基本视图不能按照配置关系布置时，可以用向视图来表示。向视图是可以自由配置的视图。在向视图中应在视图的上方标出"×向"（"×"为大写拉丁字母），并在相应的视图附近用箭头指明投影方向，注上同样的字母，如图 1-30 所示的 A、B、C 向视图。

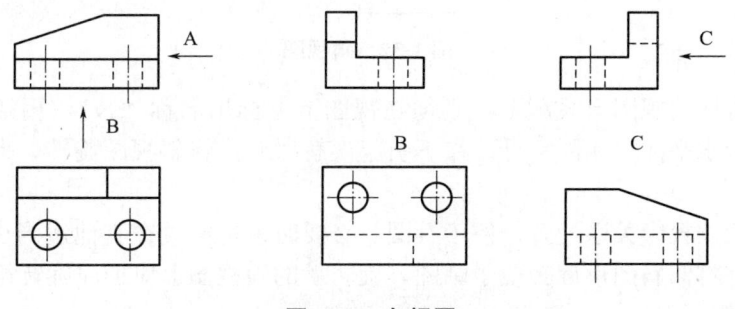

图 1-30 向视图

（四）局部视图

局部视图是将机件的某一部分（即局部）向基本投影面投射所得的视图。

局部视图由于只画出机件某个部分的视图，所以用波浪线表示与机件其余部分的断裂处投影。当所表达的部分结构是完整的，其外轮廓线又成封闭时，波浪线可省略不画，如图 1-31 所示。

一般在局部视图上方标出视图的名称"×向"（"×"为大写拉丁字母），在相应的视图附近用箭头指明投影方向，并注上同样的字母。当局部视图按投影关系配置，中间又没有其他图形隔开时，可省略标注。

（五）斜视图

斜视图是机件向不平行于基本投影面的平面投影所得的视图，如图 1-32 所示。斜视图只适用于表达机件倾斜部分的局部形状。其余部分不必画出，其断裂边界处用波浪线表示。

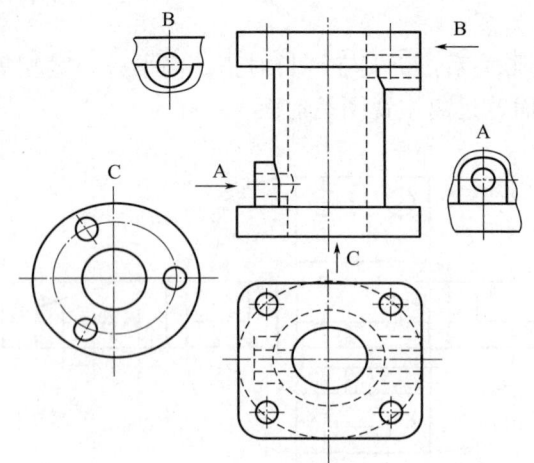

图 1-31　局部视图

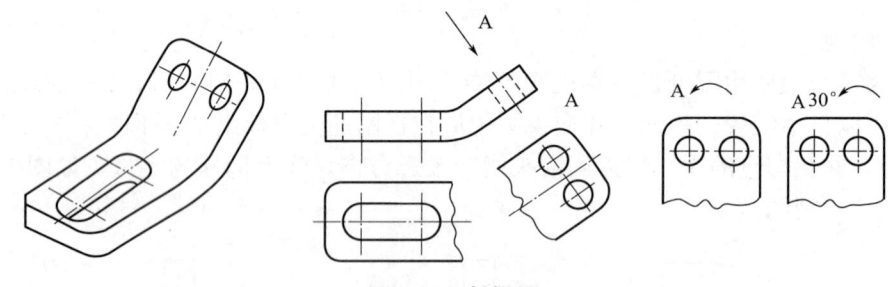

图 1-32　斜视图

斜视图通常按向视图形式配置。必须在视图上方标出名称"×"，用箭头指明投影方向，并在箭头旁水平注写相同字母。在不引起误解时允许将斜视图旋转，但需在斜视图上方注明。

斜视图一般按投影关系配置，便于看图。必要时也可配置在其他适当位置。在不致引起误解时，允许将倾斜图形旋转便于画图，旋转后的斜视图上应加注旋转符号。

（六）旋转视图

假想将机件的倾斜部分旋转到与某一个选定的基本投影面平行后，再向该投影面投射所得的视图称为旋转视图，如图 1-33 所示。一般适用于具有旋转中心的机件。旋转视图

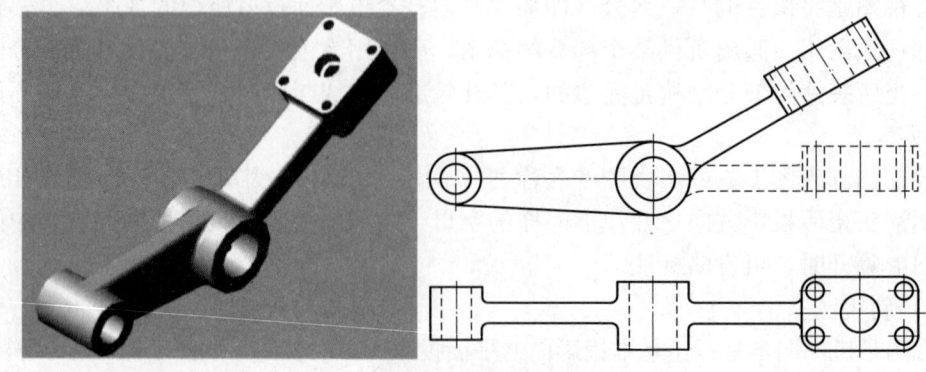

图 1-33　旋转视图

不加任何标注。

（七）剖视图

1. 剖视图的基本概念

为了减少视图中的虚线，使图面清晰，可以采用剖视的方法来表达机件的内部结构和形状。

1）剖视图的形成

假想用剖切面剖开机件，将处在观察者和剖切面之间的部分移去，而将其余部分全部向投影面投影所得的图形称为剖视图，并在剖面区域内画上剖面符号，如图1-34所示。

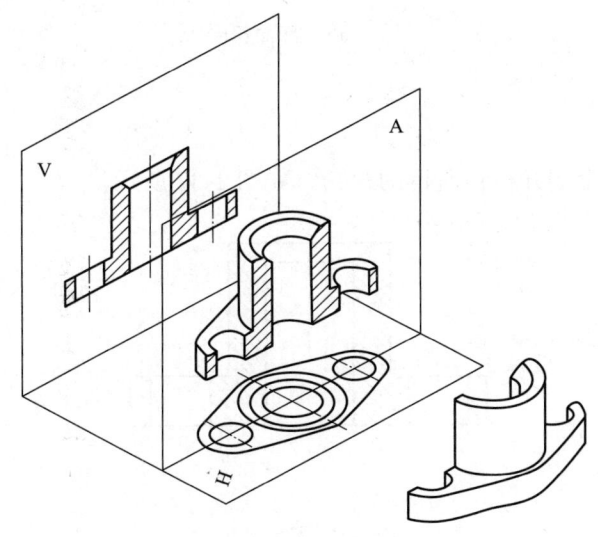

图 1-34　剖视图的形成

2）剖视图的画法

（1）如图 1-35 所示，确定剖切面的位置。

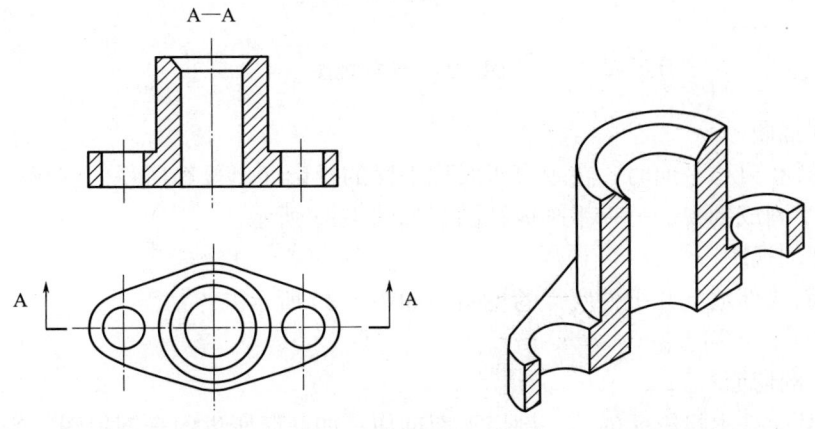

图 1-35　剖视图的画法

（2）将处在观察者和剖切面之间的部分移去，而将其余部分全部向投影面投射，不同的视图可以同时采用剖视。

（3）在剖面区域内画上剖面符号；剖视图中的虚线一般可省略。

（4）不同的材料有不同的剖面符号。在绘制机械图样时，用得最多的是金属材料的剖面符号，如图 1-36 所示。

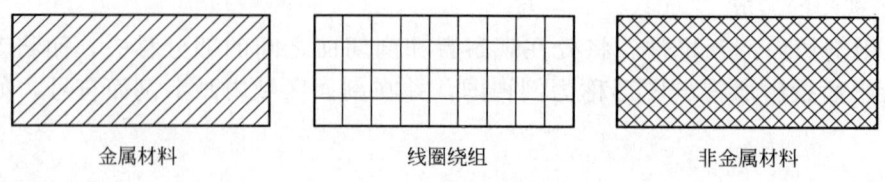

金属材料　　　　　　　线圈绕组　　　　　　　非金属材料

图 1-36　剖面符号

2. 剖视图的种类

1）全剖视图

假想用剖切面完全剖开机件所得的视图，如图 1-37 所示。

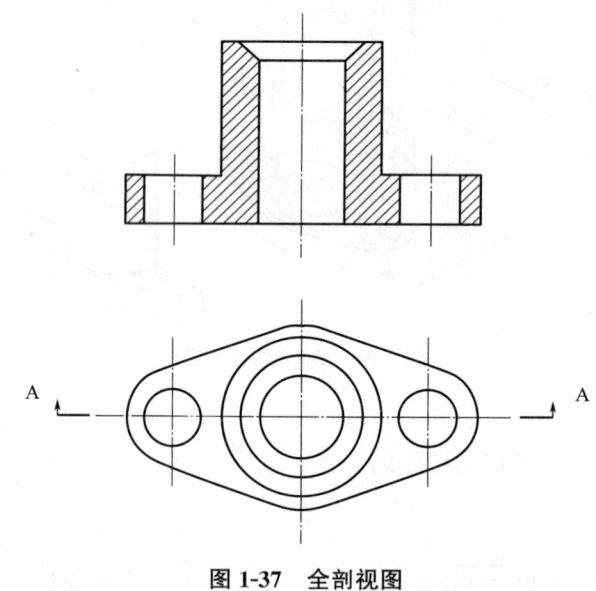

图 1-37　全剖视图

2）半剖视图

当机件具有对称平面时，在垂直于对称平面的投影面上投影所得的图形，以对称中心线为界，一半画成剖视，另一半画成视图，如图 1-38 所示。

3）局部剖视图

用剖切面局部地剖开机件所得的视图，如图 1-39 所示。

3. 剖切面和剖切方法

1）单一剖切面

平行于某一基本投影面的单一剖切平面剖切，如前面所讲的全剖视图、半剖视图和局部剖视图；采用倾斜于某一基本投影面的垂直面作为单一剖切平面剖开物体，如图 1-40 所示 A-A 剖视图（剖切面是正垂面），这种投影方式与斜视图非常相似，也称为"斜剖"。

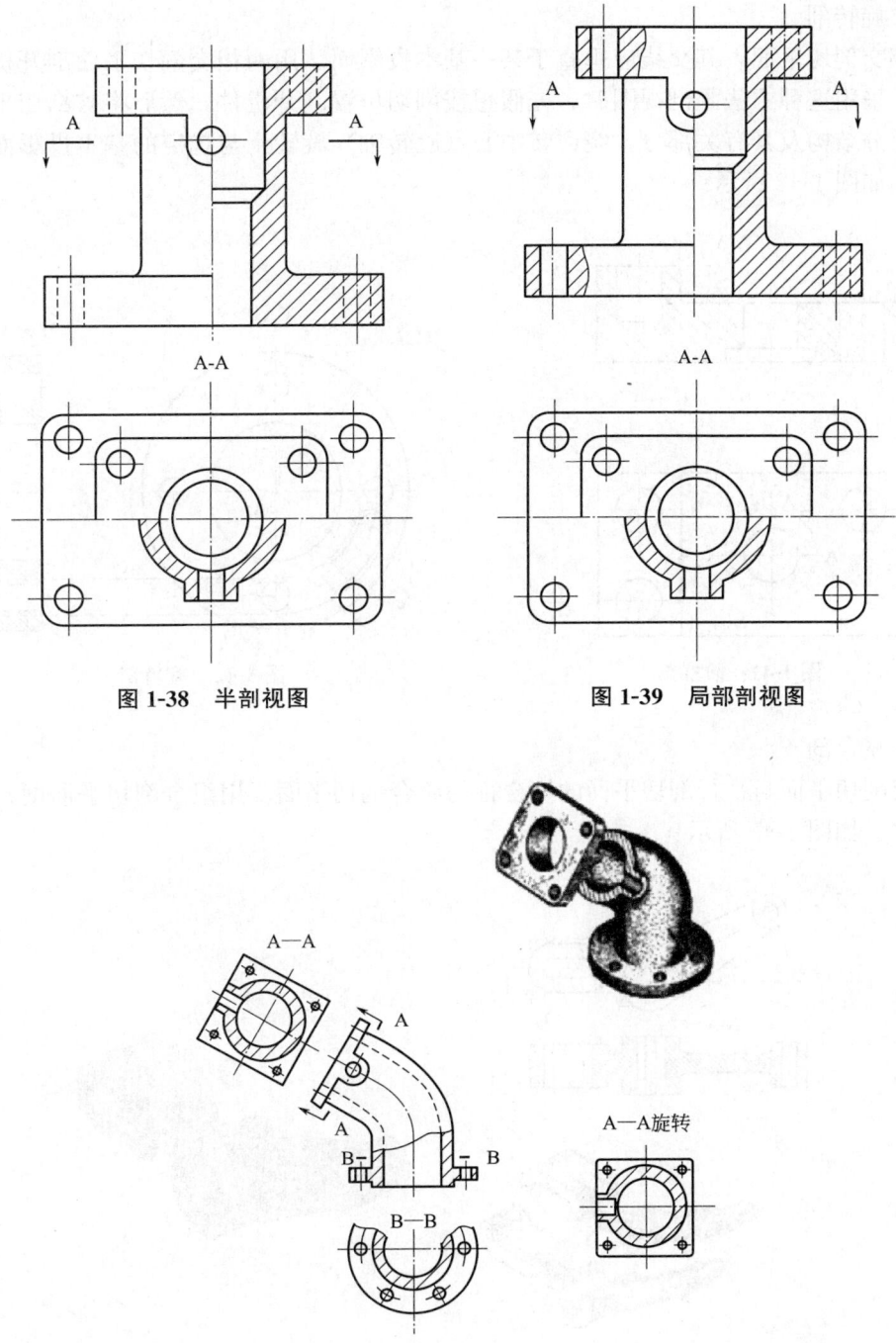

图 1-38　半剖视图　　　　　　　图 1-39　局部剖视图

图 1-40　斜剖视图

2）多个剖切面

采用多个剖切面，则有以下几类剖切方法。

（1）阶梯剖

如果机件的内部结构较多，又不处于同一平面内，并且被表达结构无明显的回转中心时，可用几个平行的剖切平面剖开机件，如图 1-41 所示。

（2）旋转剖

两相交剖切平面，其交线应垂直于某一基本投影面。用两相交剖切平面剖开机件的剖切方法。采用这种方法画剖视图时，先假想按剖切位置剖开机件，然后将被剖切平面剖开的倾斜部分结构及其有关部分，绕回转中心（旋转轴）旋转到与选定的基本投影面平行后再投影，如图 1-42 所示。

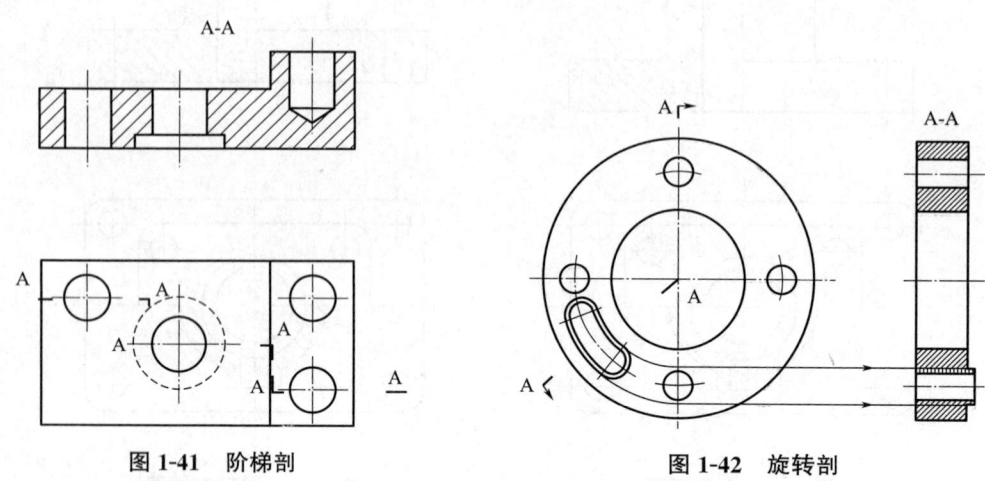

图 1-41　阶梯剖　　　　　　　　　　　图 1-42　旋转剖

（3）复合剖

相交剖切平面与平行剖切平面的组合称为组合剖切平面。用组合剖切平面剖开机件的剖切方法，如图 1-43 所示。

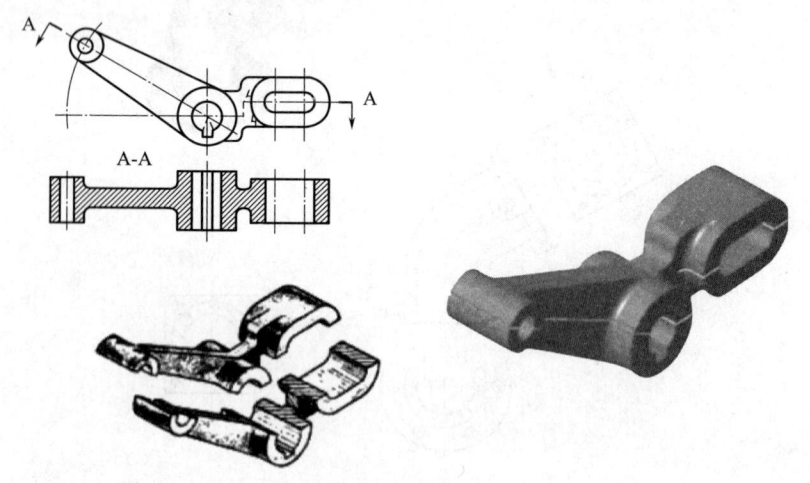

图 1-43　复合剖

（八）断面图

1. 断面图的概念

假想用剖切面将机件的某处剖开，仅画出其断面的图形。

断面图与剖视图的区别：断面图是仅画出其断面的图；剖视图必须画出剖面及剖面后的机件投影。

2. 断面图的种类

（1）移出断面

断面图配置在视图轮廓线之外，如图 1-44 所示。

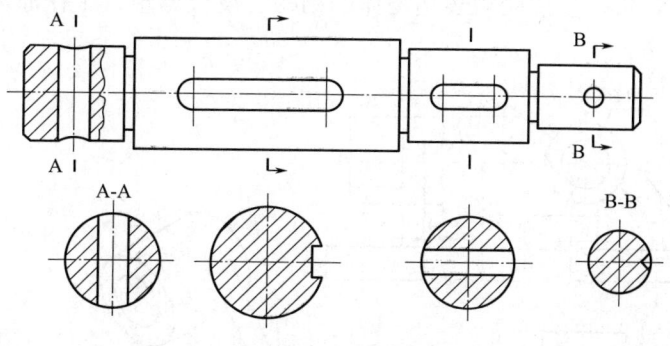

图 1-44 移出断面图

（2）重合断面

剖面图配置在剖切平面迹线处，并与原视图重合，如图 1-45 所示。

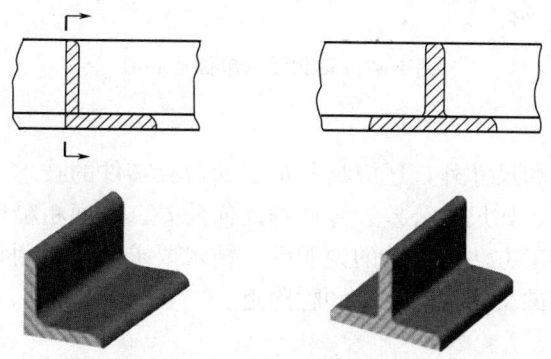

图 1-45 重合断面图

（九）局部放大图

将机件的部分结构，用大于原图形所采用的比例画出的图形。可画成视图、剖视或剖面，一般配置在放大部位的附近，如图 1-46 所示。

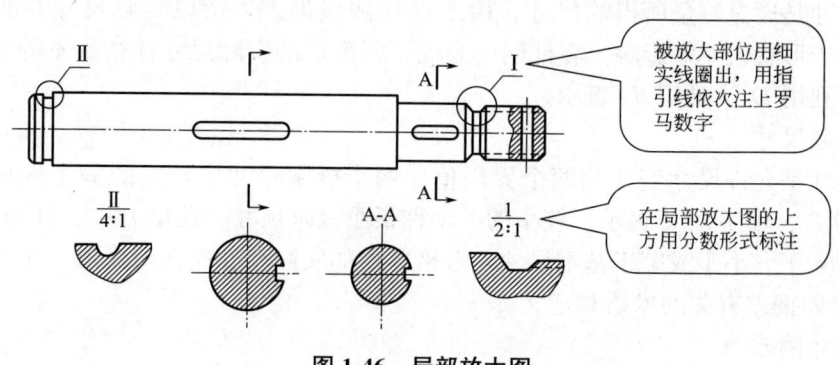

被放大部位用细实线圈出，用指引线依次注上罗马数字

在局部放大图的上方用分数形式标注

图 1-46 局部放大图

（十）轴测图

轴测图是物体在平行投影下形成的一种单面投影，它能同时反映出物体的长、宽、高三个方向的尺度，立体感较强，具有较好的直观性，如图 1-47 所示。工程上有时采用轴测图作为辅助图样，进一步说明被表达物体的结构、设计思想、工作原理。轴测图是绘制三视图的基础及参考。

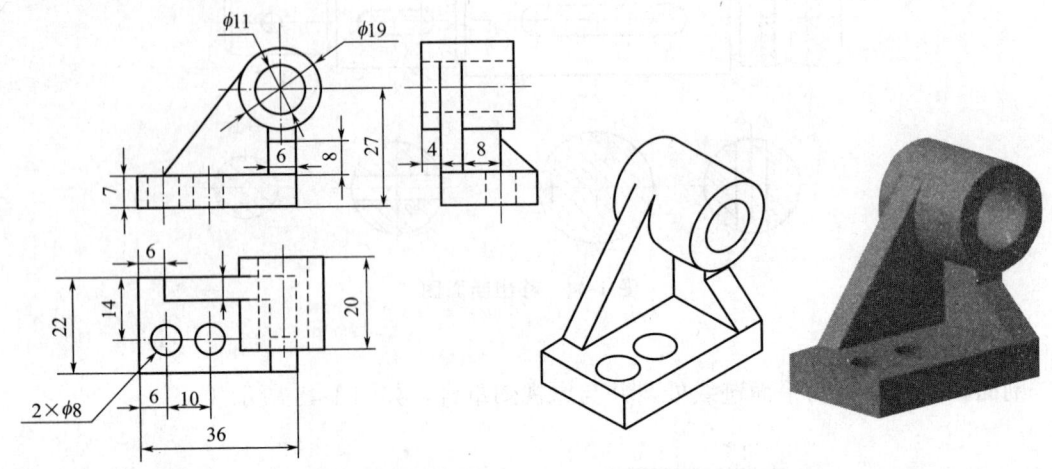

图 1-47　轴测图（单位：mm）

二、技术要求

零件图中除了图形和尺寸外，还应具备加工和检验零件的技术要求。技术要求主要是指几何精度方面的要求，如尺寸公差、零件的几何公差、表面粗糙度、材料的热处理和表面处理，以及对指定加工方法和检验的说明等。技术要求通常是用符号、代号或标记标注在图形上，或者用简明的文字注写在标题栏附近。

（一）尺寸公差

1. 与尺寸有关的术语和定义

（1）基本尺寸

基本尺寸是设计给定的尺寸。它是根据零件的强度、刚度、结构和工艺性等要求确定的。基本尺寸的代号：孔用 D、轴用 d 表示。

（2）实际尺寸

实际尺寸是通过测量所得的尺寸。由于存在测量误差，所以实际尺寸并非尺寸的真值。同时由于形状误差等影响，零件同一表面不同部位的实际尺寸往往是不等的。实际尺寸的代号：孔用 D_a、轴用 d_a 表示。

（3）极限尺寸

极限尺寸是允许尺寸变化的两个界限值。两个极限尺寸中较大的一个称最大极限尺寸，孔用 D_{max}、轴用 d_{max} 表示。较小的一个称最小极限尺寸，孔用 D_{min}、轴用 d_{min} 表示。极限尺寸可大于、小于或等于基本尺寸，合格零件的实际尺寸应在两极限尺寸之间。

2. 与公差偏差有关的术语和定义

（1）尺寸偏差

某一尺寸减其基本尺寸所得的代数差，称为尺寸偏差，简称偏差。实际尺寸减其基本尺寸所得的代数差，称为实际偏差。极限尺寸减其基本尺寸所得的代数差，称为极限偏差。

极限偏差有两个：上偏差和下偏差。

上偏差：最大极限尺寸减基本尺寸所得的代数差。孔的上偏差代号为 ES，$ES = D_{max} - D$；轴的上偏差代号为 es，$es = d_{max} - d$。

下偏差：最小极限尺寸减其基本尺寸所得的代数差。孔的下偏差代号为 EI，$EI = D_{min} - D$；轴的下偏差代号为 ei，$ei = d_{min} - d$。

偏差可以为正、负或零值。当极限尺寸大于、小于或等于基本尺寸时，其极限偏差便分别为正、负或零值。为方便起见，通常在图样上标注极限偏差而不标注极限尺寸。

（2）尺寸公差

允许尺寸的变动量，称为尺寸公差，简称公差，以代号 T 表示。公差等于最大极限尺寸与最小极限尺寸的代数差，也等于上偏差与下偏差的代数差。公差总为正值。

孔公差：

$$T_h = D_{max} - D_{min} = ES - EI \tag{1-10a}$$

轴公差：

$$T_s = d_{max} - d_{min} = es - ei \tag{1-10b}$$

关于尺寸公差与偏差的概念可用图 1-48 所示的公差与配合示意图表示。

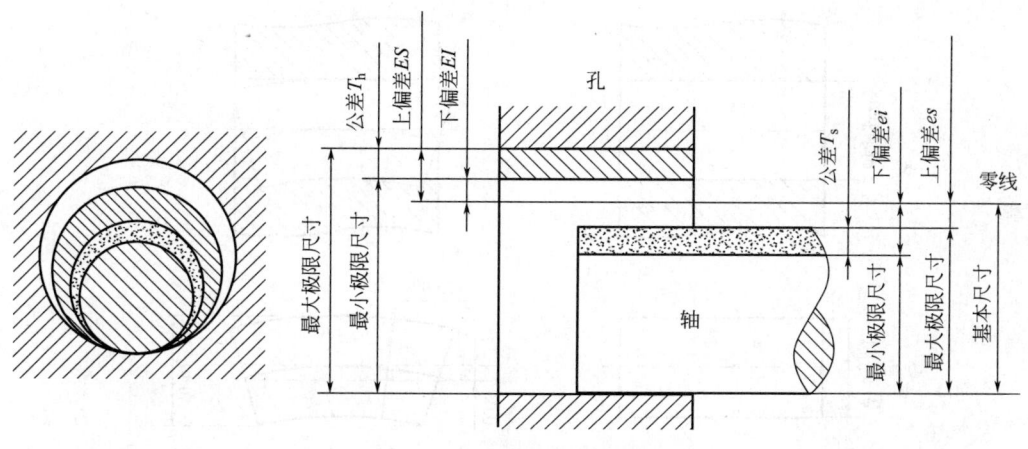

图 1-48 公差与配合示意图

（3）公差带

在分析公差与配合时，需要作图。但因公差数值与尺寸数值相差甚远，不便用同一比例。因此，在作图时，只画出放大的孔和轴的公差图形，这种图形称为公差带图。也称为公差与配合图解，如图 1-48 所示的公差与配合示意图可作成如图 1-49 所示的公差带图。在作图时，先画一条横坐标代表基本尺寸的界线，作为确定偏差的基准线，称为零线。再按给定比例画两条平行于零线的直线，代表上偏差和下偏差。这两条直线所限定的区域称为公差带，线间距即为公差。正偏差位于零线之上，负偏差位于零线之下。在零线处注出基本尺寸，在公差带的边界线旁注出极限偏差值，单位用"μm"或"mm"皆可。

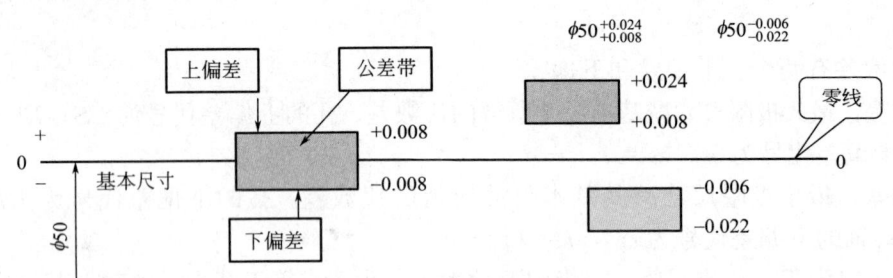

图 1-49 公差带图

公差带由"公差带大小"和"公差带位置"两个要素组成。公差带图可以直观地表示出公差的大小及公差带相对于零线的位置。

（二）几何公差

1. 几何误差的概念及影响

图 1-50（a）所示为一对间隙配合孔和轴，轴加工后的实际尺寸和形状如图 1-50（b）所示。由图可知，轴的尺寸满足公差要求，但由于轴是弯曲的，存在形状误差，使得孔与轴还是无法进行装配，如图 1-51 所示，由于台阶轴的两轴线不处于同一直线上，即存在位置误差，因而无法装配到台阶孔中。

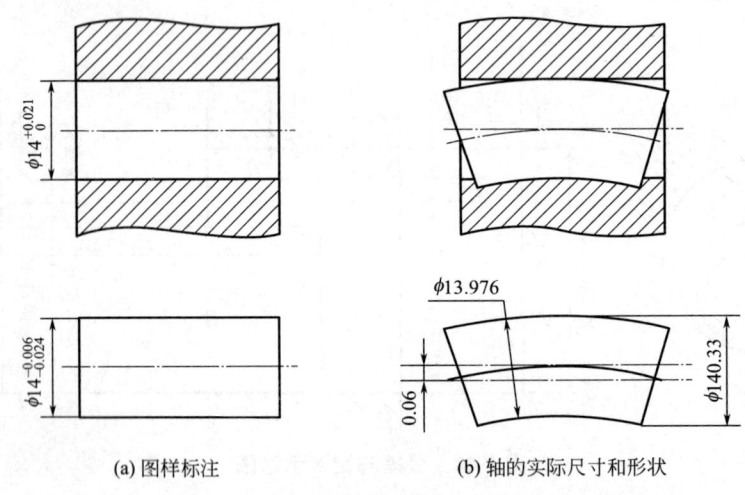

(a) 图样标注 (b) 轴的实际尺寸和形状

图 1-50 形状公差对配合性能的影响

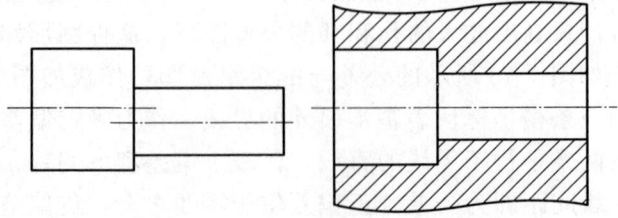

图 1-51 位置公差对装配性能的影响

因此，为保证机械产品的质量和零件的互换性，应对几何公差加以限制，给出一个经济合理的误差许可变动范围，即几何公差。工件的几何公差是指形状公差、方向公差、位置公差和跳动公差。

2. 几何公差的几何特征和符号

现行国家标准《产品几何技术规范（GPS）几何公差 形状、方向、位置和跳动公差标注》GB/T 1182—2018 规定，几何公差的几何特征有 19 项（符号共分为 14 个），见表 1-5。

几何公差的分类、几何特征及符号　　　　　　　表 1-5

公差类型	几何特征	符号	有无基准	公差类型	几何特征	符号	有无基准
形状公差	直线度	—	无	位置公差	位置度	⊕	有或无
	平面度	▱	无		同心度 （用于中心度）	◎	有
	圆度	○	无		同轴度 （用于轴线）	◎	有
	圆柱度	⌭	无		对称度	＝	有
	线轮廓度	⌒	无		线轮廓度	⌒	有
	面轮廓度	⌓	无		面轮廓度	⌓	有
方向公差	平行度	//	有	跳动公差	圆跳动	↗	有
	垂直度	⊥	有				
	倾斜度	∠	有				
	线轮廓度	⌒	有		全跳动	⌰	有
	面轮廓度	⌓	有				

3. 几何公差的标注方法

几何公差要求在矩形框格中给出。该框格由二格或多格组成，框格中的内容从左到右按几何特征符号、公差值、基准字母的次序填写。其标注的基本形式及其框格、几何特征符号、数字规格、基准三角形的画法等，如图 1-52 所示。

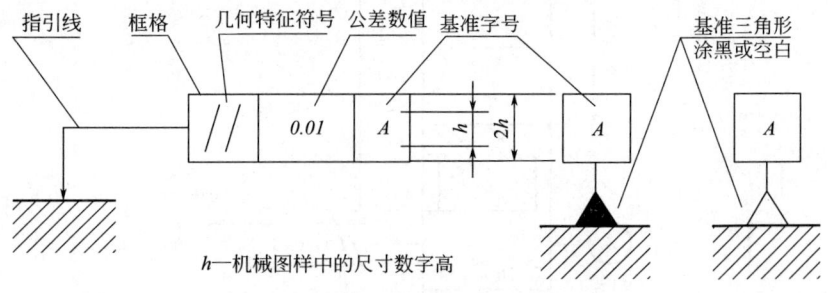

h—机械图样中的尺寸数字高

图 1-52　几何公差的特征及基准三角形

图 1-53 所示为标注几何公差的图例。从图中可以看出，标注几何公差时应该遵守以下规定：

（1）当被测要素是表面或素线时，从框格引出的指引线箭头，应指在该要素的轮廓线或其延长线上。

（2）当被测要素是轴线时，应将箭头与该要素的尺寸线对齐。

（3）当基准要素是轴线时，应将基准三角形与该要素的尺寸线对齐。

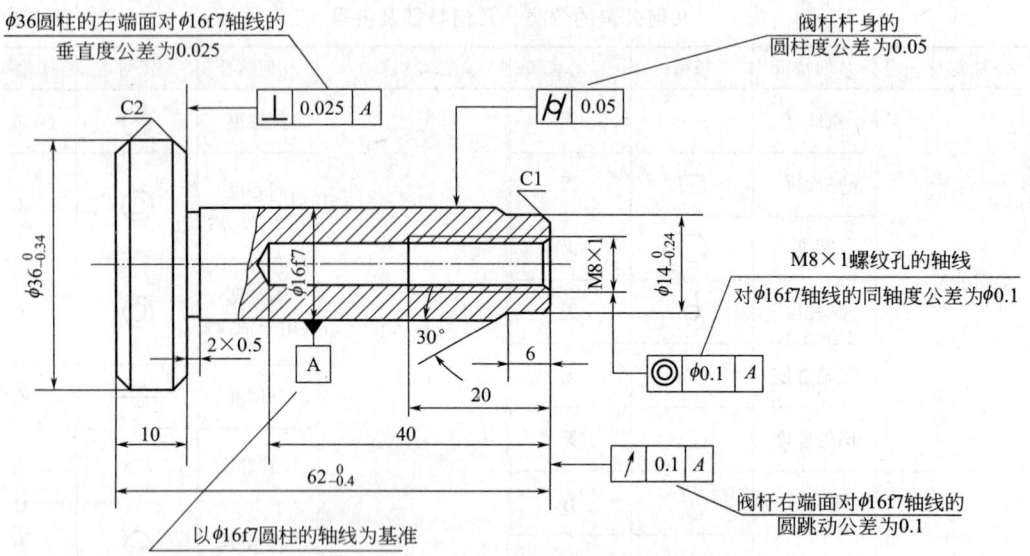

图 1-53　几何公差的标注示例

【例题】　识读图 1-54 所示的齿轮毛坯的形位公差。

（1）$\phi100h6$ 外圆对孔 $\phi45P7$ 的轴线的径向圆跳动公差为 0.025mm。

（2）$\phi100h6$ 外圆的圆度公差为 0.004mm。

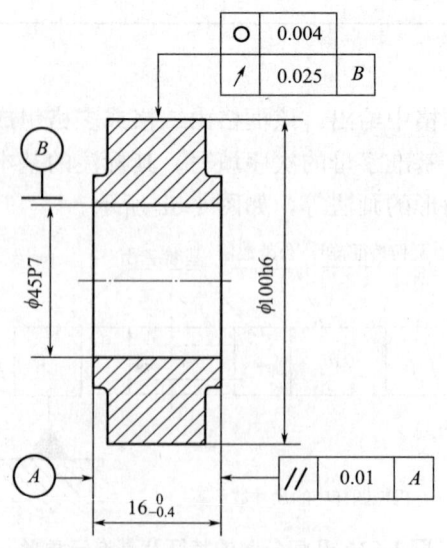

图 1-54　齿轮毛坯

（3）零件上箭头所指两端面之间的平行度公差为 0.01mm。

（三）表面粗糙度

1. 表面粗糙度

经机械加工的零件表面，总是存在着宏观和微观的几何形状误差。微观几何形状特性，即微小的峰谷高低程度及其间距状况称为表面粗糙度，如图 1-55 所示。

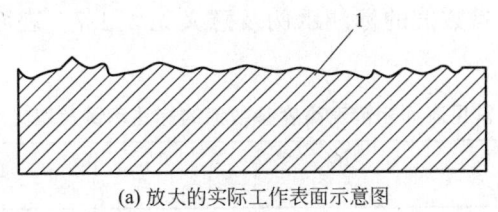

(a) 放大的实际工作表面示意图

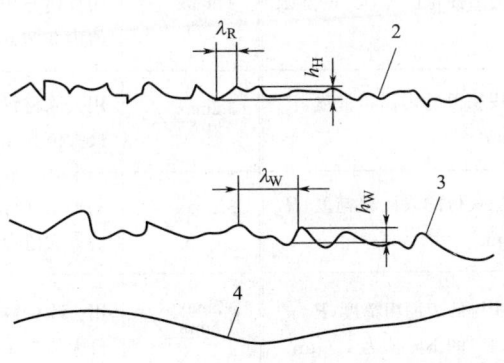

(b) 实际工作表面分解图

图 1-55　表面粗糙度的概念

h_H、h_W—波高；λ_R、λ_W—波距；

1—实际工作表面；2—表面粗糙度；3—波度；4—表面宏观几何形状

2. 表面特征代号及标注

表面粗糙度符号在图样上用细实线画出，符号及其意义见表 1-6。

表面粗糙度符号及意义　　　　　　　　　　　　　　　　　　　　　　　　表 1-6

符号	意义及说明
	基本符号，表示表面可用任何方法获得。当不加粗糙度参数值或有关说明（例如，表面处理、局部热处理状况等）时，仅适用于简化代号标注
	基本符号加一短划，表示表面是用去除材料的方法获得。例如，车、铣、钻、磨、剪切、抛光、腐蚀、电火花加工及气割等
	基本符号加一小圆圈，表示表面用不去除材料的方法获得。例如，铸、锻、冲压变形、热轧、冷轧、粉末冶金等，或者用于保持原供应状态的表面（包括保持上道工序的状况）
	在上述 3 个符号的长边上加一横线，用于标注有关参数和说明

续表

符号	意义及说明
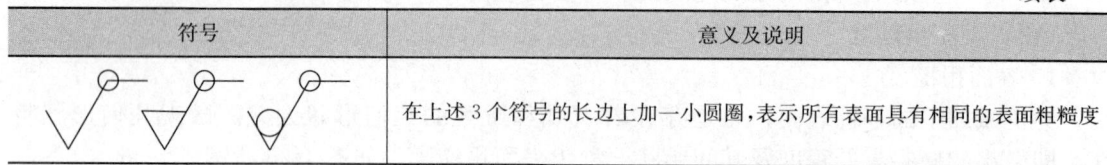	在上述3个符号的长边上加一小圆圈,表示所有表面具有相同的表面粗糙度

常见表面粗糙度高度参数值的标注示例及意义见表1-7。表面粗糙度在图样上标注示例见表1-8。

常见表面粗糙度高度参数值的标注示例及意义 表 1-7

代号	意义	代号	意义
3.2	用任何方法获得的表面粗糙度,R_a 的上限值为 $3.2\mu m$	3.2max	用任何方法获得的表面粗糙度,R_a 的最大值为 $3.2\mu m$
3.2	用去除材料的方法获得的表面粗糙度,R_a 的上限值为 $3.2\mu m$	3.2max	用去除材料方法获得的表面粗糙度,R_a 的最大值为 $3.2\mu m$
3.2	用不去除材料方法获得的表面粗糙度,R_a 的上限值为 $3.2\mu m$	3.2max	用不去除材料方法获得的表面粗糙度,R_a 的最大值为 $3.2\mu m$
3.2 1.6	用去除材料方法获得的表面粗糙度,R_a 的上限值为 $3.2\mu m$,R_a 的下限值为 $1.6\mu m$	3.2max 1.6min	用去除材料方法获得的表面粗糙度,R_a 的最大值为 $3.2\mu m$,R_a 的最小值为 $1.6\mu m$

表面粗糙度在图样上的标注示例 表 1-8

图样上的标注方法	对零件表面粗糙度标注要求
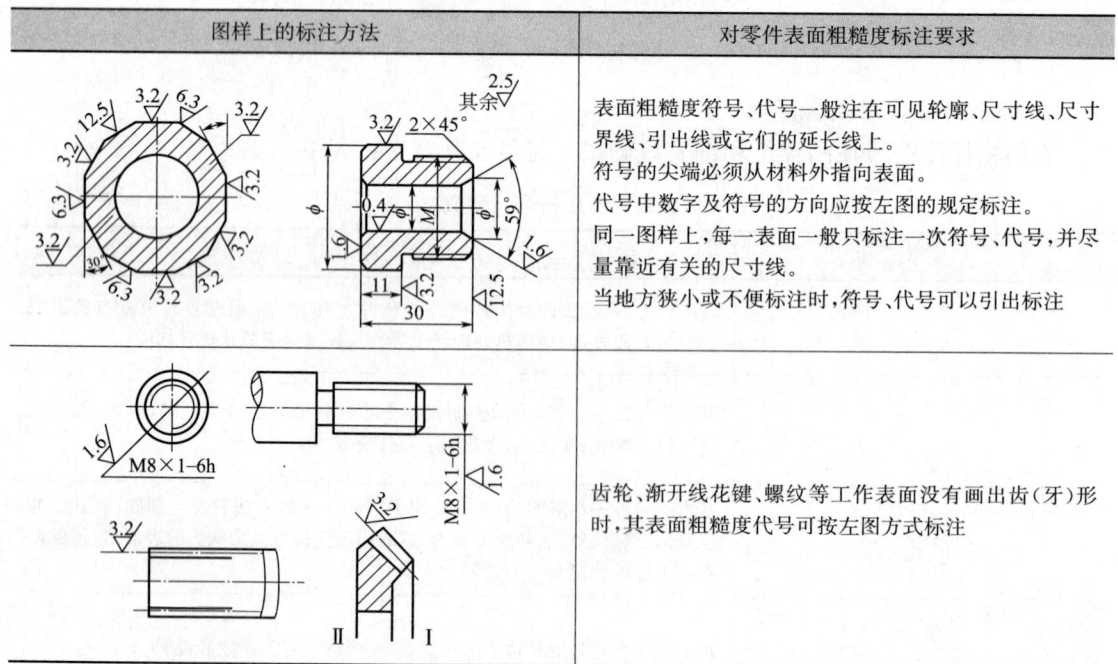	表面粗糙度符号、代号一般注在可见轮廓、尺寸线、尺寸界线、引出线或它们的延长线上。 符号的尖端必须从材料外指向表面。 代号中数字及符号的方向应按左图的规定标注。 同一图样上,每一表面一般只标注一次符号、代号,并尽量靠近有关的尺寸线。 当地方狭小或不便标注时,符号、代号可以引出标注
	齿轮、渐开线花键、螺纹等工作表面没有画出齿(牙)形时,其表面粗糙度代号可按左图方式标注

续表

图样上的标注方法	对零件表面粗糙度标注要求
$R_z 20$	若所有表面具有相同的粗糙度,则在零件图右上角标注粗糙度代号及其要求
其余R_z 25 0.8 0.63	各表面要求不同的粗糙度,对其中使用最多的一种,可以统一标在图样上的右上角,并加注"其余"两字
0.8　3.2	同一表面上各部位有不同的要求时,应以细实线画出界线
两面/刮口25内10点 1.6	在横线上面可注写加工要求。图例表示导轨工作面经刮削后,在 25mm×25mm 面积内接触点不小于 10 点,R_a 的上限值为 $1.6\mu m$。

任务评价

钳工识图评价表　　　　　　　　　　　　表 1-9

评价内容		分值	评价标准	自评	互评	教师评价
基础知识	三视图	8	回答正确,表述清晰,出现错误酌情扣分			
	基本识图	6				
	局部视图	6				
	断面图	6				
	局部放大图	6				
	尺寸公差	6				
	形状公差	6				
	位置公差	6				
操作要点	识读零件图	15	分析正确,出现错误酌情扣分			
	识读装配图	15	分析正确,出现错误酌情扣分			
职业素养	工作态度	5				
	协作精神	5				
	表达能力	5				
	创新意识	5				

任务总结

掌握的基础知识	
掌握的操作要点	
遇到的问题	
解决问题的方法和途径	
心得体会	
其他	

项目二　小锤子的制作

小锤子
的制作
操作视频

项目介绍

　　本项目通过完成图 1-56～图 1-58 所示小锤子的制作，旨在熟悉钳工操作的基础知识，熟悉钳工常用工具、量具的使用，并能熟练掌握划线、锯削、锉削、钻孔、攻螺纹、套螺纹等基本操作技能。

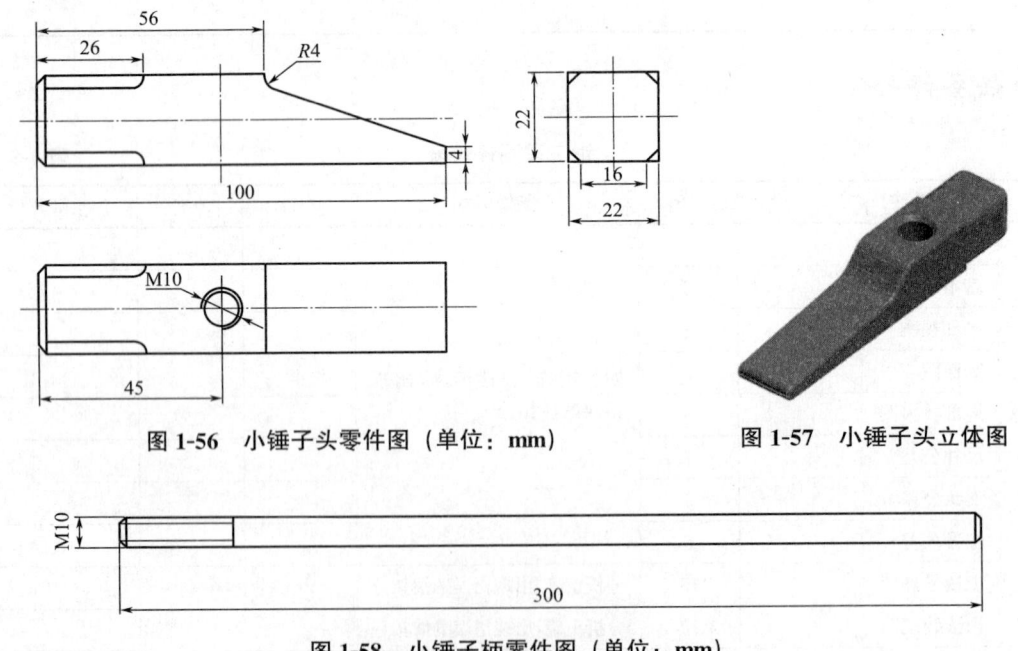

图 1-56　小锤子头零件图（单位：mm）

图 1-57　小锤子头立体图

图 1-58　小锤子柄零件图（单位：mm）

项目分析

1. 毛坯材料

　　毛坯为 45 号钢，这是一种常见的优质碳素结构钢，钢中所含杂质较少，常用来制造比较重要的机械零部件，一般需要经过热处理改善其性能。

优质碳素结构钢的牌号用两位数字表示，此数字表示钢的平均含碳量（质量分数）的万分数。45 号钢表示碳质量分数为 0.45％的优质碳素结构钢。

2. 图样分析

分析图 1-56 和图 1-58，回答以下问题：

（1）指出图中的定形尺寸和定位尺寸。

（2）指出图中的尺寸基准。

3. 工艺分析

小锤子的
制作动画

学生分析小锤子制作的工艺流程，完成表 1-10。

小锤子的制作工艺流程表 表 1-10

序号	工作内容	操作方法	精度要求	设备、工具、量具

任务一　锤头下料

任务描述

本任务按照图 1-59 所示进行小锤子锤头的下料。选择合适的钳工设备、工具和量具对圆钢进行手工加工，并达到图样所示的要求。在加工过程中将初步接触到划线、锯削等钳工基本技能，加工中要注意钳工设备、工具和量具的正确使用。

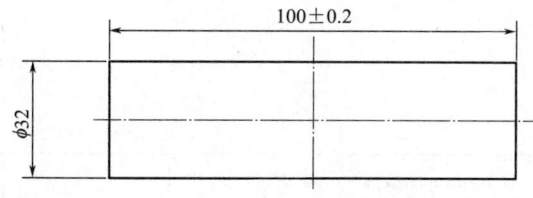

图 1-59　锤头下料图（单位：mm）

任务分析

学生分析小锤子锤头下料的工艺流程，完成表 1-11。

锤头下料的工艺流程表 表 1-11

序号	工作内容	操作方法	精度要求	设备、工具、量具

任务目标

1. 知识目标

（1）熟悉划线常用的工具、量具。

（2）了解手锯的结构。

（3）了解锯条规格和选用原则。

（4）掌握锯削操作要点。

（5）掌握常见形状材料的锯削技巧。

（6）熟悉有关锯削的废品分析和安全文明生产知识。

2. 能力目标

（1）能在台虎钳上正确夹持工件。

（2）会用钢直尺准确测量工件长度。

（3）根据不同材料正确选用锯条，并能安装锯条。

（4）能在工件上正确进行锯削操作，并能达到一定锯削精度。

3. 职业素养目标

（1）工作态度端正，纪律观念强。

（2）善于思考问题和敢于解决问题的能力。

（3）良好的协作精神和创新意识。

（4）遵守安全文明生产的要求。

任务实施

工作内容	操作方法	说明	精度要求	设备、工具、量具
1. 夹持工件	将圆棒料夹持在台虎钳上			
任务知识点				
2. 划线	用钢直尺在圆棒料外圆表面上量取100mm，用划针划线	两端各留出2mm加工余量		
任务知识点				
3. 锯削	用手锯截断圆棒料			
任务知识点				

任务实施加油站

一、在台虎钳上夹持工件的方法

1. 工件应夹持在台虎钳钳口的中部，以使钳口受力均匀，如图 1-60 所示。

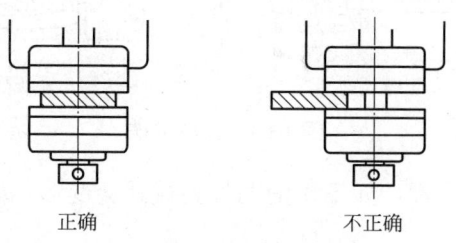

正确　　　　　　　不正确

图 1-60　工件夹持位置

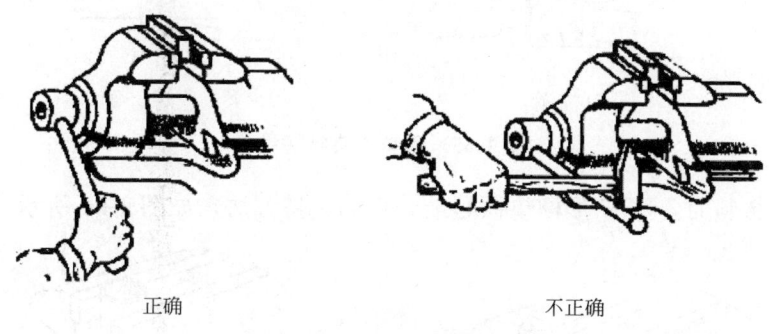

正确　　　　　　　　不正确

图 1-61　台虎钳夹持工件

2. 台虎钳夹持工件的力，只能尽双手的力扳紧手柄，不能在手柄上加套管子或锤敲击，以免损坏台虎钳内螺杆或螺母上的螺纹，如图 1-61 所示。

3. 长工件只可锉夹紧的部分，锉其余部分时必须移动重夹，如图 1-62 所示。

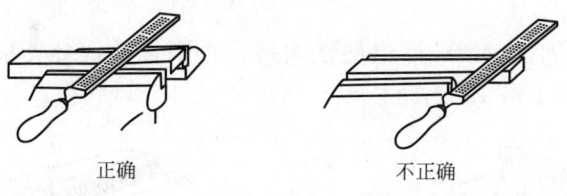

正确　　　　　　　　不正确

图 1-62　夹持长工件

4. 锉削时，工件伸出钳口要短，工件伸出太多就会弹动，如图 1-63 所示。

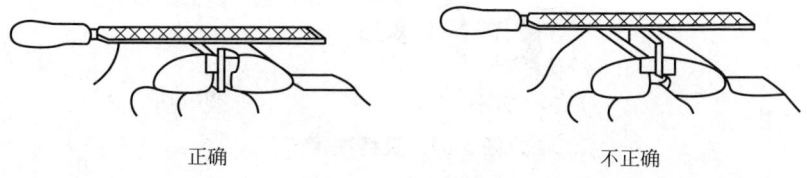

正确　　　　　　　　不正确

图 1-63　工件伸出

5. 夹持槽铁时，槽底必须夹到钳口上，为了避免变形用螺钉和螺母撑紧，如图 1-64 所示。

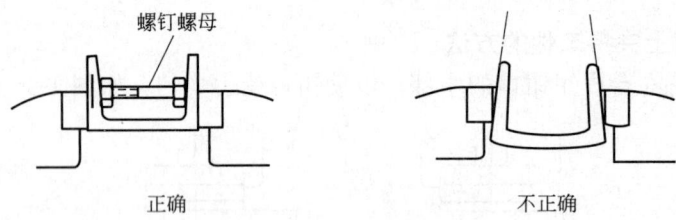

图 1-64　夹持槽铁

6. 用垫木夹持槽铁最合理，如不用辅助件夹持就会变形，如图 1-65 所示。

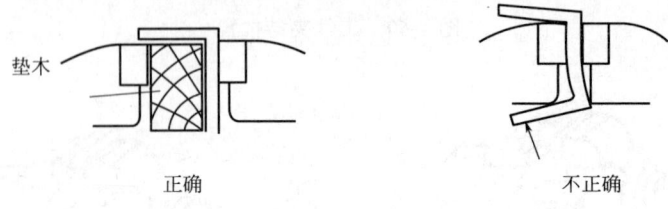

图 1-65　用垫木夹持槽铁

7. 夹持圆棒料时，用 V 形槽垫铁是最合理的夹持方法，如图 1-66 所示。

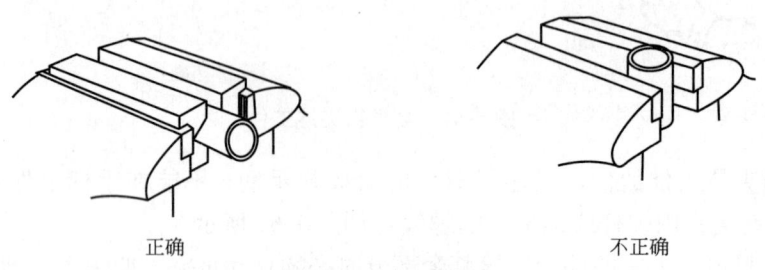

图 1-66　夹持圆棒料

8. 夹持铁管时，应用一对 V 形槽垫铁夹持，否则管子就会夹扁变形，尤其是薄壁管更容易夹扁变形，如图 1-67 所示。

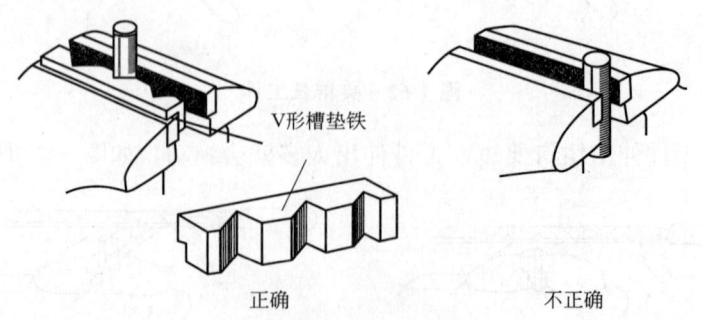

图 1-67　夹持铁管

9. 夹持工件的光洁表面时，应垫铜皮加以保护。

10. 锤击工件可以在砧面上进行，但锤击力不能太大，否则会使虎钳受到损害。

11. 台虎钳内的螺杆、螺母及滑动面应经常加油润滑。

二、划线

1. 钢直尺

用于度量尺寸的量具，使用时应注意刻度的读数。钢直尺用不锈钢制成，钢直尺的尺面上有公制和英制的刻线，可以直接测量、读出工件的实际尺寸。由于钢直尺本身的刻线误差及测量误差，所以用钢直尺测量工件误差较大，当尺寸精度要求较高时不能采用。钢直尺按其长度可分为 150mm、300mm、500mm 和 1000mm 四种规格，供不同测量范围选用。英制尺寸换算为公制尺寸时，只要将该英寸数乘以 25.4mm 即可。

2. 划针

划针是用来在工件上划线的最常用工具，如图 1-68 所示。

使用划针注意事项：

（1）划线时，针尖要紧靠导向工具边缘，上部向外 15°～20°，并向划线的移动方向倾斜 45°～75°（图 1-69）。

（2）针尖要保持尖锐，用后套上塑料保护套，不要让针尖露出。

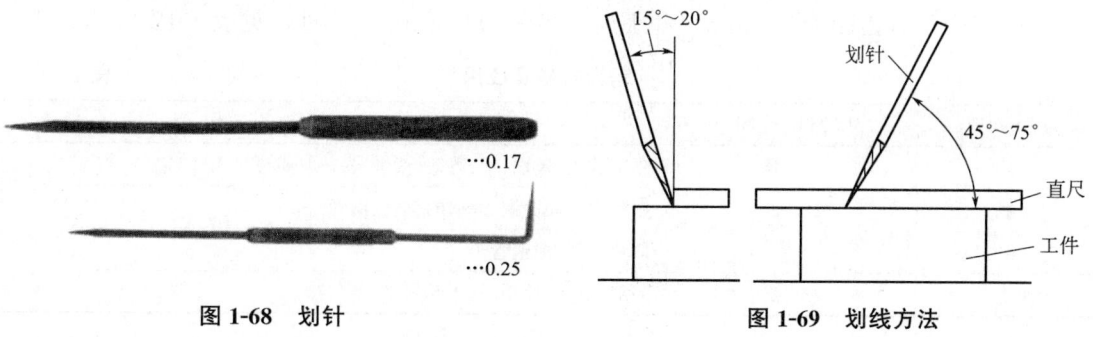

图 1-68　划针　　　　　　　　　　　图 1-69　划线方法

三、锯削

用锯对材料或工件进行切断或切槽等的加工方法，称为锯削。它可以锯断各种原材料或半成品，锯掉工件上多余部分或在工件上锯槽等，如图 1-70 所示。

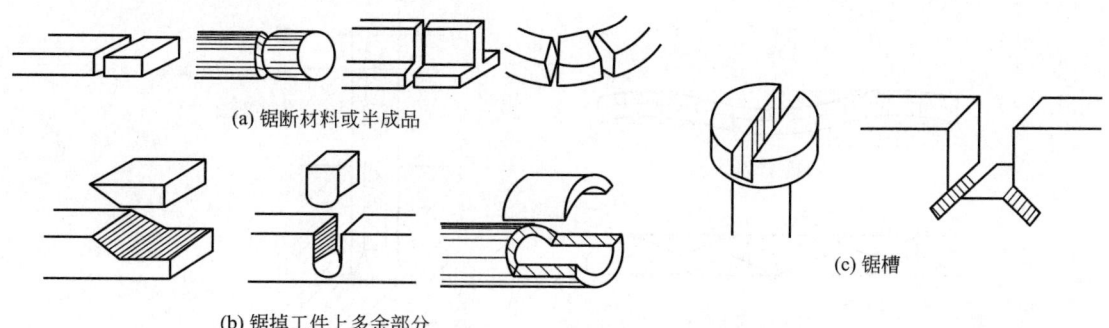

(a) 锯断材料或半成品

(b) 锯掉工件上多余部分

(c) 锯槽

图 1-70　锯削的应用

（一）锯削工具

手锯由锯弓和锯条两部分组成。

1. 锯弓

锯弓是用来安装和张紧锯条，进行锯削的基本工具，有固定式和可调节式两种，如图 1-71 所示。

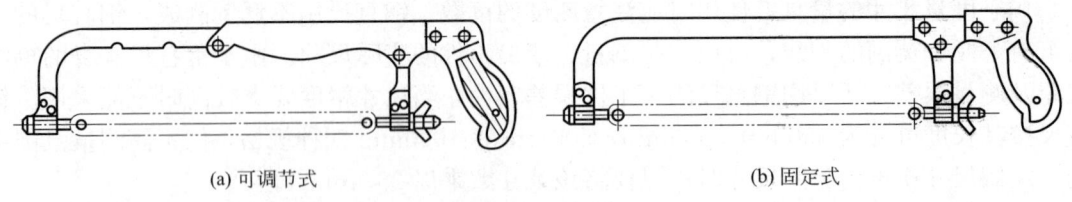

(a) 可调节式   (b) 固定式

图 1-71　锯弓

2. 锯条

锯条起切削作用。锯条规格以其两端安装孔间距表示，常用的规格为长 300mm、宽 12mm、厚 0.8mm。

（1）齿距

相邻两锯齿的间距称为齿距。根据齿距的大小，可将锯条分为粗齿（齿距为 1.6mm）、中齿（齿距为 1.4mm）和细齿（齿距为 0.8mm）三种，见表 1-12。

锯齿规格及应用 　　　　　　　　　　　　　　　　　　表 1-12

锯齿粗细	每 25mm 齿数	选用原则
粗	14～18	锯削软钢、黄铜、铝、铸铁、紫铜、人造胶质材料
中	22～24	锯削中等硬度钢、厚壁的钢管、铜管
细	32	薄片金属、薄壁管子
细变中	32～20	一般工厂中使用，易于起锯

（2）锯路

为了减少锯锋两侧面对锯条的摩擦阻力，避免锯条被夹住或折断，在锯条制造时，使锯齿按一定规律左右错开，排列成一定的形状，称为锯路。常见有交叉形和波浪形两种，如图 1-72 所示。

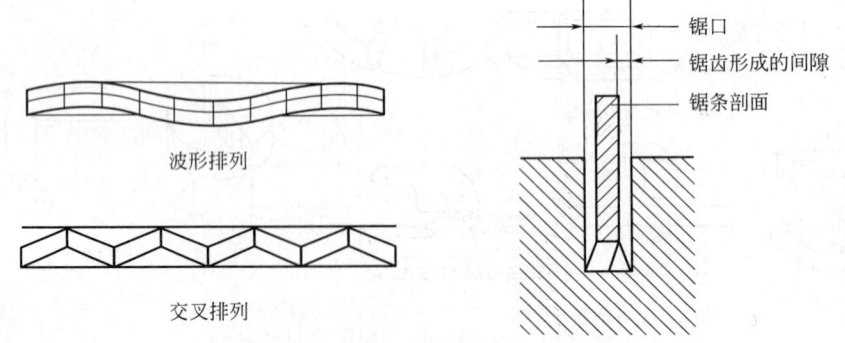

波形排列

交叉排列

图 1-72　锯路

（3）锯条的选择

根据工件材料的硬度和厚度选用不同粗细的锯条，如图 1-73 所示。锯软材料或厚件时，容屑空间要大，应选用粗齿锯条；锯硬材料和薄件时，同时切削的齿数要多，而切削量少且均匀，为尽可能减少崩齿和钝化，应选用中齿甚至细齿的锯条。一般应用为：粗齿锯条适于锯铜、铝等软金属及厚的工件；细齿锯条适于锯硬钢、板料及薄壁管子等；加工普通钢、铸铁及中等厚度的工件多用中齿锯条。

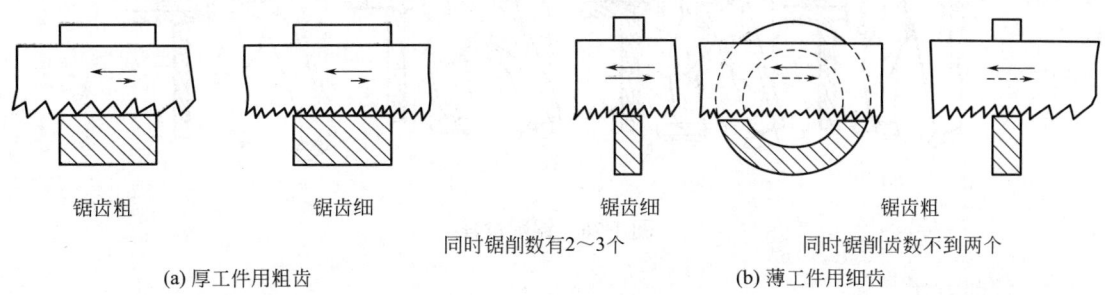

（a）厚工件用粗齿　　　　　　　　　　（b）薄工件用细齿

图 1-73　锯齿粗细的选择

（二）锯削操作

1. 锯削的基本姿势

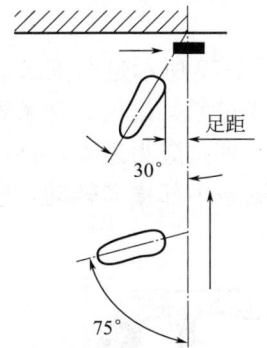

图 1-74　锯削时的站立姿势

（1）站立姿势

锯削时站立要自然，两脚站立角度如图 1-74 所示。

（2）锯弓握法

一般用右手握住锯弓的握把，左手扶住锯弓的前端，如图 1-75 所示。

（3）锯削时的运动与速度

手锯推进时，身体略向前倾，左手上翘，右手下压，可以适当向下增加一定的压力，回程时右手上抬，左手自然跟回，锯削过程如图 1-76 所示。锯削运动的速度一般为 40 次/min 左右，锯削硬材料时慢些，锯削软材料时可以快一些。返回时不要施加压力，以较快的速度返回。

锯削

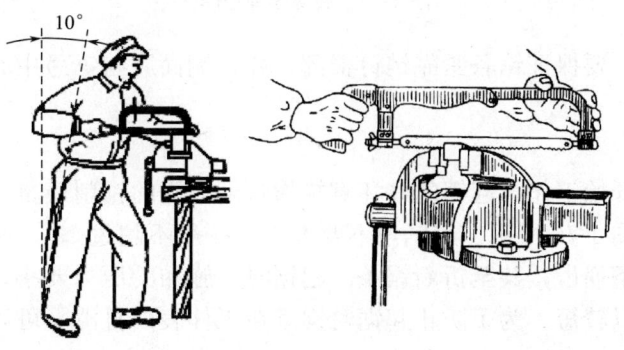

图 1-75　锯弓握法

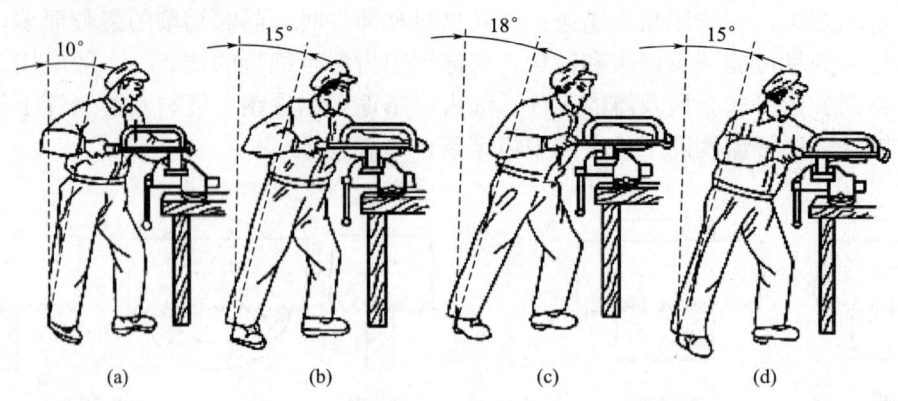

图 1-76 锯削过程

2. 锯削方法

（1）工件的装夹

工件一般装夹在台虎钳左侧，工件伸出台虎钳钳口不应太长，使锯缝呈铅垂状态，并与钳口距离为 10～20mm。工件装夹要牢固，同时还要避免夹紧力过大而造成工件变形。

（2）锯条安装

锯条在安装时要保证锯弓向前推时进行切削，因而应按照图 1-77 所示进行安装。锯条安装的松紧是靠调节元宝螺母实现的，要注意，不要拧得过松或过紧，过松，锯条容易左右摆动，从而使锯缝歪斜，也容易造成锯条折断；过紧，锯条受到拉应力过大，韧性变差，同样容易折断。一般可以根据经验确定（用拇指和食指捏住锯条中部横向转动，感觉能够转动适当角度，而又不是太松即可）。

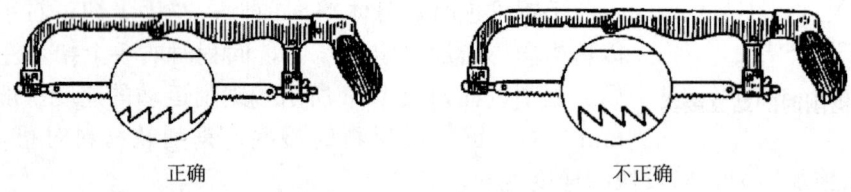

正确　　　　　　　　　　　　　　　不正确

图 1-77 锯条安装方向

锯条在安装后，要保证锯条紧靠销钉根部，并且侧面应与锯弓中心平面平行，不能倾斜或扭曲。

（3）起锯方法

起锯是锯削的开始工作，起锯的好坏直接影响到后面的锯削质量。起锯方法有远起锯和近起锯两种，如图 1-78 所示。起锯角不要太大，一般不超过 15°。起锯角过大容易钩住锯齿，从而造成锯条崩齿，甚至折断锯条。起锯时，施加的压力要小，锯削速度要慢，并且锯削移动距离可以较短。为了防止起锯时锯条在工件表面打滑，可以用左手拇指抵住锯条进行起锯，如图 1-79 所示。

（三）典型材料的锯削

钳工常见材料的锯削方法见表 1-13。

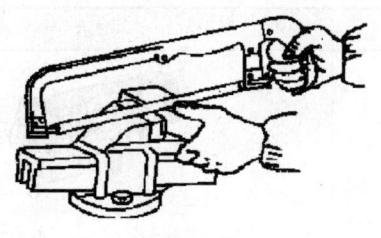

(a) 远起锯   (b) 近起锯

图 1-78　起锯方法

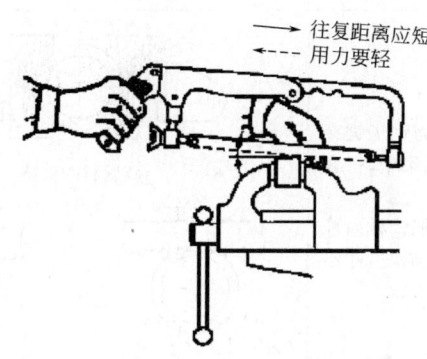

往复距离应短
用力要轻

锯条

用拇指指甲
引导锯条切入

图 1-79　拇指引导起锯

钳工常见材料的锯削方法　　　　　　　　　　　　表 1-13

类型	操作说明	图示
扁钢的锯削	(1)锯扁钢时,应从宽面往下锯,此法不但效率高,而且能较好地防止锯齿的崩缺。 (2)若从窄面往下锯,非但不经济,而且只有很少的锯齿与工件接触,工件越薄,锯齿越容易被工件的棱边钩住而折断	(a) 正确　　　(b) 不正确
槽钢的锯削	(1)槽钢的锯削与扁钢一样,但要分三次从宽面往下锯,不能在一个面上往下锯,应尽量做到在长的锯缝口上起锯,因此工件必须多次改变夹持的位置。 (2)操作程序:先在宽面上锯槽钢的一边,如右图(a)所示;把槽钢反转夹持,锯中间部分的宽面,如右图(b)所示;再把槽钢侧转夹持,锯槽钢的另一边的宽面,如右图(c)所示。图(d)所示的锯削方法是错误的,只把槽钢夹持一次锯开,这样的锯削效率低。在锯高而狭窄的中间部分时,锯齿容易折断,锯缝也不平整	(a)　　　(b) (c)　　　(d) (a)、(b)、(c)正确,(d)不正确

续表

类型	操作说明	图示
深缝的锯削	锯深缝时,先垂直锯,当锯缝的高度达到锯弓高度时,锯弓就会与工件相碰,此时应把锯条拆出转90°重新安装,使锯弓转到工件的侧面,然后按原锯路继续锯削	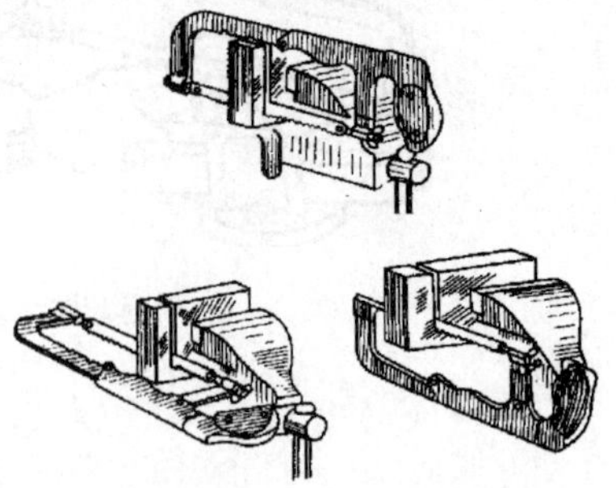
管材的锯削	(1)锯削管材时,不能从一个方向锯到底,因为锯子锯穿管材内壁后,锯齿即在薄壁上切削,由于受力集中,很容易被管壁钩住而折断。 (2)正确的方法:当锯到管材内壁时就停锯,把管材向推锯方向转过一些,锯条依原有的锯缝继续锯削,这样不断地转锯,直至锯断为止	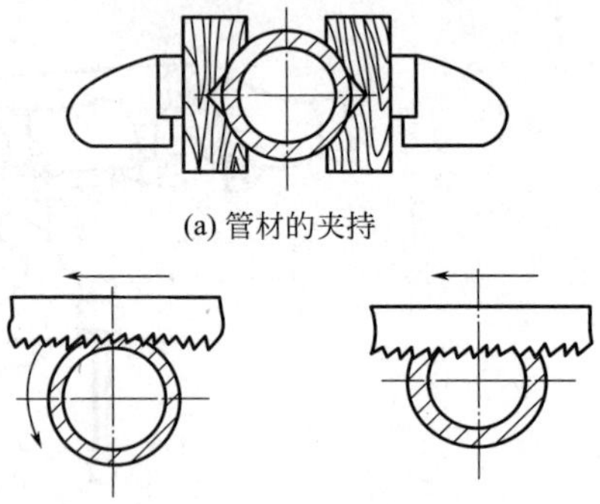 (a) 管材的夹持 (b) 正确　(c) 不正确
薄钢板的锯削	将薄钢板夹在两木块之间,连同木块夹在虎钳上一起锯削,这样增加了薄钢板锯削时的刚性,防止锯齿折断	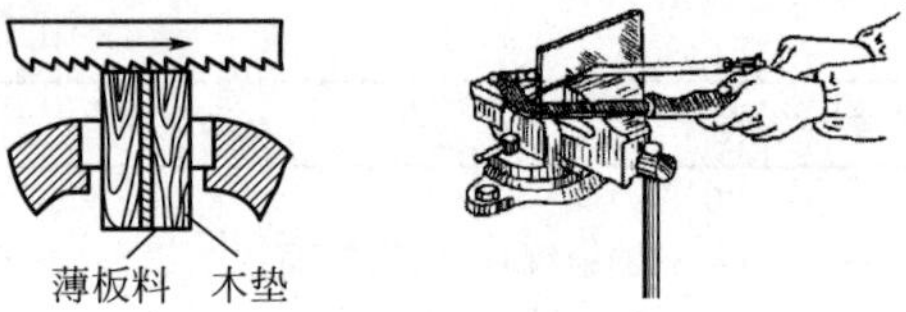 薄板料　木垫

(四)锯条损坏原因分析

锯条损坏常见的现象及其原因见表 1-14。

锯条损坏常见的现象及其原因　　　　表 1-14

现象	原因
锯齿崩裂	(1)锯条规格选择不当。 (2)起锯角度过大或采用了近起锯时用力过大。 (3)锯削运动时突然加大压力,锯齿容易被工件棱边钩住而发生崩刃现象
锯条折断	(1)工件装夹不紧,锯削时工件松动。 (2)锯条安装过松或过紧。 (3)锯削时压力过大,或锯削时用力突然偏离锯缝方向。 (4)强行纠正歪斜锯缝,或更换新锯条后仍在原锯缝过猛地锯下。 (5)锯削时锯条中间局部磨损,当锯弓拉长时锯条被卡住引起折断。 (6)中途停止使用,锯弓未从工件锯缝中取出
锯齿过早磨损	(1)锯削速度过快,使锯条发热过度。 (2)锯削较硬的材料时没有冷却和润滑措施。 (3)锯齿粗细的选择不合适

（五）锯削安全技术知识

1. 锯条松紧要适当，不能装得过松或过紧。

2. 锯削时对手锯的压力不能太大，否则会使锯条折断。

3. 工件将要锯完时，应用手扶着被锯下的部分，防止切下部分砸在脚上。

4. 锯削时要防止断锯飞出伤人。

任务评价

锤头下料评价表　　　　　　表 1-15

| 锤头下料图 | 100±0.2mm φ32 |

	评价内容	分值	评价标准	自评	互评	教师评价
基础知识	手锯的结构及安装方法	5	回答正确，表述清晰，出现错误酌情扣分			
	锯条的选用方法	5				
	锯条折断原因分析	5				
	锯缝歪斜原因分析	5				
操作要点	划线工具的使用及方法	9	动作规范，操作正确，出现错误酌情扣分			
	工件划线质量	9	线条清晰、准确，出现错误酌情扣分			
	锯条安装正确合适	8	动作规范，锯条安装正确，出现错误酌情扣分			
	工件装夹正确合理	8				
	起锯	8				
	锯削姿势	9				
	下料尺寸	9	100±0.2mm，误差每超出1mm扣2分			
职业素养	工作态度	5				
	协作精神	5				
	安全文明生产	5				
	创新意识	5				

任务总结

掌握的基础知识	
掌握的操作要点	
遇到的问题	
解决问题的方法和途径	
心得体会	
其他	

任务二 锯、锉长方体

任务描述

本任务是将上一个任务完成的圆棒料（图 1-80）加工成如图 1-81 所示的长方体。选择合适的加工工具和量具对圆钢进行手工加工，并达到图样所示的要求。在加工过程中将初步接触到立体划线、锉削等钳工基本技能，加工中要注意工具、量具的正确使用，并满足工件的加工质量要求。

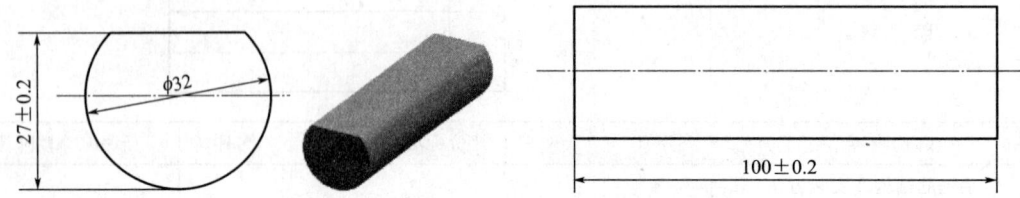

图 1-80 锉平面加工零件图（单位：mm）

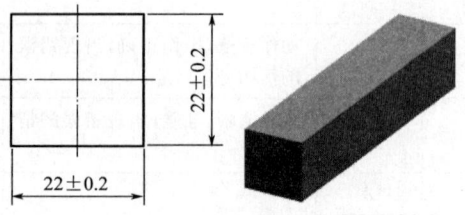

图 1-81 长方体加工零件图（单位：mm）

任务分析

1. 图样分析

分析图 1-80 和图 1-81，思考以下问题：

（1）解释图中的尺寸公差和位置公差的含义。

（2）指出图中的尺寸基准。

2. 工艺分析

分析锯、锉长方体的工艺流程，完成表 1-16。

锯、锉长方体的工艺流程表 表 1-16

序号	工作内容	操作方法	精度要求	设备、工具、量具

任务目标

1. 知识目标

（1）了解划线基准。

（2）熟悉划线工具。

（3）掌握划线的基本操作要点。

（4）掌握锯削操作要点。

（5）熟悉锉削工具。

（6）掌握锉削的基本操作要点。

（7）熟悉锉削质量检验方法。

（8）了解锉削安全操作技术知识。

2. 能力目标

（1）能使用游标卡尺测量工件。

（2）能使用千分尺测量工件。

（3）能在工件上进行平面划线和立体划线的操作。

（4）能在工件上进行锯削操作。

（5）能在工件上锉削平面和圆弧面，并达到一定的锉削精度。

（6）能进行锉削面的质量检验。

3. 职业素养目标

（1）工作态度端正，纪律观念强。

（2）善于思考问题和敢于解决问题的能力。

（3）良好的协作精神和创新意识。

（4）遵守安全文明生产的要求。

任务实施

工作内容	操作方法	图示	精度要求	设备、工具、量具
1. 加工基准面	（1）圆棒料放在V形铁上，划基准面的加工线			
	（2）将圆棒料夹持在台虎钳上，锯削第一个面（基准面）			
	（3）锉削基准面			
任务知识点				

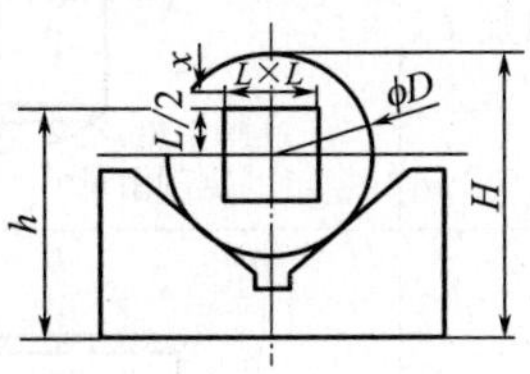

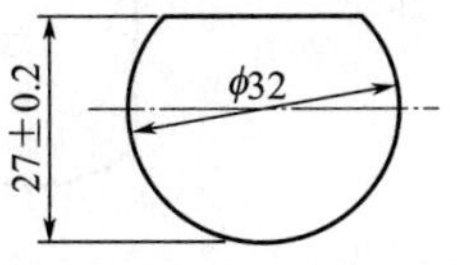

工作内容	操作方法	图示	精度要求	设备、工具、量具
2. 加工第二面	(1)将工件基准面向下放置在平台上,侧面靠住方箱,划第二加工面的加工线	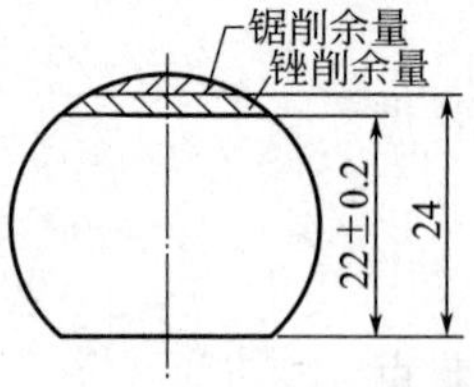 锯削余量 锉削余量 22±0.2 24		
	(2)夹持工件,锯削第二加工面	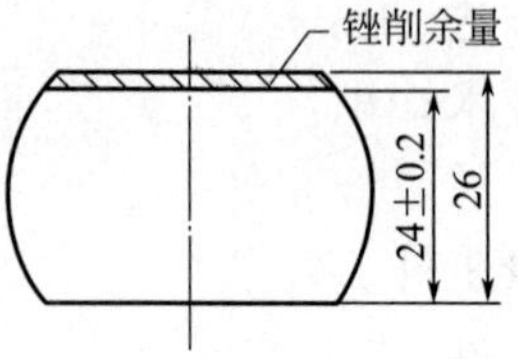 锉削余量 24±0.2 26		
	(3)锉削第二加工面	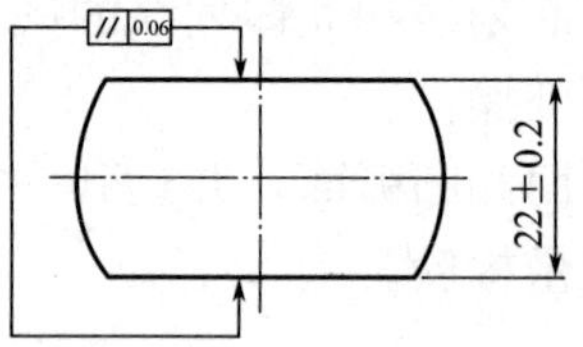 // 0.06 22±0.2		
任务知识点				
3. 加工第三面	(1)将工件已加工好的第一、二面和两个端面分别靠在划线方箱上,划第三、第四加工面的加工线	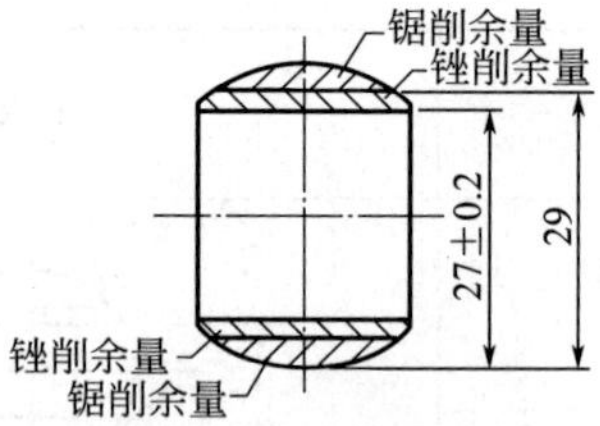 锯削余量 锉削余量 27±0.2 29 锉削余量 锯削余量		
	(2)夹持工件,锯削第三加工面	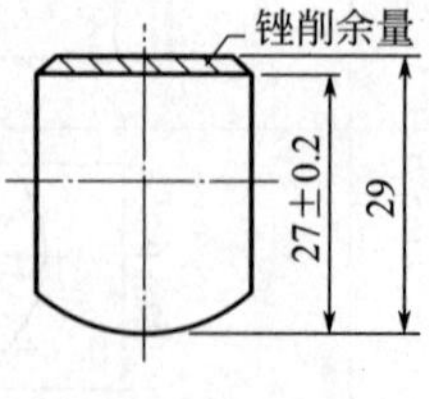 锉削余量 27±0.2 29		
	(3)锉削第三加工面	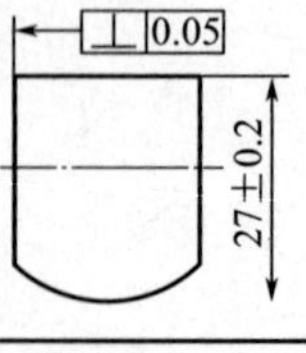 ⊥ 0.05 27±0.2		

工作内容	操作方法	图示	精度要求	设备、工具、量具
4. 加工第四面	(1)夹持工件，锯削第四加工面	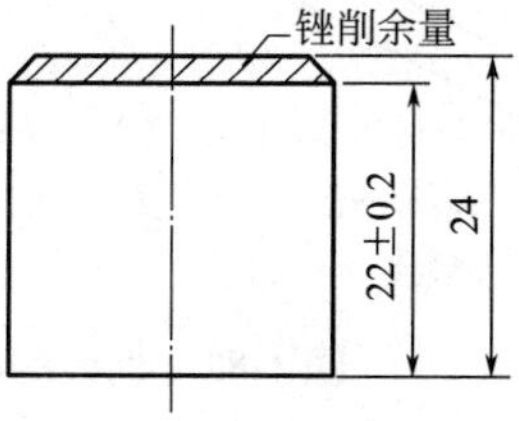 锉削余量 22 ± 0.2 24		
	(2)锉削第四加工面	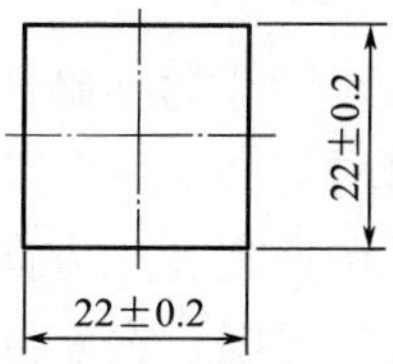 22 ± 0.2 22 ± 0.2		
5. 加工两端面	(1)锉削长方体的一端面	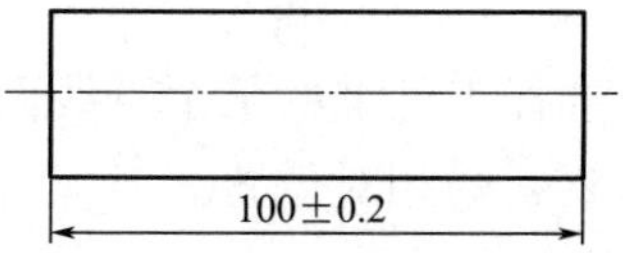 100 ± 0.2		
	(2)锉削长方体的另一端面			
任务知识点				

任务实施加油站

一、划线

（一）划线概述

划线是根据图纸要求，在毛坯或半成品上划出加工界线的一种操作。划线分为平面划线和立体划线，如图 1-82 所示。平面划线是指只需要在一个表面上进行划线就能完全确定加工界限的划线。立体划线是指在工件的几个不同表面上进行的划线（各表面一般相互垂直），才能完全确定加工界限的划线。

1. 划线作用

（1）确定工件的加工余量，使加工有明确的界限。

（2）便于工件的找正装夹。

（3）能及时发现不合格毛坯并及时处理，避免了加工后造成损失。

（4）对于误差不大的不合格毛坯，通过借料划线可以进行补救，能满足后续加工出合格工件。

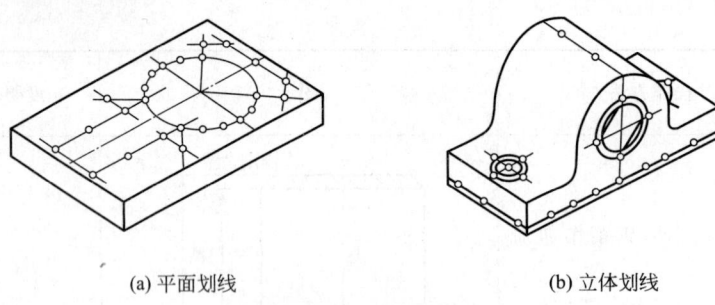

(a) 平面划线　　　　　　　　　　(b) 立体划线

图 1-82　划线的种类

2. 划线要求

(1) 划线的基本要求是要保证尺寸的准确性。

(2) 划出的线条清晰、粗细均匀。

(3) 对于立体划线还要保证在长宽高三方向的线条相互垂直。

(4) 划线只是确定初步的加工界限，在实际加工中不能以划线所得的界限直接确定加工后的最终尺寸，必须要靠测量来保证工件尺寸的准确性。

3. 划线基准

划线基准是指在划线时选择工件上的某个点线面作为依据，用它来确定工件的各部位尺寸、几何形状及工件上各要素的相对位置。

1) 划线基准的确定原则

(1) 划线基准尽量采用设计基准。

(2) 选择已经精加工过的，并且精度最高的边、面等。

(3) 选择较长的边或相对两边、两面的对称中心线。

(4) 较大的圆的中心线。

(5) 在薄板上选择划线基准时，还要考虑节约材料以及材料的裁剪方向，合理确定。

2) 划线基准的形式

划线时，根据工件的形状不同，基准有以下三种形式：

(1) 以两个相互垂直的表面（或直线）为基准，如图 1-83 (a) 所示。

(2) 以一个平面和一条中心线为基准，如图 1-83 (b) 所示。

(3) 以两条中心线为基准，如图 1-83 (c) 所示。

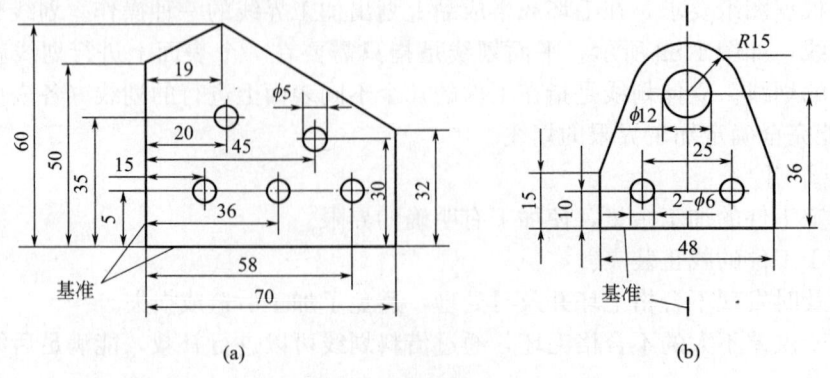

(a)　　　　　　　　　　　　　　(b)

图 1-83　划线基准（一）

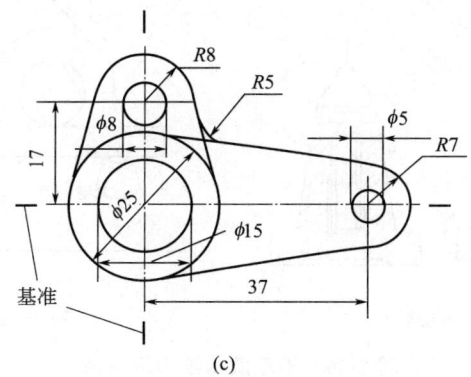

(c)

图 1-83 划线基准（二）

（二）划线工具

1. 划线平台

划线平台一般由铸铁制造，用来放置划线工件和划线工具的基础平台，如图 1-84 所示。

![划线平台]

图 1-84 划线平台

2. V 形铁

V 形铁主要用来支撑圆柱表面的工件，能使轴线平行于划线平板的上平面，便于用划针盘找中心、划中心线。常用铸铁或碳钢制造，相邻各表面相互垂直，V 形槽一般呈 90°，对于比较长的圆柱表面工件，要用两个等高的 V 形铁才能正常使用（图 1-85）。

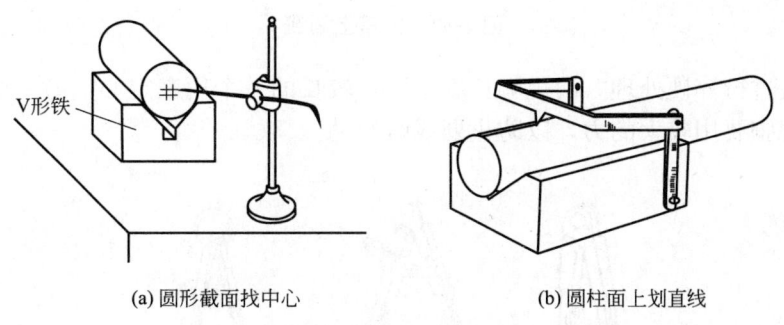

(a) 圆形截面找中心　　　　　　　　(b) 圆柱面上划直线

图 1-85 V 形铁的应用

3. 千斤顶

千斤顶是在划线平板上支撑毛坯或不规则工件进行立体划线用的，由于其高度可以调节，所以便于找正工件的水平位置。使用时，通常用三个千斤顶来支撑工件，如图 1-86 所示。

4. 方箱

方箱的六个面互相垂直，它用于夹持较小的工件，通过翻转方箱，便可在工件各表面上划出相互垂直的直线，如图 1-87 所示。

5. 划规

划规是用来划圆或圆弧，等分线段、角度，以及量取尺寸的工具（图 1-88），划规的

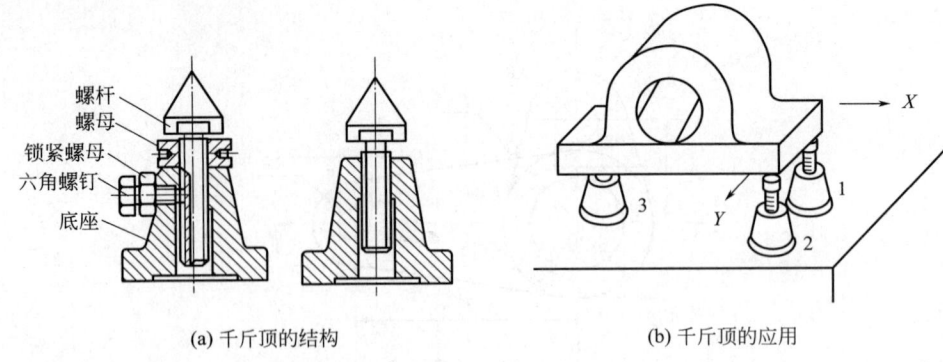

(a) 千斤顶的结构　　　　　　　　(b) 千斤顶的应用

图 1-86　千斤顶的结构及应用

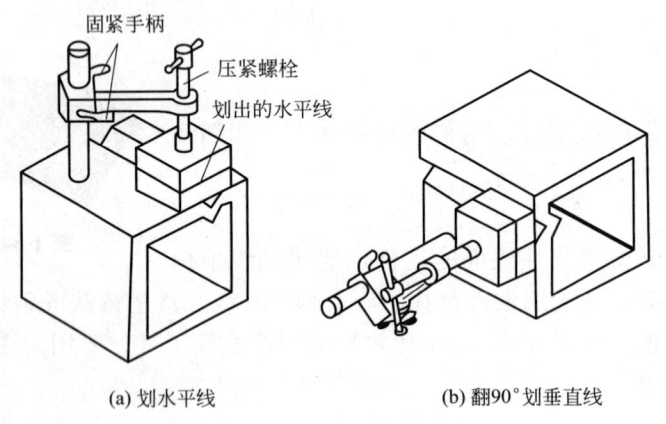

(a) 划水平线　　　　　　　　(b) 翻90°划垂直线

图 1-87　方箱上划线

两个规脚一般进行淬硬处理，两规脚长度不同，较长的一个用来定心，另一个规脚用来划线，定心的规脚要用较大的力，以防止划线时滑动。

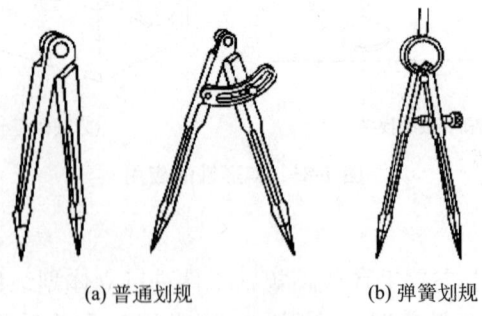

(a) 普通划规　　　　　　　　(b) 弹簧划规

图 1-88　划规

6. 划线盘

划线盘是立体划线用的主要工具。分普通划线盘和可微调划线盘，如图 1-89 所示。即划线盘是在划线平板上划水平线和校正工件的位置。使用时，调节划针到一定的高度并移动划线盘底座，划针的尖端即可对工件划出水平线；弯头端即可找正表面是否与划线平板平面相对平行，如图 1-89（c）所示。

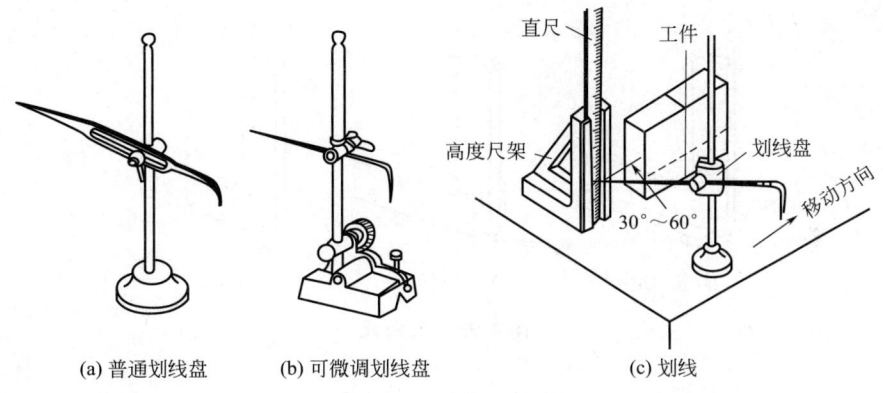

(a) 普通划线盘　　(b) 可微调划线盘　　(c) 划线

图 1-89　划线盘及应用

在使用划线盘时要注意以下几点：

（1）划针应处于水平位置且不宜伸出过长，以免发生振动，影响划线精度。

（2）划线时应使底座紧贴平板平面平稳移动，划针与划线方向夹角应为锐角，即线是拖划出来的，这样可减少划针的抖动。

（3）划线盘用完后，应将划针竖直折起，使尖端朝下，以减少所占空间和防止伤人。

7. 样冲

样冲是用于在工件上所划的线条上打样冲眼，做出加强界线标志和划圆弧或钻孔的定位中心，如图 1-90 所示。

样冲使用方法：先将样冲倾斜，使尖端对准线的正中；然后，将样冲立直，用锤子垂直猛击样冲尾端，在工件上冲出清晰的样冲眼（图 1-91）。划圆前与钻孔前，应在中心部位上打上定中心样冲眼，如图 1-92 所示。

图 1-90　样冲

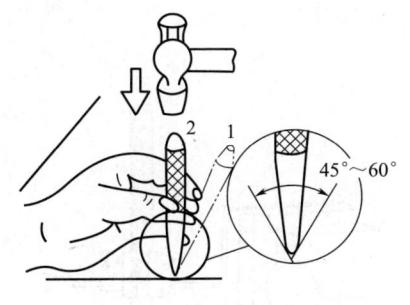

图 1-91　样冲使用方法图

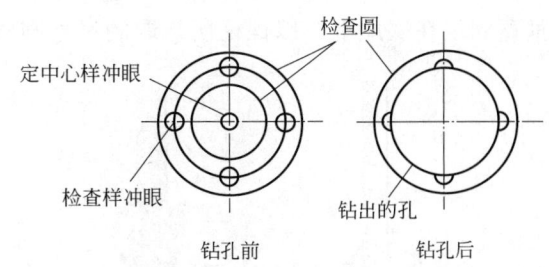

图 1-92　钻孔前的划线和打样冲眼

8. 量具

划线常用的量具有直角尺、钢直尺、高度尺和高度游标卡尺等。

（1）直角尺

直角尺是测量直角的量具。直角尺用中碳钢制成，经精磨或刮研后，两条边成准确的 $90°$，如图 1-93 所示。它除了可以做垂直度检验外，还可以作为划平行线、垂直线的导向工具及校正工件在平板上的准确位置，如图 1-94 所示。

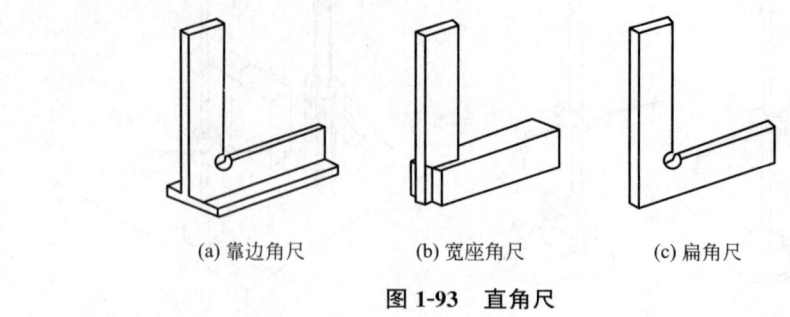

(a) 靠边角尺　　　　(b) 宽座角尺　　　　(c) 扁角尺

图 1-93　直角尺

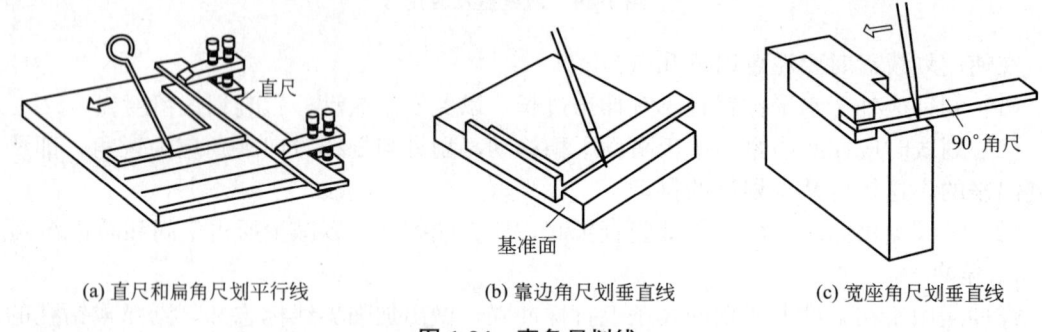

(a) 直尺和扁角尺划平行线　　　(b) 靠边角尺划垂直线　　　(c) 宽座角尺划垂直线

图 1-94　直角尺划线

（2）钢直尺

用于度量尺寸的量具，使用时应注意刻度的读数。钢直尺的尺面上有公制和英制的刻线，可以直接测量、读出工件的实际尺寸。钢直尺按其长度可分为 150mm、300mm、500mm 和 1000mm 四种规格。

（3）高度尺

配合划针盘量取高度尺寸的量具，它由底座和钢直尺组成，如图 1-95（a）所示。钢直尺垂直固定在底座上，以保证所量取的尺寸准确。

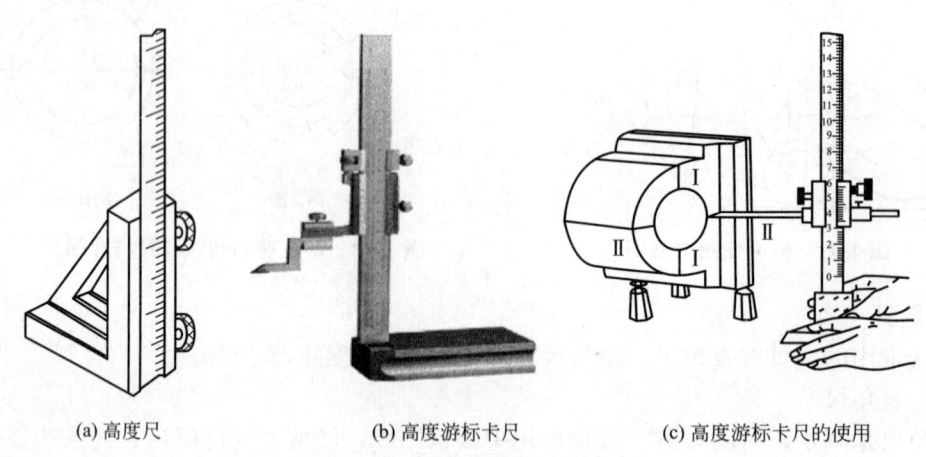

(a) 高度尺　　　　(b) 高度游标卡尺　　　　(c) 高度游标卡尺的使用

图 1-95　高度尺与高度游标卡尺

（4）高度游标卡尺

高度尺和划针盘的组合，如图 1-95（b）所示。高度游标卡尺是精密测量工具，精度可达 0.02mm，适用于半成品（光坯）的划线，不允许用它来划毛坯线。使用时，要防止撞坏硬质合金划线脚。

（三）划线的基本操作

1. 划线前的准备工作

（1）清坯涂色

为保证划线的清晰度，应清除工件表面的氧化铁皮、油污、型砂、飞边、毛刺等，并在划线部位的表面涂上一层薄而均匀的涂料。常用的涂料：石灰水用于铸、锻件毛坯表面；粉笔用于小件毛坯表面；龙胆紫用于钢、铸件半成品（光坯）及有色金属表面。

（2）在工件的孔中装中心塞块

在有孔的工件上划圆或等分圆周时，为便于划线，必须在孔内先安装一个定圆心用的塞块。塞块有铅塞块、木塞块和可调节塞块。

2. 划线方法与步骤

（1）常用基本划线方法

钳工划线必须掌握表 1-17 所示几种基本划法。

平面划线常用划法　　　　　　　　　　　　　　　　表 1-17

名称		图例	说明
划垂直线		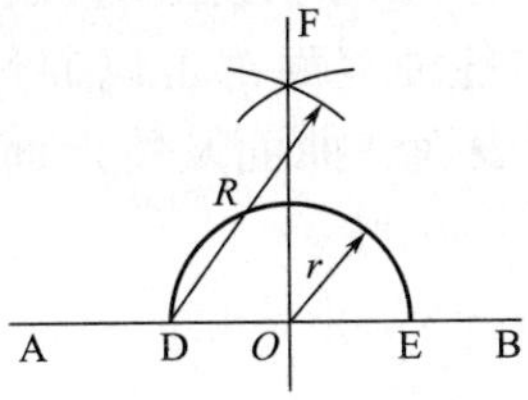	已知一线段 AB，在线上取一点 O，用划规以 O 为中心截取等距离两点 D 和 E。再以 D 和 E 为圆心，用略大于等距离为半径划弧，两弧相交于 F 点，连接 OF 即为垂直于 AB 的直线
划平行线		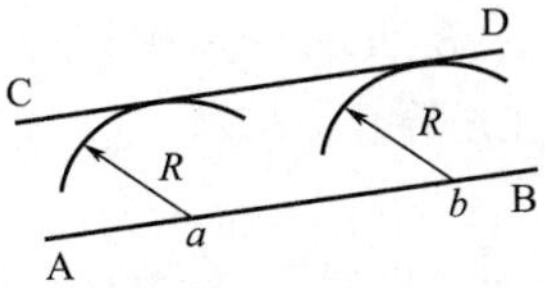	已知一线段 AB，在线上取两点 a 和 b 为圆心，以平行距离为半径做出两圆弧，与两圆弧相切的直线 CD 即平行于 AB
求圆心	几何作图法	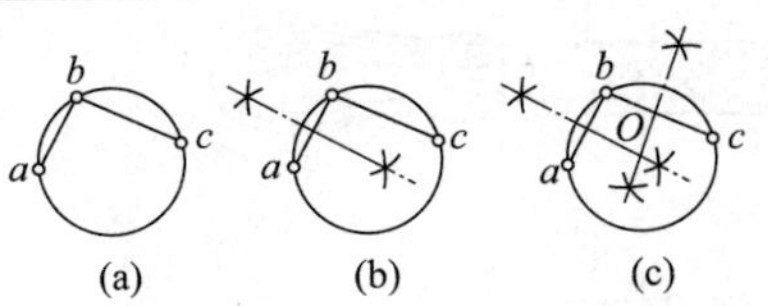 (a)　　(b)　　(c)	在圆上取 ab、bc 两弦，两弦中垂线的交点 O 即为所求圆心
	用划规求圆心	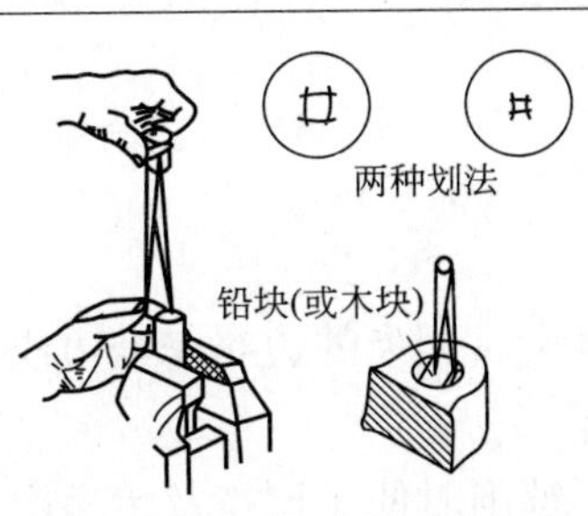 两种划法 铅块（或木块）	将划规两脚开度调到略大于半径，分别以圆周上四点为圆心，在圆柱形端面上划四条短线，再在短线包围区内凭目测定出圆心。此方法所得圆心为大致的中心，适用于圆柱体端面的划线

续表

名称	图例	说明
求圆心 用划针盘求圆心	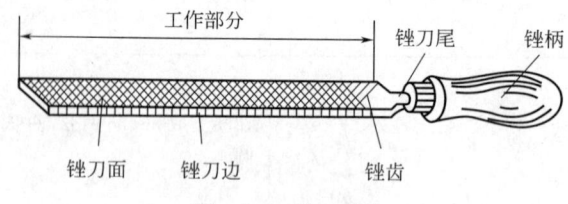	把工件放在 V 形铁上，凭目测将划针尖端调到大约在工件中心的高度，在端面划一直线，然后把工件围绕轴线转 180°，用原划针盘划针的高度再在端面上划一直线。若两线重合，说明该线即中心线。若不重合，说明该工件的中心线必定在两条平行线之间，此时再把划针调节到这两条线中间，重复以上过程即可划出正确的中心线。中心线定出后，只要将工件任意转一角度再划一条中心线，其交点即为该工件的中心。此法较为准确

（2）划线步骤

① 详细研究图纸，确定划线基准。

② 清理毛坯表面，涂以适当的涂料。

③ 正确安放工件，选用划线工具。

④ 按图纸技术要求进行划线。

⑤ 划完线应仔细检查有无差错。

⑥ 准确无误后，方可在线上打样冲眼。

锉削

二、锉削

锉削是用锉刀对工件表面进行切削加工的方法。锉削一般在锯削后对工件进行精度较高的加工。常见工件的各种表面都可以通过锉削加工来完成。锉削工作范围广，可以加工各种内外表面、曲面及特形面；常用于样板、模具制造和机器的装配、调整和维修。

（一）锉刀

1. 锉刀的结构

锉刀由锉身和锉柄构成，其各部分名称如图 1-96 所示。其规格以工作部分的长度来表示，常用的有 100mm、150mm、200mm、300mm 等。

图 1-96 锉刀结构

（1）锉刀面

它是锉刀的主要工作面。

（2）锉刀边

锉刀边指锉刀的两侧面，一边有齿，一边没齿，无齿的边叫安全边或光边。

（3）锉刀尾

锉刀尾指锉刀尾的锥部，用以插入锉柄中，锉削时便于握持及传递推力。

（4）锉齿

锉刀的锉齿有铣齿和剁齿两种，铣齿的锉刀比较锋利，容屑槽较深，每锉切削量较大，一般用于粗加工；剁齿的锉刀容屑槽较浅，每锉切削量较小，但加工的表面粗糙度较低，一般用于精加工。

锉纹是锉齿的排列图案，一般有单齿纹和双齿纹两种（图 1-97）。单齿纹是锉刀上只有一个方向的齿纹，一般用于软材料的锉削。双齿纹是锉刀上有两个方向的齿纹，分为底齿纹（较浅）和面齿纹（较深）。

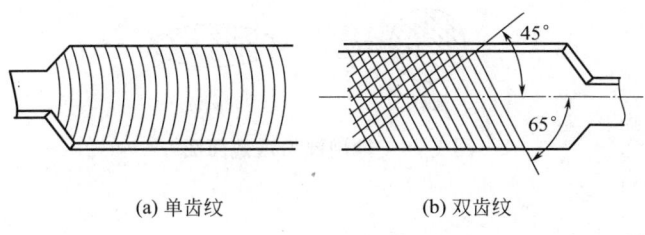

(a) 单齿纹   (b) 双齿纹

图 1-97　锉纹

2. 锉刀的种类

锉刀根据形状不同，可分为平锉、半圆锉、方锉、三角锉、圆锉等，如图 1-98 所示，其中平锉应用最多。各种锉刀的截面积形式及应用列于表 1-18。

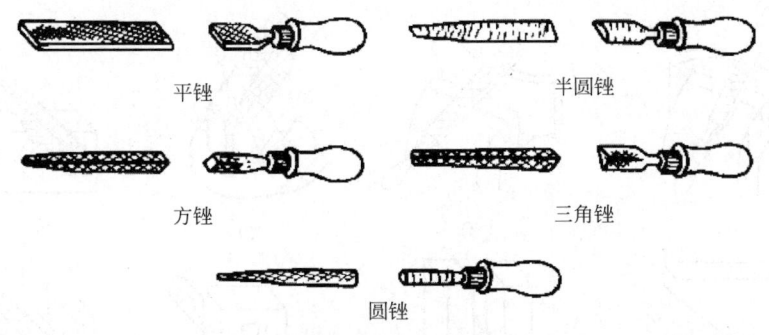

平锉　　　　　　　　　　　半圆锉

方锉　　　　　　　　　　　三角锉

圆锉

图 1-98　锉刀的种类

锉刀的种类（《锉刀的名词、术语》QB/T 3842—1999）　　　　　表 1-18

种类（代号）	截面形式	应用
钳工锉（Q）	扁形(板)、半圆形、三角形、方形、圆形	适用于一般工件表面的锉削
整形锉（Z）	扁形、半圆形、三角形、方形、圆形、单面三角形、刀形、双半圆形、椭圆形、菱形	适用于对机械、电器仪表等小部位修整
异形锉（Y）	扁形、半圆形、三角形、方形、圆形、单面三角形、刀形、双半圆形、椭圆形	加工各种工件的特殊表面

为了适应不同形状工件的锉削，锉刀有各种截面形式，如图 1-99 所示。图 1-100 为各种形式的锉刀应用实例。

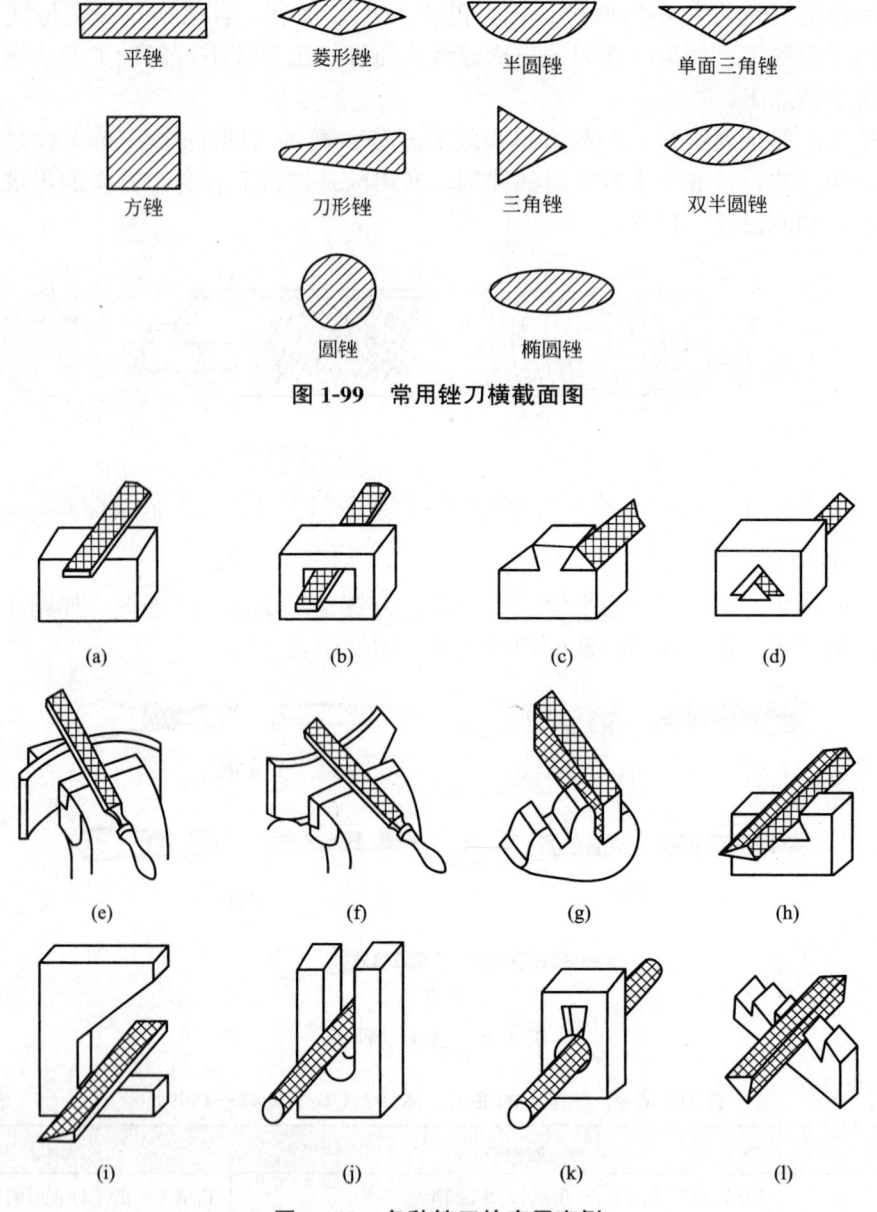

图 1-99　常用锉刀横截面图

图 1-100　各种锉刀的应用实例

（a）、（b）锉平面；（c）、（d）锉燕尾和三角孔；（e）、（f）锉半圆；（g）锉楔角；
（h）锉内角；（i）锉菱形；（j）、（k）锉圆孔；（l）锉三角

3. 锉刀规格

锉刀规格分为尺寸规格和齿纹粗细规格两种。

（1）钳工锉的尺寸规格

圆锉以其断面直径表示，方锉以其断面边长表示，其他锉刀以其锉身长度表示。钳工常用的锉刀有 100mm、125mm、150mm、200mm、250mm、300mm、350mm 和 400mm等几种。异形锉和整形锉的尺寸规格是指锉刀全长。

（2）粗细规格

以轴向 10mm 长度内主锉纹（面锉纹）的条数表示。锉刀刀齿粗细的选择见表 1-19。

锉刀刀齿粗细的选择 表 1-19

锉纹号	锉齿	适用场合			
		加工余量（mm）	尺寸精度（mm）	粗糙度（Ra）	应用
1	粗	0.5～1	0.2～0.5	50～12.5	适于粗加工或有色金属
2	中	0.2～0.5	0.05～0.2	6.3～1.7	适于粗锉后加工
3	细	0.05～0.2	0.01～0.05	1.7～0.8	锉光表面或硬金属
4	油光	0.025～0.05	0.005～0.01	0.8～0.2	精加工时修光表面

4. 锉刀选择

锉刀选用一般原则：

（1）锉刀尺寸规格按照被锉工件表面形状和大小选择。

（2）锉刀粗细规格选择是根据工件材料性质、加工余量以及所要达到的表面粗糙度来确定。当加工余量大、表面粗糙度要求较低时，就可以选用粗齿锉刀，反之就要用细齿锉刀。加工软材料一般用粗齿锉刀，加工硬材料要用细齿锉刀。油光锉主要用于最后的修光工件表面、降低表面粗糙度时使用。

5. 锉刀使用保养

（1）严禁用锉刀锉削毛坯件表面的硬皮、氧化皮以及未经退火的硬钢件。

（2）使用新锉刀应先用一面，当该面用钝后再用另一面。

（3）锉削时不能洒水、沾油或用手去摸锉刀面，以免引起锈蚀和锉削时打滑。

（4）锉削过程应及时用钢丝刷或薄口黄铜板顺纹清除锉齿槽内的积屑，如图 1-101 所示。

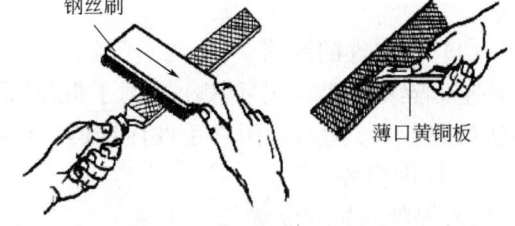

图 1-101 清除锉屑的方法

（5）锉刀要分别放置，不可堆叠，以免损坏锉齿。

（6）切不可用锉刀当撬棒用，以防折断。

（二）锉削基本操作

1. 锉刀握法

（1）大锉刀的握法

大锉刀是指长度大于等于 250mm 的锉刀，其握法如图 1-102 所示。右手握住锉柄，使锉柄顶在拇指根部下方的手掌上，拇指自然放在锉柄上，剩余四指由下而上自然握住锉柄。左手可以任意采用以下三种方式之一：①手掌斜放在锉梢上面，拇指根部轻压在锉梢，中指和无名指顺势放在锉梢下面；②手掌斜放在锉刀前部，拇指自然平伸，其余四指自然蜷曲放在锉刀下面；③手掌斜放在锉刀前部，手指自然平伸，压在锉刀上。

（2）中型锉刀的握法

中型锉刀一般指锉身长度介于 150～250mm 的锉刀，其握法如图 1-103 所示。右手握锉柄的方法同大锉刀握法。左手用拇指和食指轻扶在锉梢，主要为了防止锉刀弯曲。

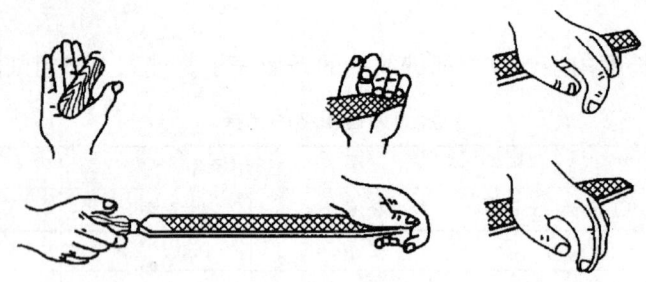

图 1-102　大锉刀的握法

（3）小型锉刀的握法

小型锉刀一般指锉身长度不超过 150mm 的锉刀（不包括整形锉），其握法如图 1-104 所示。右手握锉柄，基本方法与前述相似，只是要把食指平直地扶在锉身的棱边，左手用手指压在锉身中部，以防止锉刀弯曲变形。

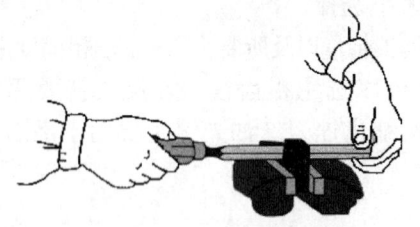

图 1-103　中型锉刀握法

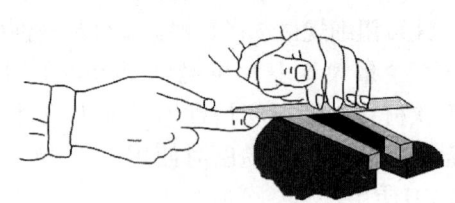

图 1-104　小型锉刀握法

（4）整形锉的握法

整形锉由于整体尺寸较小，两手握反而不方便。因此，整形锉一般都使用单手握持，握法如图 1-105 所示，用右手握住锉柄，食指平伸压在锉面上。

2. 锉削姿势

1）锉削时站立姿势

锉削时两脚分开自然站立，重心放在左脚上，右腿伸直，左腿微弯并随锉刀的往复运动而自然屈伸，如图 1-106 所示。

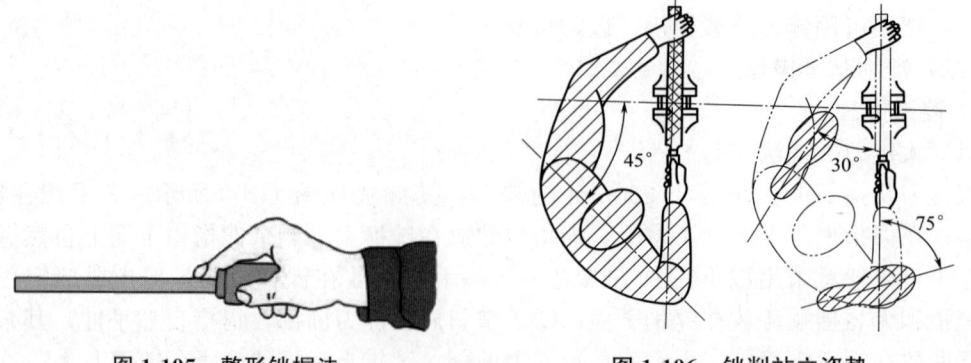

图 1-105　整形锉握法　　　　　图 1-106　锉削站立姿势

2）锉削时的动作

锉削时的基本动作如图 1-107 所示。

图 1-107　锉削基本动作图

（1）锉削开始时，身体前倾大约 10°，右臂尽量后曲并使上臂紧靠身体。

（2）保持手臂不动，依靠身体前倾带动锉刀推进，身体前倾大约 15°时，锉刀推进到约 1/3 长度；身体前倾 18°时，锉刀推进到约 2/3 长度。

（3）然后右肘前伸继续推动锉刀前行最后 1/3 长度，同时身体后退至约 15°位置。

（4）锉削全程结束后，身体和手同时恢复到最初的状态。同时将锉刀稍抬起退回原始位置。

需要特别注意的是，在锉削过程中，一定不要身体不动，而靠手臂前伸来推动锉刀进行锉削。这样操作一方面很难控制锉刀的锉削方向；另一方面手臂力量较小，从而很短时间就会发酸无力。

3）锉削时的切削力

要使锉削的平面达到一定的平面度，就要求在锉削时保证锉刀运动保持平直，因而在锉削时要以工件为支点，掌握好两手对锉刀的施力平衡。也就是说，右手要随着锉刀的推进，向下的压力逐渐加大，左手向下的压力逐渐减小，以保证走刀路线不会出现弯曲而造成工件表面变成凸圆弧面，如图 1-108 所示。

4）锉削时的速度

一般锉削速度为 40 次/min。

3. 锉削工件的夹持

工件夹持不当易产生废品。夹持工件应注意以下几点。

图 1-108　锉平面时两手施力变化

（1）工件应夹持在虎钳中间，不要露出钳口太高，以免锉削时产生振动。

（2）工件要夹紧，但不能夹变形。半成品工件应使用软钳口加以保护，如图 1-109 所示。

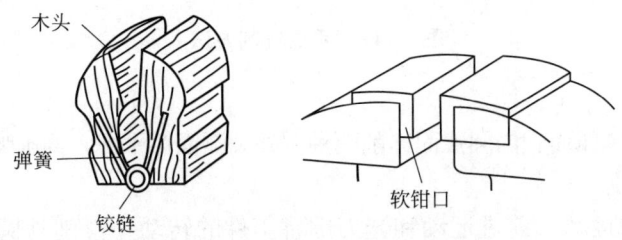

图 1-109　台虎钳的软钳口与辅助夹具

（3）不规则工件应根据其特点衬垫。圆形工件衬以 V 形铁。薄板工件，可将其平钉在木块上，如图 1-110 所示。锉长薄板边缘时，可用两块三角铁或夹板夹紧后，再将夹板夹在虎钳上锉削。

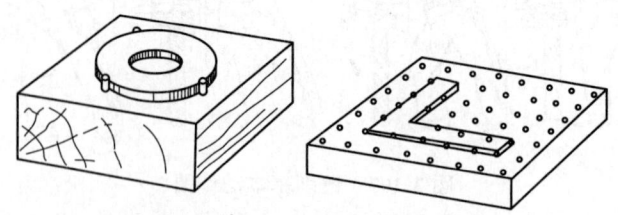

图 1-110　锉削薄板工件的夹持方法

4. 平面锉削

（1）顺向锉

顺向锉是最常用的锉削方法。锉刀运动方向始终与工件的夹紧方向一致，如图 1-111（a）所示。顺向锉可以得到整齐一致的锉痕，面积不大平面和最后的修光都采用这种锉削方法。

（2）交叉锉

交叉锉是从两个相互交叉的方向对工件表面进行锉削的方法，如图 1-111（b）所示。交叉锉时，一般要消除前一次的锉痕，锉刀与工件表面接触面积比较大，锉刀比较容易掌握，一般用于粗锉。

（3）推锉

两手横握锉刀，用拇指顺着工件长度方向推动锉刀进行锉削，如图 1-111（c）所示。一般在修正尺寸时或锉削狭长表面、加工余量较小的平面时采用。

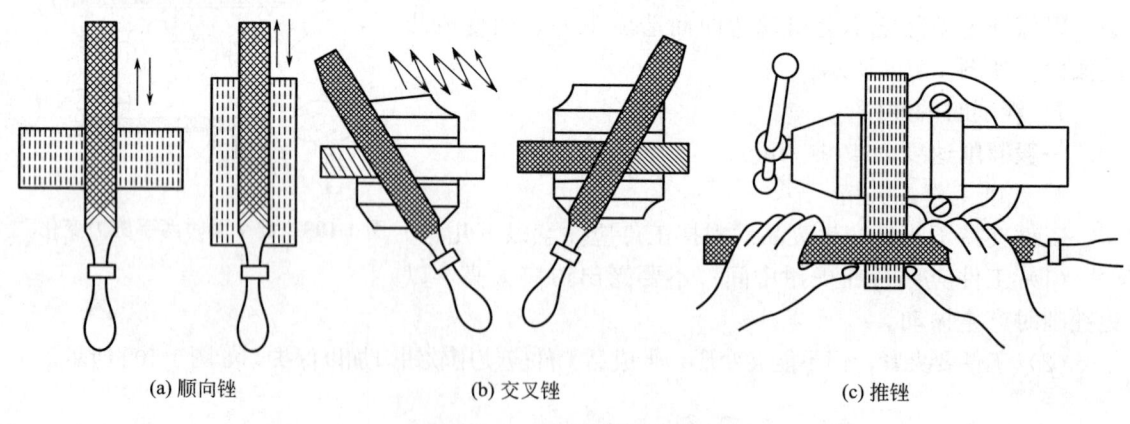

(a) 顺向锉　　　　　　　　(b) 交叉锉　　　　　　　　(c) 推锉

图 1-111　平面锉削方法

5. 圆弧面锉削

圆弧面锉削有外圆弧面和内圆弧面锉削两种。外圆弧面用平锉，内圆弧面用半圆锉或圆锉。

1）外圆弧面锉削

锉刀要完成两种运动：前进运动和锉刀围绕工件的转动。锉削外圆弧面有以下两种锉削方法。

（1）横着圆弧锉

锉刀走刀路线与工件圆弧面轴线平行，如图1-112（a）所示。该方法能较快地去除余量，使工件表面较快成型，但圆弧面精度相对较差，一般用于粗锉。

（2）顺着圆弧锉

锉刀沿着圆弧面走刀，如图1-112（b）所示。锉削时，右手顺着圆弧往下压，左手顺势向上提。该方法锉削效率较低，但加工出的圆弧面精度较高，一般用于精加工。

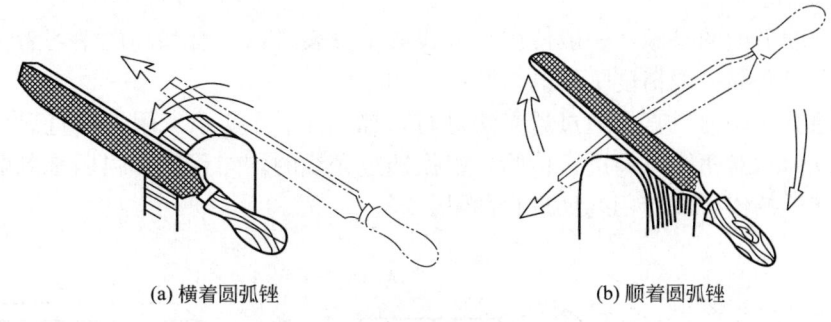

(a) 横着圆弧锉　　　　　　　　　　(b) 顺着圆弧锉

图 1-112　外圆弧面锉削方法

2）内圆弧面锉削

内圆弧面锉削时，需要采用相应规格的圆锉或半圆锉（锉刀的直径要小于相应内圆弧直径，否则将无法加工出合格的内圆弧面）。内圆弧面锉削时的锉刀要进行三种运动：沿圆弧轴线方向的移动、顺圆弧方向的左右移动和绕锉刀轴线的转动，如图1-113所示。锉削时，要两手配合同时完成以上的运动，才可以加工出合格的内圆弧面。

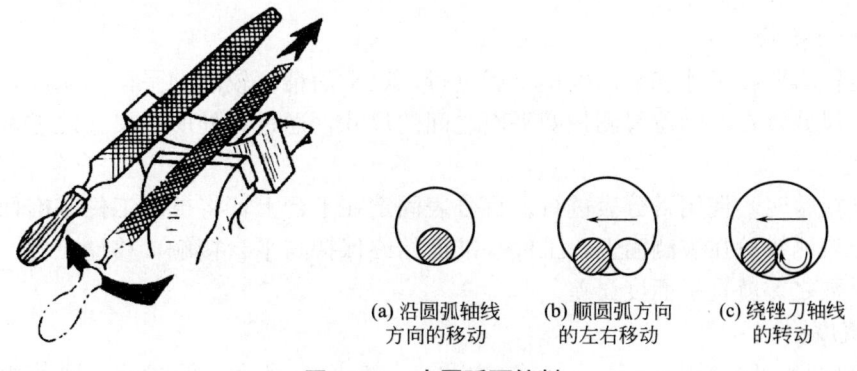

(a) 沿圆弧轴线　　　(b) 顺圆弧方向　　　(c) 绕锉刀轴线
方向的移动　　　　　的左右移动　　　　　的转动

图 1-113　内圆弧面锉削

6. 锉削安全技术知识

锉削一般不易产生安全事故，但为了避免不必要的伤害，工作时仍应注意以下事项：

（1）不使用无柄或柄已开裂的锉刀。锉刀柄一定要装紧固，否则在锉削时不但用不上力，而且有可能因柄脱落而刺伤手腕。

（2）不能用嘴吹切屑，以防止切屑飞进眼睛；也不准用手清除切屑，以防扎手。

（3）锉刀放置时不要露出钳台边外，以防跌落而扎伤脚或损坏锉刀。

（4）锉削时不要用手去摸锉削表面，因手上有油污，会使锉削时锉刀打滑而造成事故。

（三）锉削质量检验

1. 尺寸检验

锉削尺寸的检验，一般要根据被测工件的尺寸精度不同，选择不同的量具：游标卡尺、千分尺。具体使用方法和测量注意事项参看任务一。

2. 平面度检验

对于高精度平面的检验，一般使用百分表或千分表进行，有兴趣的学习者可以查找相应资料。本书只介绍一般精度平面的检验。

平面度检验常用刀口直尺通过透光法进行，如图 1-114 所示。用刀口直尺分别在加工面的横向、纵向和对角线方向进行检验，根据透过光线的均匀程度和强弱来判断工件表面是否平直。其误差值可以使用塞尺进行测量。

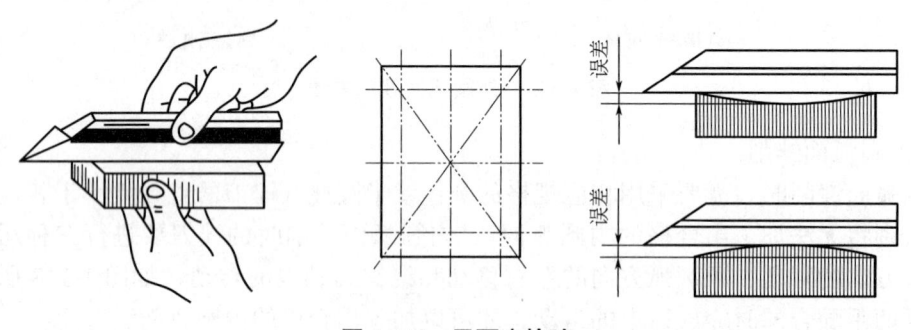

图 1-114　平面度检验

3. 平行度检验

平行度检验要在尺寸和平面度检验后进行，以平面精度较高的平面为基准，使用游标卡尺或千分尺分别在不同位置测量两平面之间的尺寸，通过几处所测尺寸之差，可以确定其平行度误差。

高精度检验时，使用百分表进行。百分表固定在平台上，将被测工件基准面放在平台上，使百分表测头放在被测面上，工件基准面始终保持与平台接触，移动工件，百分表最大、最小示数之差就是平面度误差。

4. 垂直度检验

垂直度检验一般使用 90°角尺进行，如图 1-115（a）所示。测量前，要使用锉刀对棱边进行倒钝处理。角尺的基准面紧靠工件被测的基准面，角尺垂直向下移动，使刀口尺接触被测面，通过透光法确定垂直度。需要注意的是，角尺的刀口尺要垂直于被测面，不能像图 1-115（b）那样，使角尺倾斜。在同一个平面上不同位置进行检验，最后确定出垂直度误差。角尺不要在工件表面上拖动，以免磨损角尺，从而影响角尺精度。

5. 曲面检验

曲面检验一般是使用检验样板通过透光法检验其半径是否合格，具体操作与上述方法相似。测量曲面一般使用半径规、曲面样板或检验棒进行检测，如图 1-116 所示。

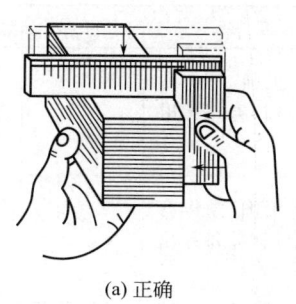 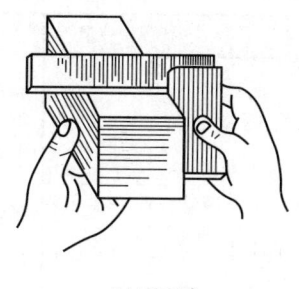

(a) 正确　　　　　　　　　　　　　　(b) 不正确

图 1-115　垂直度检验

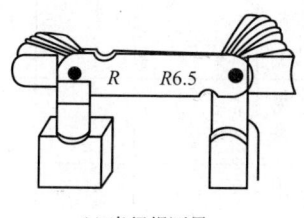 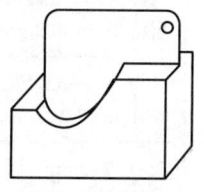 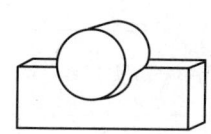

(a) 半径规测量　　　　　(b) 曲面样板测量　　　　　(c) 检验棒测量

图 1-116　曲面检测方法

任务评价

锯、锉长方体评价表　　　　　　　　　　　　　　　　表 1-20

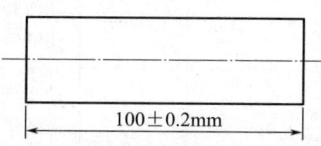

锯、锉长方体加工图			100±0.2mm			
评价内容		分值	评价标准	自评	互评	教师评价
基础知识	划线基准	3	回答正确,表述清晰,出现问题酌情扣分			
	划线工具	3				
	划线的基本操作要点	3				
	锉刀的结构	3				
	锉刀的类型及其适用场合	3				
	锉刀的选择及握法	3				
	锯缝歪斜原因分析	3				
	锉平面时两手施加力量的变化	3				
	锉平面的方法及适用场合	3				
	锉圆弧面的方法及适用场合	3				
	锉削面的平面度、平行度、垂直度的检验方法	3				

评价内容		分值	评价标准	自评	互评	教师评价
操作要点	使用游标卡尺测量工件尺寸	5	动作规范,操作正确,操作有误酌情扣分,尺寸误差每超出0.2mm扣2分			
	使用千分尺测量工件尺寸	5	动作规范,操作正确,操作有误酌情扣分,尺寸误差每超出0.2mm扣2分			
	划线的基本操作	4	动作规范,操作正确,出现错误酌情扣分			
	工件划线质量	4	划线清晰、正确,尺寸误差每超出1mm扣2分			
	锉削第一面尺寸	5	27 ± 0.2mm,误差每超出0.1mm扣2分			
	锉削第二面尺寸	5	22 ± 0.2mm,误差每超出0.1mm扣2分			
	锉削第三面尺寸	5	27 ± 0.2mm,误差每超出0.1mm扣2分			
	锉削第四面尺寸	5	22 ± 0.2mm,误差每超出0.1mm扣2分			
	设备、工具、量具使用	4	动作规范,操作正确,操作有误酌情扣分			
	操作姿势	5	动作规范,操作正确,操作有误酌情扣分			
职业素养	工作态度	5				
	协作精神	5				
	安全文明生产	5				
	创新意识	5				

任务总结

掌握的基础知识	
掌握的操作要点	
遇到的问题	
解决问题的方法和途径	
心得体会	
其他	

任务三 锯、锉斜平面

任务描述

本任务是在上一个任务完成的长方体上按照图 1-117 所示加工斜面。本任务主要通过对长方体上斜面的加工，进一步练习划线、锯削、锉削等钳工基本技能，加工中要注意钳工设备、工具、量具的正确使用，并满足工件的加工质量要求。

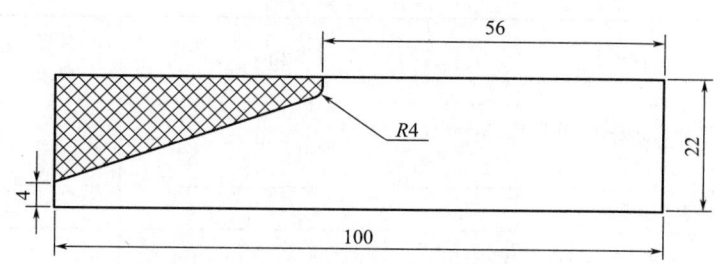

图 1-117 斜面加工（单位：mm）

任务分析

1. 图样分析

分析图 1-117，回答以下问题：

（1）说明图中的尺寸基准。

（2）如何确定图中 $R4$ 圆弧的圆心？

2. 工艺分析

分析锯、锉斜平面的工艺流程，完成表 1-21。

锯、锉斜平面的工艺流程表 表 1-21

序号	工作内容	操作方法	精度要求	设备、工具、量具

任务目标

1. 知识目标

（1）掌握划线的基本操作要点。

（2）掌握锯削的基本操作要点。

（3）掌握锉削的基本操作要点。

2. 能力目标

（1）能正确进行斜面的划线操作。

（2）在斜面加工时，能正确装夹工件。

（3）能在工件上熟练进行锯削和锉削加工，并达到一定锯削和锉削质量精度。

3．职业素养目标

（1）工作态度端正，纪律观念强。

（2）善于思考问题和敢于解决问题的能力。

（3）良好的协作精神和创新意识。

（4）遵守安全文明生产的要求。

任务实施

工作内容	操作方法	说明	精度要求	设备、工具、量具
1．划线	（1）以右端面为基准，在距离 56mm 处划线			
	（2）划出 R4 圆弧线			
	（3）以底面为基准，划中心线，划出左端 4mm 尺寸			
	（4）用钢直尺、划针连线			
	（5）在背面进行同样的划线操作			
任务知识点				
2．锯削加工	（1）夹持工件，从上表面沿 R4 弧线切线向下锯削	锯削时要留出适当的余量，一般为 1～2mm		
	（2）调整工件夹持位置，从 4mm 尺寸处沿着划的线锯削，与上表面的锯缝相连接			
任务知识点				
3．锉削加工	夹持工件，锉削加工面			
任务知识点				

任务评价

锯、锉斜平面评价表 表 1-22

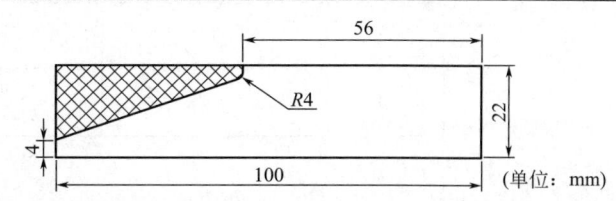

	评价内容	分值	评价标准	自评	互评	教师评价
基础知识	划线的基本操作要点	6	回答正确，表述清晰，出现错误酌情扣分			
	锯削的基本操作要点	6				
	锉削的基本操作要点	6				
操作要点	设备、工件、量具的使用	11	动作规范，操作正确，出现错误酌情扣分			
	工件划线质量	11	线条清晰、准确，出现错误酌情扣分			
	锯条安装	8	正确合适，出现错误酌情扣分			
	工件装夹	8	正确合理，出现错误酌情扣分			
	下料尺寸	12	误差每超出 1mm 扣 2 分			
	操作姿势	12	动作规范，操作正确，出现错误酌情扣分			
职业素养	工作态度	5				
	协作精神	5				
	安全文明生产	5				
	创新意识	5				

任务总结

掌握的基础知识	
掌握的操作要点	
遇到的问题	
解决问题的方法途径	
心得体会	
其他	

任务四　加工锤头螺纹孔

任务描述

本任务是在上一个任务完成长方体上斜面加工后，加工如图 1-118 所示的锤头螺纹孔。

本任务主要通过攻丝操作加工锤头螺纹孔，进一步练习划线、钻孔等技能，加工中要精确确定螺纹孔的位置，满足工件的加工质量要求，并注意钳工设备、工具、量具的正确使用。

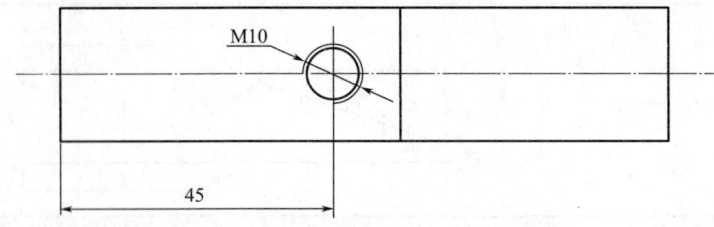

图 1-118 锤头螺纹孔加工（单位：mm）

任务分析

分析锤头螺纹孔的工艺流程，完成表 1-23。

加工锤头螺纹孔的工艺流程表 表 1-23

序号	工作内容	操作方法	精度要求	设备、工具、量具

任务目标

1. 知识目标

（1）了解钻孔、扩孔、铰孔和锪孔的使用场合。

（2）熟悉钻孔设备和工具的使用。

（3）掌握钻孔的基本操作要点。

（4）了解钻孔安全操作技术知识。

（5）了解螺纹的画法和要素。

（6）熟悉攻螺纹工具的使用。

（7）掌握攻螺纹的基本操作要点。

（8）了解攻螺纹时常见弊病产生的原因和防止措施。

2. 能力目标

（1）能正确使用钻孔设备和工具。

（2）能在工件上正确进行钻孔操作。

（3）能正确使用攻螺纹工具。

（4）能根据加工的螺纹孔尺寸正确选择加工底孔的钻头。

（5）能在工件上正确进行攻螺纹的操作。

3. 职业素养目标

（1）工作态度端正，纪律观念强。

（2）善于思考问题和敢于解决问题的能力。

（3）良好的协作精神和创新意识。

（4）遵守安全文明生产的要求。

任务实施

工作内容	操作方法	说明	精度要求	设备、工具、量具
1. 确定螺纹孔的位置	（1）用游标高度尺划出锤头螺纹孔所在面的中心线			
	（2）以左端面为基准，在距离45mm处划线，以确定螺纹孔中心的位置			
任务知识点				
2. 钻底孔	（1）在台钻上夹持工件			
	（2）选择φ8.5mm钻头，钻出底孔			
任务知识点				
3. 攻螺纹孔	（1）在台虎钳上夹持工件			
	（2）选择合适的丝锥，攻螺纹孔M10			
任务知识点				

任务实施加油站

一、钻削

用钻头在实体材料上加工孔的工艺过程称为钻削。钻削是孔加工的基本方法之一，它在机械加工中占有很大的比重，在钻床上可以完成的工作很多，如钻孔、扩孔、铰孔、锪端面、攻螺纹等，如图1-119所示。

（一）钻削设备和工具

1. 钻床

钻床的种类很多，常用的有台式钻床、立式钻床和摇臂钻床三种。

（1）台式钻床

台式钻床简称台钻，如图1-120所示。台钻的钻孔直径一般在13mm以下，最小可加工直径为0.1mm的孔。台钻小巧灵活，使用方便，是钻小直径孔的主要设备，它在仪表

钻削

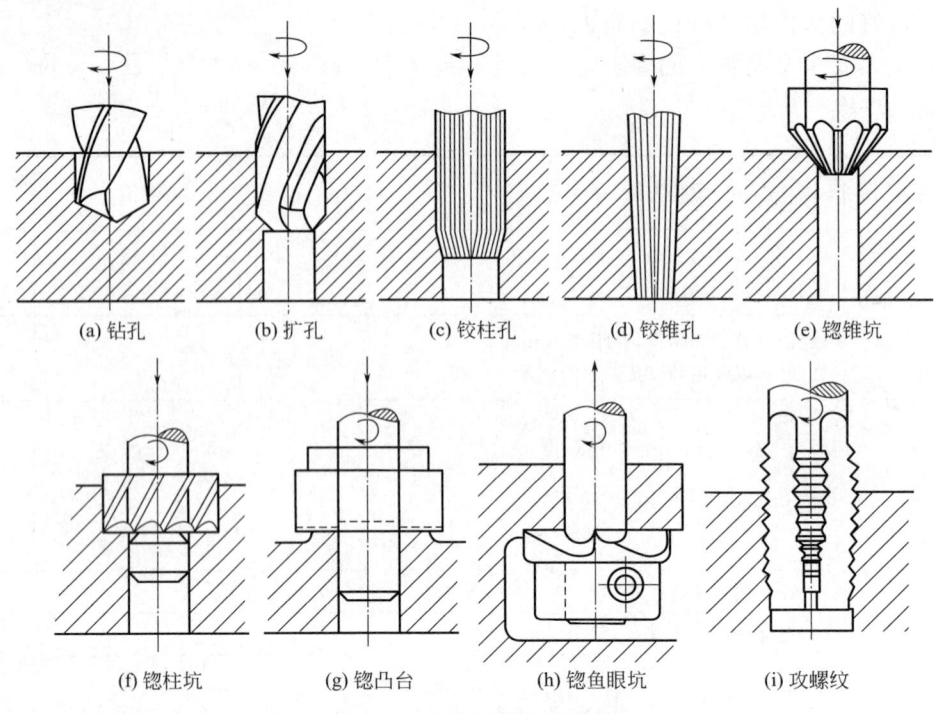

<table>
<tr><td>(a) 钻孔</td><td>(b) 扩孔</td><td>(c) 铰柱孔</td><td>(d) 铰锥孔</td><td>(e) 锪锥坑</td></tr>
<tr><td>(f) 锪柱坑</td><td>(g) 锪凸台</td><td>(h) 锪鱼眼坑</td><td colspan="2">(i) 攻螺纹</td></tr>
</table>

图 1-119　钻削的应用范围

制造、钳工和装配中用得最多。

（2）立式钻床

立式钻床简称立钻，如图 1-121 所示。这类钻床的最大钻孔直径有 25mm、35mm、40mm 和 50mm 等几种，其钻床规格是用最大钻孔直径来表示的。立钻主要由主轴、主轴变速箱、进给箱、立柱、工作台和机座等组成。立钻适合于单件、小批量生产中加工中小型工件。立钻与台钻不同的是主轴转速和进给量的变化范围大，立钻可自动进给，且适于扩孔、锪孔、铰孔和攻丝等加工。

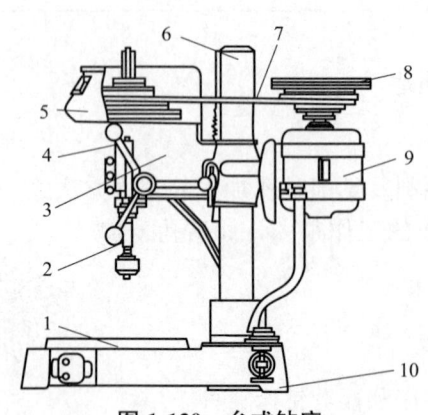

图 1-120　台式钻床

1—工作台；2—主轴；3—主轴架；4—进给手柄；5—带罩；
6—立柱；7—传动带；8—带轮；9—电动机；10—底座

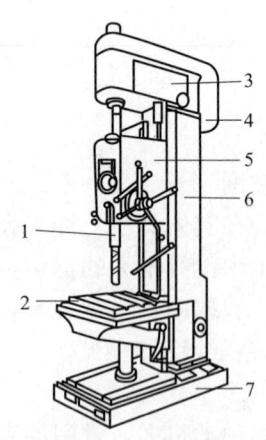

图 1-121　立式钻床

1—工作台；2—主轴；3—主轴变速箱；4—电动机；
5—进给箱；6—立柱；7—机座

（3）摇臂钻床

摇臂钻床有一个能绕立柱回转的摇臂，摇臂带着主轴箱可沿立柱垂直移动，同时主轴箱还能在摇臂上做横向移动，由于摇臂钻床结构上的这些特点，操作时能很方便地调整刀具的位置，以对准被加工孔的中心，而不需移动工件来进行加工。因此，适用于在一些笨重的大工件以及多孔工件的加工，它广泛地应用于单件和成批生产中，如图 1-122所示。

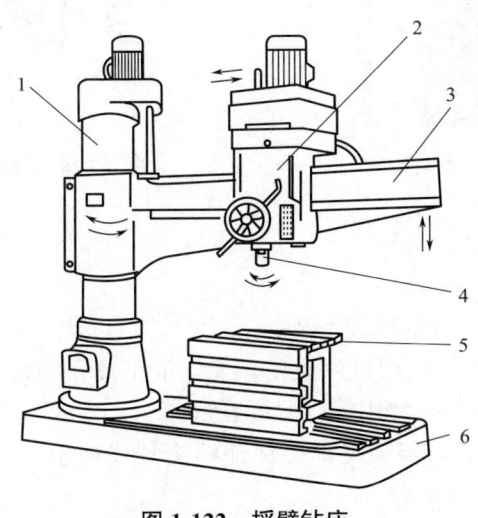

图 1-122　摇臂钻床

1—主柱；2—主轴箱；3—摇臂；4—主轴；5—工作台；6—机座

2. 钻头

钻孔最常用的钻头是麻花钻。麻花钻由柄部、颈部和工作部分组成，如图 1-123所示。柄部是用来夹持的部分，用于定心和传递扭矩，有锥柄和直柄两种。一般直径大于13mm 的麻花钻使用锥柄，小于 13mm 的使用直柄。工作部分分为两部分，最前端的为切削部分，后边的为导向部分。导向部分同时也是后续的切削部分。麻花钻的切削部分如图1-124 所示。

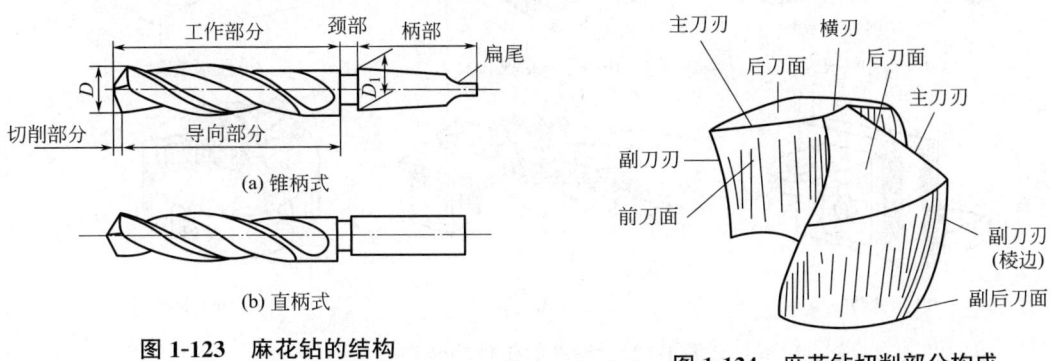

图 1-123　麻花钻的结构

图 1-124　麻花钻切削部分构成

3. 钻头夹

直柄式钻头安装在钻头夹具上，用钻头夹钥匙旋紧或放松夹头，如图 1-125 所示。锥柄钻头用钻头套筒夹持与取下钻头，如图 1-126 所示。

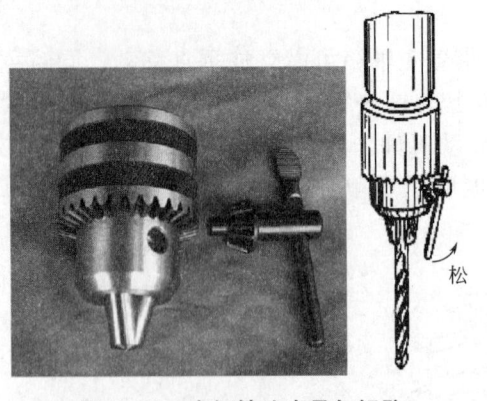

图 1-125 直柄钻头夹具与钥匙

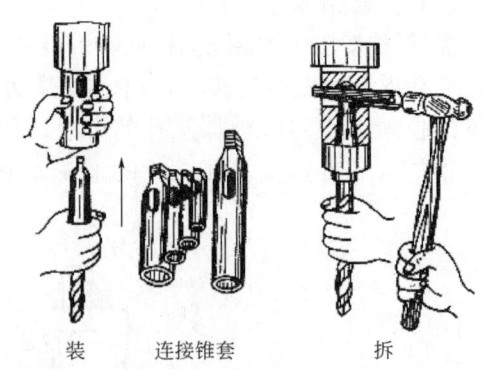

图 1-126 锥柄钻头夹具安装与拆卸

（二）钻削基本操作

1. 工件的装夹

钻孔时工件装夹方法如图 1-127 所示。

（1）平整工件的装夹可以使用机用虎钳，要保证工件孔的轴线和钻头轴线重合。当孔径大于 8mm 时，机用虎钳必须使用螺栓紧固在底座上。

（2）圆柱形工件可用 V 形架装夹，要保证钻头轴线处于 V 形架对称平面内，也可以使用三爪自定心卡盘装夹。

（3）工件尺寸较大，同时所钻孔直径大于 10mm 时，要用压板螺栓将工件固定在底座上再进行钻孔。

（4）在小工件上钻孔时，可用手用虎钳装夹。

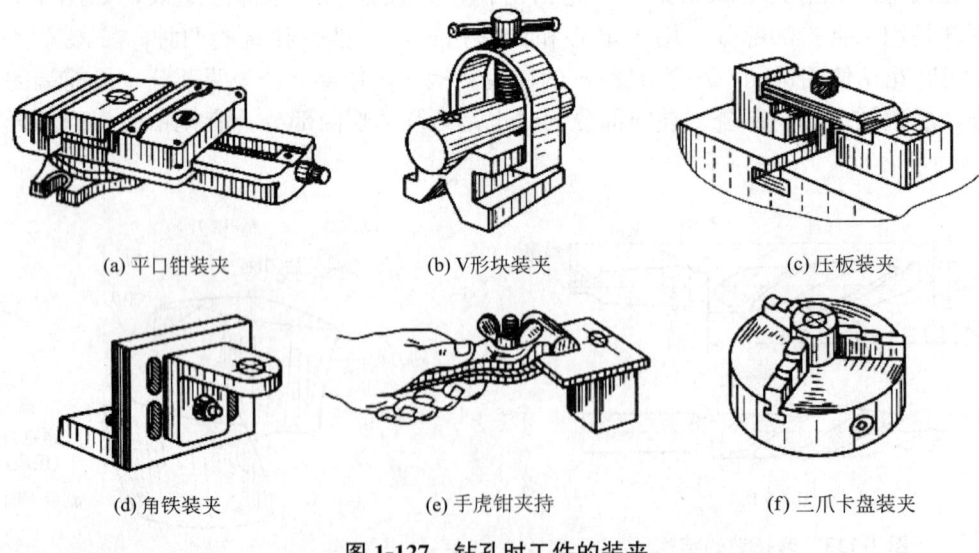

(a) 平口钳装夹 (b) V形块装夹 (c) 压板装夹

(d) 角铁装夹 (e) 手虎钳夹持 (f) 三爪卡盘装夹

图 1-127 钻孔时工件的装夹

2. 钻削用量及选择

1）钻削用量

钻削用量包括：切削速度 v_c、进给量 f 和背吃刀量 a_p，如图 1-128 所示。

（1）切削速度：钻孔时钻头直径上任一点的线速度如下式：

$$v = \frac{\pi D n}{1000} (\text{m/min}) \qquad (1\text{-}11)$$

式中 D——钻头直径，mm；

n——钻床主轴转速，r/min。

（2）进给量：主轴每转一周钻头沿轴线方向的移动量，单位是：mm/r。

（3）背吃刀量：已加工表面与待加工表面之间的垂直距离，钻削时，背吃刀量为钻头直径的一半。

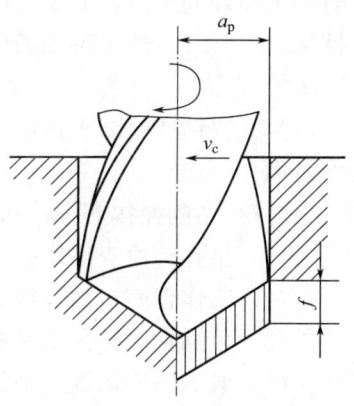

图 1-128 钻削用量

2）钻削用量的选择

（1）背吃刀量选择。直径小于 30mm 的孔可以一次钻出。30～80mm 的孔分两次钻削，先用（0.5～0.7）D 的钻头钻出底孔，然后再将孔扩成合格孔径。

（2）进给量选择。参考表 1-24，当孔精度较高时，应选用较小的进给量；钻孔较深、钻头较长、刚度和强度较差时，应选用较小的进给量。

高速钢麻花钻的进给量选择 表 1-24

钻头直径 D(mm)	<3	3～6	6～12	12～25	>25
进给量 f(mm/r)	0.025～0.05	0.05～0.10	0.10～0.18	0.18～0.38	0.38～0.62

（3）钻削速度选择。当钻头直径和进给量选定后，按照钻头的寿命选用合理的数值。一般在 10～30m/min 之间。

3. 钻削操作过程

（1）划线冲眼

按孔的位置，划好孔位的十字中心线并使用样冲打出小的中心样冲眼，按孔径大小划孔的圆周线和检查圆，再将中心样冲眼打深。

（2）夹持工件

为便于钻孔，应根据不同工件采用不同的夹持方法。工件夹持的常用方法见前文所述。

（3）钻孔

① 起钻

将钻头对准中心样冲眼进行试钻，试钻出的浅坑应在中心位置，如有偏移，要及时校正。可在钻孔同时用力将工件向偏移的反方向推移，逐步校正钻孔。

如钻出的浅坑与所划的钻孔圆周线偏位较少，可移动工件来校正（在起钻的同时用力将工件向偏位的反方向推移）。

② 排屑

当试钻达到孔位要求后，钻头手柄逐渐加压，要注意经常退出钻头来排屑。

钻深孔时，一般在钻孔深量达到直径的 3 倍时，要将钻头从孔内提出，排除切屑，以防止钻头过度磨损、折断，或影响孔壁表面粗糙度。

③ 冷却钻头

为减少钻削时钻头与工件的摩擦，增加钻头的耐用度和改善加工孔表面的质量，钻孔时需加冷却润滑液，使钻头散热冷却。钻钢件时，可用3‰～5‰的乳化液；钻铜、铝及铸铁等材料时，一般可不加或用5‰～8‰乳化液连续加注。

④ 终钻

当孔快钻透时减小进给力，以防折断钻头或工件卡住钻头发生危险。防止钻头钻入工作台面。

（三）钻削操作安全技术知识

（1）钻孔前检查钻床的润滑、调速是否良好。

（2）工作台面清洁干净，不准放置刀具、量具等物品。

（3）装卸钻头必须用钻夹钥匙或斜铁，不准用锤子或其他东西敲打。

（4）取下钻夹钥匙或斜铁后才能起动钻床。

（5）工件必须夹紧牢固。一般不允许手握工件钻孔。

（6）操作者必须戴工作帽，将工作服衣袖扣好，戴好工作帽，不可戴手套。

（7）操作者的头部不要太靠近旋转着的钻床主轴。

（8）尽可能在停车时清除切屑。用刷子或棒钩去清除钻屑，不准用手或棉纱清除钻屑，更不准用嘴吹（以免切屑的粉末飞入眼睛）。

（9）高速切削的切屑绕在钻头上时，用铁钩钩去或停机清除。

（10）钻床停车后变速或检测工件（不准用手捏钻夹头停车）。

（11）钻通孔时，应在工件下面先垫上木块或垫铁，防止钻坏工作台面。

（12）钻孔结束，必须切断电源，把钻床打扫清洁，加注润滑油。

（13）严禁在开车状态下拆工件或清洁钻床，停车时应让主轴自然停止，严禁用手捏。

（四）钻孔时的废品分析

钻孔时产生废品的原因是由于钻头刃磨不准确、钻头和工件装夹不妥当、切削用量选择不适当和操作不正确等所造成（表1-25）。

钻孔时的缺陷及其原因 表 1-25

现象	原因
1. 孔径大于规定尺寸	(1)钻头两切削刃长度不等，角度不对称。 (2)钻头摆动(钻头弯曲、钻床主轴有摆动、钻头在钻夹头中未装好和钻头套表面不清洁等引起)
2. 孔壁粗糙	(1)钻头不锋利。 (2)进给量太大。 (3)后角太大。 (4)冷却润滑不充分
3. 钻孔偏移	(1)划线或样冲眼中心不准。 (2)工件装夹不稳固。 (3)钻头横刃太长。 (4)钻孔开始阶段未借正
4. 钻孔歪斜	(1)钻头与工件表面不垂直(工件表面不平整和工件底面有切屑等污物所造成)。 (2)进给量太大,使钻头弯曲。 (3)横刃太长,定心不良

（五）钻头损坏的原因分析

钻孔时钻头损坏的原因是由于钻头用钝、切削用量太大、排屑不畅、工件装夹不妥和操作不正确等所造成（表1-26）。

钻头损坏的现象及其原因　　　　　　　　　　　　表 1-26

现象	原因
1. 钻头工作部分折断	(1)用钝钻头钻孔。 (2)进给量太大。 (3)切屑在钻头螺旋槽中塞住。 (4)孔刚钻穿时，进给量突然增大。 (5)工件松动。 (6)钻薄板或铜料时钻头未修磨。 (7)钻孔已歪斜而继续工作
2. 切削刃迅速磨损	(1)切削速度太高,而切削液又不充分。 (2)钻头刃磨未适应工件的材料

二、攻螺纹

钳工操作中，手攻螺纹占的比重很大。手攻螺纹包括攻螺纹和套螺纹。用丝锥在工件孔中加工出内螺纹的方法叫攻螺纹，如图1-129所示。

攻螺纹

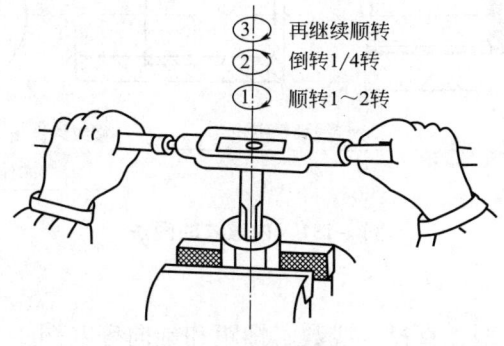

③ 再继续顺转
② 倒转1/4转
① 顺转1～2转

图 1-129　攻螺纹

（一）螺纹概述

螺纹分为外螺纹和内螺纹，其特征和图示见表1-27。

表 1-27

种类	特征	图示
外螺纹	螺纹制在圆柱体外表面上	
内螺纹	螺纹制在圆柱体内表面上	

1. 螺纹的画法

1）外螺纹的画法

外螺纹的画法如图 1-130 所示。

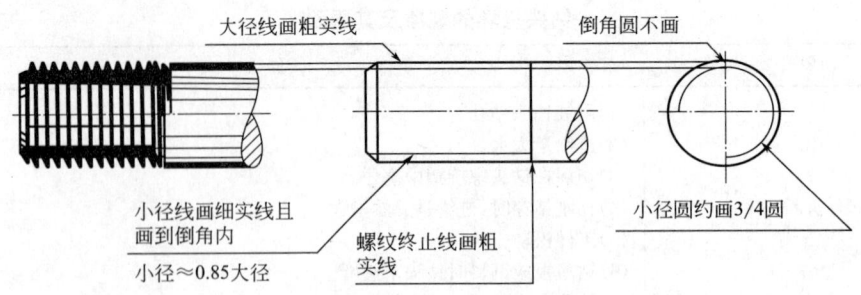

大径线画粗实线　　　　　　　　倒角圆不画

小径线画细实线且画到倒角内
小径≈0.85大径
螺纹终止线画粗实线
小径圆约画3/4圆

图 1-130　外螺纹的画法

2）内螺纹的画法

内螺纹的画法如图 1-131 所示。

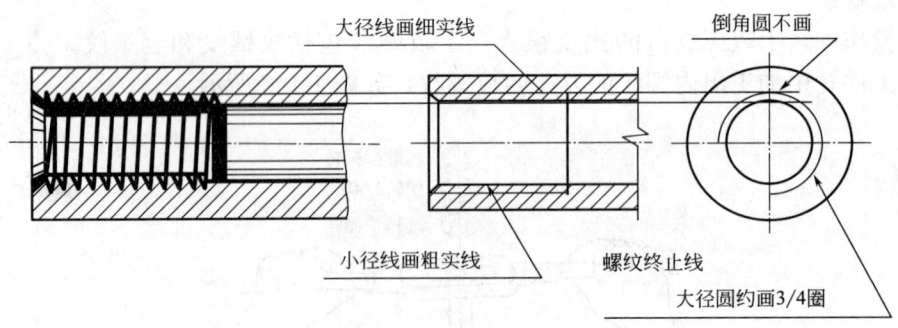

大径线画细实线　　　　　　　　倒角圆不画

小径线画粗实线
螺纹终止线
大径圆约画3/4圈

图 1-131　内螺纹的画法

2. 螺纹的要素

螺纹的要素包括：牙型、直径、线数、螺距和旋向等（图 1-132）。只有牙型、直径、螺距、线数和旋向均相同的内外螺纹，才能相互旋合。

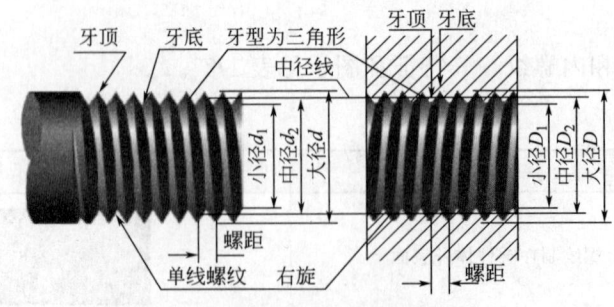

牙顶　牙底　牙型为三角形　　牙顶　牙底
中径线
小径d_1　中径d_2　大径d
小径D_1　中径D_2　大径D
螺距
单线螺纹　右旋　　螺距

图 1-132　螺纹的要素图

1）螺纹的牙型

螺纹的牙型是指通过轴线的剖面上螺纹的轮廓形状。常用的有三角形、梯形、锯齿形等，如图 1-133 所示。

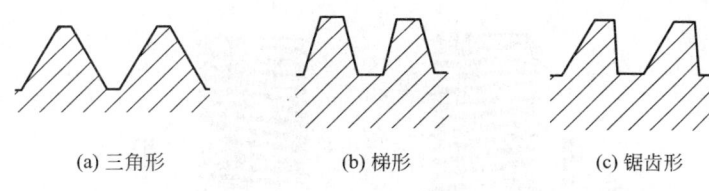

(a) 三角形　　　　　(b) 梯形　　　　　(c) 锯齿形

图 1-133　螺纹的牙型

2）螺纹的直径

（1）大径：与外螺纹牙顶或内螺纹牙底相切的假想圆柱面的直径。常用 D、d 表示。

（2）小径：与外螺纹牙底或内螺纹牙顶相切的假想圆柱面的直径。常用 D_1、d_1 表示。

（3）中径：一个假想圆柱的直径。该圆柱的母线通过牙型上沟槽和凸起宽度相等的地方。常用 D_2、d_2 表示，如图 1-132 所示。

3）螺纹的线数（n）

（1）单线螺纹。一条螺旋线形成的螺纹。

（2）多线螺纹。两条或两条以上在轴向等距分布的螺旋线形成的螺纹，如图 1-134 所示。

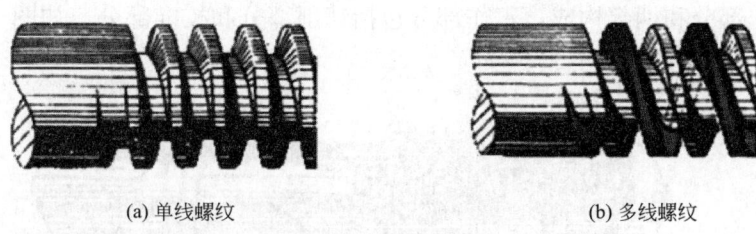

(a) 单线螺纹　　　　　　　　　　(b) 多线螺纹

图 1-134　螺纹的线数

4）螺距和导程

螺纹上相邻两牙在中径线上对应两点之间的轴向距离 P 称为螺距。同一条螺纹上相邻两牙在中径线上对应两点之间的轴向距离 L 称为导程。对单线螺纹，$P=L$；对多线螺纹，$P=L/n$。如图 1-135 所示。

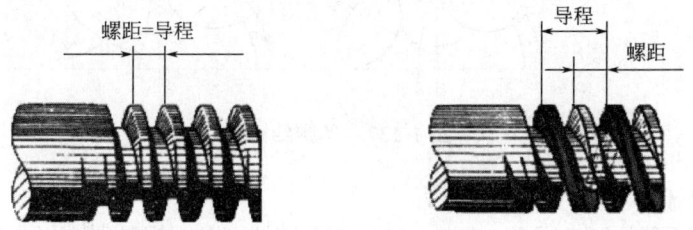

螺距=导程　　　　　　　　　　导程　　螺距

图 1-135　螺纹的螺距和导程

5）螺纹的旋向

（1）左旋螺纹。逆时针旋转时旋入的螺纹称为左旋螺纹，如图 1-136（a）所示。

（2）右旋螺纹。顺时针旋转时旋入的螺纹称为右旋螺纹，如图 1-136（b）所示。

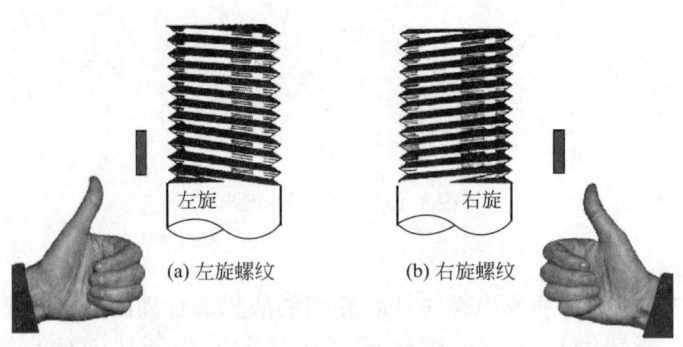

图 1-136　螺纹的旋向

（二）攻螺纹

用丝锥加工出内螺纹的方法叫攻螺纹。攻螺纹是钳工的基本操作，凡是小直径螺纹、单件小批量生产或结构上不宜采用机攻螺纹的，大多采用手攻。

1. 攻螺纹工具

丝锥攻螺纹工具，分为手用丝锥和机用丝锥两类。本书只讲手用丝锥。

（1）丝锥

丝锥由工作部分和柄部构成，工作部分包括切削部分和校准部分。如图 1-137 所示。

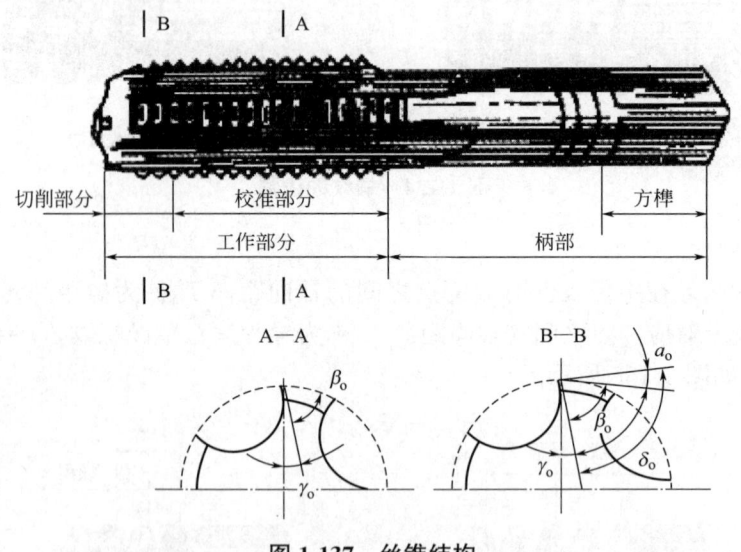

图 1-137　丝锥结构

丝锥柄部有方榫，用于绞杠的夹持。

攻螺纹时，为了减少切削力，提高丝锥的耐用度，将攻螺纹的整个切削量分配给几支丝锥来担负。这种配合完成攻丝工作的几支丝锥称为一套。先用来攻螺纹的丝锥称头锥，其次为二锥，再次为三锥（俗称一进攻、二进攻、三进攻）。

图 1-138 表示成组丝锥的切削用量分布。一般攻 M6～M24 以内的丝锥每套有两支；攻 M6 以下或 M24 以上的螺纹，每套丝锥为三支。

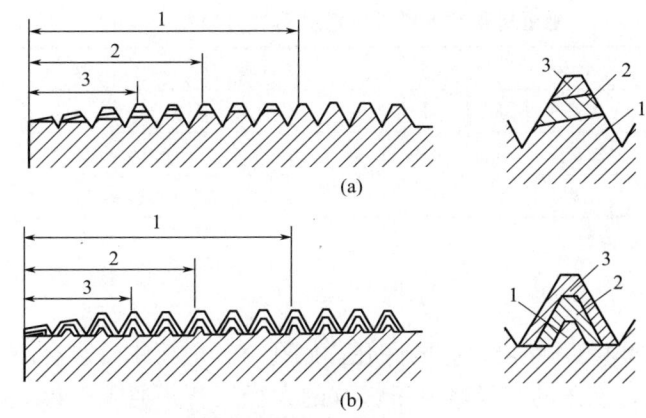

图 1-138 成组丝锥的切削用量分布

1—初锥或第一粗锥（头攻）；2—中锥或第二粗锥（二攻）；3—底锥或精锥（三攻）

（2）绞杠

绞杠是手工攻螺纹时用来装夹丝锥的工具。分为普通绞杠和丁字绞杠两种。各种绞杠又分为固定式和活络式两种，结构如图 1-139 所示。

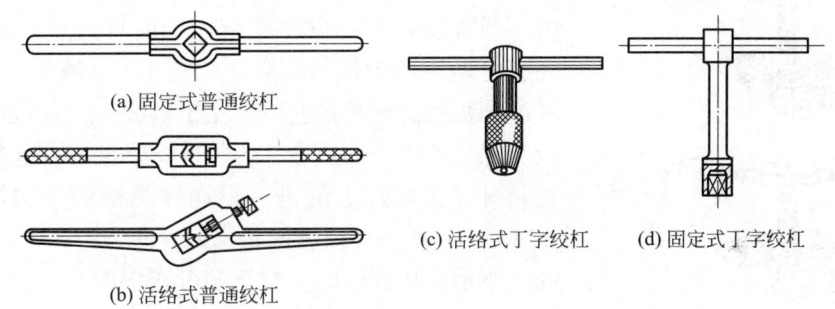

（a）固定式普通绞杠

（b）活络式普通绞杠

（c）活络式丁字绞杠

（d）固定式丁字绞杠

图 1-139 绞杠

2. 攻螺纹前底孔直径确定

攻螺纹前的底孔直径要比螺纹的小径要大。底孔直径大小，要根据工件材料塑性及钻孔扩张量，由经验公式计算得出（表 1-28）。

（1）加工钢和塑性较大的材料时，按下式计算底孔直径：

$$D_{钻} = D - P \qquad (1\text{-}12)$$

式中 $D_{钻}$——螺纹底孔直径（mm）；

D——螺纹大径，即工件螺纹公称直径（mm）；

P——螺距（mm）。

（2）加工铸铁和塑性较小的材料时，按下式计算底孔直径：

$$D_{钻} = D - (1.05 \sim 1.1)P \qquad (1\text{-}13)$$

盲孔（不通孔）攻螺纹时，由于丝锥切削部分不能切出完整螺纹，所以光孔深度（h）至少要等于螺纹长度（l）与（附加的）丝锥切削部分长度之和，这段附加长度大致等于内螺纹的 0.7 倍左右，即：

$$h = l + 0.7D \qquad (1\text{-}14)$$

普通螺纹攻螺纹前钻底孔直径（单位：mm）　　　　表 1-28

公称直径		3	4	5	6	8	10	12	14	16	20	24
螺距		0.5	0.7	0.8	1	1.45	1.5	1.75	2	2	2.5	3
底孔直径	铸铁	2.5	3.3	4.1	4.9	6.6	8.4	10.1	11.9	13.8	17.3	20.7
	钢	2.5	3.3	4.2	5	6.7	8.5	10.2	12	14	17.5	21

3. 攻螺纹的操作

（1）钻底孔

攻丝前在工件上划线并钻出适宜的底孔，底孔直径应比螺纹小径略大。然后在孔口锪出 90°或 120°的倒角，倒角的直径略大于螺纹的大径。若是通孔螺纹，两端的孔口都要倒角，便于丝锥切入工件，并防止孔口被丝锥挤压后冒边或崩裂。

（2）夹持工件

将工件正确夹持在台虎钳上。

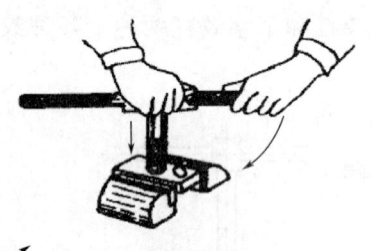

图 1-140　起攻方法

（3）起攻

用初锥起攻。将丝锥切削部分对准工件孔内，使丝锥与工件表面垂直。用一只手掌按住绞手中部，沿丝锥中心线加压，另一只手配合做顺时针旋转，或用两手握住绞杆两端均匀加压旋转，如图 1-140 所示。

施加压力时要防止绞杠上下摇晃，以保证丝锥的中心线与螺孔的中心线重合。为了使丝锥轴心线保持正确的位置，可以在丝锥上旋进一只同样规格的公制螺母，如图 1-141（a）所示，或将丝锥插入导向套的孔中，如图 1-141（b）所示。攻螺纹时只要把螺母或导向套压紧在工件表面上，就容易使丝锥按正确的位置切入工件孔中。

在丝锥刚进入孔时，两手应轻而均匀地将丝锥压入孔中。当丝锥攻入底孔 1～2 圈后，应从前后、左右两个方向目测丝锥是否与工件上平面垂直，或用角尺等工具进行检查，如图 1-142 所示。如果发现丝锥歪斜，应及时校正。校正的方法是：歪斜一边的手，要比对面的手用力小些，在压力方向上予以校正。

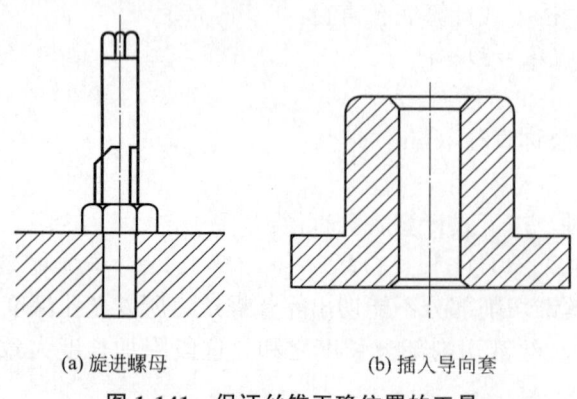

(a) 旋进螺母　　　　(b) 插入导向套

图 1-141　保证丝锥正确位置的工具

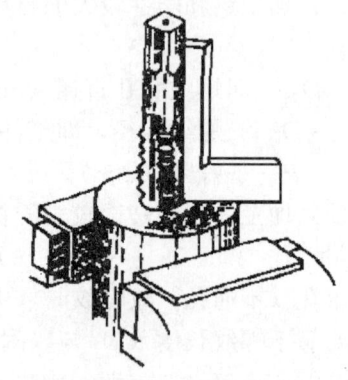

图 1-142　检查丝锥的垂直度

（4）攻丝

当丝锥已经进入孔后，手就不要再施加压力，只是转动绞杠即可。一般正转2～3圈，要倒转1圈，使切屑折断后容易排出。否则切屑过长会阻塞丝锥的容屑槽，甚至卡住丝锥、损坏丝锥，或增大螺纹表面粗糙度值。

攻制不通孔螺纹时，要在丝锥上做好深度标记，并经常退出丝锥清除螺孔内的切屑，否则会因切屑堵在孔底而使螺纹深度达不到要求。如果工件的位置不便于进行切屑清除，可以用弯曲的小管子吹出切屑，或用磁性铁棒吸出切屑。

当初锥攻螺纹完毕后，顺次换中锥、底锥攻削。换用另一把丝锥时，应先用手把丝锥旋入已攻出的螺孔中，直到用手旋不动时，再用绞杠攻螺纹。

丝锥退出时，应先用绞杠平稳地反向转动，若感觉有阻力时，可顺向旋转1～2周后再反向旋出。当能用手直接旋动丝锥时，应停止使用绞杠，而改为用手旋出丝锥，以防绞杠带动丝锥摇摆和振动，破坏螺纹的表面粗糙度。

4. 攻螺纹注意事项

（1）工件的装夹位置要正确，尽量使螺孔中心线置于水平或垂直位置，便于攻螺纹时判断丝锥是否垂直于工件平面。

（2）攻螺纹时，必须按照头攻、二攻、三攻的顺序依次进行。

（3）攻塑性材料时，要随时加切削液，以减小切削阻力，延长丝锥寿命。

（4）在攻制材料较硬的螺孔时，采用初锥、中锥交替攻削的方法，可减轻初锥切削部分的负荷，防止丝锥折断。

（5）攻制通孔螺纹时，丝锥的校准部分不应全部攻出头，以防扩大或损坏孔口最后几牙螺纹。

5. 攻螺纹时常见弊病产生原因和防止方法

攻螺纹时操作不当会产生弊病，其原因和防止方法见表1-29。

攻螺纹时常见弊病产生原因和防止方法　　　　　　　表1-29

弊病形式	产生原因	防止方法
螺纹歪斜	手攻时，丝锥位置不正	目测或用角尺等工具检查
螺纹牙深不够	(1)攻螺纹前底孔直径过大。 (2)丝锥磨损	(1)正确计算底孔直径并正确钻孔。 (2)修磨丝锥
螺纹表面粗糙度过大	(1)丝锥前、后面粗糙度大。 (2)丝锥前、后角太小。 (3)丝锥磨钝。 (4)丝锥刀齿上积有积屑瘤。 (5)没有选用合适的切削液。 (6)切屑拉伤螺纹表面	(1)重新修磨丝锥。 (2)重新刃磨丝锥。 (3)修磨丝锥。 (4)用油石进行修磨。 (5)重新选用合适的切削液。 (6)经常倒转丝锥，折断切屑
烂牙(乱扣)	(1)螺纹底孔直径太小，丝锥攻不进，孔口烂牙。 (2)手攻时，绞杠掌握不正，丝锥左右摇摆，造成孔口烂牙。 (3)机攻时，丝锥校准部分全部攻出头，退出时造成烂牙。	(1)检查底孔直径，把底孔扩大后再攻螺纹。 (2)两手握住绞杠，用力要均匀，不得左右摇摆。 (3)机攻时，丝锥校准部分不能全部攻出头。

弊病形式	产生原因	防止方法
烂牙(乱扣)	(4)初锥攻螺纹位置不正,中锥、底锥强行纠正。 (5)中锥、底锥与初锥不重合而强行攻削。 (6)丝锥没有经常倒转,切屑堵塞把螺纹啃伤。 (7)攻不通孔螺纹时,丝锥到底后仍继续扳旋丝锥。 (8)用绞杠带着退出丝锥。 (9)丝锥刀齿上粘有积屑瘤。 (10)没有选用合适的切削液。 (11)丝锥切削部分全部切入后仍施加轴向压力	(4)当初锥攻入1~2圈后,如有歪斜,应及时纠正。 (5)换用中锥、底锥时,应先用手将其旋入,再用绞杠攻制。 (6)丝锥每旋进2~3圈要倒转1圈,使切屑折断后排出。 (7)攻制不通孔螺纹时,要在丝锥上做出深度标记。 (8)能用手直接旋动丝锥时应停止使用绞杠。 (9)用油石进行修磨。 (10)重新选用合适的切削液。 (11)丝锥切削部分全部切入后应停止施加压力

任务评价

加工锤头螺纹孔评价表　　　　　　　　　　表 1-30

锤头螺纹孔加工图	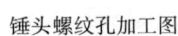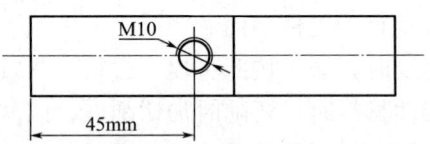

	评价内容	分值	评价标准	自评	互评	教师评价
基础知识	钻孔设备和工具	5	回答正确,表述清晰,出现错误酌情扣分			
	钻孔的基本操作要点	6				
	螺纹的画法和要素	6				
	攻螺纹的工具	5				
	攻螺纹的基本操作要点	6				
操作要点	设备、工具、量具使用	10	动作规范,操作正确,出现错误酌情扣分			
	底孔的位置	10	尺寸准确,误差每超出0.2mm扣2分			
	底孔的加工质量	10	孔的垂直度准确,出现错误酌情扣分			
	螺纹的加工质量	10	螺纹完整无缺陷,出现缺陷每处扣2分			
	操作姿势	12	动作规范,操作正确,出现错误酌情扣分			
职业素养	工作态度	5				
	协作精神	5				
	安全文明生产	5				
	创新意识	5				

任务总结

掌握的基础知识	
掌握的操作要点	
遇到的问题	
解决问题的方法和途径	
心得体会	
其他	

任务五 加工锤头端部

任务描述

本任务是在上一个任务完成锤头螺纹孔的加工后，按照图 1-143 所示的图样加工锤头的端部。本任务主要通过加工锤头的端部，进一步练习划线、锉削等钳工基本操作技能，加工中要注意工具、量具的正确使用。

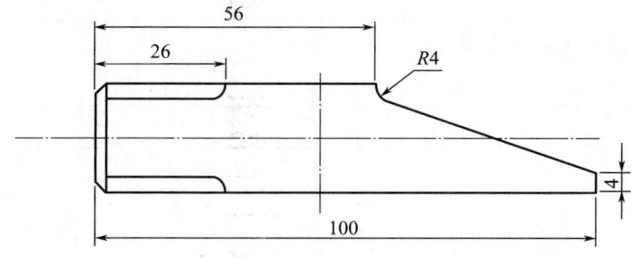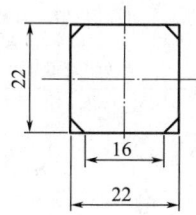

图 1-143 锤头端部加工（单位：mm）

任务分析

分析加工锥头端部的工艺流程，完成表 1-31。

加工锤头端部的工艺流程表   表 1-31

序号	工作内容	操作方法	精度要求	设备、工具、量具

任务目标

1. 知识目标

（1）掌握划线的基本操作要点。

（2）掌握锉削的基本操作要点。

2. 能力目标

（1）能在工件上正确进行划线的操作。

（2）能在工件上正确进行锉削精加工的操作。

（3）能使用量具检测工件的锉削质量。

3. 职业素养目标

（1）工作态度端正，纪律观念强。

（2）善于思考问题和敢于解决问题的能力。

（3）良好的协作精神和创新意识。

（4）遵守安全文明生产的要求。

任务实施

工作内容	操作方法	说明	精度要求	设备、工具、量具
1. 划线	(1)以底面为基准,在前、后两个面上划出中心线			
	(2)以中心线为基准,在四个面上划出 16mm 的位置			
	(3)以左端面为基准,在四个面上划出 26mm 的位置			
	(4)完成图中的划线			
任务知识点				
2. 锉削加工	(1)锉出 $R4$ 圆弧			
	(2)锉四个棱角			
任务知识点				
3. 倒角	在四个面加工 C2 倒角			
任务知识点				

任务评价

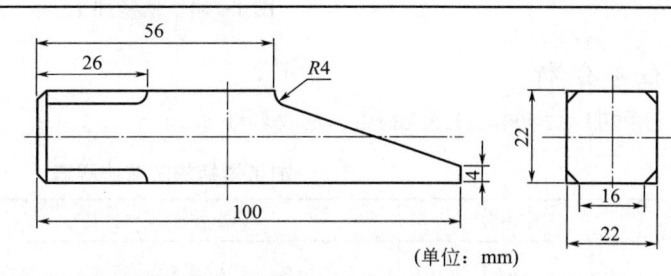

加工锤头端部评价表 表 1-32

	评价内容	分值	评价标准	自评	互评	教师评价
基础知识	划线的基本操作要点	10	回答正确，表述清晰，出现错误酌情扣分			
	锉削的基本操作要点	10				
操作要点	设备、工具、量具使用	16	动作规范，操作正确，出现错误酌情扣分			
	工件的划线质量	14	线条清晰、准确，出现错误酌情扣分			
	工件的锉削加工质量	14	误差每超过 0.2mm 扣 2 分			
	操作姿势	16	动作规范，操作正确，出现错误酌情扣分			
职业素养	工作态度	5				
	协作精神	5				
	安全文明生产	5				
	创新意识	5				

锤头端部的加工图 （单位：mm）

任务总结

掌握的基础知识	
掌握的操作要点	
遇到的问题	
解决问题的方法和途径	
心得体会	
其他	

任务六　加工锤柄

任务描述

本任务是按照如图 1-144 所示的图样加工锤柄。本任务主要是进行套螺纹的操作，并进一步练习划线、锉削等基本技能，加工中要注意工具、量具的正确使用。

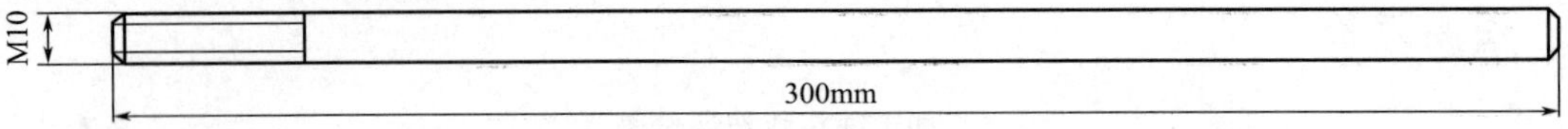

图 1-144　锤柄加工

任务分析

分析加工锤柄的工艺流程，完成表 1-33。

加工锤柄的工艺流程表　　　　　　　　表 1-33

序号	工作内容	操作方法	精度要求	设备、工具、量具

任务目标

1. 知识目标

(1) 熟悉套螺纹工具的使用。

(2) 熟悉套螺纹前圆杆直径的选择方法。

(3) 掌握套螺纹的基本操作要点。

(4) 了解套螺纹时常见弊病产生的原因和防止措施。

2. 能力目标

(1) 能正确使用套螺纹工具。

(2) 能在工件上正确进行套螺纹的操作。

3. 职业素养目标

(1) 工作态度端正，纪律观念强。

(2) 善于思考问题和敢于解决问题的能力。

(3) 良好的协作精神和创新意识。

(4) 遵守安全文明生产的要求。

任务实施

工作内容	操作方法	说明	精度要求	设备、工具、量具
1. 划线	(1)将圆棒料夹持在台虎钳上			
	(2)用钢直尺在圆棒料外圆表面上量取 300mm，用划针划线			
任务知识点				

续表

工作内容	操作方法	说明	精度要求	设备、工具、量具
2. 下料	用手锯截断圆棒料	注意要留 2mm 锉削余量		
任务知识点				
3. 加工倒角	用锉刀锉出倒角 C2			
任务知识点				
4. 套螺纹	(1)夹持工件			
	(2)选择合适的板牙,套出螺纹 M10			
任务知识点				

任务实施加油站

　　套螺纹是用板牙在工件圆杆上加工出外螺纹的方法（图 1-145）。它也用于修整外螺纹，如车削的螺栓，最后用板牙修整。通常在批量少、螺杆不长、直径不大、精度不高或修配工作中，以及缺少螺纹加工设备时应用。

套螺纹

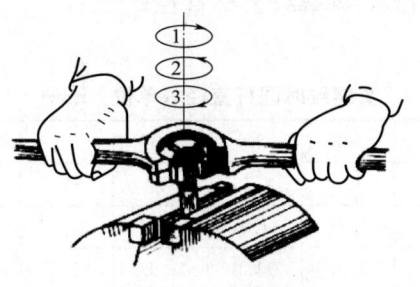

图 1-145　套螺纹

一、套螺纹工具

板牙是用来加工外螺纹的工具，用合金工具钢或高速钢制造并经淬火处理。

1. 板牙结构

板牙一般由切削部分和校准部分，以及排屑孔组成。切削部分是板牙两端有切削锥角的部分。板牙中间一段是校准部分。板牙两端都有切削部分，一端磨损后，可换另一端使用，如图1-146所示。

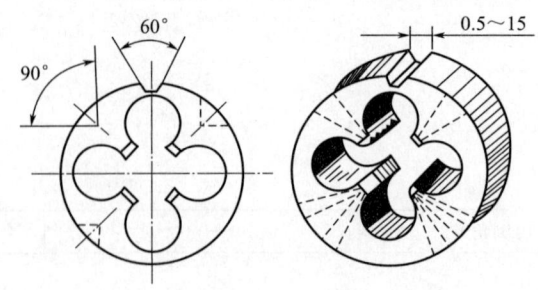

图1-146 圆板牙

2. 板牙架

板牙架是用来装夹板牙的工具，板牙装入后，用螺钉紧固，结构如图1-147所示。

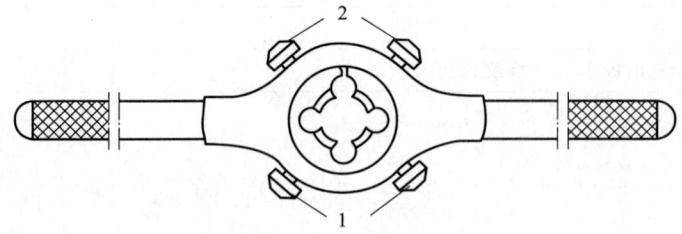

图1-147 圆板牙架

1—紧固螺钉；2—调节螺钉

二、套螺纹前圆杆直径确定

与丝锥攻螺纹类似，用板牙套螺纹时，材料受到挤压变形，将使螺纹大径增大，因而，在套螺纹前应使圆杆直径小于螺纹大径（表1-34），可以根据下式计算：

$$d_{杆}=d-0.13P \tag{1-15}$$

式中　$d_{杆}$——套螺纹前圆杆直径（mm）；

　　　d——螺纹大径（mm），即螺纹公称直径；

　　　P——螺距（mm）。

套螺纹时圆杆直径（单位：mm） 表1-34

公称直径		6	8	10	12	14	16	18	20	22	24
螺距		1	1.45	1.5	1.75	2	2	2.5	2.5	2.5	3
圆杆直径	最小	5.8	7.8	9.75	11.75	13.7	15.7	17.7	19.7	21.7	23.65
	最大	5.9	7.9	9.85	11.9	13.85	15.85	17.85	19.85	21.95	23.8

三、套螺纹的操作

1. 夹持工件

将工件放正、夹紧，如果要夹紧已加工表面，可以垫上紫铜皮。套螺纹时，切削力矩很大，工件为圆杆形状，圆杆不易夹持牢固，所以要用硬木的 V 形块或铜板作衬垫，才能牢固地将工件夹紧，如图 1-148 所示，在加衬垫时圆杆套螺纹部分离钳口要尽量近些。

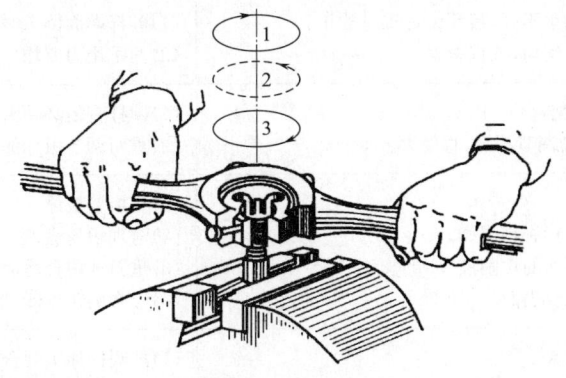

图 1-148　套螺纹操作

2. 倒角

套螺纹前的圆杆端部应倒角成圆锥斜角为 15°～20° 的锥体，使板牙容易对准工件中心，同时也容易切入。

3. 起套

起套方法和起攻方法相似，用一只手掌按住绞杠中部，沿圆杆轴线施加压力，并转动板牙绞杠，一只手配合顺向切进。此时转动宜慢，压力要大，应保持板牙的端面与圆杆轴线垂直，否则切出的螺纹牙齿一面深一面浅，甚至因单面切削太深而不能继续套削。

4. 套丝

在板牙切入圆杆 2～3 圈后，再次检查其垂直度误差，如发现歪斜要及时校正。当板牙切入圆杆 3～4 圈后，应停止施加轴向压力，让板牙依靠螺纹自然引进，以免损坏螺纹和板牙。

5. 检验

套螺纹完成后，使用游标卡尺、千分尺、螺距规进行螺纹的检验，如图 1-149 所示。

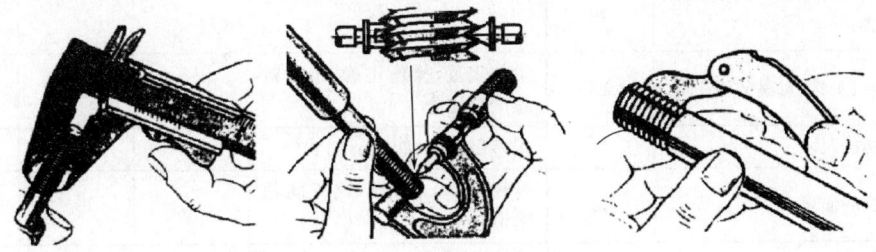

图 1-149　螺纹的检验

四、套螺纹注意事项

1. 套螺纹时要经常倒转板牙，使切屑切断。

2. 在钢件上套螺纹时要加浓的乳化液或机油进行润滑、冷却。

五、套螺纹时常见弊病产生原因和防止方法

套螺纹要按照规定的操作方法进行，否则容易产生种种弊病，其原因和防止方法见表 1-35。

套螺纹时常见弊病产生原因和防止方法 表 1-35

弊病形式	产生原因	防止方法
螺纹歪斜	(1)圆杆端面倒角不好,板牙位置难以放正。 (2)两手用力不均匀,绞杠歪斜	(1)圆杆端面倒角时,要保持四周一致。 (2)两手用力要均匀,并经常检查及时纠正
螺纹牙深不够	(1)圆杆直径太小。 (2)板牙 V 形槽调节不当,直径太大	(1)圆杆直径必须限制在规定的范围内。 (2)重新调节板牙的 V 形槽,并试切螺纹
螺纹表面粗糙度过大	(1)板牙磨钝。 (2)板牙刀齿上积有积屑瘤。 (3)没有选用合适的切削液。 (4)切屑拉伤螺纹表面	(1)更换新板牙。 (2)清理积屑瘤。 (3)重新选用合适的切削液。 (4)经常倒转板牙,折断切屑
烂牙 (乱扣)	(1)圆杆直径太大。 (2)板牙磨钝。 (3)板牙没有经常倒转,切屑堵塞把螺纹啃坏。 (4)绞杠掌握不稳,板牙左右摇摆。 (5)板牙歪斜太多而强行修正。 (6)板牙切削刃上粘有切屑瘤。 (7)没有选用合适的切削液	(1)把圆杆加工到合适的尺寸。 (2)更换新板牙。 (3)经常倒转板牙,使切屑折断后容易排出。 (4)两手握住绞杠用力要均匀。 (5)板牙端面应与圆杆轴线垂直,并经常检查。 (6)用油石进行修磨。 (7)重新选用合适的切削

任务评价

加工锤柄评价表 表 1-36

锤柄加工图	M10 ⊢────────────────────┤ 300mm				

	评价内容	分值	评价标准	自评	互评	教师评价
基础知识	套螺纹的工具	8	回答正确,表达清晰,出现错误酌情扣分			
	套螺纹前圆杆直径的选择	8				
	套螺纹的操作方法	8				
	套螺纹时常见缺陷及防治方法	8				
操作要点	设备、工具、量具的使用	13	动作规范,操作正确,出现错误酌情扣分			
	锤柄的尺寸	11	误差每超过 0.5mm 扣 2 分			
	螺纹的质量	11	螺纹完整,无损伤,出现问题酌情扣分			
	操作姿势	13	动作规范,操作正确,出现错误酌情扣分			
职业素养	工作态度	5				
	协作精神	5				
	安全文明生产	5				
	创新意识	5				

任务总结

掌握的基础知识	
掌握的操作要点	
遇到的问题	
解决问题的方法和途径	
心得体会	
其他	

教与学导航

学习任务	项目一　焊条电弧焊基本操作 项目二　二氧化碳气体保护焊基本操作 项目三　气焊与气割基本操作 项目四　钨极氩弧焊基本操作 项目五　埋弧焊基本操作	参考学时	14
能力目标	掌握焊条电弧焊、二氧化碳气体保护焊、气焊、气割、钨极氩弧焊、埋弧焊的基本操作技能。具备识读焊接施工图纸的识图能力；能根据所焊金属材料选择合适的焊接工艺方法和焊接参数，并实施焊接操作		
教学资源与载体	多媒体网络平台，教材，动画，视频，理实一体化教室，工程图纸，评价考核表		
教学方法与策略	项目教学法，任务驱动法，引导法，演示法，理实一体化		
教学过程设计	设计典型的焊工操作项目，按照工作过程分解任务。每个任务按照"任务描述—任务分析—任务目标—任务实施—任务评价—任务总结"的环节进行。任务描述，学生明确任务及其完成途径；任务分析，学生编制工艺过程；任务目标，学生明确完成任务后能达成的目标；任务实施，学生在优化后的工艺方案指导下，分步操作完成任务，并熟悉任务相关知识；任务评价，通过自评、互评、教师评价综合考核学生在完成任务过程中的基础知识、操作要点和职业素养；任务总结，学生在任务完成后的全面总结		
考核评价内容	从基础知识、操作要点和职业素养三个方面考核学生任务的完成情况，操作要点按工艺操作要点配分，重点考核任务实施的过程和成果		
评价方式	自我评价（　　　）小组评价（　　　）教师评价（　　　）		

项目一　焊条电弧焊基本操作

项目介绍

焊条电弧焊是一种较为基本的焊接连接方法，目前在很多领域中广泛使用。本项目通过训练任务的实施，使学生在完成任务的过程中循序渐进地掌握焊条电弧焊的理论知识和操作技能，达到相当于中级焊工实操考试的能力操作水平，能够胜任中级焊工的操作岗位。

项目分析

1. 思考问题

根据你对焊条电弧焊的了解，回答以下问题。

（1）你知道在哪些场合使用焊条电弧焊？

（2）要使用焊条电弧焊焊接工件，需要准备哪些设备、工具？

2. 技术分析

对初学者来说，焊条电弧焊在操作过程中的基本训练要领：

（1）要克服对电弧的恐惧心理。电弧产生的强光和声音容易让初学者紧张，进而忘记其他的操作要领。

（2）要学会熟练控制电弧的长度。在通常的照明环境中，电弧面罩护目镜下是无法看见被焊件的实际情况的。所以在实施焊接操作时要学会利用长电弧来对被焊件进行照明，借助长电弧的光亮找到起焊点，然后压低电弧进行焊接操作。

任务一　焊条电弧焊认知

任务描述

电弧焊是熔化焊中最基本的焊接方法，它也是在各种焊接方法中应用最普遍的焊接方法，其中最简单最常见的是使用电焊条的手工焊接，称为焊条电弧焊（简称为手弧焊）。本任务主要是了解焊条电弧焊工的主要任务、常用设备和量具、基本操作技能及安全文明生产要求。

任务目标

1. 知识目标

（1）了解焊条电弧焊的焊接过程。

（2）熟悉焊条电弧焊的设备、工具。

（3）熟悉焊条电弧焊的焊条。

（4）掌握焊条电弧焊工艺参数的选择。

2. 能力目标

（1）能正确完成焊条电弧焊设备的连接。

（2）能正确进行焊条电弧焊工艺参数的选择。

3. 职业素养目标

（1）工作态度端正，纪律观念强。

（2）善于思考问题和敢于解决问题的能力。

（3）良好的协作精神和创新意识。

（4）遵守安全文明生产的要求。

焊条
电弧焊

任务知识

一、焊条电弧焊概述

焊条电弧焊焊接方法设备简单，灵活方便，尤其适用于结构形状复杂、焊缝短或弯曲的焊件和各种不同空间位置的焊缝焊接。

首先将电焊机的输出端两极分别与焊件和焊钳连接，如图 2-1 所示。再用焊钳夹持电焊条。焊接时在焊条与焊件之间引出电弧，高温电弧将焊条端头与焊件局部熔化而形成熔池。然后，熔池迅速冷却、凝固形成焊缝，促使分离的两块焊件牢固地连接成一整体。焊条的药皮熔化后形成熔渣覆盖在熔池上，熔渣冷却后形成渣壳依旧覆盖并保护在焊缝上。最后将渣壳清除掉，焊接接头的工作就此完成。

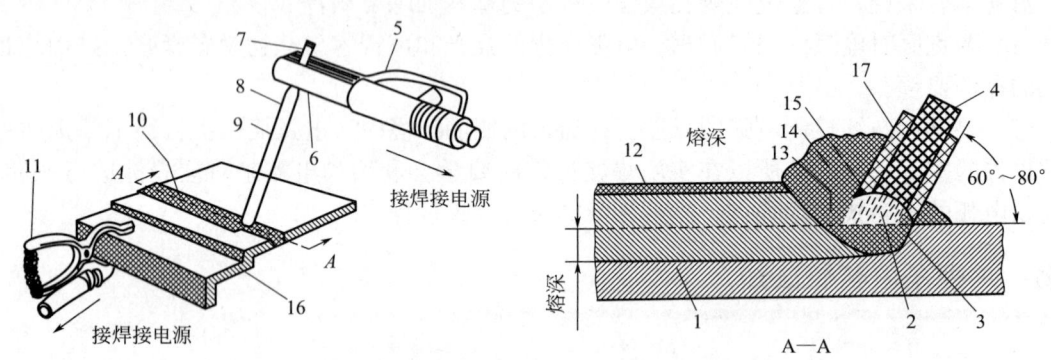

图 2-1　焊条电弧焊的工作原理和典型的装置

1—热影响区；2—弧坑；3—焊缝弧坑；4—焊芯；5—绝缘手把；6—焊钳；7—用于导电的裸露部分；
8—药皮部分；9—焊条；10—焊缝金属；11—地线夹头；12—渣壳防护层；13—焊接熔池；
14—气体保护；15—焊条端部分形成的套筒；16—焊件；17—焊条药皮

1. 电弧

焊条电弧焊其熔化的热源是电弧，即当焊条与焊件瞬时接触时，发生短路，强大的短路电流流经少数几个接触点，致使接触处温度急剧升高并熔化，甚至部分发生蒸发。当焊条迅速提起 2~4mm 时，焊条端头的温度已升得很高，在两电极间的电场作用下，产生了热电子发射。飞速的电子撞击焊条端头与焊件间的空气，使这层空气电离成正离子和负离子。电子和负离子流向正极，正离子流向负极。这些带电质点的定向运动在两极之间的气体间隙内产生电流，形成强烈持久的放电现象，即电弧。

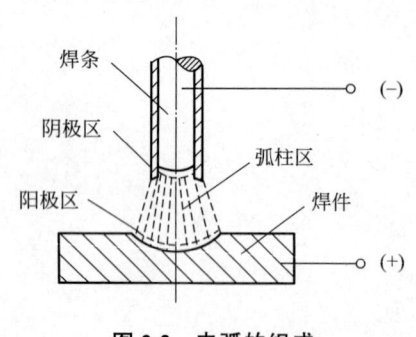

图 2-2　电弧的组成

2. 极性

焊接电弧是由阴极、弧柱和阳极三个部分组成，如图 2-2 所示。弧柱呈锥形，弧柱四周被弧焰所包围。电弧产生的热量比较集中，金属电极产生的热量温度为 3000~3800℃，但弧柱中心的温度可达 6000℃，因此电弧焊多用于厚度在 3mm 以上的焊件。在使用直流电焊机时，电弧的极性是固定的，即有正极（阳极）和负极（阴极）之分；而使用交流电焊机时，由于电源周期性地改变极性，故无固定的正负极，焊条和焊件两极上的温度及热量分布趋于一致。

二、焊条电弧焊的设备和工具

（一）电焊机

目前，使用的弧焊机按照输出的电流性质不同可分为直流焊机和交流焊机两大类；按照结构不同，又可分为弧焊整流器、弧焊变压器和弧焊发电机三种类型。

1. 常用焊条电弧焊机

1）交流电焊机（弧焊变压器）

交流电焊机又称弧焊变压器，是一种特殊的降压变压器，它是由降压变压器、阻抗调节器、手柄等组成。

为了适应不同材料和板厚的焊接要求，焊接电流能从几十安培调到几百安培，并可根据工件的厚度和所用焊条直径的大小任意调节所需的电流值。图 2-3 为 BX3-300 型交流弧焊机，图 2-4 为 BX3-300 型交流弧焊机结构示意图。

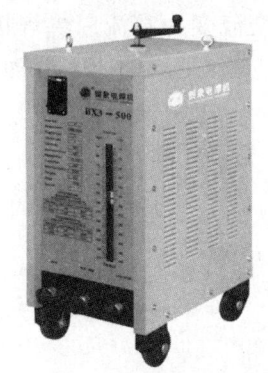

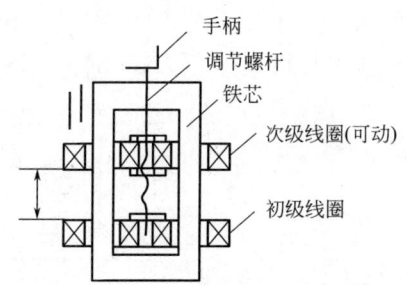

图 2-3　BX3-300 型交流弧焊机　　　图 2-4　BX3-300 型交流弧焊机结构示意图

如图 2-5 所示为 BX1 系列交流弧焊机。BX1 焊机的电流调节手柄在焊机的正前方。摇动手柄时会改变插入变压器线圈中的铁芯长度，从而达到改变电感和感抗调整输出电流的目的。

常用的 BX1-250 的型号含义如下：

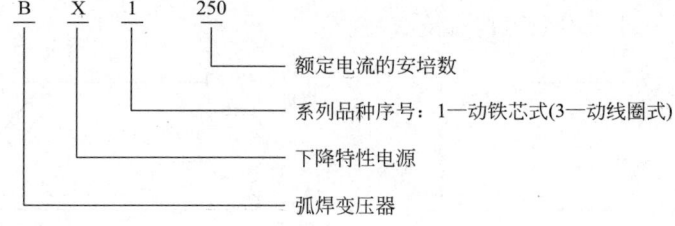

2）整流器式电焊机

整流器式直流电焊机（图 2-6），又称为弧焊整流器或整流焊机。

 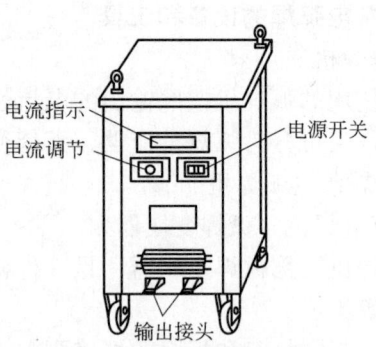

图 2-5　BX1 系列交流弧焊机　　　　图 2-6　整流器式直流电焊机

　　整流弧焊机是由交流变压器、整流器、磁饱和电抗器、输出电抗器以及控制系统等组成。其中整流器是由大功率硅整流元件构成，它将电流由交流变为直流以供焊接使用。整流弧焊机的输入端电压一般为单相 220V、380V 或三相 380V；空载电压一般为 60~90V；工作电压一般为 25~40V。

　　常用的整流弧焊机型号有 ZXG-300、ZXG-500 等，其含义举例如下：

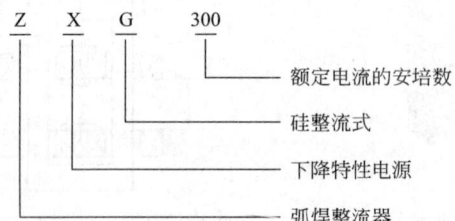

（1）正接法

　　当焊件是厚板时，由于局部加热熔化所需的热量比较多，焊件应接电焊机的正极（阳极），而电焊条接电焊机的负极（阴极），这种接法称为正接法，如图 2-7（a）所示。

（2）反接法

　　当焊件不需要强烈加热时，例如堆焊或对铸铁、高碳钢、有色金属以及薄板件等，焊件应接负极（阴极），而电焊条接正极（阳极），这种接法称为反接法，如图 2-7（b）所示。在使用碱性焊条时，均采用直流反接法。

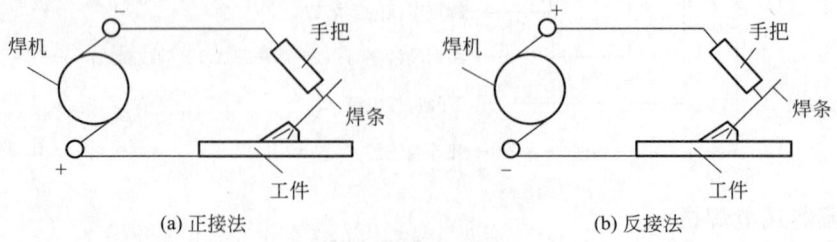

(a) 正接法　　　　　　　　　　　　　　(b) 反接法

图 2-7　直流电弧焊的正接与反接

2. 焊机常见故障的排除

　　当焊机发生故障时，必须及时处理，才能保证生产的正常进行。电弧焊焊机的常见故障及排除方法见表 2-1。

电弧焊焊机常见故障及排除方法　　　　　　　表 2-1

故障特征	产生原因	排除方法
焊机过热	(1)焊机过载。 (2)变压器线圈短路。 (3)铁芯螺杆绝缘损坏	(1)减小电流。 (2)消除短路现象。 (3)恢复绝缘
焊机外壳带电	(1)一次侧线圈或二次测线圈碰壳。 (2)焊接电缆碰壳。 (3)电源线碰壳。 (4)地线未安装或地线接触不良	(1)检查并消除碰壳处。 (2)消除电缆碰壳现象。 (3)消除电源线碰壳现象。 (4)地线连接牢固
焊接电流过小	(1)焊接电缆过长，压降太大。 (2)焊接电缆卷成盘状，电感大。 (3)电缆接线与焊件接触不良	(1)减小电缆长度或加大直径。 (2)将电缆放开，不使其成盘状。 (3)使接头处接触良好
动铁芯的嗡嗡声过大	(1)动铁芯的制动螺钉太松。 (2)铁芯活动部分的移动机构损坏	(1)旋紧螺钉，调整弹簧的拉力。 (2)检查并修理移动机构

（二）焊条电弧焊常用工具及量具

1. 电焊钳

电焊钳是用以夹持焊条进行焊接的工具（图 2-8）。对电焊钳的要求是夹持焊条应该方便，焊条角度的调节要随意夹持处导电要好，手柄要有良好的绝缘和隔热作用，并且要轻巧，易于操作。

2. 面罩及护目玻璃

面罩是焊工焊接时防止面部灼伤、观察焊接状态的一种遮蔽工具，有手持式和头盔式两种，如图 2-9 所示。面罩正面开有长方形孔，内嵌白色玻璃和护目玻璃。白色玻璃由普通玻璃制成，用于保护护目玻璃。护目玻璃是特制的化学玻璃，在焊接时有减弱电弧光、过滤红外线和紫外线的作用，颜色以墨绿色和橙色为多。护目镜片色号的选用可参考表 2-2。

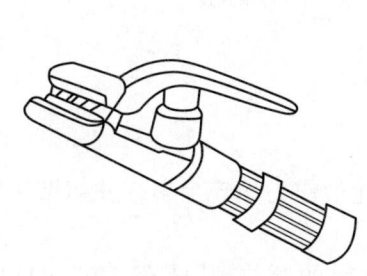

图 2-8　电焊钳

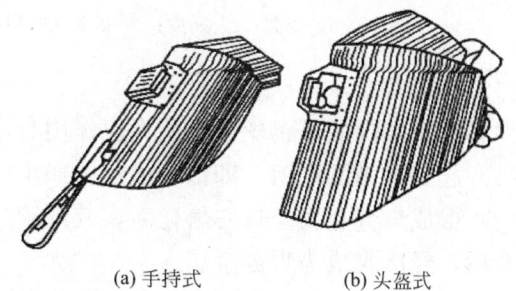

(a) 手持式　　　　　(b) 头盔式

图 2-9　面罩

护目镜片色号选用参考表　　　　　　　　表 2-2

护目镜色号	颜色深度	使用焊接电流范围(A)
7~8	较浅	≤100
8~10	中等	100~300
10~12	较深	≥300

3. 焊接电缆快速接头

焊接电缆快速接头是一种快速方便地连接焊接电缆的装置，如图 2-10 所示。使用时，

图 2-10 焊接电缆快速接头

只要将需要连接（或拆卸）的两根焊接电缆上所装有的快速接头对到一起旋转一下，就可便利地完成连接。

4. 焊接电缆

焊接电缆的作用是传导电流。

焊接电缆的两端可通过接线夹头连接焊机和焊件，以减小连接的电阻；工作时要防止焊件压伤和折断电缆；电缆切忌与刚焊完的焊件接触，以防烧坏。

5. 焊工手套、绝缘胶鞋、工作服和平光眼镜

焊工手套、绝缘胶鞋和工作服是防止弧光、火花灼伤和防止触电所必须穿戴的劳动保护用品。平光眼镜是清渣时防止熔渣损伤眼睛而佩戴的。

6. 辅助用具

常用的辅助用具有清渣用的敲渣锤、塞子、钢丝刷；修整焊件接头及坡口钝边用的锉刀；还有烘干焊条的烘干箱及保持焊条干燥度的焊条保温桶。

三、电焊条

电焊条（简称焊条）是涂有药皮的供手弧焊用的熔化电极。

（一）焊条的组成和作用

焊条是由焊芯和药皮两部分组成，如图 2-11 所示。

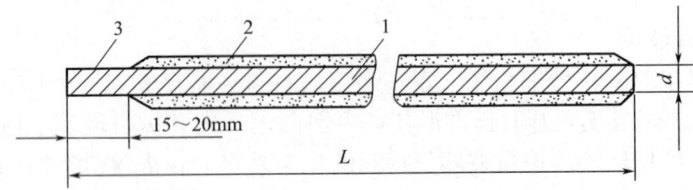

图 2-11 焊条的纵截面

1—焊芯；2—药皮；3—焊条夹持端；d—焊条直径；L—焊条长度

1. 焊芯

焊芯是焊条内的金属丝。它的主要作用有：

（1）起到电极的作用。即传导电流，产生电弧。

（2）形成焊缝金属。焊芯熔化后，其液滴过渡到熔池中作为填充金属，并与熔化的母材熔合后，经冷凝成为焊缝金属。

焊芯牌号的标法与普通钢材的标法相同，如常用的焊芯牌号有 H08、H08A、H08SiMn 等。这些牌号的含意是："H"是"焊"字汉语拼音首字母，读音为"焊"，表示焊接用实芯焊丝；其后的数字表示含碳量，如"08"表示含碳量为 0.08% 左右；再其后则表示质量和所含化学元素，如"A"（读音为"高"），则表示含硫、磷较低的高级优质钢，又如"SiMn"则表示含硅与锰的元素均小于 1%（若大于 1% 的元素则标出数字）。

焊条的直径是焊条规格的主要参数，它是由焊芯的直径来表示的。常用的焊条直径有 2～6mm，长度为 250～450mm。一般细直径的焊条较短，粗焊条则较长。表 2-3 是其部分规格。

焊条直径和长度规格（单位：mm） 表2-3

焊条直径	2.0	2.5	3.2	4.0	5.0	5.8
焊条长度	250	250	350	350	400	400
	—	—	—	400	—	—
	300	300	400	450	450	450

2. 药皮

药皮是压涂在焊芯上的涂料层。它是由矿石粉、有机物粉、铁合金粉和粘结剂等原料按一定比例配制而成。药皮的主要作用有：

（1）改善焊条的焊接工艺性能：容易引燃电弧、稳定电弧燃烧，并减少飞溅等。

（2）机械保护作用：药皮熔化后造成气体和熔渣，隔绝空气，保护熔池和焊条熔化后形成的熔滴不受空气的侵入。

（3）冶金处理作用：去除有害元素（氧、氢、硫、磷），添加有用的合金元素，改善焊缝质量。

（二）焊条的分类

1. 按用途进行分类

根据现行国家标准，按用途分为八大类型：碳钢焊条、低合金钢焊条、不锈钢焊条、堆焊焊条、铸铁焊条及焊丝、镍及镍合金焊条、铜及铜合金焊条和铝及铝合金焊条。

2. 按药皮熔化成的熔渣化学性质分类

（1）酸性焊条

酸性焊条是因其焊条药皮中含有大量的酸性氧化物而得名的。如果施工现场只有交流弧焊机，并且焊接的是一般金属结构，通常选用酸性焊条。这种焊条工艺性能好，对水、锈产生气孔的敏感性不大，易于操作，生产中应用最多的是E4303型焊条。

（2）碱性焊条

碱性焊条是其药皮中的成分以碱性氧化物为主的焊条。它的力学性能和抗裂纹性能都较酸性焊条好，但是工艺性能不如酸性焊条，表现在稳弧性差、脱渣较差、焊缝表面成形较差等。使用前要求将碱性焊条在350~400℃温度下烘焙1~2h。常用的碱性焊条是E5016型和E5015型低氢型焊条。

酸性焊条与碱性焊条的性能比较见表2-4。

酸性焊条与碱性焊条的性能比较 表2-4

焊条	酸性焊条	碱性焊条
工艺性能特点	引弧容易，电弧稳定，可用交直流电源焊接	电弧的稳定性较差，只能采用直流电源焊接
	宜长弧操作	需短弧操作，否则易引起气孔
	焊接电流大	较同规格酸性焊条焊接电流较小
	对铁锈、油污和水分的敏感性不大，抗气孔能力强。焊条使用前在100~150℃温度下烘焙1~2h	对水、锈产生气孔的敏感性较大，使用前须在350~400℃温度下烘焙1~2h
	飞溅小，脱渣性好	飞溅较大，脱渣性稍差
	焊接时烟尘较少	焊接时烟尘较多

续表

焊条	酸性焊条	碱性焊条
焊缝金属性能	焊缝常、低温冲击性能一般	焊缝常、低温冲击性能较好
	合金元素烧损较多	合金元素过渡效果好，塑性和韧性好，特别是冲击韧度好
	脱硫效果差，抗热裂纹能力差	脱氧、硫能力强，焊缝含氢、氧、硫量低，抗裂性能好

（三）焊条的型号、牌号

1. 焊条的型号

焊条型号是以焊条国家标准为依据，反映焊条主要特性的一种表示方法。现以碳钢焊条为例，其型号编制方法为：字母"E"表示焊条；E后的前两位数字表示熔敷金属抗拉强度的最小值，单位为MPa（原用 $kgf/mm^2 = 9.81MPa$）；第三位数字表示焊条的焊接位置，若为"0"及"1"则表示焊条适用于全位置焊接（即可进行平、立、仰、横焊），"2"表示焊条适用于平焊及平角焊，"4"表示焊条适用于向下立焊；第三位和第四位数字组合时表示药皮类型及焊接电流种类，如为"03"表示钛钙型药皮、交直流正反接，又如"15"表示低氢钠型、直流反接。如"E4315"含义如下：

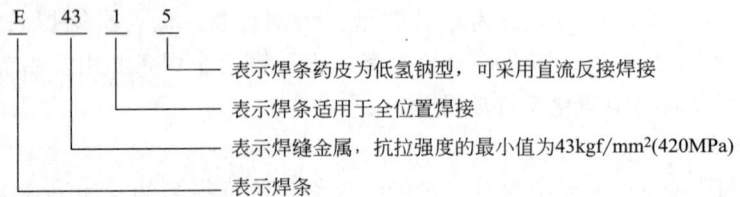

E 43 1 5
- 表示焊条药皮为低氢钠型，可采用直流反接焊接
- 表示焊条适用于全位置焊接
- 表示焊缝金属，抗拉强度的最小值为43kgf/mm²(420MPa)
- 表示焊条

2. 焊条的牌号

焊条牌号编制方法为：每类电焊条的第一个大写汉语特征字母表示该焊条的类别，例如J（或"结"）代表结构钢焊条（包括碳钢和低合金钢）、A代表奥氏体铬镍不锈钢焊条等；特征字母后面有三位数字，其中前两位数字在不同类别焊条中的含义是不同的，对于结构钢焊条而言，此两位数字表示焊缝金属最低的抗拉强度，单位是 kgf/mm^2；第三位数字均表示焊条药皮类型和焊接电源要求。现举一例"J422"（相当于国标焊条型号E4303）。

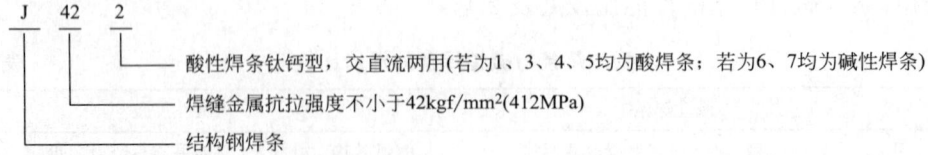

J 42 2
- 酸性焊条钛钙型，交直流两用(若为1、3、4、5均为酸焊条；若为6、7均为碱性焊条)
- 焊缝金属抗拉强度不小于42kgf/mm²(412MPa)
- 结构钢焊条

两种常用碳钢焊条型号和其相应的原牌号见表2-5。

两种常用碳钢焊条 表 2-5

型号	原牌号	药皮类型	焊接位置	电流种类
E4303	结422	钛钙型	全位置	交流、直流
E5015	结507	低氢钠型	全位置	直流反接

任务评价

评价内容		分值	评价标准	自评	互评	教师评价
基础知识	焊工工种认知	5	回答正确，表述清晰，出现错误酌情扣分			
	焊条电弧焊常用设备、工具	5				
	电焊机的型号	10				
	焊条的种类	10				
	焊接工艺参数的选择方法	10				
操作要点	能正确完成焊条电弧焊设备的连接	20	方法合适，结果正确，出现错误酌情扣分			
	能正确进行焊条电弧焊工艺参数的选择	20	方法正确，出现错误酌情扣分			
职业素养	工作态度	5				
	协作精神	5				
	表达能力	5				
	创新意识	5				

焊条电弧焊认知评价表　　　表2-6

任务总结

掌握的基础知识	
掌握的操作要点	
遇到的问题	
解决问题的方法和途径	
心得体会	
其他	

任务二　起弧操作

任务描述

本任务是选择合适的焊条电弧焊设备、工具在图 2-12 所示的绘制好网格线的钢板上，

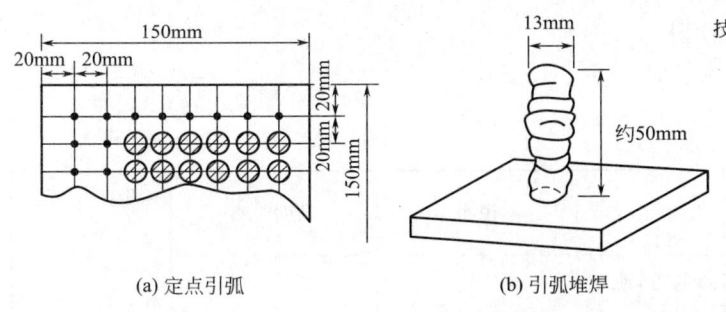

(a) 定点引弧　　　　　　　　(b) 引弧堆焊

技术要求：
1. 焊条电弧焊定点引弧、引弧堆焊实训；
2. 高度均为50mm，直径约13mm；
3. 控制熔池的温度，防止金属流淌。

图 2-12　起弧操作示意图

在交叉点处进行起弧、灭弧，形成焊点的练习，并达到技术要求。通过完成定点起弧原地堆焊，让学生熟悉焊条电弧焊的起弧手法，观察熔池的形成过程，控制电弧的长短。在加工过程中将初步接触到焊条电弧焊的起弧、灭弧操作，加工中要注意设备、工具的正确使用。

任务分析

1. 技术分析

在起弧、灭弧的过程中，学生需要在电焊防护罩下完成。只有在电弧照射下才能看见钢板表面的网格。学生要能够操作焊钳，使焊条端部形成长弧和短弧。长弧照亮钢板，帮助我们找到焊接位置，短弧形成焊点。

2. 工艺分析

分析图 2-12 所示的起弧操作工艺流程，完成表 2-7。

起弧操作工艺流程表 表 2-7

序号	工作内容	操作方法	精度要求	设备、工具、量具

任务目标

1. 知识目标

（1）熟悉焊条电弧焊常用的设备、工具。

（2）掌握起弧、灭弧的操作要点。

2. 能力目标

（1）能在规定的范围顺利起弧并形成焊点。

（2）能够解决在焊接工程中的故障现象。

（3）能根据焊点的形状和电弧的声音判断电流的大小是否合适。

3. 职业素养目标

（1）工作态度端正，纪律观念强。

（2）善于思考问题和敢于解决问题的能力。

（3）良好的协作精神和创新意识。

（4）遵守安全文明生产的要求。

任务实施

工作内容	操作方法	说明	精度要求	设备、工具、量具
1. 电焊机的调试接线	将电焊机的电源线和焊把线接好，使焊机处于能焊接的状态			

工作内容	操作方法	说明	精度要求	设备、工具、量具
任务知识点				
2. 划线	用滑石笔、钢直尺在 Q235 钢板上画出练习的位置			
任务知识点				
3. 起弧练习	在钢板上画的点处进行反复的起弧练习			
任务知识点				

任务实施加油站

一、焊接设备连接原理

焊条电弧焊的焊接设备主要有弧焊电源、焊钳和焊接电缆，其接线如图 2-13 所示。

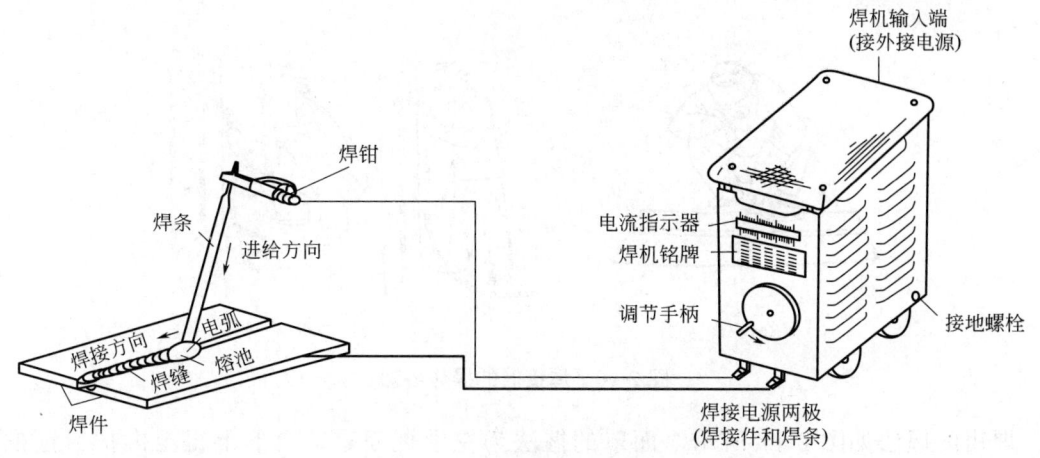

图 2-13 焊条电弧焊设备连接示意

二、焊接母材准备

1. 钢直尺

钢直尺是用于度量尺寸的量具，使用时应注意刻度的读数。钢直尺用不锈钢制成，钢直尺的尺面上有公制和英制的刻线，可以直接测量、读出工件的实际尺寸。

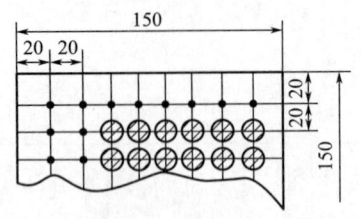

图 2-14　钢板画线示意图（单位：mm）

2. 滑石笔

用滑石块切割成的笔称为滑石笔，滑石笔是广泛应用于各方面的物质，如机械制造业、车辆制造、船舶厂、钢铁厂等。

如图 2-14 所示在 Q235 钢板上用滑石笔按图中尺寸画出方格，在方格的交点处做一较大的标记，以便作为焊条电弧焊起弧并形成焊点的位置。

实际操作中也可以按照手头已有的钢板尺寸进行相应的调整。

三、焊接操作姿势

焊接基本操作姿势有蹲姿、坐姿、站姿，如图 2-15 所示。

(a) 蹲姿　　　　　(b) 坐姿　　　　　(c) 站姿

图 2-15　焊接基本操作姿势

以对接和丁字形接头的平焊从左向右进行操作为例，如图 2-16 所示。操作者应位于焊缝前进方向的右侧；左手持面罩，右手握焊钳；左肘放在左膝上，以控制身体上部不做向下跟进动作；大臂必须离开肋部，不要有依托，应伸展自由。

(a) 平焊　　　　　　　　　　　(b) 立焊

图 2-16　焊接时的操作姿势

焊钳的握法如图 2-17 所示。面罩的握法为左手握面罩，自然上提至内护目镜框与眼平行，向脸部靠近，面罩与鼻尖距离 10～20mm 即可。焊钳与焊条的夹角如图 2-18 所示。

图 2-17　焊钳的基本握法

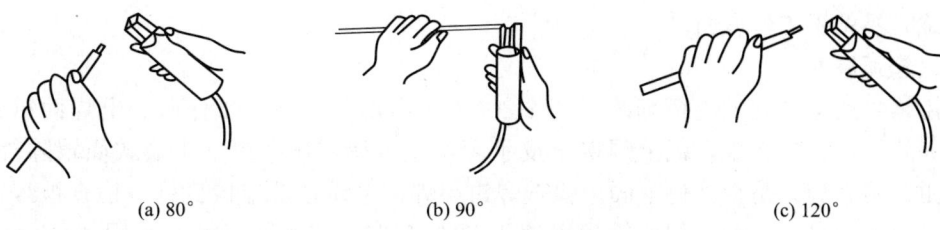

(a) 80°　　　　　　　(b) 90°　　　　　　　(c) 120°

图 2-18　焊钳与焊条的夹角

四、引弧操作方法

焊条电弧焊施焊时，使焊条引燃焊接电弧的过程，称为引弧。动作要领：将焊条与工件表面接触形成短路，然后迅速提起焊条并保持 2～3mm，即可产生电弧。常用的引弧方法有划擦法和敲击法两种。

1. 划擦法

操作要领：类似划火柴。先将焊条端部对准焊缝，然后将手腕扭转，使焊条在焊件表面上轻轻划擦，划的长度以 20～30mm 为佳，以减少对工件表面的损伤，然后将手腕扭平后迅速将焊条提起，使弧长约为所用焊条外径 1.5 倍，做"预热"动作（即停留片刻），其弧长不变，预热后将电弧压短至与所用焊条直径相符。在始焊点做适量横向摆动，且在起焊处稳弧（即稍停片刻）以形成熔池后进行正常焊接，如图 2-19（a）所示。

优点：易掌握，不受焊条端部清洁情况限制。

缺点：操作不熟练时易损伤焊件。

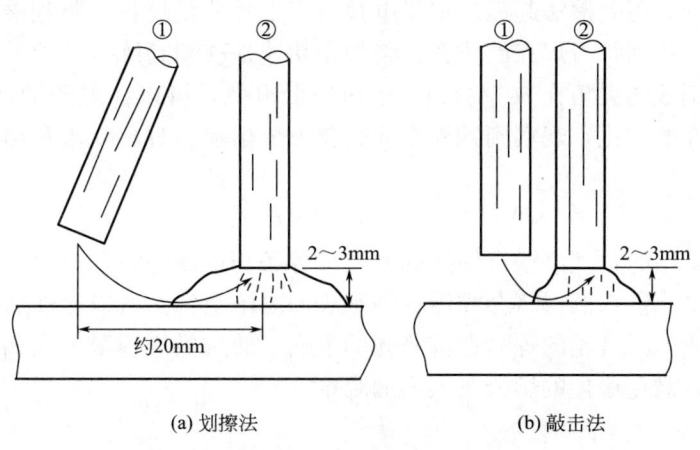

(a) 划擦法　　　　　　　(b) 敲击法

图 2-19　引弧方法

2. 敲击法

操作要领：焊条垂直于焊件，使焊条末端对准焊缝，然后将手腕下弯，使焊条轻碰焊件，引燃后，手腕放平，迅速将焊条提起，使弧长约为焊条外径的 1.5 倍，稍做"预热"后，压低电弧，使弧长与焊条内径相等，且焊条横向摆动，待形成熔池后向前移动，如图 2-19（b）所示。

优点：敲击法是一种理想的引弧方法。适用于各种位置引弧，不易碰伤工件。

缺点：受焊条端部清洁情况限制，用力过猛时药皮易大块脱落，造成暂时性偏吹，操作不熟练时易粘于工件表面。

五、起弧练习

采用蹲式或是站立式进行训练（图 2-20）。练习前首先检查工作服、电焊面罩、护目镜是否完好。穿好工作服，戴上焊接羊皮手套，左手持焊接面罩（头戴式面罩除外），右手持焊钳。检查焊条是否夹持牢固。检查焊钳与焊接电缆是否连接良好。检查被焊钢板与焊把线是否连接良好。调整焊机输出电流为 70A 左右，初次练习推荐采用 ϕ2.5mm 的焊条，便于初学者掌握。

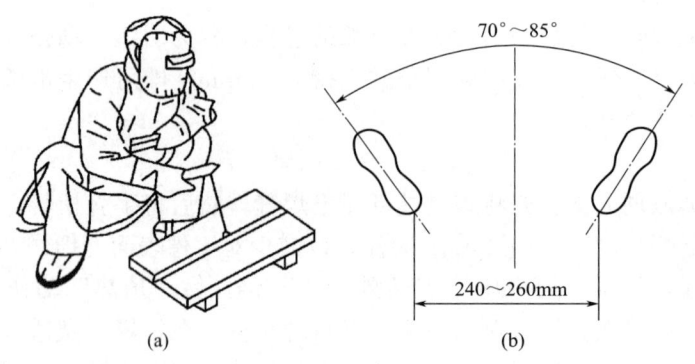

图 2-20　蹲式训练

1. 引弧

手持面罩，观察钢板上画好的引弧练习位置，选好引弧位置后，戴上面罩，凭记忆在刚才想好的位置开始用划擦法起弧。点亮电弧后将电弧尽量拉长，听到噗噗的吹气声，这时借助电弧的光亮找到练习焊点的位置，将焊条快速地移动到练习位置的点上，马上将焊条倾斜（焊条与钢板的夹角在 60°左右），迅速压低电弧，可以让焊条的药皮接触到钢板。注意观察钢板表面的变化，观察到钢板表面熔化形成熔池，观察铁水和熔渣的区别，停留一会儿后熄弧。

2. 观察焊点

焊条电弧焊采用的是气渣联合保护的方式，焊条药皮燃烧时释放保护性气体，生产的液态熔渣由于密度比铁水低得多会漂浮在铁水表面隔绝空气。所以冷却后焊缝处的金属表面覆盖了一层熔渣壳。真正的焊缝在熔渣壳的下面。使用敲渣锤敲掉表面的熔渣。敲击时要做好防护措施，避免敲掉的熔渣飞入人的眼中。

3. 继续练习

敲掉表面的渣壳后，用焊条在焊点上继续进行起弧形成焊点的练习。

任务评价

起弧操作评价表 表 2-8

评价内容		分值	评价标准	自评	互评	教师评价
基础知识	钢板上划线的操作要点	5	回答正确,表述清晰,出现错误酌情扣分			
	敲击法引弧的操作要点	10				
	划擦法引弧的操作要点	10				
操作要点	设备、工具的使用	5	动作规范,操作正确,出现错误酌情扣分			
	敲击法引弧	10	动作规范,操作正确,出现错误酌情扣分			
	划擦法引弧	10	动作规范,操作正确,出现错误酌情扣分			
	起弧的操作	10	动作规范,操作正确,出现错误酌情扣分			
	焊点的形成形态	5	外观饱满均匀,出现错误酌情扣分			
	焊点的位置准确度	5	焊点准确,误差每超出 1mm 扣 2 分			
	操作姿势	10				
职业素养	工作态度	5				
	协作精神	5				
	安全文明生产	5				
	创新意识	5				

任务总结

掌握的基础知识	
掌握的操作要点	
遇到的问题	
解决问题的方法和途径	
心得体会	
其他	

任务三 平敷焊操作

任务描述

本任务是在 Q235 低碳钢板上进行如图 2-21 所示图样的平敷焊训练。操作前,在钢板上用滑石笔按图示尺寸画出标记横线。在横线上练习起弧、运条形成焊缝收弧。通过平敷焊训练,主要掌握引弧、运条、灭弧等基本操作。

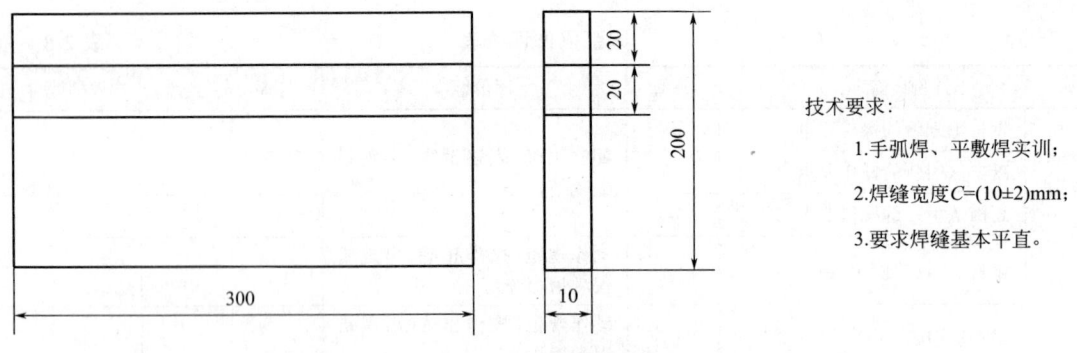

技术要求：
1. 手弧焊、平敷焊实训；
2. 焊缝宽度C=(10±2)mm；
3. 要求焊缝基本平直。

图 2-21　平敷焊示意图

任务分析

1. 图样分析

分析图中主视图和左视图的对应关系（图 2-21）。

2. 工艺分析

分析图 2-21 所示平敷焊的工艺流程，完成表 2-9。

平敷焊操作工艺流程表　　　　　　　　　　表 2-9

序号	工作内容	操作方法	精度要求	设备、工具、量具

任务目标

1. 知识目标

（1）掌握焊条电弧焊的引弧、运条方法。

（2）掌握焊条电弧焊的平敷焊操作方法。

2. 能力目标

（1）能在工件上正确进行划线操作。

（2）能正确进行焊条电弧焊的引弧、运条操作。

（3）能正确进行焊条电弧焊的平敷焊操作。

3. 职业素养目标

（1）工作态度端正，纪律观念强。

（2）善于思考问题和敢于解决问题的能力。

（3）良好的协作精神和创新意识。

（4）遵守安全文明生产的要求。

任务实施

工作内容	操作方法	图示	精度要求	设备、工具、量具
1. 焊前准备	(1)用滑石笔在裁切好的Q235钢板上画线			
	(2)电焊机准备			
	(3)焊条和防护装备准备			
任务知识点				
2. 实施焊接	采用直线运条的方法进行平敷焊的练习			
任务知识点				
3. 焊缝检查	(1)使用敲渣锤和钢丝刷清理焊缝表面的熔渣壳			敲渣锤、钢丝刷
	(2)焊缝外观检查			
任务知识点				

任务实施加油站

一、焊前准备

（一）画线

使用钢直尺和滑石笔在钢板上练习画线。钢板材质为Q235低碳钢板，焊接性能良好。钢板的尺寸为300mm×200mm，画线的样式如图2-21所示。具体练习时也可以根据自己实训场地所能提供的材料，酌情修改尺寸。

线条的长度根据练习者的水平而定，开始可以进行短焊缝的练习。根据需要也可以进行长焊缝的练习。这里的长焊缝是指在焊缝形成过程中需要更换焊条的焊缝。可以根据需要进行该项练习。

（二）电焊机准备

本次练习使用交流弧焊机BX1-250型。

（三）焊接工艺参数的选择

焊接过程中要获得质量优良的焊接接头，就必须合理地选择焊接工艺参数。工艺参数有：焊接电流；电源种类和极性；焊接速度、道数、层数；焊条直径；焊缝的长度、宽度、厚度和弧长等。其中焊接电流是最重要的工艺参数，它直接影响焊接接头质量和生产率，其次是焊条直径、焊接速度和焊接层数等。

1. 焊条直径的选择

合理选择焊条直径是保证焊接质量的重要因素。焊条直径过大，易造成未焊透或焊缝成形不良的缺陷；焊条直径过小，会使生产率降低，因此必须正确选择焊条直径。焊条直径的选择与下列因素有关：

1）焊件厚度

焊件越厚，所选焊条直径越粗。选取时可参照表 2-10。

焊条直径的选择和焊件厚度的关系　　　　　　　　表 2-10

焊件厚度（mm）	焊条直径（mm）	焊件厚度（mm）	焊条直径（mm）
≤1.5	1.5	4～6	3.2～4.0
2	1.5～2.0	8～12	3.2～4.0
3	2.0～3.2	≥13	4.0～5.0

2）焊缝的位置

在板厚相同的条件下，平焊焊缝选用的焊条直径比其他位置焊缝大一些，但一般不超过 5mm；立焊时一般使用直径为 3.2mm 或 4.0mm 的焊条；仰焊、横焊时，为避免熔化金属下淌，得到较小的熔池，选用的焊条直径应不超过 4mm。

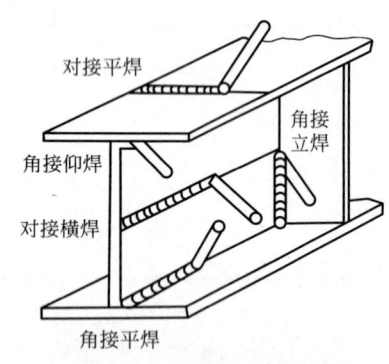

图 2-22　工字梁的接头形式和焊接位置

（图中标注）对接平焊　角接立焊　角接仰焊　对接横焊　角接平焊

3）焊接层数

焊缝的层数需根据焊件的厚薄、焊件尺寸大小以及焊缝位置来决定。从提高生产率角度出发，焊缝的层数最好少一些。图 2-22 所示为焊接工字梁时几种接头形式和焊接位置的实例。在进行多层焊时，第一层焊道所采用的焊条直径不宜过大，过大会造成电弧过长，且不能焊透，因此第一层焊道应采用直径为 3～4mm 的焊条，以后各层可以根据焊件厚度，选用较大直径的焊条。

4）接头形式

焊接接头是指用焊接方法把两部分金属连接起来的连接部分，它包括焊缝、熔合区和热影响区。最基本的焊接接头形式有四种：

（1）对接接头，即对接接头焊缝，简称对接，如图 2-23（a）所示。

（2）角接接头，即角接接头焊缝，简称角接，如图 2-23（b）所示。

（3）T 形接头，即 T 形接头焊缝，简称丁字接，如图 2-23（c）所示。

（4）搭接接头，即搭接接头焊缝，简称搭接，如图 2-23（d）所示。

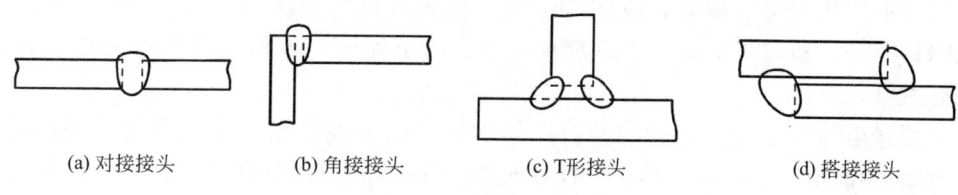

(a) 对接接头   (b) 角接接头   (c) T形接头   (d) 搭接接头

图 2-23　焊接接头形式

对接接头受力比较均匀，使用最多，重要的受力焊缝应尽量选用。搭接接头、T形接头因不存在全焊透问题，所以应选用较大的焊条直径，以提高生产效率。

2. 焊接电流的选择

焊接时，适当地加大焊接电流，可以加快焊条的熔化速度，从而提高工作效率。但是，过大的焊接电流会造成焊缝咬边、焊瘤、烧穿等缺陷，而且金属组织还会因过热而发生性能变化。电流过小则易造成夹渣、未焊透等缺陷，降低了焊接接头的力学性能。所以，应选择合适的焊接电流。

选择焊接电流的主要依据是焊条直径、焊缝位置以及焊条类型，特别是凭借焊接经验来调节焊接电流。

1）根据焊条直径选择

焊条直径一旦确定下来，也就限定了焊接电流的选择范围。因为不同的焊条直径有不同的允许使用焊接电流范围，若超出该范围，就会直接影响焊件的力学性能。其范围参考表 2-11。

不同焊条直径选用焊接电流的范围　　　　　　　　　　表 2-11

焊条直径(mm)	1.6	2.0	2.5	3.2	4.0	5.0	6.0
焊接电流(A)	25～40	0～65	50～80	80～130	140～200	200～270	260～300

焊接电流还可以根据下列的经验公式来确定焊接电流范围，再通过试焊逐步得到合适的焊接电流：

$$I = （35～55）d$$

式中　I——焊接电流，A；

　　　d——焊条直径，mm。

2）根据焊缝位置选择

在焊条直径相同的条件下，平焊时熔池中的熔化金属容易控制，可适当地选择较大的焊接电流；立焊和横焊时的焊接电流比平焊时应减小 10％～15％，而仰焊时要比平焊时减小 10％～20％。

3）根据焊条类型选择

在焊条直径相同时，奥氏体不锈钢焊条使用的焊接电流要比碳钢焊条小一些，否则会因其焊芯电阻热过大而使焊条药皮脱落。碱性焊条使用的焊接电流要比酸性焊条小一些，否则，焊缝中易形成气孔。

4）根据焊接经验选择

（1）焊接电流过大时，焊接爆裂声大，熔滴向熔池外飞溅，而且熔池也大，焊缝成形宽而低，容易产生烧穿、焊瘤、咬边等缺陷。运条过程中熔渣不能覆盖熔池起保护作用，使熔池裸露在外，造成焊缝成形波纹粗糙。过大的电流使焊条熔化到大半根时，余下部分焊条均已发红。

（2）焊接电流过小时，焊缝窄而高，熔池浅，熔合不良会产生未焊透、夹渣等缺陷，还会出现熔渣超前、与液态金属分不清等现象。有时焊条会与焊件粘结。

（3）焊接电流合适时，熔池中会发出嗞嗞声音，焊工在运条过程中，以正常的焊接速度移动，熔渣会半盖半露着熔池，液态金属和熔渣容易分清；焊缝金属与母材呈圆滑过渡，熔合良好；在操作过程中，有得心应手之感。

3. 焊接电压的选择

电弧电压主要影响焊缝的宽窄，电弧电压越高，焊缝越宽。

焊条电弧焊的电弧电压主要由电弧长度来决定。由电弧静特性可知，电弧长度越长，电弧电压越高；电弧长度越短，电弧电压越低。在焊接过程中，电弧不宜过长。

焊条电弧焊应尽量使用短弧施焊。立焊、仰焊时的电弧应比平焊短些，以利于熔滴过渡，防止熔化金属下滴。碱性焊条焊接时应比酸性焊条焊接时的弧长短些，以利于电弧的稳定和防止气孔的发生。长度为焊条直径的 0.5～1.0 倍的电弧，一般被称为短弧，计算式表示如下：

$$L = （0.5～1.0）d \qquad (2\text{-}1)$$

式中　L——电弧长度，mm；

　　　d——焊条直径，mm。

4. 焊接速度的选择

焊接速度是指单位时间内完成的焊缝长度。焊接过程中，焊接速度应该均匀适当，既要保证焊透又要保证不焊穿，同时还要使焊缝宽度和余高符合设计要求。

二、焊接实施及运条方法

平敷焊可以采用直线运条的方法，焊条直线运行，焊条成 60°左右。焊条运行的速度要慢，要与焊条端部焊芯熔化的速度相配套。焊条熔化的速度与焊接电流的大小成正比。所以一般都是说焊条运行的速度（焊接速度）与焊接电流的大小要合适。电流小，移动的速度快，熔化的铁水形成不了连续的焊缝；电流大，移动的速度过慢，容易造成烧穿或是焊缝过宽。

初学者练习平敷焊就是要练习在不同的焊接电流下，焊条运动的速度。焊条在焊接时要在事先画好的线上进行，控制焊缝的位置。

（一）运条方法

焊接过程中，焊条相对焊缝所做的各种动作的总称叫作运条。在正常焊接时，焊条一般有 3 个基本运动相互配合，即沿焊条中心线向熔池送进、沿焊接方向移动、焊条横向摆动（平敷焊练习时焊条可不摆动），如图 2-24 所示。

1. 焊条的前移运动

焊条前移运动的速度称为焊接速度。握持焊条前移时，首先应掌握好焊条与焊件之间的角度。各种焊接接

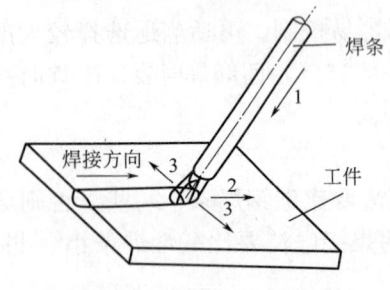

图 2-24　运条的基本动作
1—向下送进；2—沿焊接方向移动；
3—横向摆动

头在空间的位置不同，其角度有所不同（图 2-25）。平焊时，焊条应向前倾斜 70°～80°（图 2-26），即焊条在纵向平面内，与正在进行焊接的一点上垂直于焊缝轴线的垂线，向前所成的夹角。此夹角影响填充金属的熔敷状态、熔化的均匀性及焊缝外形，能避免咬边与夹渣，有利于气流把熔渣吹后覆盖焊缝表面以及对焊件有预热和提高焊接速度等作用。

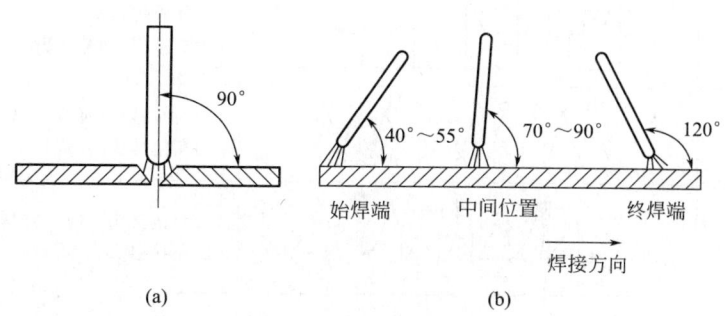

图 2-25　焊条角度及运条

焊条沿焊接方向移动，目的是控制焊道成形，若焊条移动速度太慢，则焊道会过高、过宽，外形不整齐，如图 2-27（a）所示。焊接薄板时甚至会发生烧穿等缺陷。若焊条移动太快则焊条和焊件熔化不均造成焊道较窄，甚至发生未焊透等缺陷，如图 2-27（b）所示。只有速度适中时才能焊成表面平整、焊波细致而均匀的焊缝，如图 2-27（c）所示。

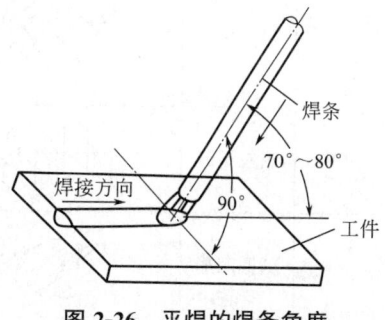

图 2-26　平焊的焊条角度

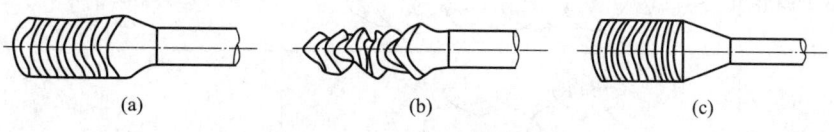

图 2-27　焊条沿焊接方向移动

2. 焊条的送进运动

沿焊条的中心线向熔池送进，主要用来维持所要求的电弧长度和向熔池添加填充金属。焊条送进的速度应与焊条熔化速度相适应，如果焊条送进速度比焊条熔化速度慢，电弧长度会增加；反之如果焊条送进速度太快，则电弧长度迅速缩短，使焊条与焊件接触，造成短路，从而影响焊接过程的顺利进行。

3. 焊条的横向摆动

指焊条在焊缝宽度方向上的横向运动，其目的是为了加宽焊缝，并使接头达到足够的熔深，同时可延缓熔池金属的冷却结晶时间，有利于熔渣和气体浮出。焊接薄板时，不必过大摆动甚至直线运动即可，这时的焊缝宽度为焊条直径的 0.8～1.5 倍；焊接较厚的焊件时，需摆动运条，焊缝宽度可达直径的 3～5 倍。根据焊缝在空间的位置不同，摆动运条方法的种类有：直线形、左右形、往复直线形、锯齿形、月牙形、三角形、圆圈形和八字形等，见表 2-12。

焊条横向摆动运条方法的种类　　　　　表 2-12

运条方法		运条示意图	适用范围
直线形			(1)3～5mm 厚度，I 形坡口对接平焊； (2)多层焊的第一层焊道； (3)多层多道焊
直线往返形			(1)薄板焊； (2)对接焊(间隙较大)
锯齿形			(1)对接接头(平焊、立焊、仰焊)； (2)角接接头(立焊)
月牙形			(1)对接接头(平焊、立焊、仰焊)； (2)角接接头(立焊)
三角形	斜三角形		(1)角接接头(平焊、仰焊)； (2)对接接头(开 V 形坡口横焊)
	正三角形		(1)角接接头(立焊)； (2)对接接头
圆圈形	斜圆圈形		(1)角接接头(平焊、仰焊)； (2)对接接头(横焊)
	正圆圈形		对接接头(厚焊件平焊)
八字形			对接接头厚焊件平焊

（二）运条时注意事项

（1）焊条运至焊缝两侧时应稍作停顿，并压低电弧。

（2）三个动作运行时要有规律，应根据焊接位置、接头形式、焊条直径与性能、焊接电流大小以及技术熟练程度等因素来掌握。

（3）焊条在向前移动时，应达到匀速运动，不能时快时慢。

综上所述，运条时要掌握好焊条角度、电弧长度和焊接速度。同时要注意：电流要合适，焊条要对正，电弧要低，焊速不要快，力求均匀。

三、焊接缺陷分析

所谓焊接缺陷，就是使焊接接头金属性能变坏。焊接缺陷可分为外部缺陷与内部缺陷两大类。外部缺陷可用肉眼或简单测量方法就可检查出来；内部缺陷是用眼和外部检查不出来的缺陷。

（一）外部缺陷

1. 焊缝外形尺寸不符合要求

表现为焊缝表面高低不平，焊波粗劣；焊道宽度不均匀，焊缝时宽时窄；焊缝的加强高度过高或过低；焊缝成形不良等，如图 2-28 所示。这些问题不仅使焊缝成形难看，还会影响焊缝与母材的结合，造成应力集中或不能保证接头强度，影响结构的安全使用。主要原因是：焊接坡口角度不当或装配间隙不均匀；焊接电流过大或过小；焊条角度不合适及运条速度不均匀等。

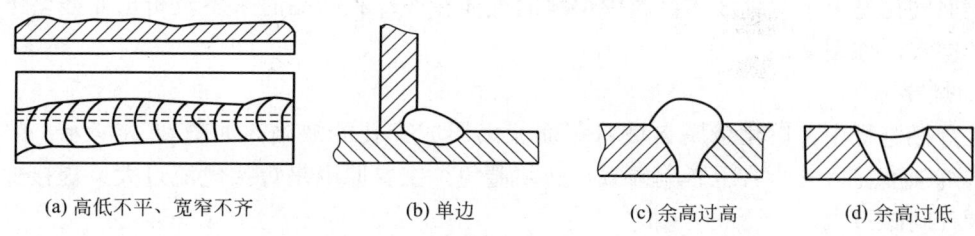

(a) 高低不平、宽窄不齐　　　(b) 单边　　　(c) 余高过高　　　(d) 余高过低

图 2-28　焊缝外形尺寸不符合要求

2. 焊瘤

在焊接过程中，熔化金属流敷在未熔化的母材上，或凝固在焊缝上所形成的金属瘤称为焊瘤，也称满溢。焊瘤下面常有未焊透缺陷，易造成应力集中，又影响焊缝外观。管道内的焊瘤还会减小有效截面，甚至造成堵塞。主要原因是焊接电源波动太大、电弧过长、焊速太慢、焊件装配间隙太大、运条不当、操作不熟练等。焊瘤形状如图 2-29 所示。

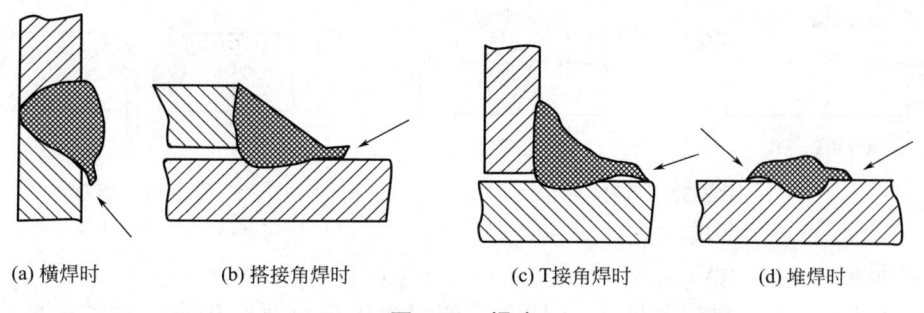

(a) 横焊时　　　(b) 搭接角焊时　　　(c) T接角焊时　　　(d) 堆焊时

图 2-29　焊瘤

3. 咬边

焊缝的边缘被电弧灼伤而造成的沟槽或凹陷称为咬边，也称咬肉，如图 2-30 所示。这使母材有效截面减小，因此不仅减弱了焊接接头强度，而且容易造成应力集中，承载后可能在此处产生裂纹。特别重要的焊件不允许存在咬边。主要原因是：平焊时，焊接电流过大，电弧过长或运条速度不合适；角焊时，焊条角度或电弧长度不当。

4. 弧坑

在焊缝末端或焊缝接头处，低于母材表面的局部凹坑称为弧坑，如图 2-31 所示。它不仅使该处焊缝的强度严重减弱，而且弧坑内容易产生气孔、夹渣或微小裂纹。所以在熄弧时一定要填满弧坑，使焊缝高于母材。

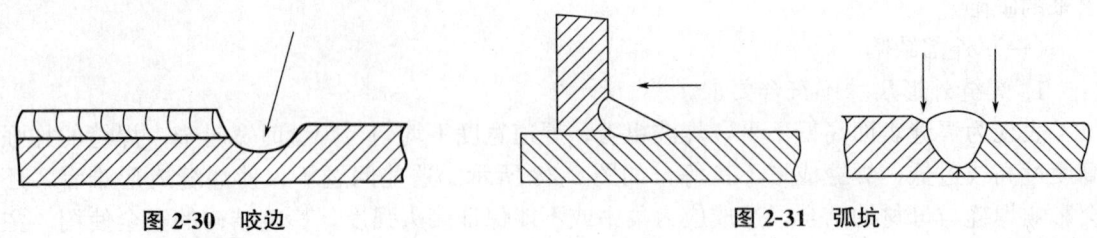

图 2-30　咬边　　　　　　　　　　　　　图 2-31　弧坑

5. 表面气孔

表面气孔是由于焊缝液体金属中熔解的气体在冷却和结晶时来不及析出而残留下来所形成的空穴，如图 2-32 所示。

6. 烧穿

在焊接过程中，熔化金属自坡口背面流出形成穿孔的缺陷，如图 2-33 所示。烧穿使该处焊缝强度显著减小，也影响外观，必须避免。主要原因是焊接电流过大、焊接速度过慢和焊件间隙过大。

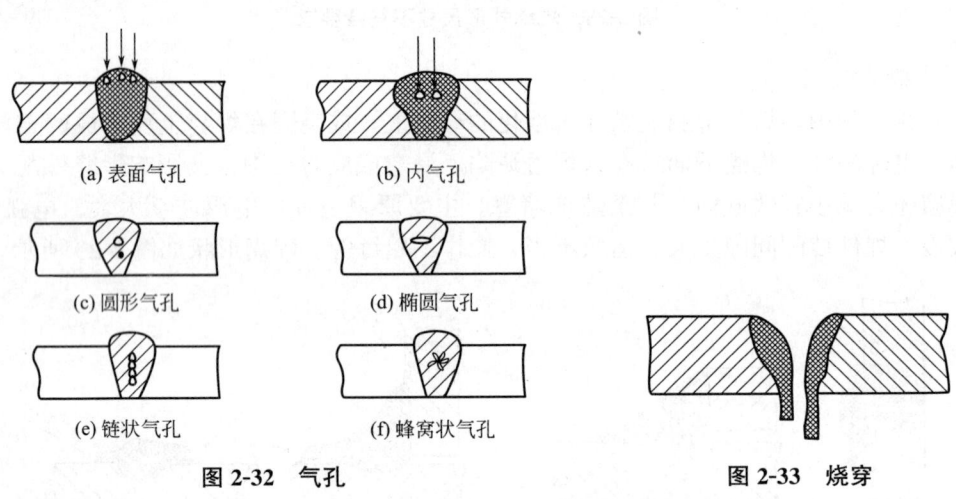

(a) 表面气孔　　　　　　　(b) 内气孔

(c) 圆形气孔　　　　　　　(d) 椭圆气孔

(e) 链状气孔　　　　　　　(f) 蜂窝状气孔

图 2-32　气孔　　　　　　　　　　　　图 2-33　烧穿

7. 表面裂纹

它是焊接裂纹的一种，如图 2-34 所示。即焊接接头表面局部地区的结合遭受破坏形成的。它具有尖锐的缺口和大的长宽比，在焊件工作中会扩大，甚至可使结构突然断裂，是接头中最危险的缺陷，一般不允许存在。

8. 变形

这种缺陷表现为焊接结构的接头变形和翘曲超过了产品允许的范围。常见的焊接变形有角变形、弯曲变形、波浪变形和扭曲变形等，如图 2-35 所示。主要原因是对焊件进行了局部不均匀加热的结果。

（二）内部缺陷

焊缝接头内部缺陷以裂纹、未焊透、夹渣、未熔合、气孔、接头金属组织缺陷（如铸造组织、过热组织、偏析、层化、疏松、微观裂纹、非金属夹杂物等）的形成表现出来，它们会严重降低焊缝的承载能力。

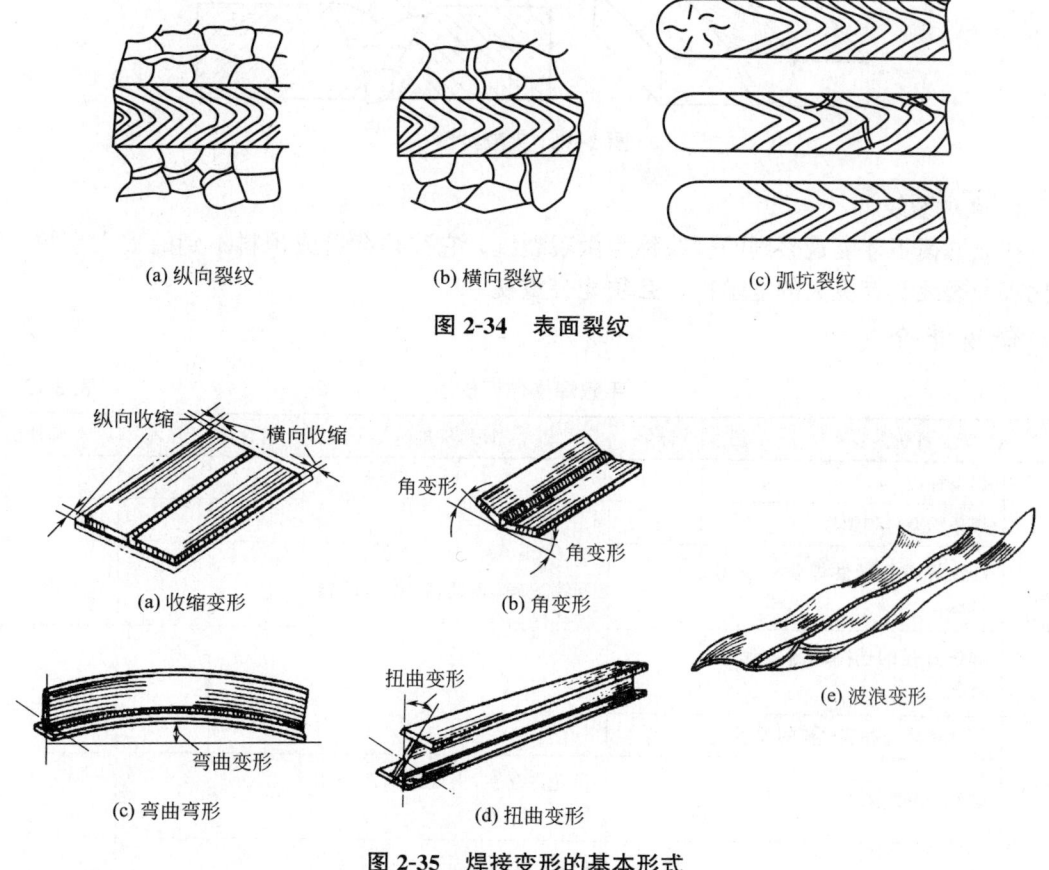

(a) 纵向裂纹　　　　　(b) 横向裂纹　　　　　(c) 弧坑裂纹

图 2-34　表面裂纹

(a) 收缩变形　　　　　(b) 角变形

(c) 弯曲弯形　　　　　(d) 扭曲变形　　　　　(e) 波浪变形

图 2-35　焊接变形的基本形式

1. 未熔合

手弧焊时，焊道与母材之间或焊道之间未完全熔化结合称为未熔合。主要原因是层道清渣不干净，焊接电流太小，焊条偏心，焊条摆动幅度太窄等。

2. 未焊透

焊接时接头的根部未完全熔透的现象称为未焊透，如图 2-36 所示。产生未焊透的部位往往也存在夹渣，连续性的未焊透是一种极危险的缺陷，在大部分结构中是不允许存在的。主要原因是：焊接电流太小，焊接速度太快，坡口角度太小，钝边太大，间隙太小，焊条角度不当，焊件有厚的锈皮和熔渣等。

3. 夹渣

焊后残留在焊缝中的熔渣称为夹渣，如图 2-37 所示。夹渣会降低焊缝的强度，在某些结构中，在保证强度和致密性的条件下，也允许存在一定尺寸和数量的夹渣。主要原因有：接头边缘未清理干净，坡口太小，焊条直径太粗，焊接电流过小，焊条角度和运条方法不当，焊缝冷却速度过快而熔渣来不及上浮等。

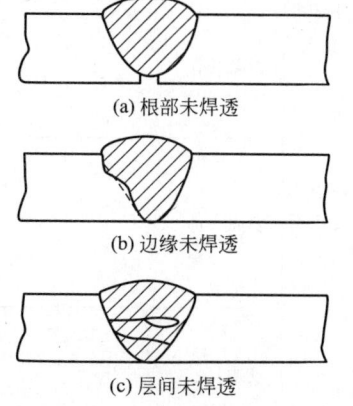

(a) 根部未焊透

(b) 边缘未焊透

(c) 层间未焊透

图 2-36　未焊透类型

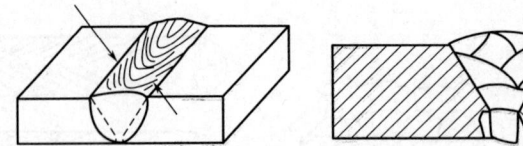

图 2-37 夹渣类型

4. 微观裂纹

在显微镜下才能观察到的裂纹称为微观裂纹，它往往会造成预料不到的重大事故，因此比表面裂纹具有更大的危险性，必须充分重视。

任务评价

平敷焊操作评价表　　　　　　表 2-13

评价内容		分值	评价标准	自评	互评	教师评价
基础知识	焊条种类	5	回答正确，表述清晰，出现错误酌情扣分			
	焊条的型号和牌号	5				
	酸性焊条与碱性焊条的使用特点	10				
	焊条直径的选择与哪些因素有关	10				
	焊接速度与焊接电流的关系	5				
操作要点	裂纹、焊瘤、未熔合	5	不允许存在，出现缺陷每处扣2分			
	咬边	10	(1)深度≤0.5mm、两侧总长≤26mm时，每7mm扣1分。 (2)深度>0.5mm或两侧总长>26mm时，扣10分			
	背面凹坑	10	(1)深度≤2mm、总长≤26mm时，每7mm扣1分。 (2)深度>2mm或总长>26mm时，扣10分			
	表面气孔	5	(1)气孔直径≤1mm、总数≤4个时，每1个扣1分。 (2)直径>1mm或总数>4个时，扣5分			
	表面夹渣	5	(1)深度≤1.2mm、长度≤3.6mm的夹渣允许为3个，每1个扣1分。 (2)深度>1.2mm或长度>3.6mm时，扣5分			
	咬边	10	(1)深度≤0.5mm、两侧总长≤26mm时，每7mm扣1分。 (2)深度>0.5mm或两侧总长>26mm时，扣10分			

	评价内容	分值	评价标准	自评	互评	教师评价
职业素养	工作态度	5				
	协作精神	5				
	安全文明生产	5				
	创新意识	5				

任务总结

掌握的基础知识	
掌握的操作要点	
遇到的问题	
解决问题的方法和途径	
心得体会	
其他	

任务四　平板对焊

任务描述

本次任务的焊接位置采用平焊，利用焊条电弧焊进行厚钢板的对接。针对初学者，本次焊接任务使用的钢材推荐使用焊接性能较好的低碳钢板或低合金钢。采用单面焊双面成型的技术方案。图 2-38 所示为焊接工艺卡。

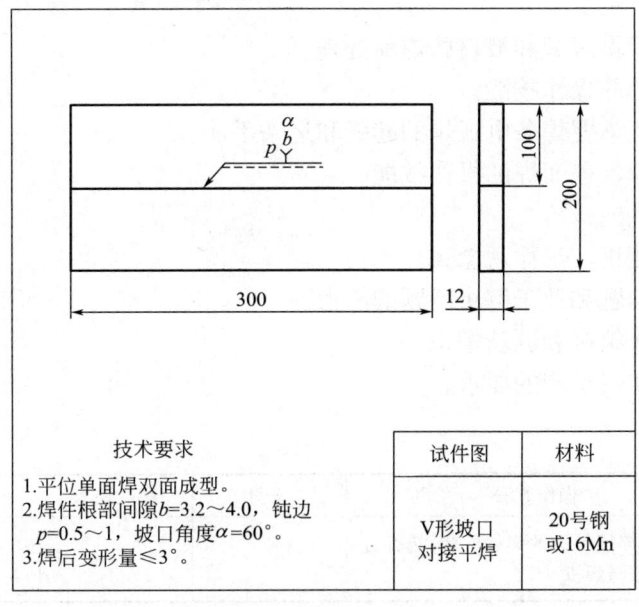

技术要求

1.平位单面焊双面成型。
2.焊件根部间隙b=3.2～4.0，钝边p=0.5～1，坡口角度α=60°。
3.焊后变形量≤3°。

试件图	材料
V形坡口对接平焊	20号钢或16Mn

图 2-38　焊接工艺卡

（1）试件材料：20 号钢或 16Mn。

（2）试件尺寸：300mm×200mm×12mm；坡口尺寸：60°V 形坡口，如图 2-38 所示。

（3）焊接要求：单面焊双面成形。

（4）焊接材料 E4303（结 422）焊条或 E5015（结 507）焊条，直径 φ3.2mm 和 φ4.0mm，焊条烘焙 350～400℃（结 507），恒温 2h，随用随取。

（5）焊机：ZX7-315 型或 BX1-250 型。

任务分析

分析图 2-38 所示的焊接工艺卡，完成平板对焊的工艺流程，见表 2-14。

平板对焊的工艺流程表 表 2-14

序号	工作内容	操作方法	精度要求	设备、工具、量具

任务目标

1. 知识目标

（1）掌握钢板下料和坡口制作的基本操作要点。

（2）掌握定位装配焊的工艺方法。

（3）掌握反变形法在焊接中的应用要点。

（4）掌握打底焊的操作技能

2. 能力目标

（1）能够进行焊接区域和坡口的焊前处理。

（2）掌握打底焊的操作技能。

（3）进一步熟练掌握焊条电弧焊的起弧和运条手法。

（4）掌握填充焊、盖面焊的操作技能。

3. 职业素养目标

（1）工作态度端正，纪律观念强。

（2）善于思考问题和敢于解决问题的能力。

（3）良好的协作精神和创新意识。

（4）遵守安全文明生产的要求。

任务实施

工作内容	操作方法	说明	精度要求	设备、工具、量具
1. 焊前准备	（1）确认焊接母材的焊接性能，选择合适的焊条与焊机			钢丝刷,角磨机

工作内容	操作方法	说明	精度要求	设备、工具、量具
1. 焊前准备	(2)进行母材坡口的处理			
	(3)进行定位装配			
任务知识点				
2. 定位装配	(1)焊件装配			
	(2)定位焊			
任务知识点				
3. 实施焊接	(1)将装配好的工件平放,坡口朝上			
	(2)实施焊接			
任务知识点				

任务实施加油站

一、焊前准备

（一）坡口形式

根据设计或焊接工艺需要，将母材端部待焊部位加工成一定几何形状的面称为"坡口"，如图 2-39 所示。开坡口的目的是为了得到在焊件厚度上全部焊透的焊缝。

1. 焊缝坡口的基本形式与尺寸

根据坡口的形状，坡口分成 I 形（不开坡口）、V 形、Y 形、双 Y 形、U 形、双 U 形、单边 V 形、双单边 Y 形等各种坡口形式。

V 形和 Y 形坡口的加工和施焊方便，不必翻转焊件，但焊后容易产生角变形。双 Y 形坡口是在 V 形坡口的基础上发展出来的。当焊件厚度增大时，采用双 Y 形代替 V 形坡口，在同样厚度下，可减少焊缝金属量约 1/2，并且可对称施焊，焊后的残余变形较小。缺点是焊接过程中要翻转焊件，在筒形焊件的内部施焊时，一定要注意通风。

U 形坡口的填充金属量在焊件厚度相同的条件下比 V 形坡口小得多，但这种坡口的

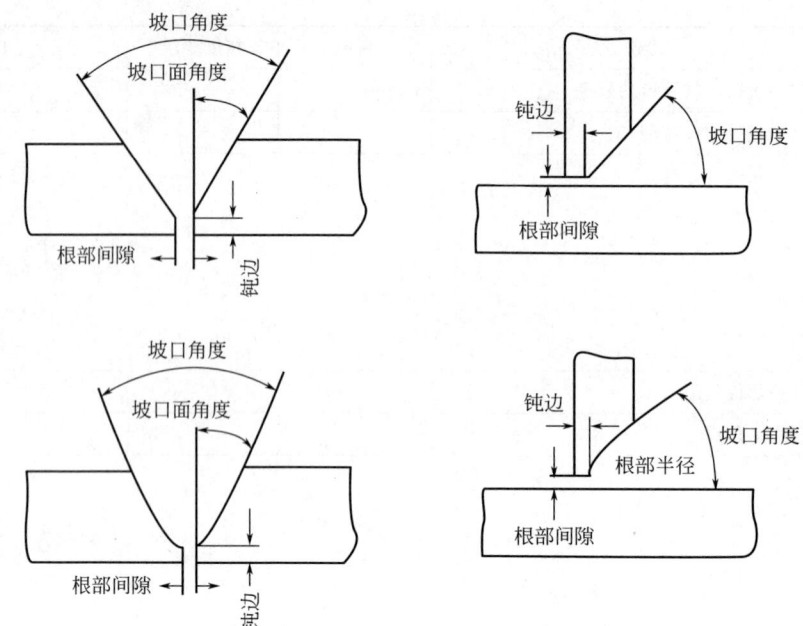

图 2-39　坡口

加工较复杂。

2. 坡口部位各处的名称（图 2-39）

（1）坡口面。待焊件上的坡口表面叫作坡口面。

（2）坡口面角度和坡口角度。待加工坡口的端面与坡口面之间的夹角叫作坡口面角度，两坡口面之间的夹角叫作坡口角度。

开单面坡口时，坡口角度等于坡口面角度；开双面对称坡口时，坡口角度等于两倍的坡口面角度。

坡口角度（或坡口面角度）应保证焊条能自由伸入坡口内部，不和两侧坡口面相碰，但角度太大将会消耗太多的填充材料，并降低劳动生产率。

（3）根部间隙。焊前在接头根部之间预留的空隙叫作根部间隙。根部间隙又叫作装配间隙。根部间隙的作用在于焊接底层焊道时，能保证根部可以焊透。因此，根部间隙太小时，将在根部产生焊不透现象；但太大的根部间隙，又会使根部烧穿，形成焊瘤。

（4）钝边。焊件开坡口时，沿焊件接头坡口根部的端面直边部分叫作钝边。钝边的作用是防止根部烧穿。但钝边值太大，又会使根焊不透。

（5）根部半径。U 形坡口底部的圆角半径叫作根部半径。它的作用是增大坡口根部的空间，使焊条能够伸入根部，以便焊透根部。

（二）焊接变形

焊接过程中由于焊缝的收缩，会造成焊后母材的变形。可以采用焊前反变形法装配定位母材，如图 2-40 所示。

（三）试件的清理

1. 清除坡口面和坡口正反两侧各 20mm 范围内的油污、锈蚀、水分及其他污物，直

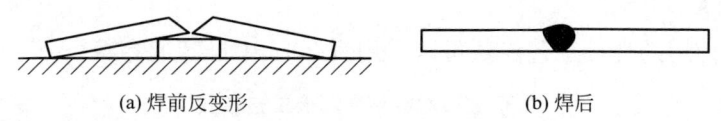

(a) 焊前反变形　　　　　　　　(b) 焊后

图 2-40　焊前反变形法

至露出金属光泽。

2. 修磨钝边 0.5～1mm，无毛刺。

二、定位装配

（一）装配间隙

始端为 3.2mm，终端为 4.0mm。放大终端的间隙是考虑到焊接过程中的横向收缩量，以保证熔透坡口根部所需要的间隙。

（二）定位焊

定位焊点采用与焊接试件相同牌号直径为 3.2mm 的焊条。因为定位焊一般要形成最终焊缝金属，所以选用的焊条直径应该和正式焊接时所用的焊条直径相同。要掌握好定位焊点的焊缝余高和质量，在保证焊牢固的前提下，余高不能太大也不能太小，同时定位焊缝不能有裂纹、夹渣和未焊透等缺陷，如果有必须铲除或打磨，缺陷严重时，必须重新进行定位焊。

将装配好的试件在距端部 20mm 之内进行定位焊，并在试件反面两端点焊，焊缝长度为 10～15mm。始端可少焊些，终端应多焊一些，以防止在焊接过程中因收缩造成未焊段坡口间隙变窄而影响焊接。

（三）预置反变形量

预置反变形量为 3°，如图 2-41 所示。

反变形量获得的方法是：两手拿住其中一块钢板的两边，轻轻磕打另一块钢板，如图 2-42 所示。

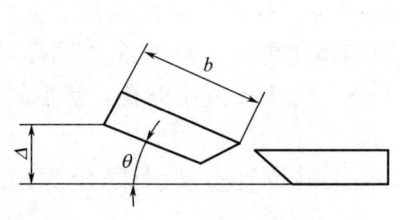

图 2-41　反变形量

图 2-42　平板点固时预置反变形量

装配时可分别用直径 3.2mm 和 4.0mm 的焊条夹在试件两端，用一直尺搁在被置弯的试件两侧，中间的空隙能通过一根带药皮的焊条（钢板宽度 $b=100$mm 时，放置直径 3.2mm 焊条；宽度 $b=125$mm 时，放置直径 4.0mm 焊条），如图 2-43 所示。这样预置的反变形量待试件焊后其变形角均在合格范围内。

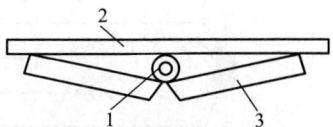

图 2-43　反变形量经验测定法图
1—焊条；2—直尺；3—焊件

三、实施焊接

焊接过程中使用的焊接工艺参数可以采用表 2-15 中推荐的参数。

V 形坡口对接平焊焊接工艺参数　　　　　　　　　　　　表 2-15

焊接层数	焊条直径(mm)	焊接电流(A)	电弧电压(V)
打底层	φ3.2	95～100	22～24
填充层⑴	φ3.2	120～130	22～24
填充层⑵	φ4.0	160～180	22～24
盖面层	φ4.0	160～170	22～24

单面焊双面成形指在试件坡口一侧进行焊接而在焊缝正、反面都能得到均匀整齐而无缺陷的焊道。其关键在于打底层的焊接。它主要有三个重要环节，即引弧、收弧、接头。

（一）打底焊

打底焊的焊接方式有灭弧法和连弧法两种。

1. 灭弧法

灭弧法又分为两点击穿法和一点击穿法两种手法。主要是依靠电弧时燃时灭的时间长短来控制熔池的温度、形状及填充金属的薄厚，以获得良好的背面成形和内部质量。现介绍灭弧法中的一点击穿法。

（1）引弧。在始焊端的定位焊处引弧，并略抬高电弧稍作预热，焊至定位焊缝尾部时，将焊条向下压一下，听到"噗噗"的一声后，立即灭弧。此时熔池前端应有熔孔，深入两侧母材 0.5～1mm（图 2-44）。当熔池边缘变成暗红，熔池中间仍处于熔融状态时，立即在熔池的中间引燃电弧，焊条略向下轻微地压一下，形成熔池，打开熔孔后立即灭弧，这样反复击穿直到焊完。运条间距要均匀准确，使电弧的 2/3 压住熔池，1/3 作用在熔池前方，用来熔化和击穿坡口根部形成熔池。

（2）收弧。收弧前，应在熔池前方做一个熔孔，然后回焊 10mm 左右，再灭弧；或向末尾熔池的根部送进 2～3 滴熔液，然后灭弧，以使熔池缓慢冷却，避免接头出现冷缩孔。

（3）接头。采用热接法。接头时换焊条的速度要快，在收弧熔池还没有完全冷却时，立即在熔池后 10～15mm 处引弧。当电弧移至收弧熔池边缘时，将焊条向下压，听到击穿声，稍作停顿，再给两滴熔液，以保证接头过渡平整，防止形成冷缩孔，然后转入正常灭弧焊法。

更换焊条时的电弧轨迹如图2-45所示。电弧在①的位置重新引弧，沿焊道至接头处

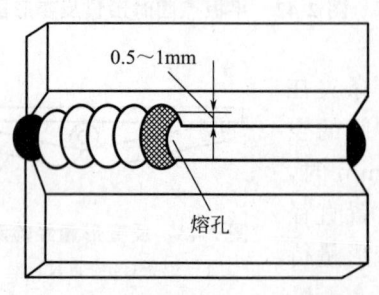

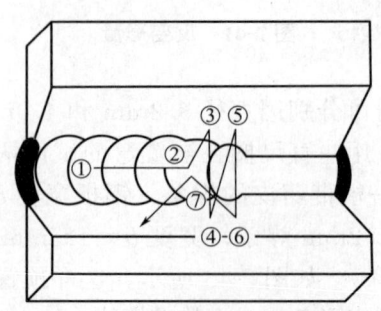

图 2-44　V 形坡口对接平焊时的熔孔　　　　图 2-45　更换焊条时的电弧轨迹

②的位置，做长弧预热来回摆动。摆动几下（③④⑤⑥）之后，在⑦的位置压低电弧。当出现熔孔并听到"噗噗"声时，迅速灭弧。这时更换焊条的接头操作结束，转入正常灭弧焊法。

灭弧法要求每一个熔滴都要准确送到欲焊位置，燃弧、灭弧节奏控制在 45～55 次/min。节奏过快，坡口根部熔不透；节奏过慢，熔池温度过高，焊件背后焊缝会超高，甚至出现焊瘤和烧穿现象。要求每形成一个熔池都要在其前面出现一个熔孔，熔孔的轮廓由熔池边缘和坡口两侧被熔化的缺口构成。

2. 连弧法

即焊接过程中电弧始终燃烧，并做有规则的摆动，使熔滴均匀地过渡到熔池中，达到良好的背面焊缝成形的方法。

（1）引弧。从定位焊缝上引弧，焊条在坡口内侧做"U"形运条，如图 2-46 所示。电弧从坡口两侧运条时均稍作停顿。

（2）接头。更换焊条应迅速，在接头处的熔池后面约 10mm 处引弧。焊至熔池处，应压低电弧击穿熔池前沿，形成熔孔，然后向前运条。收尾时，将焊条运动到坡口面上缓慢向后提起收弧，以防止在弧坑表面产生缩孔。

（二）填充层焊

填充焊前应对前一层焊缝仔细清渣，特别是死角处更要清理干净。填充焊的运条手法为月牙形或锯齿形，焊条与焊接前进方向的角度为 40°～50°。填充焊时应注意以下几点：

（1）摆动到两侧坡口处要稍作停留，保证两侧有一定的熔深，并使填充焊道略向下凹。

（2）最后一层的焊缝高度应低于母材约 0.5～1.0mm。要注意不能熔化坡口两侧的棱边，以便于盖面焊时掌握焊缝宽度。

（3）接头方法如图 2-47 所示，各填充层焊接时其焊缝接头应错开。

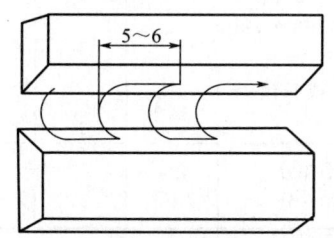

图 2-46　连弧法焊接的电弧运行轨迹

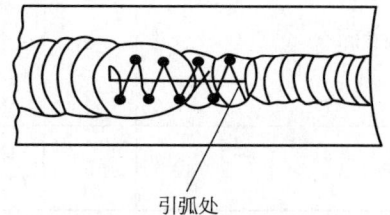

引弧处

图 2-47　填充焊焊缝接头方法

（三）盖面层焊

采用直径 4.0mm 焊条时，焊接电流应稍小一点；要使熔池形状和大小保持均匀一致，焊条与焊接方向夹角应保持在 75°左右；采用月牙形运条法和"8"字形运条法；焊条摆动到坡口边缘时应稍作停顿，以免产生咬边。

更换焊条收弧时应对熔池稍填熔滴，迅速更换焊条，并在弧坑前 10mm 左右处引弧，然后将电弧退至弧坑的 2/3 处，填满弧坑后正常进行焊接。接头时应注意，若接头位置偏后，则接头部位焊缝过高；若偏前，则焊道脱节。焊接时应注意保证熔池边沿不得超过表面坡口棱边 2mm；否则，焊缝超宽。盖面层的收弧采用划圈法和回焊法，最后填满弧坑使焊缝平滑。

任务评价

平板对焊评价表   表 2-16

	评价内容	分值	评价标准	自评	互评	教师评价
基础知识	反变形法的原理和具体操作	10	回答正确、表达清晰,出现错误酌情扣分			
	焊接变形发生的原因	5				
	坡口的作用和形式	5				
操作要点	裂纹、焊瘤、未熔合		不允许存在			
	咬边	10	(1)深度≤0.5mm、两侧总长≤26mm 时,每 7mm 扣 1 分。(2)深度>0.5mm 或两侧总长>26mm 时,扣 10 分			
	未焊透	10	(1)深度≤1.5mm、总长≤26mm 时,每 7mm 扣 1 分。(2)深度>1.5mm 或总长>26mm 时,扣 10 分			
	背面凹坑	10	(1)深度≤2mm、总长≤26mm 时,每 7mm 扣 1 分。(2)深度>2mm 或总长>26mm 时,扣 10 分			
	表面气孔	5	(1)气孔直径≤1mm、总数≤4 个时,每 1 个扣 1 分。(2)直径>1mm 或总数>4 个时,扣 5 分			
	表面夹渣	5	(1)深度≤1.2mm、长度≤3.6mm 的夹渣允许为 3 个,每 1 个扣 1 分。(2)深度>1.2mm 或长度>3.6mm 时,扣 5 分			
	余高	5	(1)余高≤3mm 时不扣分。(2)余高>3mm 时扣 5 分			
操作要点	焊缝宽度差	5	(1)宽度差≤2mm 时不扣分。(2)宽度差>2mm 时扣 2 分			
	角变形	5	(1)$0°≤\theta≤3°$时不扣分。(2)$\theta>3°$时扣 5 分			
	错边	5	(1)错边量≤1.2mm 不扣分。(2)错边量>1.2mm 时扣 5 分			
职业素养	工作态度	5				
	协作精神	5				
	安全文明生产	5				
	创新意识	5				

任务总结

掌握的基础知识	
掌握的操作要点	
遇到的问题	
解决问题的方法和途径	
心得体会	
其他	

项目二 二氧化碳气体保护焊基本操作

项目介绍

本项目通过任务练习使学生熟悉二氧化碳气体保护焊的焊接设备的使用，掌握二氧化碳气体保护焊的基本操作技能。

项目分析

本项目中使用二氧化碳气体保护焊设备进行焊接操作，由于其特殊的焊接原理，二氧化碳气体保护焊时，CO_2 气体从焊炬的喷嘴喷出，在焊接区域形成一个严实的保护气罩。

二氧化碳气体保护焊由于其自身的原因飞溅比较严重。在操作中除了选择正确的操作参数尽量减少飞溅外，焊工的防护着装也要考虑防飞溅。

任务一 平敷焊练习

任务描述

用 300mm×120mm×8mm 低碳钢板一块，沿钢板长度方向每隔 30mm 用粉笔画一条线，作为焊接时的运条轨迹线。

如图 2-48 所示为平敷焊练习的焊接零件图。使用 NBC-350 型焊机或其他型号的半自动二氧化碳焊机。

使用常用的 H08Mn2SiΦ1.2 焊丝，在钢板上画好的印记处进行起弧运条的练习，形成完整的焊缝。在练习中调节各项焊接参数，观察各项焊接参数变化对焊缝外观的影响。

任务分析

1. 本任务练习建议首先使用较为常见的焊接工艺参数，焊接工艺参数见表 2-17。

等形成焊道以后可以自己调节焊接参数（焊接电流与焊接电压），来观察焊道的变化。

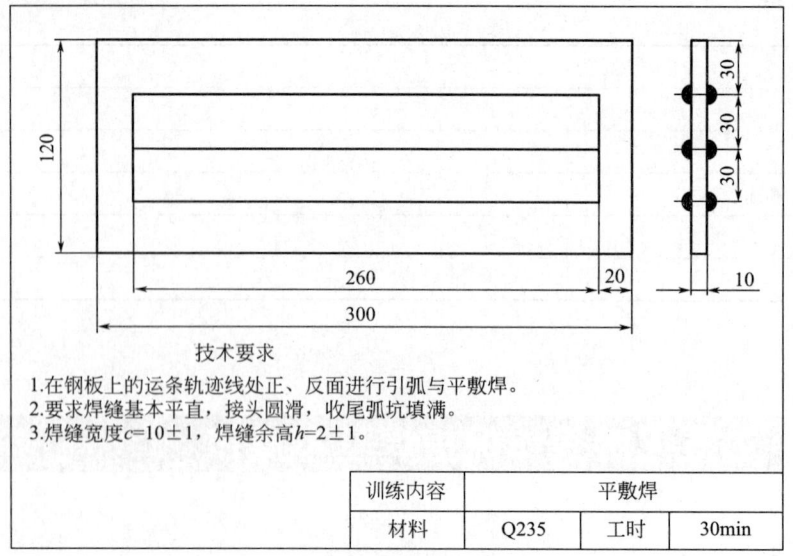

技术要求

1. 在钢板上的运条轨迹线处正、反面进行引弧与平敷焊。
2. 要求焊缝基本平直，接头圆滑，收尾弧坑填满。
3. 焊缝宽度 $c=10\pm1$，焊缝余高 $h=2\pm1$。

训练内容	平敷焊		
材料	Q235	工时	30min

图 2-48　焊接零件图（单位：mm）

平敷焊时的焊接工艺参数　　　　表 2-17

焊丝及其直径 （mm）	焊接电流（A）	电弧电压（V）	焊接速度（m/h）	CO_2 气体流量 （L/min）
H08Mn2SiΦ1.2	130～140	22～24	18～30	10～12

2. 分析平敷焊的工艺过程，完成表 2-18。

平敷焊的工艺流程表　　　　表 2-18

序号	工作内容	操作方法	精度要求	设备、工具、量具

任务目标

1. 知识目标

（1）熟悉二氧化碳气体保护焊设备。

（2）熟悉二氧化碳气体保护焊机的操作和调试方法。

（3）掌握二氧化碳气体保护焊的装备连接。

（4）熟悉有关二氧化碳气体保护焊的安全文明生产知识。

2. 能力目标

（1）能连接二氧化碳气体保护焊的装备。

（2）能够掌握选择导电嘴规格和更换焊丝的操作。

（3）能够调整相关焊接参数获得正常焊缝。

（4）能够进行二氧化碳气体保护焊的平焊操作。

3．职业素养目标

（1）工作态度端正，纪律观念强。

（2）善于思考问题和敢于解决问题的能力。

（3）良好的协作精神和创新意识。

（4）遵守安全文明生产的要求。

任务实施

工作内容	操作方法	说明	精度要求	设备、工具、量具
1. 焊机调试	焊机按要求接线			
任务知识点				
2. 焊前准备	(1)母材焊接区域处理			
	(2)焊丝准备			
任务知识点				
3. 实施焊接	(1)在焊缝起点引弧			
	(2)沿画好的线运条			
任务知识点				
4. 二氧化碳焊接安全规程	安全规程教育			
任务知识点				

任务实施加油站

一、焊机调试

（一）二氧化碳气体保护焊概述

二氧化碳气体保护焊是采用二氧化碳气体作为保护介质，焊丝作为电极和构成焊缝金属填充材料的一种电弧熔化焊方法，简称二氧化碳气体保护焊（图2-49）。二氧化碳气体保护焊是目前焊接黑色金属材料的重要焊接方法之一。

焊接时，二氧化碳气体通过焊枪的喷嘴，沿焊丝周围喷射出来，在电弧周围形成气体保护层，将焊接电弧及熔池与空气隔离开来，从而避免了空气中的氧、氮等有害气体的侵入，保证焊接过程稳定，以获得优质的焊缝（图2-50）。

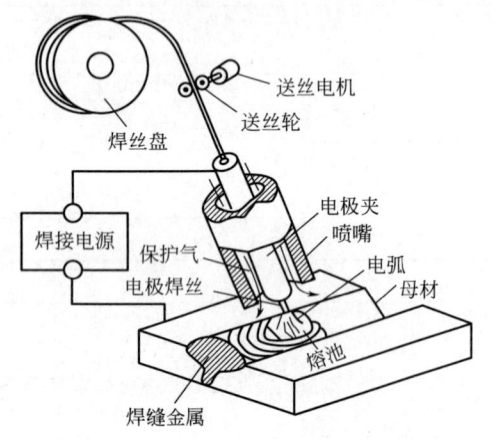

图 2-49 二氧化碳气体保护焊示意图

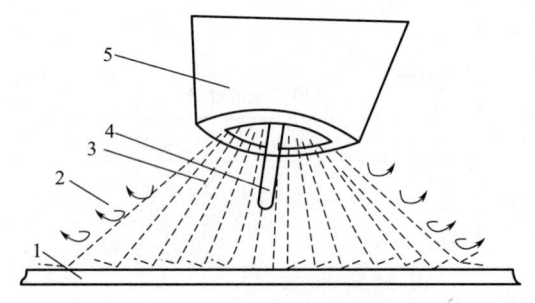

图 2-50 二氧化碳气体喷射

1—焊件；2—被排开的空气；3—形成气罩的气流；
4—焊丝；5—焊炬喷嘴

二氧化碳气体保护焊属于一种熔化极气体保护焊，焊丝作为电极在焊接过程中不断烧熔。二氧化碳气体保护焊的主要特征：①成本低，二氧化碳的价格低；②生产率高，焊丝的送进是机械化或自动化，电流密度大，电弧热量集中，故焊接速度较快，焊后无渣壳，节约了清理时间；③操作性能好，明弧焊接，易于观察，适于各种位置的焊接；④质量较好，焊接热影响区较小，变形和产生裂纹的倾向小。

（二）二氧化碳气体保护焊设备

二氧化碳气体保护焊设备主要由焊接电源、送丝系统、供气系统、焊枪和控制系统组成。

1. 焊接电源

二氧化碳气体保护焊为直流电源，一般采用直流反接。

如图2-51所示为晶闸管焊机，其电弧电压无级可调，焊接参数可达到最佳匹配，网路电压自动补偿，焊接过程稳定，适用于质量要求较高的焊接工程。

如图2-52所示为逆变式（IGBT）CO_2焊机，比晶闸管焊机更优异。由于采用了高效率的高频交流作为变压器的工作电流，变压器的工作效率高，重量轻，属于节能产品，是目前广泛推广应用的焊机。二氧化碳气体保护焊设备的连接如图 2-53 所示。

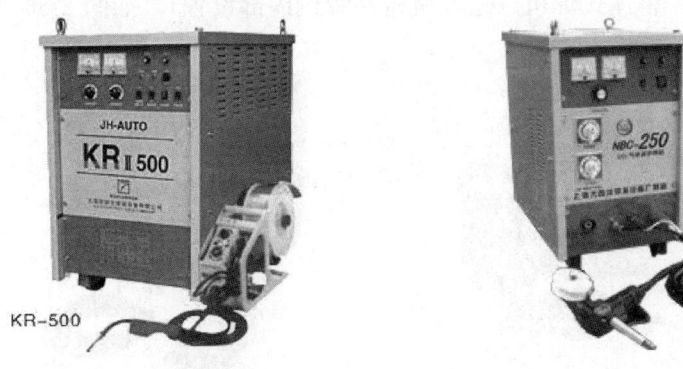

图 2-51 晶闸管焊机   图 2-52 逆变式 CO_2 焊机

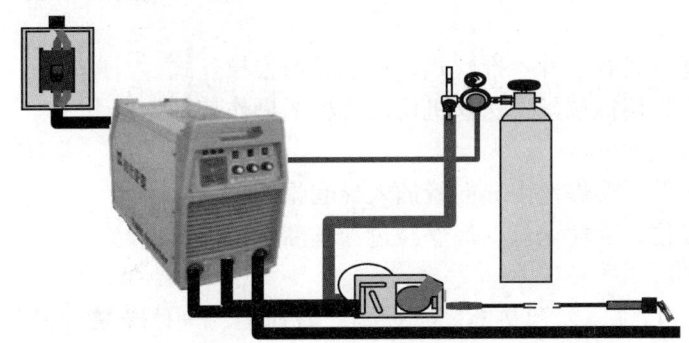

图 2-53 二氧化碳气体保护焊设备的连接示意图

2. 送丝系统

送丝系统包括：送丝机（电动机、减速机、校直机）、送丝软管和焊丝盘等。二氧化碳气体保护焊机的送丝系统示意图如图 2-54 所示。

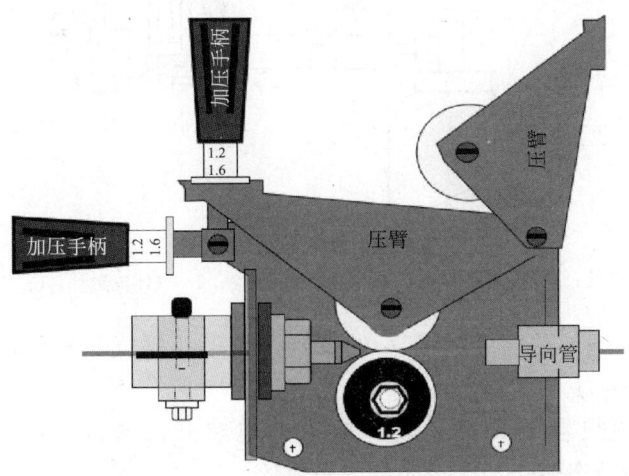

图 2-54 送丝系统工作原理图

二氧化碳气体保护焊机按其送丝系统的结构类型分为两种:分体式焊机(送丝机构独立),如图 2-55 所示;整体式焊机(送丝机构在焊机内部设置),如图 2-56 所示。

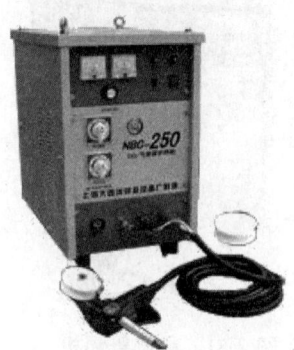

图 2-55　分体式焊机　　　　　　　图 2-56　整体式焊机

送丝系统送丝方式有三种:推丝式、拉丝式与推拉丝式。

分体式焊机多采用推拉丝式送丝机构。焊枪的操作范围比较大。

焊丝的安装过程如下:

(1)抬起加压臂,将焊丝由导向管插入导套帽 2～3cm。

(2)加压臂复位,手动送丝,焊丝经过导丝嘴送入焊枪。

3. 供气系统

供气系统由 CO_2 气瓶、预热器、干燥器、减压器、气体流量计及气阀等组成,其功能是将钢瓶内的液态 CO_2 变成合乎要求的、具有一定流量的气态 CO_2 并及时地输送到焊枪。

图 2-57 所示为二氧化碳焊机供气系统的连接原理。

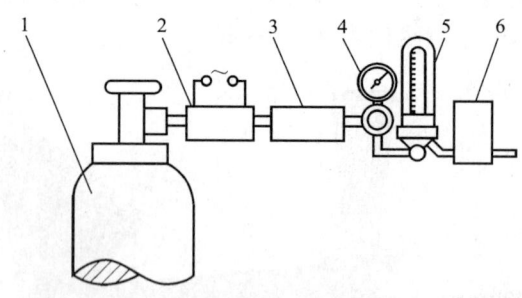

图 2-57　供气系统示意图

1—CO_2 气瓶;2—预热器;3—干燥器;4—减压器;5—气体流量计;6—电磁气阀

(1)CO_2 气瓶。用作贮存液体 CO_2 的装置,外形与氧气瓶相似,外涂黑色标记. 满瓶时可达 5～7MPa 压力。

(2)预热器。预热器结构简单,一般采用电热式,通以 36V 交流电,功率约为 100W。用于 CO_2 由液态转化为气态时的热量供给。

(3)干燥器。用作吸收 CO_2 气体中的水分和杂质,以避免焊缝出现气孔。

(4)气体流量计。用作高压 CO_2 气体减压及气体流量的标示,目前常用的是 301-1 型浮标式流量计。安装好的流量计要与地面垂直，否则指示流量的浮动球就不能正确工作，所指示的流量也不准确。

（5）气阀。用作控制保护气体通断的一种机构，常用电磁气阀。

4. 焊枪

焊枪的作用是导电、导丝、导气。把焊丝送入焊接熔池，同时将保护气体引向焊枪端部的保护嘴并喷射出去，实现对焊接区进行气体保护。

图 2-58 所示为常用鹅颈式焊枪，焊枪后连接送丝软管、送气软管和电缆。图 2-59 所示为带焊丝盘的手枪式焊枪，焊枪后只连接送气软管和电缆。

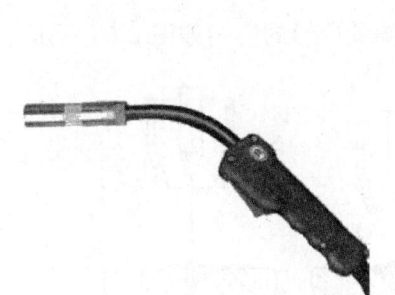

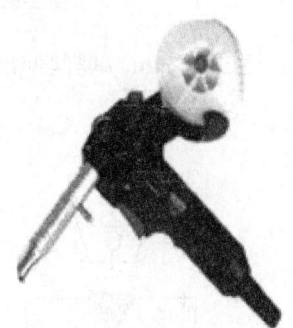

图 2-58　鹅颈式焊枪　　　　　图 2-59　手枪式焊枪

焊枪身上最重要的两个部件：导电嘴和保护嘴。如图 2-60 所示为导电嘴的位置和作用。保护嘴在导电嘴的外面，二氧化碳气体从保护嘴吹出，如图 2-61 所示。

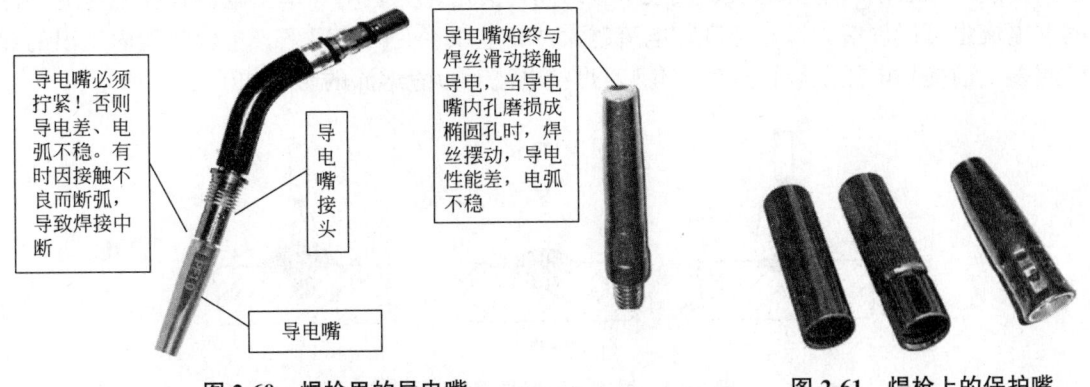

图 2-60　焊枪里的导电嘴　　　　　图 2-61　焊枪上的保护嘴

有些焊机更换焊丝盘时，需要拧下导电嘴，按下手动送丝开关（此时焊机无空载电压输出，焊丝不带电）。待焊丝从焊枪中出来后再将导电嘴从焊丝上穿过拧紧即可。送丝机构控制盘如图 2-62 所示。

二、焊前准备

（一）焊接参数对焊缝外观的影响

1. 焊丝伸出长度

焊丝伸出长度（也称干伸长）是指从导电嘴到焊丝端部的距离，一般约等于焊丝直径

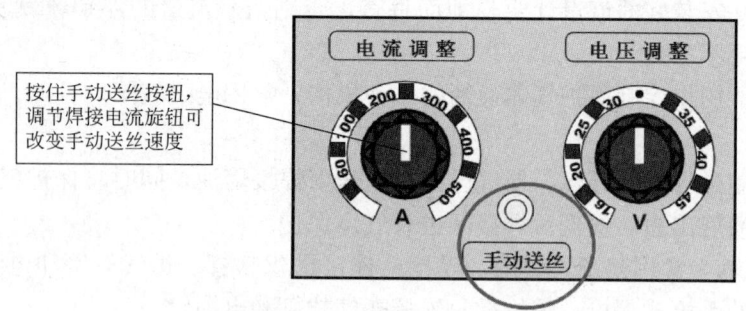

图 2-62　送丝机构控制盘示意图

的 10 倍，且不超过 15mm。焊丝伸出长度对焊缝成形的影响如图 2-63 所示。

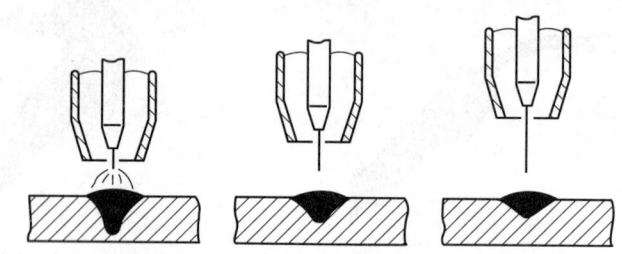

图 2-63　焊丝伸出长度对焊缝成形的影响

2. 焊接电流对焊缝成形的影响

焊接电流越大，焊缝的熔深越大。一般焊接电流这个参数在二氧化碳焊机上用"焊丝送进速度"来表示。电流越大，代表单位时间内会熔化更多的焊丝。电流是控制焊缝熔深的（电流也可以理解为送丝速度，电流越大，在电压不变的情况下，单位时间内送出的焊丝越多，前提是电压足以让焊丝熔化），焊接电流对焊缝熔深的影响如图 2-64 所示。

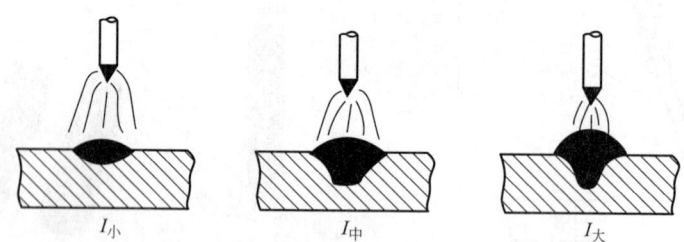

图 2-64　焊接电流对焊缝熔深的影响

3. 电弧电压对焊缝成形的影响

电弧电压是控制焊缝熔宽的，电弧电压越大，焊缝熔宽也越大。电弧电压与电弧的长度有关，电弧越长，电弧电压越大。为保证焊接过程的稳定性和良好的焊缝成形，电弧电压必须与焊接电流配合适当。

4. 气体流量

气体流量过小则电弧不稳，焊缝表面易被氧化成深褐色，并有密集气孔；气体流量过大，会产生涡流，焊缝表面呈浅褐色，也会出现气孔。CO_2 气体流量与焊接电流、焊丝伸出长度、焊接速度等均有关系。通常细丝焊接时，气体流量为 5~15L/min；粗丝焊接时，均为 20~30L/min。

5. 焊炬倾斜角

当焊炬倾斜角小于 10°时，不论是前倾还是后倾，对焊接过程及焊缝成形都没有影响，如图 2-65 所示。

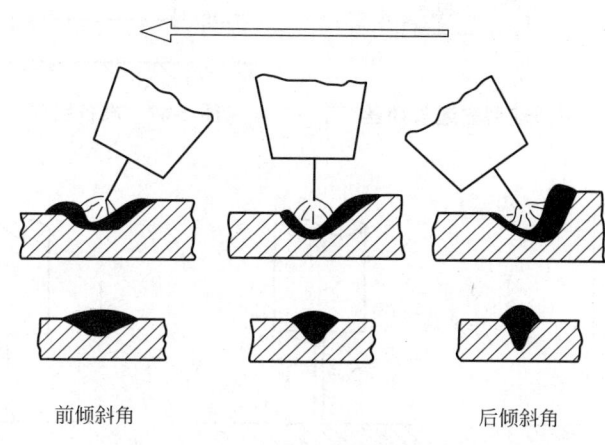

前倾斜角　　　　　　　　　　　　　后倾斜角

图 2-65　焊炬倾斜角对焊缝成形的影响

6. 装配间隙和坡口尺寸

一般对于 12mm 以下的焊件不开坡口也可焊透；对于必须开坡口的焊件，一般坡口角度可由焊条电弧焊的 60°左右减为 30°~40°，钝边可相应增大 2~3mm，根部间隙可相应减少 1~2mm。

（二）焊丝准备

焊接之前焊丝、焊件表面清理不干净，CO_2 气体纯度不符合要求，焊丝内含锰、硅元素不足，焊炬摆动过大扰乱了气体保护效果等原因均会产生气孔。焊丝伸出长度太长，导电嘴磨损，电弧摆动，焊接速度过快或过慢，操作不熟练，焊丝运行不稳等，均会使焊缝成形受到影响。因此，要做好焊前清理工作，CO_2 气体做提纯处理，选择合适的焊丝，缩短焊丝伸出长度，进行平稳、小幅度摆动操作。

三、实施焊接

（一）引弧

二氧化碳气体保护焊与焊条电弧焊引弧方法稍有不同，不采用划擦引弧法，主要采用直击引弧法，且引弧时不必抬起焊炬。

采用直接短路法引弧，引弧前保持焊丝端头与焊件 2~3mm 的距离（不要接触过紧）、喷嘴与焊件间 10~15mm 的距离，如图 2-66 和图 2-67 所示。

按动焊枪开关，引燃电弧。此时焊枪有抬起趋势，必须用均衡的力来控制好焊枪，将焊枪向下压，尽量减少焊枪回弹，保持喷嘴与焊件间距离，如图 2-68 所示。

（二）焊枪运动方向

二氧化碳气体保护焊时焊枪的运动方向有两种：一种是焊枪自右向左移动，称为左焊法；另一种是焊枪自左向右移动，称为右焊法。如图 2-69 所示。

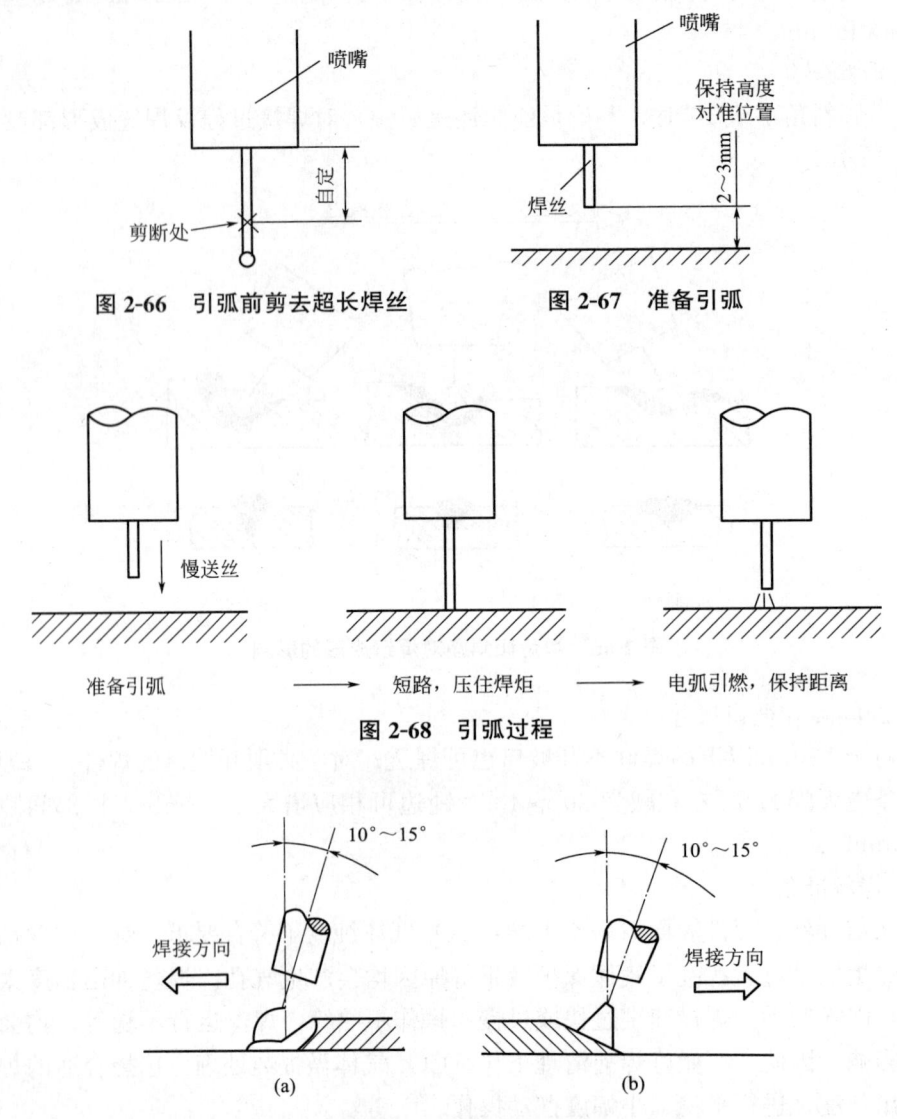

图 2-66　引弧前剪去超长焊丝

图 2-67　准备引弧

准备引弧 ⟶ 短路，压住焊炬 ⟶ 电弧引燃，保持距离

图 2-68　引弧过程

图 2-69　左焊法与右焊法

1. 左焊法

操作时，电弧的吹力作用在熔池及其前沿处，将熔池金属向前推延。由于电弧不直接作用在母材上，因此，熔深较浅，焊道平坦且变宽，飞溅较大，保护效果好。采用左焊法虽然观察熔池困难些，但易于掌握焊接方向，避免焊偏。

2. 右焊法

操作时，电弧直接作用到母材上，熔深较大，焊道窄而高，飞溅略小。但不易准确掌握焊接方向，容易焊偏，尤其在对接焊接时更明显。

一般二氧化碳气体保护焊，均采用左焊法，前倾角为 $10°\sim15°$。

3. 焊缝中间接头

在焊接过程中，如果遇到焊缝中断，需要在中断点处继续焊接时就成为焊缝中间接头。接头连接的好坏会直接影响焊缝质量，二氧化碳气体保护焊的焊缝接头方法如图 2-70 和图 2-71 所示。其中的数字①、②、③表示焊丝端部运行的顺序位置。

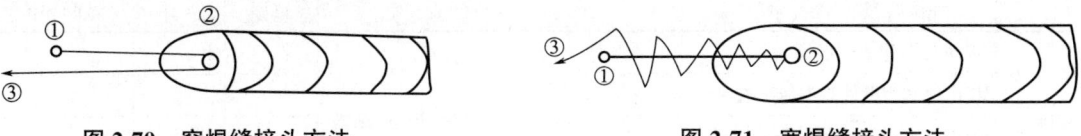

图 2-70　窄焊缝接头方法　　　　　　　　　图 2-71　宽焊缝接头方法

4. 摆动平敷焊的几种运条方法练习

当焊接时遇到两个构件的连接间隙较大的时候，需要采用通过摆动焊炬和焊丝来产生比较宽的焊缝，这种操作称为摆动平敷焊。摆动平敷焊仍然采用左向焊法，横向运丝角度和起始焊的运丝要领与直线焊接相同。表 2-19 所示为常用摆动平敷焊的摆动方法和应用场合。

常见运条手法的应用　　　　　　　　　　　　　　　　　表 2-19

摆动方法	摆动形式	适用范围
直线形运丝法		焊接薄板或中厚板打底层焊道
小锯齿形摆动法		焊接较小坡口或中厚板打底层焊道
锯齿形摆动法		焊接厚板多层堆焊
斜圆圈形摆动法		横角焊缝的焊接
双圆圈形摆动法		较大坡口的焊接
直线往复运丝法		薄板根部有间隙的焊接
反月牙形摆动法		焊接间隙较大的焊件或从上向下立焊

5. 结束焊接

（1）松开焊枪扳机，焊机停止送丝，电弧熄灭，滞后 2～3s 断气，操作结束。

（2）关闭气源、预热器开关和控制电源开关，关闭总电源。松开压丝手柄，去除弹簧的压力，最后将焊机整理好。

（3）清理焊件，检查焊缝质量。

任务评价

平敷焊练习评价表　　　　　　　　　　　　　　　　　　　　表 2-20

	评价内容	分值	评价标准	自评	互评	教师评价
基础知识	左焊法与右焊法的区别	10	回答正确，表述清晰，出现错误酌情扣分			
	焊接电流对焊缝外观如何影响	5				
	焊接电压对焊缝成形的影响	5				
	焊丝伸长长度对焊缝外观的影响	5				
焊缝外观检查	长度	5	长 280～300mm，每短 5mm 扣 1 分			
	宽度	5	宽 12～16mm，每超 1mm 扣 2 分			
	高度	5	高 1～3mm，每超 1mm 扣 2 分			
	焊缝成形	5	要求波纹细、均、光滑			
	平直度	5	要求基本平直、整齐			
	起焊熔合	6	要求起焊饱满、熔合好			
	弧坑	4	一处扣 3 分			
	接头	5	要求不脱节，不凸高，每处接头不良扣 2 分			
	夹渣	5	每点<2mm 夹渣扣 2 分，每处块渣、条渣扣 4 分			
	气孔	3	每个气孔扣 2 分			
	咬边	2	每 5mm 扣 1 分			
	电弧擦伤	3	每处弧擦伤扣 1 分			
	飞溅	2	未清干净扣 4 分			
职业素养	工作态度	5				
	协作精神	5				
	安全文明生产	5				
	创新意识	5				

任务总结

掌握的基础知识	
掌握的操作要点	
遇到的问题	
解决问题的方法和途径	
心得体会	
其他	

任务二 T形接头平角焊

任务描述

本任务采用二氧化碳气体保护焊按照图 2-72 所示进行低碳钢 T 形接头平角焊操作，横焊，厚板焊接。

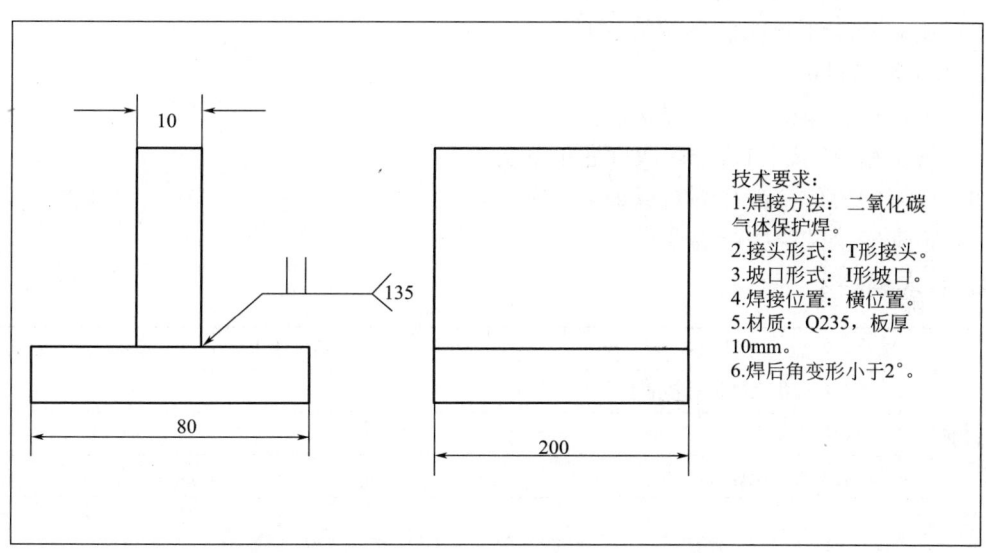

技术要求：
1. 焊接方法：二氧化碳气体保护焊。
2. 接头形式：T形接头。
3. 坡口形式：I形坡口。
4. 焊接位置：横位置。
5. 材质：Q235，板厚10mm。
6. 焊后角变形小于2°。

图 2-72 低碳钢 T 形接头平角焊（单位：mm）

任务分析

Q235 钢属于普通低碳钢，影响淬硬倾向的元素含量较少，根据碳当量估算，裂纹倾向不明显，焊接性良好，无须采取特殊工艺措施。

试件厚度 10mm，开坡口，焊接时采用直流反接左焊法，母材间距不宜太大，一般为 2～3mm，定位焊点 10mm 左右，需做反变形 5～6°。

分析图 2-72 所示的 T 形接头平角焊的工艺流程，完成表 2-21。

T 形接头平角焊的工艺流程表　　　　　　　　　　　　　　　　表 2-21

序号	工作内容	操作方法	精度要求	设备、工具、量具

任务目标

1. 知识目标

(1) 掌握二氧化碳气体保护焊设备的使用。

（2）掌握左焊法的操作。

（3）掌握角焊缝的焊接方法。

（4）掌握二氧化碳气体保护焊角焊缝的运条手段。

（5）了解二氧化碳气体保护焊的安全防护措施。

2. 能力目标

（1）能使用二氧化碳气体保护焊设备。

（2）能进行 T 形接头的装配定位焊。

（3）能完成 T 形接头的角焊缝平焊。

3. 职业素养目标

（1）工作态度端正，纪律观念强。

（2）善于思考问题和敢于解决问题的能力。

（3）良好的协作精神和创新意识。

（4）遵守安全文明生产的要求。

任务实施

工作内容	操作方法	说明	精度要求	设备、工具、量具
1. 焊前准备	(1)劳动保护和试件材料准备			
	(2)焊接设备准备			
	(3)装配与定位焊			
任务知识点				
2. 实施焊接	将装配好的试件平放			
	填充焊缝			
任务知识点				
3. 质量问题分析	观察焊缝外观,查看质量问题			
	分析原因			
任务知识点				

任务实施加油站

一、焊前准备

1. 劳动保护

焊接前焊工必须穿戴好劳动防护用品，工作服要宽松，裤脚盖住鞋盖，上衣盖住下衣，不要扎在裤腰里，选用皮质焊接手套，佩戴防护眼镜和卫生防尘口罩。选用合适的护目玻璃色号，工作之后要洗手洗脸。牢记焊工操作时应遵循的安全操作规程，在作业中贯穿始终，工作场地必须配有吸尘装置，通风良好。

2. 试件材料

Q235 钢板，尺寸为 200mm×80mm×10mm，检查钢板平直度，并修复平整。为保证焊接质量，在焊接区 30mm 内打除锈、磨干净，漏出金属光泽，避免产生气孔、裂纹等缺陷。使用的辅助工具有：钢丝刷、钢直尺、钢角尺、水平尺、角磨机。

焊接前需要对母材的相关焊接区域进行清理。清理区域如图 2-73 所示。

3. 焊接材料

根据母材型号，按照等强度原则选用规格 ER49-1、直径为 1.2mm 的焊丝，使用前检查焊丝是否损坏，除去污物杂锈，保证其表面光滑。

4. 焊接设备

选用 NBC-350 型焊机，配备送丝机构、焊枪、气体流量表、CO_2 气瓶。检查设备状态，电缆线接头是否接触良好，焊钳电缆是否松动，避免因接触不良造成电阻增大而发

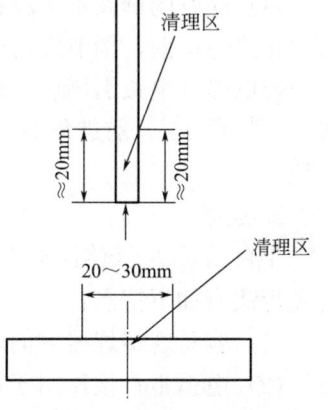

图 2-73 清理区域示意图

热、烧毁焊接设备。检查接地线是否断开，避免因设备漏电造成人身安全隐患。检查设备气路、电路是否接通。清理喷嘴内壁飞溅物，使其干净光滑，以免保护气体通过受阻。

5. 辅助器具

焊工操作作业区附近应准备好焊帽、手锤、扁铲、清渣锤、锉刀、钢丝刷、钢直尺、钢角尺、水平尺、活动扳手、角磨机、钢丝钳、钢锯条、钢丝刷、焊缝万能量规等辅助工具和量具。

6. 装配与定位焊

焊接操作中装配与定位焊很重要。施焊前检查气瓶是否漏气、气体流量表是否损坏、焊枪焊嘴是否有堵塞现象，将两块矫平除锈后的试件放在焊接平台上，调整好两板位置和间距。左手握焊帽，右手握焊枪，焊嘴对准试件右端，距试件高度 5~8mm，引燃电弧，开始施焊，施焊长度 10mm 左右，左端与右端一致。焊接参数见表 2-22。

装配定位焊的焊接参数　　　　　　　　　　　　表 2-22

焊接层次	焊丝直径	电流	电压	CO_2 纯度	气体流量	焊丝伸出长度
1	1.0mm	100~120A	18~20V	>99.5%	15L/min	8~10mm

装配好的试件如图 2-74 所示。

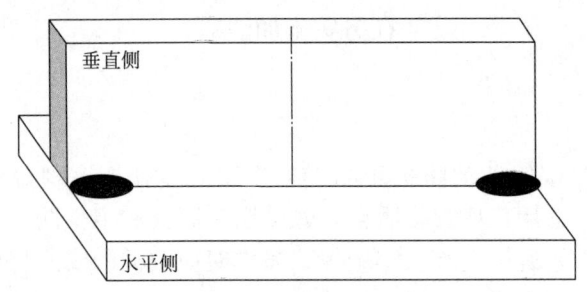

图 2-74　装配好的试件

二、实施焊接

1. 引弧

将点固好的试件水平放在操作台上，采用直线焊接法或斜圆圈焊接法，单层单道焊即可。正式焊接前，调节焊接电流、焊接电压，左手握焊帽，右手握焊枪，在试件右端点固点引燃电弧，电弧引燃后，调整焊枪角度、电弧长度，待点固点熔化并形成熔池后匀速焊接，工作角 45°，前进角 80°。焊接过程应注意观察根部两侧熔化情况，并随时调整摆动方法。

2. 运条

半自动 CO_2 气体保护焊通常都采用左向焊法（从右往左焊），如图 2-75 所示。这是由于左焊法有如下特点：

（1）容易观察焊接方向，看清焊缝。

（2）电弧不直接作用于母材上，因而熔深较浅，焊道平而宽。

（3）抗风能力强，保护效果较好，特别适用于焊接速度较大时。

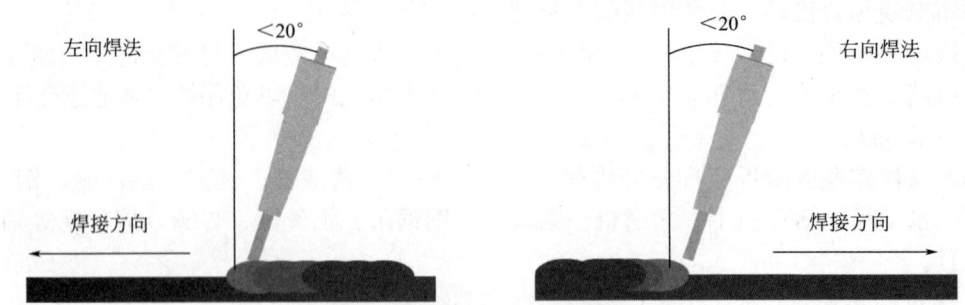

图 2-75　左向焊法与右向焊法示意图

对于有安装间隙的焊接，二氧化碳气体保护焊的焊丝运行轨迹采用图 2-76 所示的几种方法。

电弧的移动取决于根部的熔化以及焊趾的熔合情况，一定要使根部熔化、焊趾熔合后电弧才可以前移（图 2-77）。

3. 停弧

由于某种原因需要停弧，要使焊枪喷嘴在原地停顿适当时间待弧坑填满后再移开，注意不要立马停弧。

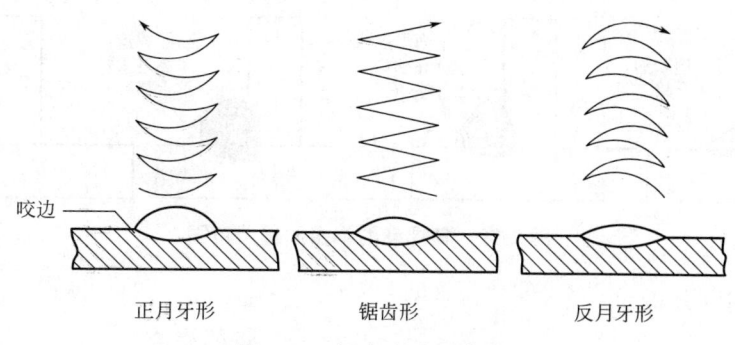

咬边

正月牙形　　　锯齿形　　　反月牙形

图 2-76　运条方法示意图

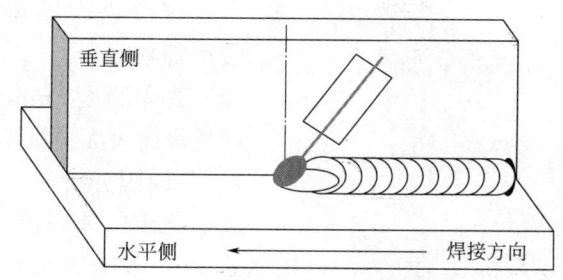

垂直侧

水平侧　　　　　　　　　焊接方向

图 2-77　T 形角焊缝焊接示意图

4. 接头

在息弧点前方引燃电弧，缓慢拉至弧坑处，待熔池与弧坑熔合后，转入正常焊接。

5. 收尾

当焊至试件末端，可采用反复灭弧法，使熔池逐渐缩小，填满弧坑后再息弧。

二氧化碳保护焊在焊接时，焊丝所对准的位置如图 2-78 所示，需要考虑熔池所在的位置。薄板水平角焊：焊丝指向焊缝；厚板水平角焊：要使焊缝对称，必须考虑垂直侧与水平侧的散热情况，上板散热差，下板散热好，所以，电弧应指向下板。

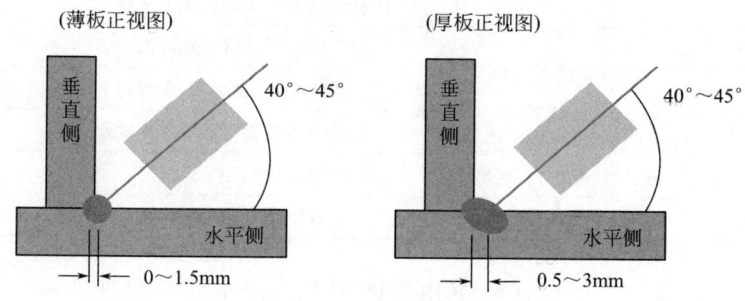

（薄板正视图）　　　　　　　　　　（厚板正视图）

垂直侧　　40°~45°　　　　　垂直侧　　40°~45°

水平侧　　　　　　　　　　水平侧

0~1.5mm　　　　　　　　0.5~3mm

图 2-78　角焊缝的熔池位置

理想的焊缝断面应该是无余高或小余高，过凸（余高过大）焊缝不合格。所以焊接中，在保证熔合良好的情况下，尽量加快焊接速度，以降低余高，如图 2-79 所示。

焊接结束后，将焊好的试件用钢丝刷反复拉刷焊道，除去焊缝氧化层。注意不得破坏试件原始表面，不得用水冷却。

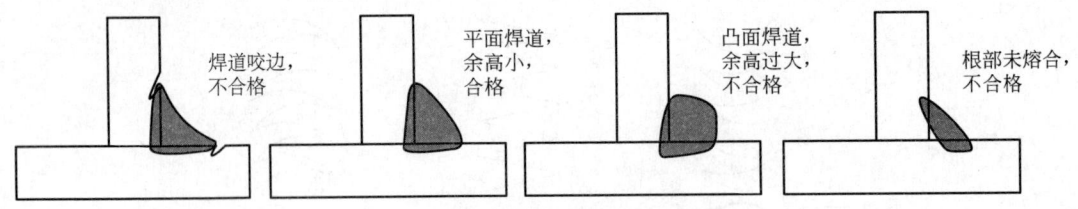

焊道咬边，
不合格

平面焊道，
余高小，
合格

凸面焊道，
余高过大，
不合格

根部未熔合，
不合格

图 2-79　角焊缝的焊接质量示意图

三、质量问题分析

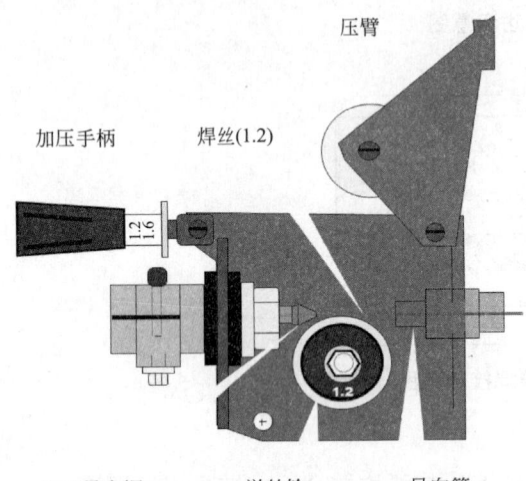

压臂

加压手柄　　焊丝(1.2)

SUS导套帽　　送丝轮　　导向管

图 2-80　送丝机构示意图

（一）焊缝检查

质量要求：

（1）焊缝表面不得有裂纹、夹渣、未熔合、咬边等缺陷。

（2）焊角高度 8mm。

（3）焊缝表面波纹均匀，与母材熔合良好。

（二）原因分析

二氧化碳气体保护焊属于半自动焊，焊丝的送进是由送丝机构自动完成的（图 2-80）。焊缝的很多质量问题与焊接电源与送丝机构的故障有关。下面列举一些常见故障现象和解决办法。

1. 焊丝送丝不稳定

焊丝送丝不稳定会造成诸多问题甚至造成电弧中断。常见原因及解决办法见表 2-23。

焊丝送丝不稳定　　　　　　　　　　表 2-23

常见原因	解决办法
送丝软管阻力大	压缩空气清理或更换送丝软管
送丝压力调整不当	在所用焊丝直径刻度的上方
焊丝不良	无交叉，直径均匀、无硬弯
SUS与送丝轮不同心	紧固送丝轮，校正 SUS 位置
导电嘴规格不对或内径太小，送丝轮有污物，规格错误	清理、更换
焊枪电缆弯曲半径小	焊枪电缆弯曲半径应大于 300mm

当送丝轮工作错误时会引起送丝不稳定的问题。经常容易出现的是以下三种形式的错误。

（1）送丝轮槽径大于焊丝直径，送丝推力不足，如图 2-81 所示。

（2）送丝轮槽径小于焊丝直径，推力不足，焊丝受损，如图 2-82 所示。

（3）送丝轮槽中污物过多同样引起推力不足，如图 2-83 所示。

正常工作的送丝轮如图 2-84 所示。

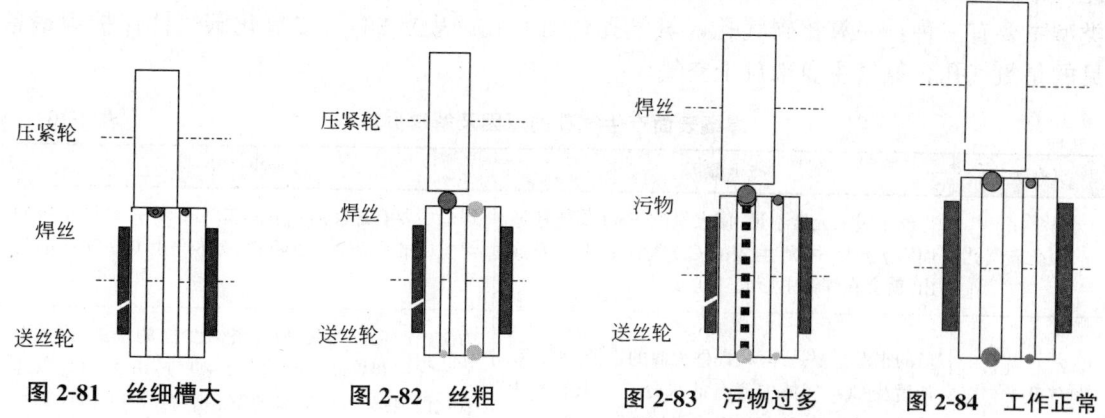

| 图 2-81　丝细槽大 | 图 2-82　丝粗 | 图 2-83　污物过多 | 图 2-84　工作正常 |

2. 电弧不稳定

电弧不稳定将严重影响焊接时的操作与最终的焊缝质量。出现电弧不稳定的主要原因与解决办法见表 2-24。

电弧不稳定的主要原因及解决办法　　　　表 2-24

主要原因	解决办法
输出电压不稳定	紧固焊机各连接处
送丝不稳定	排除相关因素
焊丝质量不良	使用化学成分及机械性能合格的焊丝
操作、调整不当	保持正确的焊枪高度、角度,焊接电压与焊接电流匹配

3. 焊接时飞溅过大

二氧化碳气体保护焊由于其自身工作原理在焊接时容易产生很强的飞溅,过大的飞溅很多是由于操作不当所致（表 2-25）。要注意正确地穿戴劳动防护用品。

飞溅过大的原因及解决办法　　　　表 2-25

原因	解决办法
焊接规范设置不当	根据焊接条件正确设定焊接电流和焊接电压,确认丝径选择开关 SW5 的位置
焊丝质量不好,化学成分及机械性能不合格	更换焊丝
焊件及焊丝污物过多	及时进行清除污物或更换焊丝
焊接回路接触不良	保持正确的高度和角度
焊枪操作不当	清理、更换
导电嘴、送丝轮、焊丝直径使用不当;导电嘴磨损、送丝轮规格不对、焊丝直径选用过粗	更换焊丝或导电嘴

4. 焊缝表面出现气孔

二氧化碳气体保护焊时,由于熔池表面没有熔渣覆盖,CO_2 气流又有冷却作用,因此，结晶较快，容易在焊缝中产生气孔。气孔的出现对焊缝质量有严重的影响。常见气孔类型主要有三种：一氧化碳气孔，氢气孔，氮气孔（表 2-26）。二氧化碳气体保护焊最常见的是氮气孔，氮气主要来自于空气。

焊缝表面产生气孔的原因及解决办法 表 2-26

气孔类型	产生原因	解决办法
一氧化碳气孔	焊丝中脱氧元素不足，使大量的 FeO 不能还原而溶于金属中，所生成的 CO 气体若来不及逸出，就会在焊缝中形成气孔	焊丝中要有足够的脱氧元素 Mn 和 Si，并严格限制焊丝中的含碳量，就可以减小产生 CO 气孔的可能性
氢气孔	氢的来源主要是焊丝、焊件表面的铁锈、水分和油污及 CO_2 气体中含有的水分。如果熔池中溶入大量的氢，就可能形成氢气孔	为防止产生氢气孔，应尽量减少氢的来源，焊前要清除焊丝和焊件表面的杂质，此外，由于 CO_2 气体氧化性很强，可减弱氢的不利影响，所以 CO_2 焊接时形成氢气孔的可能性较小
氮气孔	焊接速度过快、气流量又太小、喷嘴堵塞、气体不纯，空气中的氮就会大量溶入熔池内。当熔池结晶凝固时，若氮气来不及从熔池中逸出，便形成气孔（氮气孔）	加强对 CO_2 气流的保护效果，这是防止二氧化碳气体保护焊中产生气孔的重要途径

5. 焊缝出现裂纹

（1）原因：焊接电流及熔深过大；解决办法：调整焊接规范，控制熔深。
（2）原因：第一道焊时焊缝过薄；解决办法：增加焊道厚度。
（3）原因：焊丝的 C、S、P 含量过高；解决办法：更换焊丝。
（4）原因：焊丝或工件不清洁；解决办法：清除粘附的油、锈。

任务评价

T 形接头平角焊评价表 表 2-27

评价内容		分值	评价标准	自评	互评	教师评价
基础知识	左焊法与右焊法的区别	5	回答正确，表述清晰，出现问题酌情扣分			
	焊接电流对焊缝外观如何影响	5				
	焊接电压对焊缝成形的影响	5				
	焊丝伸长长度对焊缝外观的影响	3				
	出现气孔的原因	2				
操作要点	能正确组装焊机供气系统和焊炬	10	动作规范，操作正确，错误一处扣 2 分			
	能调节供气系统的参数	10	动作规范，操作正确，错误一处扣 2 分			
	能为焊枪换装焊丝	10	动作规范，操作正确，错误一处扣 2 分			

续表

	评价内容	分值	评价标准	自评	互评	教师评价
操作要点	能正确修建焊丝伸出长度	10	动作规范，操作正确，错误一处扣2分			
	能进行定位装配焊	10	动作规范，操作正确，错误一处扣2分			
	能完成平角焊缝	10	误差每超出0.1mm扣1分			
职业素养	工作态度	5				
	协作精神	5				
	安全文明生产	5				
	创新意识	5				

任务总结

掌握的基础知识	
掌握的操作要点	
遇到的问题	
解决问题的方法和途径	
心得体会	
其他	

项目三 气焊与气割基本操作

项目介绍

本项目是在钢板上进行气焊平敷焊训练、铜管的钎焊，以及钢板气割训练等操作，学生可以熟悉气焊和气割的基本知识，掌握气焊和气割的基本技能。

项目分析

1. 气焊操作要点分析：

气焊就是利用氧气与其他可燃性气体混合燃烧获得的高温火焰进行焊接操作的焊接方法。气焊项目操作练习的目的是通过练习任务的实施，让学生掌握熟悉以下两项内容：

（1）气焊火焰的调节方法。

（2）左向焊法与右向焊法。

2. 气割项目操作练习的目的主要是通过练习任务的实施，使学生掌握以下主要技能：

（1）割炬的使用操作和火焰调节。

（2）气割动作要领。

任务一　平敷焊操作

任务描述

本任务是在画好线的 Q235 薄钢板上进行气焊的平敷焊操作练习。在操作中观察气焊火焰下的熔池的形成过程，并练习往熔池里填充焊丝形成焊点。

任务分析

分析平敷焊操作的工作流程，完成表 2-28。

平敷焊操作的工作流程表　　　　　　　　　　　　　　表 2-28

序号	工作内容	操作方法	要求	设备、工具、量具

任务目标

1. 知识目标

（1）熟悉气焊的工作原理。

（2）熟悉气焊设备的使用。

（3）了解乙炔焰的类型和特点。

（4）掌握气焊的基本操作要点。

2. 能力目标

（1）能使用焊炬进行钎焊和熔化焊的操作。

（2）能使用割炬进行气割操作。

3. 职业素养目标

（1）工作态度端正，纪律观念强。

（2）善于思考问题和敢于解决问题的能力。

（3）良好的协作精神和创新意识。

（4）遵守安全文明生产的要求。

任务实施

工作内容	操作方法	说明	精度要求	设备、工具、量具
1. 检查焊接设备	将气焊设备按图示所示用胶管连接好			
任务知识点				

续表

工作内容	操作方法	说明	精度要求	设备、工具、量具
2. 焊前准备	(1)工件表面清理			
	(2)准备焊剂焊丝			
任务知识点				
3. 平敷焊操作	点火并调节火焰			
	在画好线的薄钢板上进行平敷焊操作			
任务知识点				

任务实施加油站

一、气焊概述

1. 气焊的原理

气焊是利用可燃气体与助燃气体混合燃烧后产生的高温对金属材料进行焊接的，如图 2-85 所示。

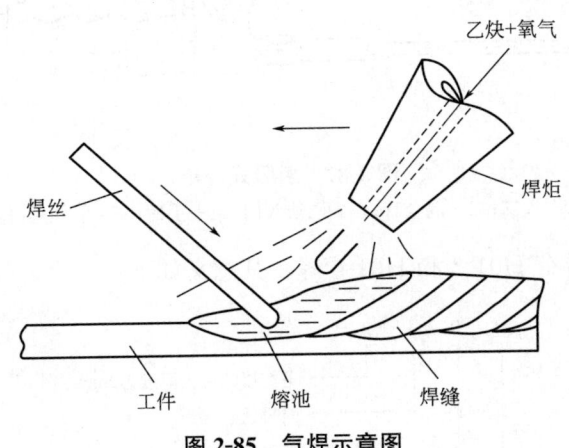

图 2-85 气焊示意图

2. 气焊的特点

（1）火焰对熔池的压力及对焊件的热输入量调节方便，故熔池温度、焊缝形状和尺寸、焊缝背面成形等容易控制。

（2）设备简单，移动方便，操作易掌握，但设备占用生产面积较大。

（3）焊炬尺寸小，可达性好，但由于气焊热源温度较低，加热缓慢，生产率低，热量分散，热影响区大，焊件变形大，接头质量不高。

（4）气焊适用于各种位置的焊接，特别是焊接厚度在 3mm 以下的低碳钢、高碳钢、铸铁以及铜、铝等有色金属及合金的薄板。

二、气焊设备

气焊常用设备及气路连接原理如图 2-86 所示。

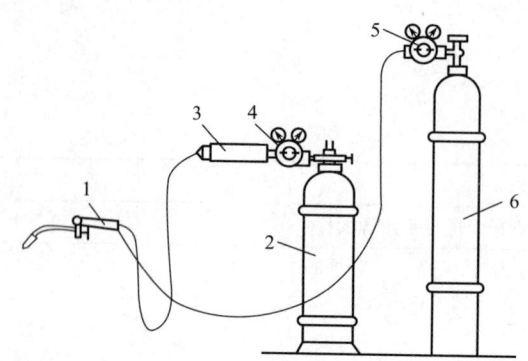

图 2-86　气焊设备的连接

1—焊炬；2—乙炔瓶；3—回火安全器；4—乙炔减压器；5—氧气减压器；6—氧气瓶

1. 焊炬

焊炬俗称焊枪，是气焊中的主要设备。焊炬的构造多种多样，但基本原理相同。焊炬是气焊时用于控制气体混合比、流量及火焰并进行焊接的手持工具。焊炬有射吸式和等压式两种，常用的是射吸式焊炬，它的结构如图 2-87 所示。

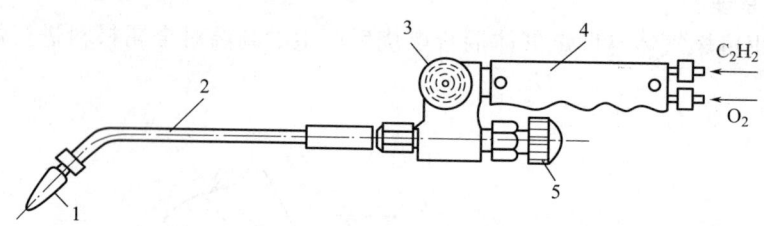

图 2-87　射吸式焊炬

1—焊嘴；2—混合管；3—乙炔阀门；4—手柄；5—氧气阀门

射吸式焊炬的型号有 H01-2 和 H01-6 等，其意义如下：

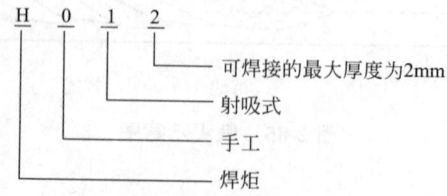

各种型号的焊炬均备有 3～5 个大小不同的焊嘴，可供焊接不同厚度的工件使用。

2. 乙炔瓶

乙炔瓶是将工厂集中生产的乙炔气储存在瓶内供使用，如图 2-88 所示。一瓶充足了乙炔气体的乙炔瓶压力可达 1.47×10^6 Pa。乙炔瓶必须配备减压器，以便调整乙炔的压力。

乙炔瓶使用时，打开瓶阀，乙炔气经减压器减压后供气焊使用。乙炔瓶的外壳漆成白色，用红色写明"乙炔"字样；输送导管为红色。

使用乙炔瓶必须安装回火安全器（也称回火防止器或回火保险器），它装在乙炔减压器和焊炬之间，是用来防止火焰沿乙炔管回烧的安全装置。

图 2-89 所示为干式回火安全器，它与乙炔减压器连接在一起。当发生回火时，一方面回火气体的冲击波顶上回火防止阀，切断了乙炔来路；另一方面，回火气体可从安全阀处向外排出。

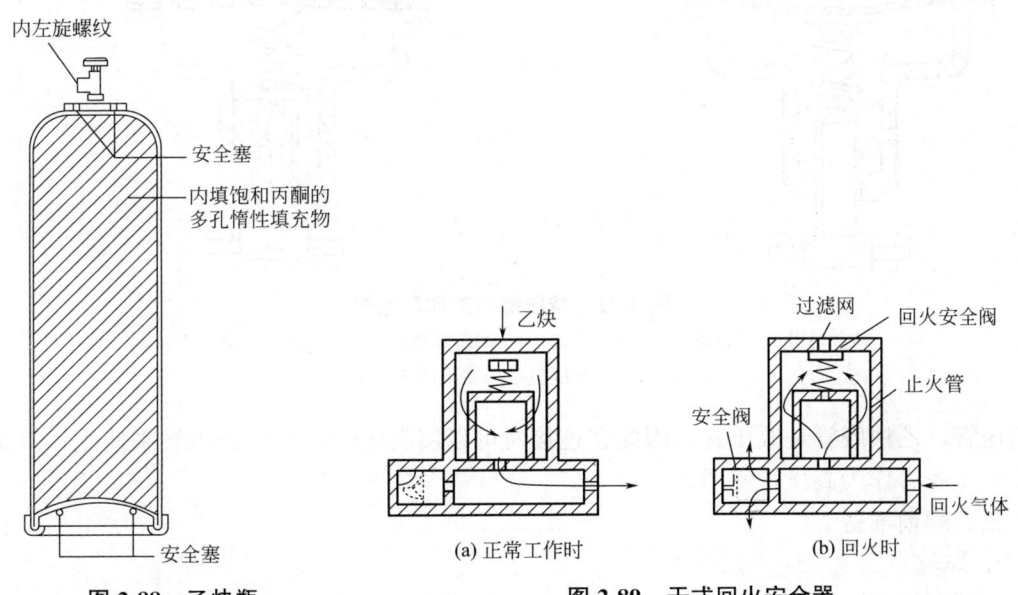

图 2-88　乙炔瓶

(a) 正常工作时　　(b) 回火时

图 2-89　干式回火安全器

3. 氧气供气设备

主要有氧气瓶与减压器等。

（1）氧气瓶

氧气瓶是储存氧气的一种高压容器，如图 2-90 所示。为了避免腐蚀和发生火花，所有与高压氧气接触的零件都用黄铜制作；氧气瓶外表漆成天蓝色，用黑漆标明"氧气"字样，输送氧气的管道涂天蓝色。

（2）减压器

减压器是将高压气体降为低压气体的调节装置（图 2-91）。因此，其作用是减压、调压、量压和稳压。氧气瓶的压力为 $1.47 \times 10^7 Pa$，与乙炔瓶一样，氧气瓶也必须使用减压器，高压气体输出时都要先经减压器减压。

4. 气焊设备连接

按图 2-86 所示将焊炬与氧气瓶减压阀用高压胶管连接。气焊设备在进行连接时一定要注意：由于氧气胶管

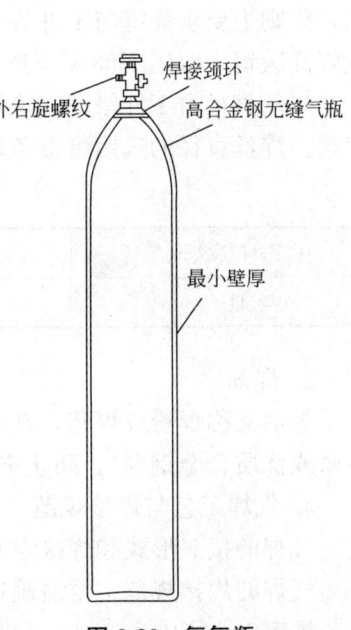

图 2-90　氧气瓶

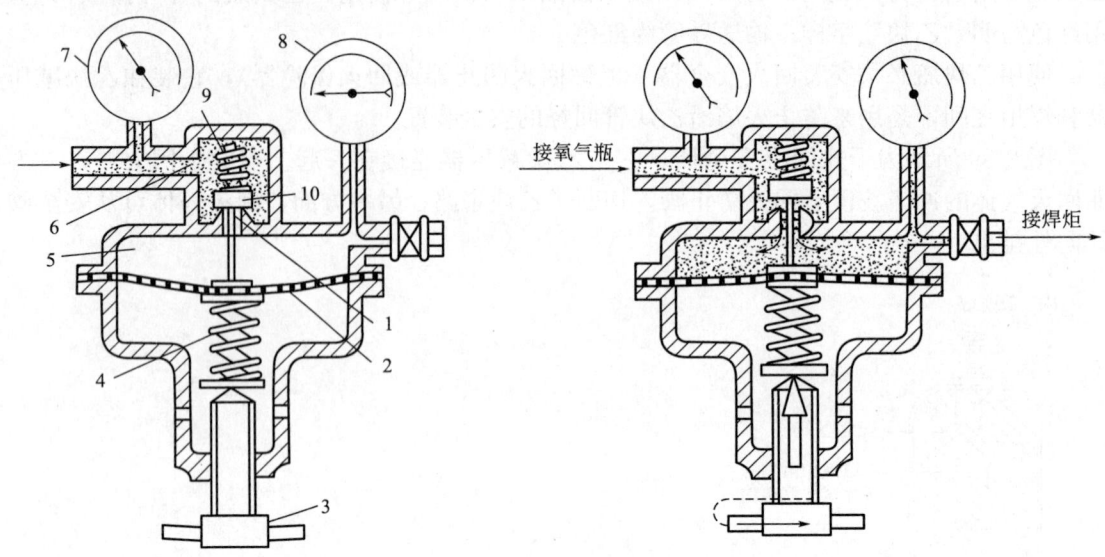

图 2-91　减压器的工作示意图

1—通道；2—薄膜；3—调压手柄；4—调压弹簧；5—低压室；6—高压室；

7—高压表；8—低压表；9—活门弹簧；10—活门

是高压管，乙炔胶管是低压管，因此在连接时可以用高压胶管当作低压管来使用；但是不能拿低压胶管作为高压管使用。

三、焊前准备

1. 焊丝

气焊所用的焊丝只作为填充金属，它是表面不涂药皮的金属丝，其成分与工件基本相同，原则上要求焊缝与工件等强度，所以选用与母材同样成分或强度高一些的焊丝焊接，气焊低碳钢一般用 H08A 焊丝，不用焊剂。

焊丝直径由工件厚度、接头和坡口形式决定，焊开坡口的金属件时第一层应选较细的焊丝。焊丝直径的选用可参考表 2-29。

不同厚度工件配用焊丝的直径　　　　　　　　　　　　　　　　表 2-29

工件厚度(mm)	1.0~2.0	2.0~3.0	3.0~5.0	5.0~10	10~15
焊丝直径(mm)	1.0~2.0	2.0~3.0	3.0~4.0	3.0~5.0	4.0~6.0

2. 焊剂

焊剂又称焊粉或焊药，其作用是焊接过程中避免形成高熔点稳定氧化物（特别是非铁金属或优质合金钢等），防止夹渣，另外也为消除已形成的氧化物。

3. 气焊工艺与焊接规范

气焊的接头形式和焊接空间位置等工艺问题的考虑与焊条电弧焊基本相同。

气焊的焊接规范主要需确定焊丝直径、焊嘴大小、焊接速度等。

焊嘴大小影响生产率。导热性好、熔点高的焊件，在保证质量的前提下应选较大号焊嘴（较大孔径的焊嘴）。

在平焊时，焊件愈厚，焊接速度应愈慢。对熔点高、塑性差的工件，焊速应慢。在保证质量的前提下，尽可能提高焊速，以提高生产率。

四、平敷焊操作

（一）点火

点火之前，先把氧气瓶和乙炔瓶上的总阀打开，打开氧气瓶阀门操作时要注意使用专用扳手（确保没有油脂），然后转动减压器上的调压手柄（顺时针旋转），将氧气和乙炔调到工作压力。再打开焊枪上的乙炔调节阀，此时可以把氧气调节阀少开一点氧气助燃点火（用明火点燃），如果氧气开得大，点火时就会因为气流太大而出现啪啪的响声，而且还点不着。如果不少开一点氧气助燃点火，虽然也可以点着，但是黑烟较大。点火时，手应放在焊嘴的侧面，不能对着焊嘴，以免点着后喷出的火焰烧伤手臂。

（二）调节火焰

1. 气焊火焰

气焊火焰通常指氧和乙炔混合燃烧时产生的氧乙炔焰。改变氧和乙炔的体积比，可获得三种不同性质的火焰，它们的性质和应用有明显的区别，如图 2-92 所示。

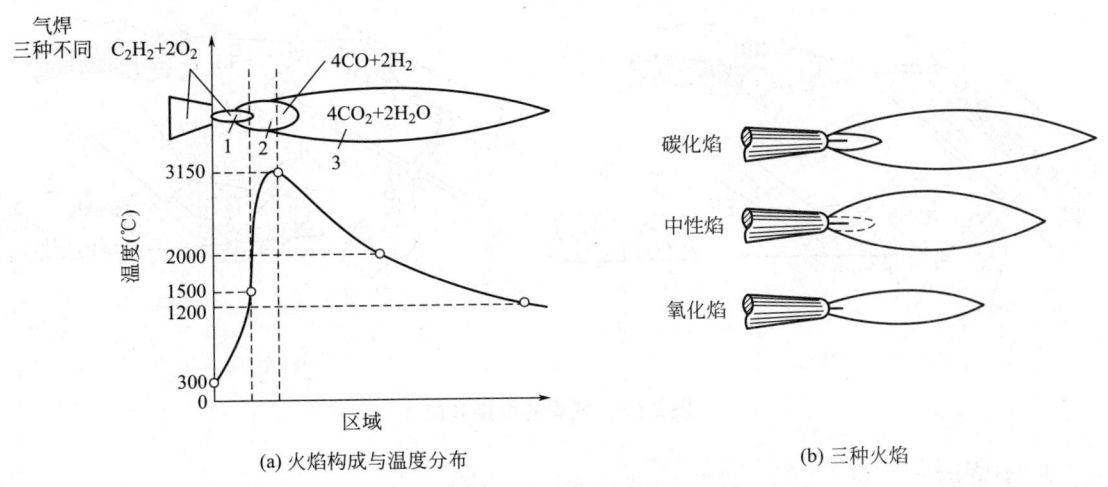

(a) 火焰构成与温度分布　　　　　　(b) 三种火焰

图 2-92　氧乙炔焰

火焰由三部分组成：焰芯、内焰和外焰。焰芯在火焰的内部，是火焰中最明亮的部分，焰芯边缘温度可达 1000℃。火焰的中间部分是内焰，呈蓝色，乙炔与已混合进来的氧发生第一阶段燃烧，这一区域的温度最高，距焰芯末端 2～4mm 处的温度可达 3000～3200℃，这个区域又叫焊接区。火焰的最外层称为外焰，为橘红色，在这一区域内，主要依靠大气中的氧进行第二阶段的燃烧。

（1）中性焰（$VO_2/VC_2H_2＝1.0～1.2$）

中性焰又称正常焰。中性焰的内焰和外焰没有明显界线，焊嘴处呈亮白色的焰心端部有淡白色时隐时现地跳动。气焊一般都可以采用中性焰。它广泛用于低碳钢、低合金钢、高碳钢、不锈钢、紫铜、灰铸铁、锡青铜、铝及合金、铅锡、镁合金等的气焊。

（2）氧化焰（$VO_2/VC_2H_2＞1.2$）

氧化焰是氧气量多、乙炔量少的火焰，氧化焰由于氧气较多，燃烧比中性焰剧烈，温度也高，可达 $3100\sim3300℃$。因此，氧化焰一般很少采用，仅适用于烧割工件和气焊黄铜、锰黄铜及镀锌铁皮，特别适合于黄铜类。

（3）碳化焰（$VO_2/VC_2H_2<1.0$）

碳化焰是乙炔量多、氧气量少的火焰，一般用于钎焊；焊接怕受氧化的优良合金钢焊件，如高速钢、高碳钢、硬质合金、铬钢、钨钢、合金铸铁等以及用于铸铁焊后的保温。

不论采用何种火焰气焊时，喷射出来的火焰（焰芯）形状应该整齐垂直，不允许有歪斜、分叉或发出吱吱的声音。

2. 火焰调节

刚点火的火焰是碳化焰，然后逐渐开大氧气阀门，改变氧气和乙炔的比例，根据被焊材料性质及厚薄要求，调到所需的中性焰、氧化焰或碳化焰。需要大火焰时，应先把乙炔调节阀开大，再调大氧气调节阀；需要小火焰时，应先把氧气关小，再调小乙炔。

（三）气焊的焊接方向

气焊操作要求操作者必须右手握焊炬、左手拿焊丝，在此前提下分为：左焊法和右焊法，如图 2-93 所示。

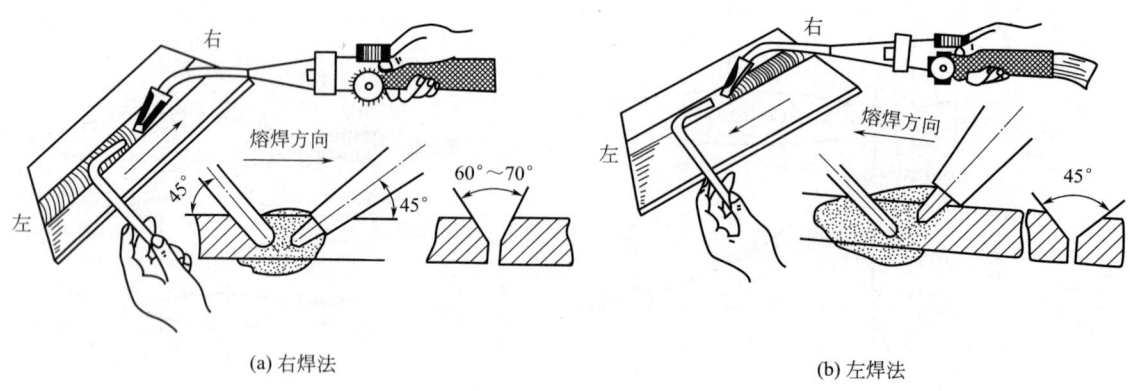

(a) 右焊法　　　　　　　　　　　　　　(b) 左焊法

图 2-93　气焊的焊接方向

1. 右焊法

右焊法就是从左往右焊，这种焊法的特点是：焊炬在前，焊丝在后（注意此时焊炬和焊丝的移动方向是从左往右）。这种方法是将焊接火焰指向已焊好的焊缝，加热集中，熔深较大，火焰对焊缝有保护作用，容易避免气孔和夹渣，但较难掌握。此种方法适用于较厚工件的焊接，而一般厚度较大的工件均采用电弧焊，因此右焊法很少使用。

2. 左焊法

左焊法就是从右往左焊，这种焊法的特点是：焊丝在前，焊炬在后（注意此时焊炬和焊丝的移动方向是从右往左）。采用这种方法时焊接火焰指向未焊金属，有预热作用，焊接速度较快，可减少熔深和防止烧穿，操作方便，适宜焊接薄板。用左焊法，还可以看清熔池，分清熔池中铁水与氧化铁的界线，因此左焊法在气焊中被普遍采用。

（四）气焊的施焊方法

施焊时，要使焊嘴轴线的投影与焊缝重合，同时要掌握好焊炬与工件的倾角 α。工件越厚，倾角越大；金属的熔点越高，导热性越大，倾角就越大。在开始焊接时，工件温度尚低，为了较快地加热工件和迅速形成熔池，α 应该大一些（80°～90°），喷嘴与工件近于垂直，使火焰的热量集中，尽快使接头表面熔化。正常焊接时，一般保持 α 为 30°～50°。焊接将结束时，倾角可减至 20°，并使焊炬做上下摆动，以便断续地对焊丝和熔池加热，这样能更好地填满焊缝和避免烧穿。焊嘴倾角与工件厚度的关系如图 2-94 所示。

焊接时，还应注意送进焊丝的方法，焊接开始时，焊丝端部放在焰心附近预热。待接头形成熔池后，才把焊丝端部浸入熔池。焊丝熔化一定数量之后，应退出熔池，焊炬随即向前移动，形成新的熔池。注意焊丝不能经常处在火焰前面，以免阻碍工件受热；也不能使焊丝在熔池上面熔化后滴入熔池；更不能在接头表面尚未熔化时就送入焊丝。焊接时，火焰内层焰芯的尖端要距离熔池表面 2～4mm，形成的熔池要尽量保持瓜子形、扁圆形或椭圆形。

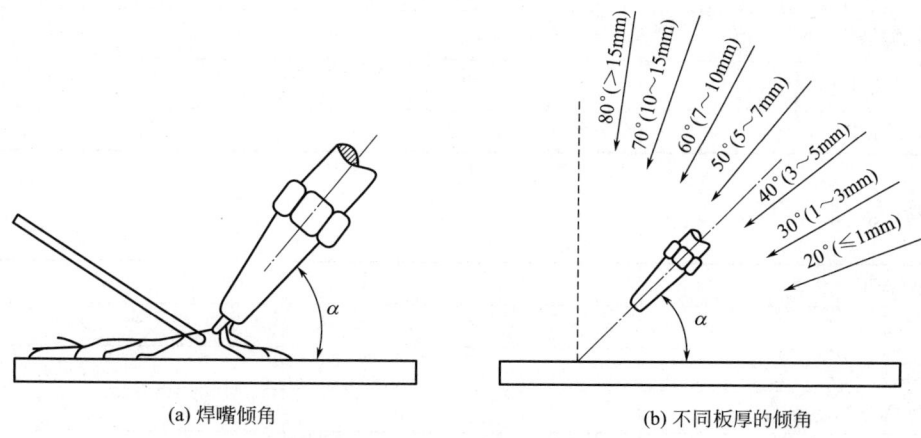

(a) 焊嘴倾角   (b) 不同板厚的倾角

图 2-94 焊嘴倾角与工件厚度的关系

（五）气焊平敷焊练习

按照以下操作过程进行练习：

（1）点燃焊炬后，在薄钢板上观察不同的焊嘴倾角下钢板表面熔池的变化。

（2）尝试将焊丝填充到熔池，形成焊点。

（3）移动焊炬，再次形成熔池，填充焊丝。

（4）反复练习这一过程。

在练习过程中要佩戴气焊护目镜（防红外线）。

任务评价

平敷焊操作评价表   表 2-30

评价内容		分值	评价标准	自评	互评	教师评价
基础知识	焊炬各旋钮的位置	5	回答正确，表述清晰，出现错误酌情扣分			
	氧气瓶气压表的读数方法和读数意义	5				
	火焰调节过程，火焰类型	5				
	左焊法与右焊法的区别	5				

续表

	评价内容	分值	评价标准	自评	互评	教师评价
操作要点	能正确给焊炬点火,会使用火口通针	15	动作规范,操作正确,错误一处扣2分			
	能调节焊炬的各种火焰,能使用中性焰	15	误差每超出1mm扣2分			
	能进行左向焊与右向焊	15				
	能在被焊件上形成熔池和焊点	15				
职业素养	工作态度	5				
	协作精神	5				
	安全文明生产	5				
	创新意识	5				

任务总结

掌握的基础知识	
掌握的操作要点	
遇到的问题	
解决问题的方法和途径	
心得体会	
其他	

任务二　铜管钎焊练习

任务描述

本任务就是用铜钎焊完成一个铜管接头。如图 2-95 所示,可以直接使用铜管进行钎焊接头练习。这时接头连接端须加以扩管。被扩管的铜管内径比插入管的外径大 0.07～

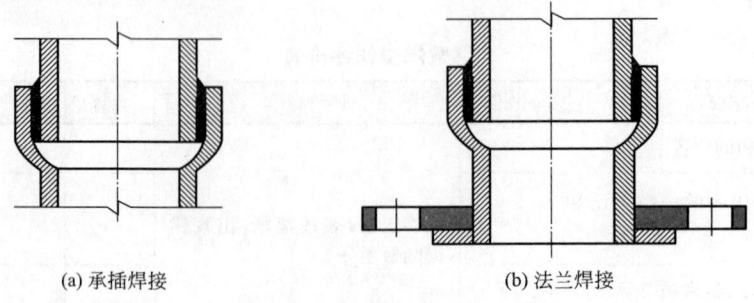

(a) 承插焊接　　　　　　　　　　　　(b) 法兰焊接

图 2-95　钢管钎焊示意图

0.25mm，插入深度不应小于插入管的直径。亦可以采用连接管件进行接头练习。

钎焊加热工具：焊炬 H-01，氧乙炔焰。

钎料：磷铜钎料 B-Cu93P。

由于铜的导热性非常好，熔化焊不容易进行。因此在空调制冷、给水、采暖领域中铜管接头通常采用钎焊进行。一般使用铜钎料，属于高温钎焊。

任务分析

分析图 2-95 所示的铜管钎焊接头的工艺流程，完成表 2-31。

铜管钎焊的工作流程表　　　　　　　　表 2-31

序号	工作内容	操作方法	要求	设备、工具、量具

任务目标

1. 知识目标

（1）熟悉钎焊的工作原理。

（2）掌握焊炬的使用要领。

（3）掌握母材表面清理的技能和选用助焊剂的能力。

（4）熟悉钎焊操作时钎料插入和加热母材的正确步骤。

2. 能力目标

（1）能对铜管进行切割和扩管操作。

（2）能使用焊炬进行钎焊的基本操作。

3. 职业素养目标

（1）工作态度端正，纪律观念强。

（2）善于思考问题和敢于解决问题的能力。

（3）良好的协作精神和创新意识。

（4）遵守安全文明生产的要求。

任务实施

工作内容	操作方法	说明	精度要求	设备、工具、量具
1. 检查焊接设备	将气焊设备按图示所示用胶管连接好			
任务知识点				

续表

工作内容	操作方法	说明	精度要求	设备、工具、量具
2. 焊前准备	(1)利用扩管工具对一端铜管进行扩管操作	也可以直接使用承插管件进行练习		
	(2)清理打磨插入扩管端的铜管外表面和扩管后的铜管内表面			
任务知识点				
3. 实施焊接	(1)使用点火器进行点火	检查焊炬各处旋钮是否正常,打开氧气旋钮听听焊炬喷嘴是否有气流喷出的声音		
	(2)调节火焰进行焊前预热	调节氧气乙炔旋钮,调整火焰类型		
	(3)使用钎焊剂和铜钎料进行钎焊			
任务知识点				

任务实施加油站

一、检查焊接设备

1. 钎焊概述

钎焊是利用液态钎料填满钎焊金属结合面的间隙而形成牢固接头的焊接方法。钎焊时,母材不熔化,钎料熔化。

钎焊要想顺利进行并获得高质量的焊缝,必须要注意焊接前母材表面的清理和对母材的正确加热。同时要注意钎料填入的位置,要便于钎料的流动。

2. 焊接设备连接

将焊炬与氧气瓶减压阀用高压胶管连接,乙炔胶管颜色是红色(原来为黑色),氧气胶管颜色是蓝色或者黑色(原来为红色)。

气焊装备在连接时一定要注意:由于氧气胶管是高压管,乙炔胶管是低压管,因此在连接时可以用高压胶管当低压管来使用,但是不能拿低压胶管作为高压管使用。

二、焊前准备

1. 使用专用扩管器对铜管进行扩管操作

关于扩管的操作这里就不再赘述了。

2. 准备钎料和钎剂

钎剂是在钎焊过程中用于防止工件表面氧化、清除母材与钎料表面氧化物的化学物质，其目的是通过防止母材和钎料氧化，配合钎料促进钎焊接头的形成。

钎焊接头形式一律采用插接，主要的定位方式有扩口定位、缩口定位、冲凸台定位及压凹点定位。

配合间隙是钎料毛细管作用的主要组成因素，根据毛细管作用的原理，间隙越小，毛细管作用越强。

间隙太小，会影响钎料的深入与润湿，达不到全部焊合；间隙太大，不但浪费钎料，而且会降低钎焊接头强度。配合间隙对接头能否成功起着至关重要的作用，图 2-96 所示为不合格的接头配合。焊接部位的配合间隙一般取 0.05～0.15mm，插入深度不小于 8mm。

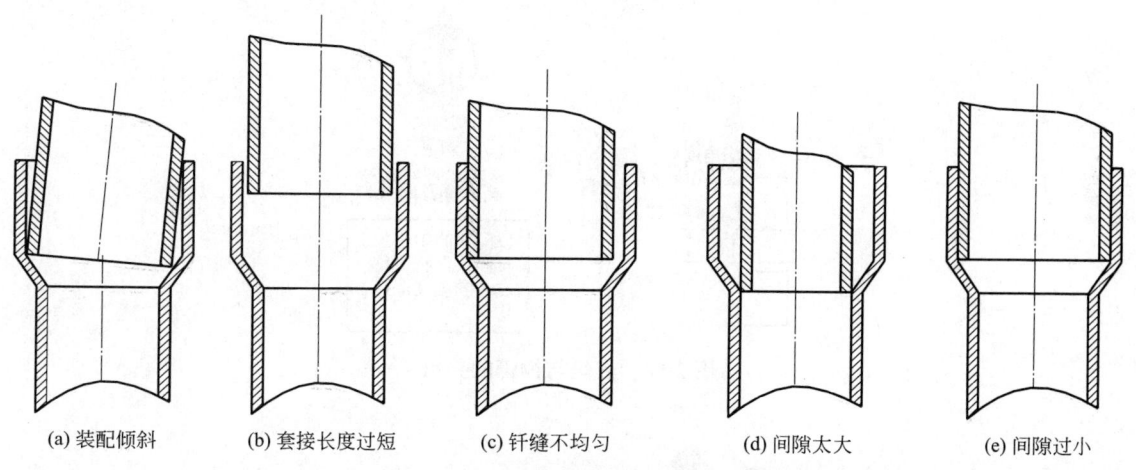

| (a) 装配倾斜 | (b) 套接长度过短 | (c) 钎缝不均匀 | (d) 间隙太大 | (e) 间隙过小 |

图 2-96　铜管插接缝隙对钎焊影响的情况

3. 清理管材表面

焊接前用细砂布把焊接部位上的油脂、漆膜和氧化层清除干净，将准备好的小管径铜管插入大铜管内，或把未扩管插入到已扩管中。

三、实施焊接

1. 焊前预热

预热占钎焊作业的 80%，钎焊能否成功与两个方面相关联：一是母料表面的清洁程度；二是母材表面的预热温度。预热的要点：

（1）两母材要均匀加热，将母材加热至能让钎料熔化的温度。

（2）为了均匀加热，火焰的位置和角度要及时调整，母材表面的温度需要用肉眼观察确认，所以经验很重要。

管接头进行预热时两母材均匀加热升温如图 2-97 所示。

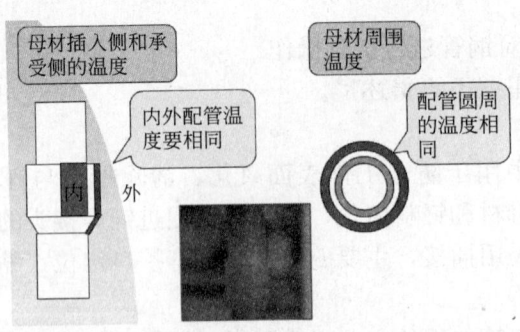

图 2-97   管接头进行预热时两母材均匀加热升温

铜管在钎焊连接时选用中性焰加热铜管。为避免受热面积过大，应使焊接火焰与铜管成接近 90°夹角，如图 2-98 所示。被焊接铜管放置稳定，使火焰的焰心端距离焊接件约为 2～4mm，应左右前后移动焊枪，使管受热均匀。如图 2-99 所示，当火焰与铜管的角度成 80°～85°时，能够让上下两部分母材的温度上升速度一致。

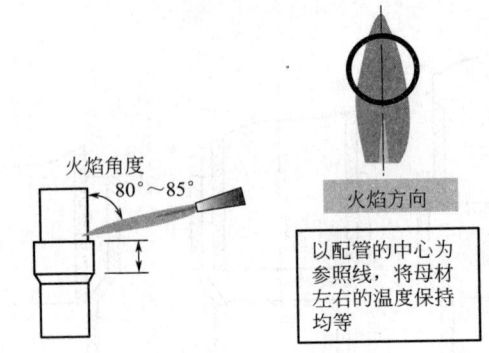

图 2-98   火焰与铜管的夹角

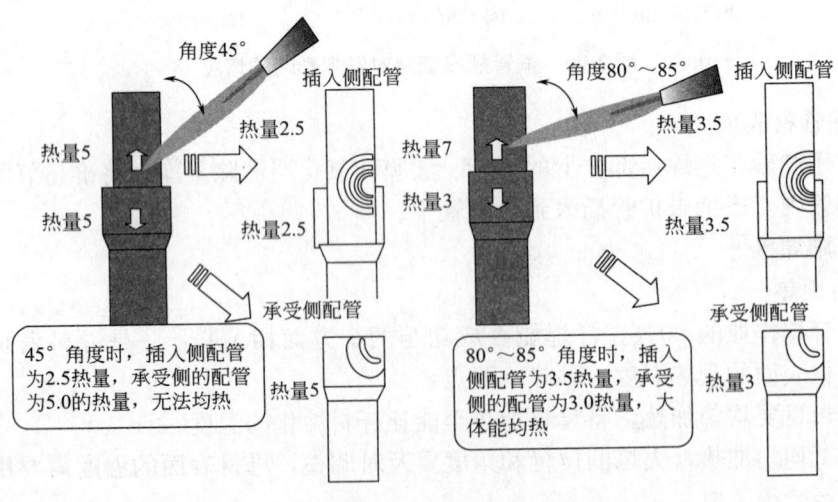

图 2-99   火焰方向

2. 钎料添加

（1）开始添加钎料的时间很重要

由于采用的是铜钎料，它的熔点在800℃左右。如图2-100所示，通过观察铜管的颜色变化来确定铜管此时的温度，来决定添加钎料焊丝的时间。

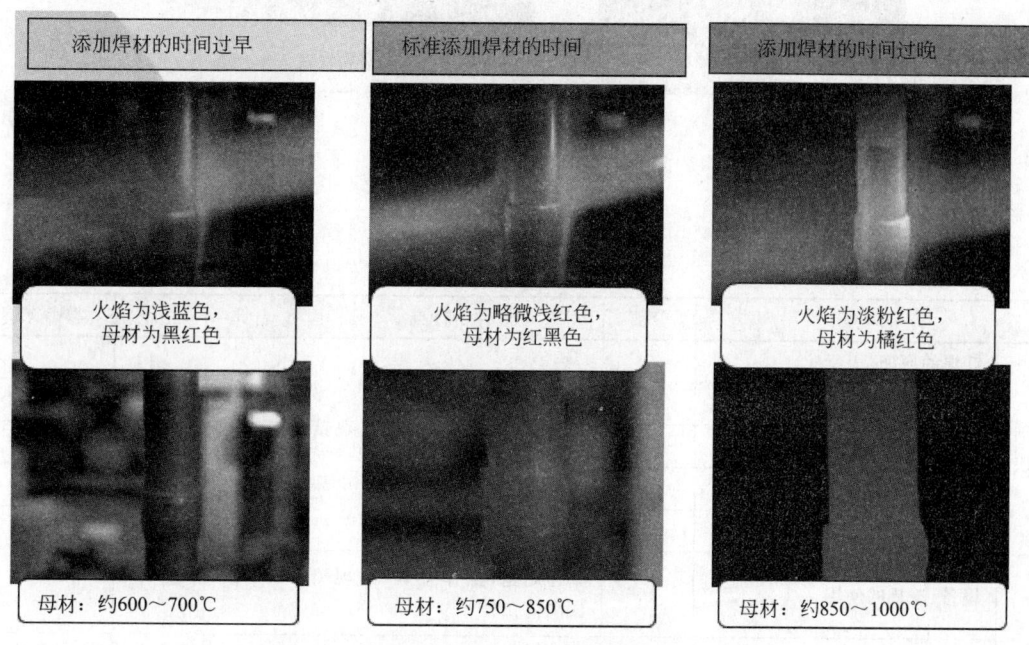

| 添加焊材的时间过早 | 标准添加焊材的时间 | 添加焊材的时间过晚 |

火焰为浅蓝色，母材为黑红色

火焰为略微浅红色，母材为红黑色

火焰为淡粉红色，母材为橘红色

母材：约600~700℃

母材：约750~850℃

母材：约850~1000℃

图2-100 铜管的颜色随火焰温度的变化示意图

（2）钎料添加的位置很重要

钎料焊丝添加要领如图2-101所示，钎料焊丝要从端部接触缝隙。这时钎料一接触到已经达到钎料熔化温度的母材，就会马上开始熔化并流入缝隙进行浸润。

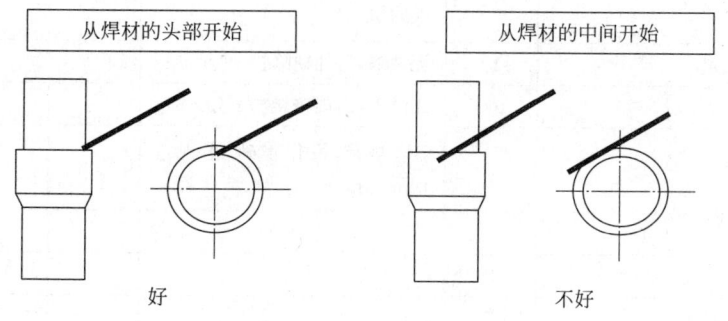

| 从焊材的头部开始 | 从焊材的中间开始 |

好

不好

图2-101 钎料焊丝添加要领

3. 钎焊结束后的接头外观和断面

焊接后的钎焊焊缝外观效果如图2-102所示，应该是表面光滑、钎料有下凹的外形较好。如果发现焊缝凸起，就有可能是钎料没有很好地浸润到母料表面。说明母材表面有氧化物，或是焊丝被氧化，需要考虑使用钎焊剂。

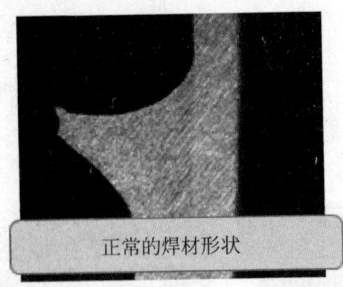
正常的焊材形状

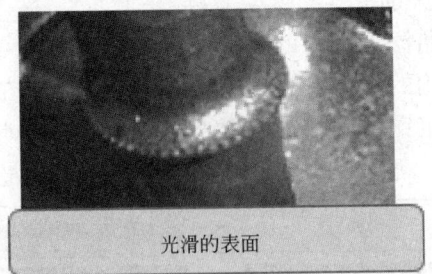
光滑的表面

图 2-102　钎焊焊缝

任务评价

铜管钎焊练习评价表

表 2-32

评价内容		分值	评价标准	自评	互评	教师评价
基础知识	钎焊的原理	5	回答正确，表述清晰，出现错误酌情扣分			
	钎焊的操作要领	5				
	钎焊的种类	5				
	铜管的焊接方式	3				
	钎焊剂起什么作用	2				
操作要点	设备、工具的使用	10	动作规范，操作正确，出现错误酌情扣分			
	铜管的切断和扩管	10	动作规范，操作正确，每处错误扣 2 分			
	铜管插接头的装配	10	满足质量要求，每处错误扣 2 分			
	钎焊的操作过程	10	动作规范，操作正确，出现错误酌情扣分			
	钎焊焊缝质量	10	无缺陷，每处缺陷扣 2 分			
	钎料	5	无溢出，出现错误扣 2 分			
	操作姿势	5	动作规范，操作正确，出现错误酌情扣分			
职业素养	工作态度	5				
	协作精神	5				
	安全文明生产	5				
	创新意识	5				

任务总结

掌握的基础知识	
掌握的操作要点	

遇到的问题	
解决问题的方法和途径	
心得体会	
其他	

任务三　气割基本操作

任务描述

本任务是在 Q235 低碳钢板上进行图 2-103 所示的气割基本操作训练。气割操作中主要进行点火、调节火焰、切割工件等基本操作，并能按照钢板上的图形进行切割。

气割是利用金属在纯氧中燃烧的原理切割金属的。因此，气割过程是"预热—燃烧—吹渣"过程，其实质是金属在纯氧中的燃烧过程，而不是熔化过程。气割在操作时由于气体火焰有一定的压力，尤其是开切割氧的时候，向下喷出的气体会产生很强的反作用力，所以割炬必须要能很好地把持住，要求双手持割炬。在气割练习时也需要佩戴防红外线的眼镜。

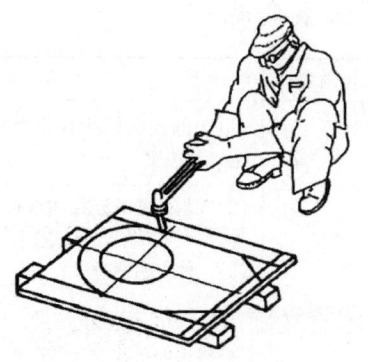

图 2-103　气割基本操作示意图

气割

任务分析

分析图 2-103 所示低碳钢板气割操作工艺流程，完成表 2-33。

低碳钢板气割操作工艺流程表　　　　　　　　　　　　表 2-33

序号	工作内容	操作方法	精度要求	设备、工具、量具

任务目标

1. 知识目标

（1）熟悉气割的工作原理。

（2）熟悉气割设备、工具。

（3）掌握割炬的使用方法。

（4）掌握气割的基本操作要点。

2. 能力目标

(1) 能安装切割设备。

(2) 能使用割炬进行气割操作。

(3) 根据不同材料选择正确的切割方法。

(4) 能够判断可以进行气割的金属材料。

3. 职业素养目标

(1) 工作态度端正，纪律观念强。

(2) 善于思考问题和敢于解决问题的能力。

(3) 良好的协作精神和创新意识。

(4) 遵守安全文明生产的要求。

任务实施

工作内容	操作方法	说明	精度要求	设备、工具、量具
1. 切割准备	(1)在低碳钢板表面画线,确定气割位置			
	(2)气割装置的连接和检查			
	(3)工件表明清理	将工件表面的油污和铁锈清理干净		
	(4)将工件垫起一定的高度	使工件下面留有一定间隙,以利于熔渣的吹出		
	(5)划下料线	根据图样尺寸及形状的要求,在待加工钢板上利用划线工具划出下料线		
任务知识点				
2. 气割操作	(1)气割火焰的调整	调整火焰为中性焰		
	(2)预热	加热工件起割部位至燃点(红热程度)		
	(3)温度合适后,打开高压氧开始气割操作切割	闭住呼吸,移动割炬,完成气割操作		
任务知识点				

工作内容	操作方法	说明	精度要求	设备、工具、量具
3. 清理现场	(1)切割至终点后,关闭切割氧气阀	同时抬起割炬,若不需继续使用,则先关闭乙炔阀,后关闭混合气调节阀		
	(2)关闭乙炔和氧气瓶阀	放松减压器的调压螺杆		
	(3)收起设备,清理现场	卸下割炬和减压器,并妥善保管,盘起乙炔、氧气胶管,清理好工作场地		

任务实施加油站

一、气割准备

(一)气割概述

1. 气割原理

气割即氧气切割,它是利用割炬喷出乙炔与氧气混合燃烧的预热火焰,将金属的待切割处预热到它的燃烧点(红热程度),并从割炬的另一喷孔高速喷出纯氧气流,使切割处的金属发生剧烈的氧化,成为熔融的金属氧化物,同时被高压氧气流吹走,从而形成一条狭小整齐的割缝使金属割开,如图 2-104 所示。

2. 气割的特点

1)气割的优点

(1)切割效率高,切割钢的速度比其他机械切割方法快。

(2)对于用机械方法难以切割的截面形状和厚度,采用氧乙炔焰切割比较经济。

(3)气割设备的投资比机械切割设备的投资低,气割设备轻便,可用于野外作业。

(4)切割小圆弧时,能迅速改变切割方向。

2)气割的缺点

(1)切割的尺寸精度低,切割后的尺寸误差比机械方法获得的尺寸误差大。

(2)预热火焰和排出的炽热熔渣存在发生火灾、烧坏设备、烧伤操作工人等危险。

(3)切割时,由于有燃气的燃烧和金属的氧化,需要采用合适的烟尘控制装置和通风装置。

(4)切割材料受到限制,如铜、铝、不锈钢、铸铁等不能用氧乙炔焰切割。

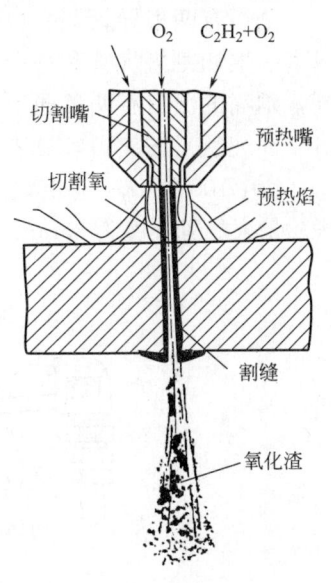

图 2-104　气割示意图

3. 气割条件

能进行氧气乙炔切割的金属材料需要符合下列条件:

(1)金属在氧气中的燃点应低于熔点,这是氧气切割过程能正常进行的最基本条件;

否则，金属在燃烧之前已熔化就不能实现正常的切割过程。

（2）氧气切割过程产生的金属氧化物的熔点必须低于该金属本身的熔点，同时流动性要好，这样的氧化物能以液体状态从割缝处被吹除。

（3）金属在切割氧射流中燃烧应该是放热反应。因为放热反应的结果是上层金属燃烧产生很大的热量，对下层金属起着预热作用。

（4）金属的导热性不应太高；否则，预热火焰及气割过程中氧化所放出的热量会被传导散失，使气割不能开始或中途停止。

低碳钢和低合金钢能满足上述要求，所以能很顺利地进行气割。钢的气割性能与含碳量有关，钢的含碳量增加，熔点降低，燃点升高，气割性能变差。

铸铁不能用氧气切割，原因是它在氧气中的燃点比熔点高很多，同时会产生高熔点的二氧化硅（SiO_2），而且氧化物的黏度很高，流动性差，切割氧流不能把它吹除。

高铬钢和铬镍钢会产生高熔点的氧化铬和氧化镍（约1990℃），遮盖了金属的割缝表面，阻碍下一层金属燃烧，也会使气割发生困难。

铜、铝及其合金燃点比熔点高，导热性好，加之铝在切割过程中产生高熔点的二氧化铝（约2050℃），而铜产生的氧化物放出的热量较低，这些都使气割发生困难。

（二）气割设备

气割所需的设备中，氧气瓶、乙炔瓶和减压器同气焊一样。所不同的是气焊用焊炬，而气割要用割炬（又称割枪）。

割炬有两根导管，一根是预热焰混合气体管道，另一根是切割氧气管道。割炬比焊炬只多一根切割氧气管和一个切割氧阀门，如图2-105所示。此外，割嘴与焊嘴的构造也不同，割嘴的出口有两条通道，周围的一圈是乙炔与氧的混合气体出口，中间的通道为切割氧（即纯氧）的出口，二者互不相通。割嘴有梅花形和环形两种。常用的割炬型号有G01-30、G01-100和G01-300等。其中"G"表示割炬，"0"表示手工，"1"表示射吸式，"30"表示最大气割厚度为30mm。同焊炬一样，各种型号割炬均配备几个不同大小的割嘴。

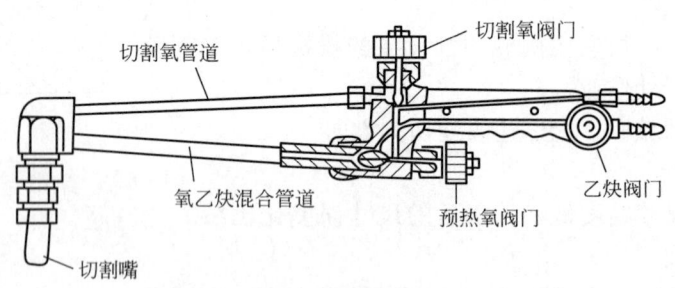

图2-105　割炬

割炬与焊炬最大的区别在于割嘴和焊嘴的结构不同。如图2-106所示。焊嘴只有中心处的一个孔；割嘴有两层喷孔。中间的一个孔喷射高压氧（切割时使用），周围一圈喷孔喷射混合气体火焰，用来加热被切割的工件。

（三）气割前的准备

1. 工作场地、设备及工具检查

气割前要认真检查工作场地是否符合安全生产和气割工艺的要求，检查整个气割系统

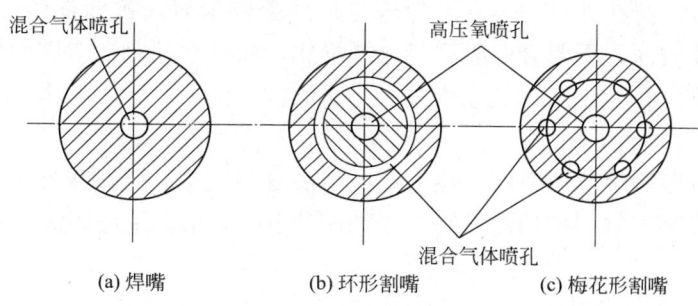

图 2-106　焊嘴与割嘴

的设备和工具是否正常，检查乙炔瓶、回火防止器工作状态是否正常。使用射吸式割炬时，应将乙炔胶管拔下，检查割炬是否有射吸力，若无射吸力，不得使用。将气割设备连接好，开启乙炔瓶阀和氧气瓶阀，调节减压器，将乙炔和氧气压力调至需要的压力。

2. 工件的准备及其放置

去除工件表面污垢、油漆、氧化皮等。工件应垫平、垫高，距离地面一定高度，有利于熔渣吹除。工件下的地面应为非水泥地面，以防水泥爆溅伤人、烧毁地面，否则应在水泥地面上遮盖石棉板等。

3. 确定气割工艺参数

根据工件的厚度正确选择气割工艺参数、割炬和割嘴规格，准备好后，开始点火并调整好火焰性质（中性焰）及火焰长度。然后试开切割氧调节阀，观察切割氧气流（风线）的形状。切割氧气流应是挺直而清晰的圆柱体，并要有适当的长度，这样才能使切口表面光滑干净、宽窄一致。如风线形状不规则，应关闭所有的阀门，用通针修理割嘴内表面，使之光洁。

气割参数包括切割氧压力、切割速度、预热火焰性质、割嘴与工件间的倾角以及割嘴离开工件表面的距离等。

（1）切割氧压力

切割氧的压力与割件厚度、割嘴号码以及氧气纯度等因素有关。随着工件厚度的增加，选择的割嘴号码要增大，氧气压力也要相应增大。

（2）切割速度

切割速度与工件厚度和使用的割嘴形状有关。工件越厚，切割的速度越慢；反之，工件越薄，则切割速度越快。然而，切割速度太慢，会使割缝边缘熔化；切割速度过快，则会产生很大的后拖量造成割不穿。

（3）预热火焰性质

气割时，预热火焰应采用中性焰或轻微的氧化焰，而不能采用碳化焰，因为碳化焰会使割缝边缘增碳。因此，在切割过程中要随时调整预热火焰。

（4）割炬与割件间的倾角

割炬与割件间的倾角的大小主要根据割件的厚度确定。如果倾角选择不当，不但不能提高切割速度，反而使气割困难，而且还会增加氧气的消耗量。

（5）割炬离割件表面的距离

割炬离割件表面的距离应根据预热火焰的长度和割件厚度来决定。通常火焰焰心离开割件表面的距离应保持在 3～5mm，因为这时加热条件最好，割缝渗碳的可能性也最小。如果焰心触及工件表面，不但会引起割缝边缘熔化，而且会使割缝渗碳的可能性增加。

二、气割操作

1. 操作姿势

气割时，先点燃割炬，调整好预热火焰，然后进行气割。气割操作姿势因个人习惯而不同。初学者可按基本的"抱切法"练习，如图 2-107 所示。手势如图 2-108 所示。

图 2-107　抱切法姿势

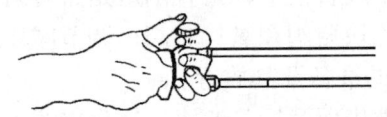

图 2-108　气割时的手势

　　操作时，双脚里八字形蹲在工件一侧，右臂靠住右膝，左臂空在两脚之间，以便在切割时移动方便，右手把住割炬手把，并以大拇指和食指把住预热调节阀，以便调整预热火焰和当回火时及时切断预热氧气。左手的拇指和食指把住开关切割氧调节阀，其余三指平稳托住射吸管，掌握方向。上身不要弯得太低，呼吸要有节奏，眼睛应注视割件和割嘴，并着重注视割口前面割线。一般从右向左切割，整个气割过程中，割炬运行要均匀，割炬与工件间的距离保持不变。每割一段移动身体时要暂时关闭切割氧调节阀。

2. 操作要点

（1）气割一般从工件的边缘开始。如果要在工件中部或内形切割时，应在中间处先钻一个直径大于 5mm 的孔，或开出一孔，然后从孔处开始切割。

（2）开始气割时，先用预热火焰加热开始点（此时高压氧气阀是关闭的），预热时间应视金属温度情况而定，一般加热到工件表面接近熔化（表面呈橘红色）。这时轻轻打开高压氧气阀门，开始气割。如果预热的地方切割不掉，说明预热温度太低，应关闭高压氧继续预热，预热火焰的焰芯前端应离工件表面 2～4mm，同时要注意割炬与工件间应有一定的角度，如图 2-109 所示。当气割 5～30mm 厚的工件时，割炬应垂直于工件；当厚度小于 5mm 时，割炬可向后倾斜 5°～10°；若厚度超过 30mm，在气割开始时割炬可向前倾斜 5°～10°，待割透时，割炬可垂直于工件，直到气割完毕。如果预热的地方被切割掉，

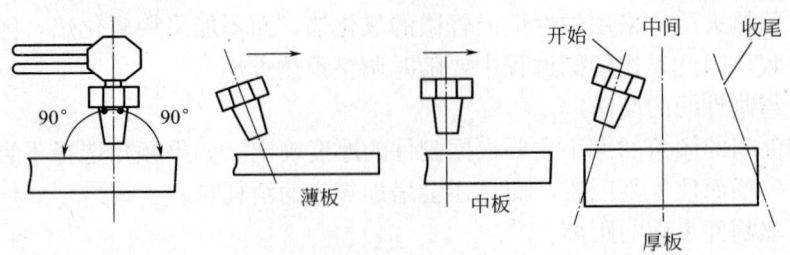

图 2-109　割炬与工件之间的角度

则继续加大高压氧气量，使切口深度加大，直至全部切透。

（3）气割速度与工件厚度有关。一般而言，工件越薄，气割的速度要越快，反之则越慢。气割速度还要根据切割中出现的一些问题加以调整：当看到氧化物熔渣直往下冲或听到割缝背面发出喳喳的气流声时，便可将割枪匀速地向前移动；如果在气割过程中发现熔渣往上冲，就说明未打穿，这往往是由于金属表面不纯，红热金属散热和切割速度不均匀，这种现象很容易使燃烧中断，所以必须继续供给预热的火焰，并将速度稍为减慢些，待打穿正常起来后再保持原有的速度前进。如发现割枪在前面走，后面的割缝又逐渐熔结起来，则说明切割移动速度太慢或供给的预热火焰太大，必须将速度和火焰加以调整再往下割。

任务评价

气割基本操作评价表 表 2-34

	评价内容	分值	评价标准	自评	互评	教师评价
基础知识	气割的原理	5	回答正确，表述清晰，出现错误酌情扣分			
	气割需要满足的条件	5				
	割炬的结构特点	5				
	割嘴与焊嘴有什么不同	5				
操作要点	能组装割炬和供气系统	10	动作规范，操作正确，每处错误扣2分			
	能正确使用割炬调节气体火焰	10	动作规范，操作正确，每处错误扣2分			
	能进行气割操作	10	动作规范，操作正确，每处错误扣2分			
	能对切割后的割缝进行质量问题分析	10				
	气割的割缝位置准确，满足画线要求	10	动作规范，操作正确，每处错误扣2分			
	设备、工具的使用	5				
	操作姿势	5				
职业素养	工作态度	5				
	协作精神	5				
	安全文明生产	5				
	创新意识	5				

任务总结

掌握的基础知识	
掌握的操作要点	
遇到的问题	
解决问题的方法和途径	
心得体会	
其他	

项目四　钨极氩弧焊基本操作

项目介绍

钨极
氩弧焊

钨极氩弧焊时常被称为 TIG 焊，是一种在非消耗性电极和工作物之间产生热量的电弧焊接方式。本项目通过任务练习让学生了解钨极氩弧焊（TIG 焊）的工作原理，掌握 TIG 焊的钨极准备、起弧、形成焊缝等基本操作要点。

钨极氩弧焊
基本操作
项目知识

项目分析

根据你对钨极氩弧焊的了解，回答以下问题：

（1）不锈钢防盗窗的加工是用哪种方法焊接的？

（2）钨极氩弧焊在哪些场合使用？

（3）钨极氩弧焊焊接时需要哪些设备？

项目五　埋弧焊基本操作

项目介绍

埋弧焊

埋弧焊是目前广泛使用的一种生产效率较高的机械化焊接方法，是电弧在焊剂层下燃烧以进行焊接的熔化极电弧焊方法，它与焊条电弧焊相比，虽然灵活性差一些，但焊接质量好、效率高、成本低、劳动条件好。本项目通过练习任务使学生了解埋弧焊的工作原理与主要焊接参数对焊缝的影响状况，掌握半自动埋弧焊的基本操作技能。

埋弧焊基本
操作项目知识

项目分析

由于半自动埋弧焊在焊接工程中的焊缝是由小车自行行走自动焊成的，所以埋弧焊对焊接前的准备要求较高，其中包括：被焊母材的坡口形式，装配定位和两个被焊母材之间的间隙尺寸，小车轨道的直线度，小车上焊丝的运行位置，焊剂和焊丝的选择，以及焊剂的加热保温、焊丝的表面清洁。

埋弧焊的焊缝质量是由一系列焊前准备的质量水平所决定的。焊前准备完毕后，调好焊接参数：焊接电流、焊接电压、焊接速度，这三个焊接参数直接影响焊缝的外观和成形质量。

本任务与其他焊接方法的要求也有所不同，注重了坡口制作、母材清理、装配定位、焊接小车调试等。

Chapter 03

单元三

管工

学习任务	项目一 管工认知 项目二 镀锌钢管管段安装 项目三 PP-R 塑料管管段安装 项目四 铝塑管管段安装 项目五 排水管道安装 项目六 地板采暖系统安装	参考学时	14
能力目标	了解熟悉管道工的基础内容,掌握管道工的识图技能和基本操作技能,能独立完成几种常见管材给水排水管道以及采暖管道的安装施工		
教学资源与载体	多媒体网络平台,教材,动画,视频,理实一体化教室,工程图纸,评价考核表		
教学方法与策略	项目教学法,任务驱动法、引导法,演示法,理实一体化		
教学过程设计	设计典型的管道工操作项目,按照工作过程分解任务。每个任务按照"任务描述—任务分析—任务目标—任务实施—任务评价—任务总结"的环节进行。任务描述,学生明确任务及其完成途径;任务分析,学生编制工艺过程;任务目标,学生明确完成任务后能达成的目标;任务实施,学生在优化后的工艺方案指导下,分步操作完成任务,并熟悉任务相关知识;任务评价,通过自评、互评、教师评价综合考核学生在完成任务过程中的基础知识、操作要点和职业素养;任务总结,学生在任务完成后的全面总结		
考核评价内容	从基础知识、操作要点和职业素养三个方面考核学生任务的完成情况,操作要点按工艺操作要点配分,重点考核任务实施的过程和成果		
评价方式	自我评价( )小组评价( )教师评价( )		

项目一　管工认知

项目介绍

管道工(简称管工)是一个技术工种,管道工的工作内容就是利用管材和管件根据施工图纸的设计意图组装成管道系统。在建筑工程领域中，由于建筑物中的管道系统主要为生活给水排水管道系统和热水采暖管道系统，管道中的流体主要是水，对管道施工的要求也不是太高，管道工的称谓也改成了"水暖工"。

本项目主要介绍管工操作中常用的工具、机具、管材以及管材的规格型号、基本的连接方式和管工识图基本知识，为后续项目的实施奠定基础。

项目分析

1. 管工基础知识分析

学习本项目内容分析管工需要掌握哪些基础知识。

2. 管工基本加工工艺分析

学习本项目内容分析管工的加工工艺。

3. 识图分析

分析管工水施工图识读的流程。

任务一 认识管工基本工具

任务描述

本任务主要介绍管工施工中常用切断工具、钻孔工具和连接工具，通过本任务的学习，操作者能够熟练掌握切断工具、钻孔工具和连接工具的使用方法。

任务分析

分析管工操作的基本工具有哪些，完成表 3-1。

表 3-1

管工操作的基本工具

序号	基本工具	用途

任务目标

1. 知识目标

（1）熟悉管道工常用切断工具的使用方法。

（2）熟悉管道工常用钻孔工具的使用方法。

（3）熟悉管道工常用连接工具的使用方法。

2. 能力目标

能正确使用管道工常用的切断、钻孔和连接工具进行相应的操作。

3. 职业素养目标

（1）工作态度端正，纪律观念强。

（2）善于思考问题和敢于解决问题的能力。

（3）良好的协作精神和创新意识。

（4）遵守安全文明生产的要求。

任务知识

一、管道工切断工具

（一）管子虎钳

管子台虎钳的作用是可以夹持钢管，以便对钢管进行套丝和切割的加工。管道安装时的很多操作需要在管子台虎钳上进行。管子台虎钳有整体式的，如图3-1所示为三支腿式管子虎钳座，三条支腿可以折叠便于存放。分体式的如图3-2所示，使用时可以固定在某处的工作台面上，如图3-3所示。

图3-1 带支座式管子虎钳

图3-2 分体式管子虎钳

图3-3 管子虎钳工作状态

管子台虎钳的规格通常习惯上以号数称呼，按其所能夹持的钢管公称直径的范围进行划分，常用管子虎钳的规格见表3-2。

管子虎钳的规格 表3-2

规格（号数）	1	2	3	4
钢管的公称直径 DN(mm)	10～73	10～89	13～113	17～165

（二）钢锯

钢锯有可调式和固定式两种。锯条长度为：可调式——200mm、250mm、300mm；固定式——300mm。手锯锯条的锯齿粗细应按工件的材料断面宽度和材料的硬度进行选择，一般见表3-3。

手锯锯条的粗细等级及其适用范围 表3-3

粗细等级	长度(mm)	每25mm内的齿数	适用范围
粗	300	14～18	软钢,铝,紫铜,层压材料,塑料
中	300	22～24	一般碳钢,硬性轻金属,黄铜,厚壁钢材
细	300	32	小而薄的钢材,板材
由细逐步变粗	300	从20至32	开始齿距小，容易起锯

装锯条时，锯齿的前倾角面应朝向前推的方向，且应松紧适当。推锯应使用锯条的全长，回程时不要施加压力。锯割的速度和压力应按所锯材料性质和截面大小而定，快锯断

时应放慢速度，锯割过程中应加机油冷却润滑。不得用新锯条在旧锯缝中继续锯割，而应从另一侧面重新起锯。

（三）割刀

管子割刀通常是用于切割管壁不超过 5mm 金属管材（有些割刀也可切割塑料管材和复合管材如铝塑管）的一种手工操作工具。由切割滚轮、压紧滚轮、滑动支座、滑道、螺杆、螺母和把手组成，结构如图 3-4 所示。

使用割刀时，可转动割刀的手柄至恰好能套进管子的外壁处，并将切割轮对准预先画好的切割记号线，然后转动手柄，同时握紧手柄绕管子旋转（图 3-5）。

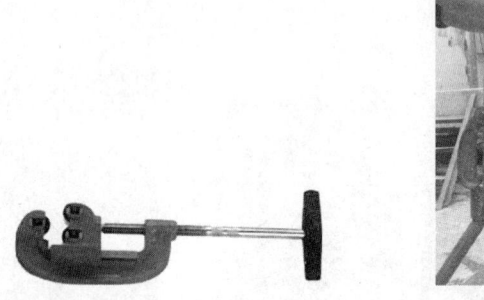

图 3-4　钢管割刀　　　　　图 3-5　割刀的使用方法

（四）砂轮切割机

砂轮切割机的结构如图 3-6 所示，可以用来切割各种型号的钢材和铸铁制品，但是不能用于切割有色金属制成的型材和塑料制品等。因为它们的熔点较低，品质较软。在切割过程中会塞进切割砂轮表面的孔隙中，使得切割无法正常进行。因此，砂轮切割机适合切割品质较硬、熔点高的材料。

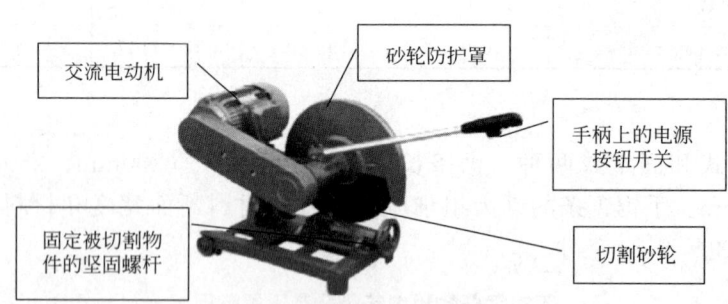

图 3-6　砂轮切割机的结构

二、管道工连接工具

（一）管钳

管钳也称牙钳、喉钳，通常用于钢管的螺纹连接中，用来拧紧或是拆卸管子和连接件的丝扣，如图 3-7 所示。

管钳的规格以它的全长尺寸划分，每种规格的管钳钳口能在一定的尺寸范围内调节。常用规格及使用范围见表 3-4。

图 3-7　管钳

管钳规格及使用范围 表 3-4

规格(管钳全长)(mm)	适用范围	
	钳口宽度(mm)	适用管径范围(mm)
200(8 英寸)	25	15～20
250(10 英寸)	30	20～25
300(12 英寸)	30	25～30
350(13 英寸)	35	30～30
350(18 英寸)	60	30～50

使用时，根据管子的大小调好钳口的宽度，然后将其卡在管子上，让钳口锯齿状的表面咬牢管子，再向钳把加力。加力时要均匀缓慢，直至使管子开始转动。

（二）铰扳

114 型铰扳是管道施工中常用的一种套丝工具，其结构如图 3-8 所示。

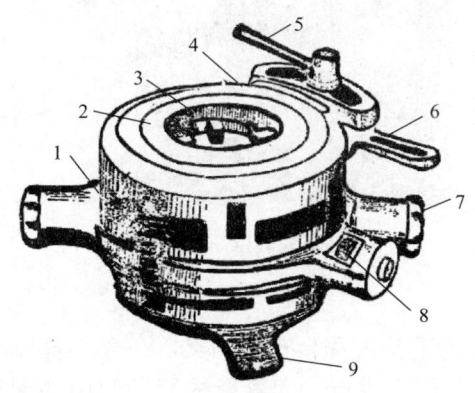

图 3-8　114 型铰扳的结构

1—铰扳本体；2—固定盘；3—板牙；4—活动表盘；5—标盘固定把手；6—板牙松紧把手；
7—手柄；8—棘轮；9—后卡爪滑盘托

114 型铰扳使用的板牙可以更换，该铰扳可以使用三种不同规格的板牙，每种板牙可以加工两种尺寸规格的钢管。114 型铰扳通过更换板牙、调整加工尺寸可以对六种不同公称直径的钢管进行套丝。可以满足通常水暖施工当中的丝扣连接的套丝要求。114 型铰扳使用的板牙和所能加工的外丝种类见表 3-5。

114 型铰扳使用的板牙和所能加工的外丝种类 表 3-5

第 1 组板牙加工的螺纹规格	DN15	1/2″
	DN20	3/4″
第 2 组板牙加工的螺纹规格	DN25	1″
	DN32	1¼″
第 3 组板牙加工的螺纹规格	DN40	1½″
	DN50	2″

（三）套丝机

套丝机是专为钢管端部的外螺纹加工和钢管的切断而设计的小型多功能组合加工机床。按其所能加工的范围，有 15～30mm、5～50mm、15～80mm、15～100mm 等几种规格。

套丝机分为手持式和座式。其中手持式一般为轻便型，通常只能进行钢管端部的套丝和坡口处理。座式一般为组合加工机床，可以进行钢管的切断、套丝、内外坡口处理等多道加工工艺，加工效率极高，目前在钢管的安装工程中使用非常普遍。座式套丝机的外观和结构如图 3-9 所示，其功能包括钢管的切断（利用割刀）、作内倒角（利用铰刀）和钢管的套丝。

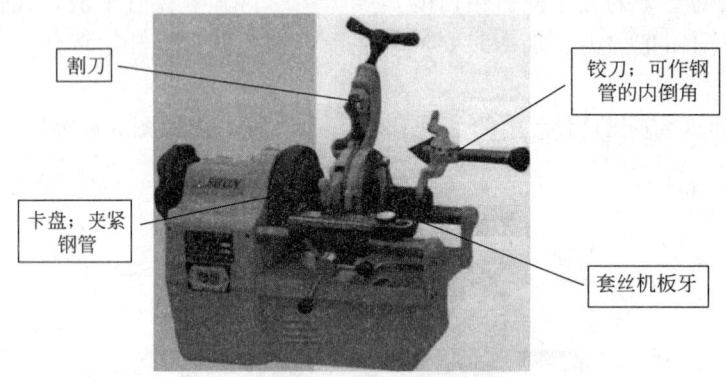

图 3-9　座式套丝机的外观和结构

（四）热熔工具

PP-R 管的热熔工具分为手持式和台车式两类，一般小管径的 PP-R 管材的热熔连接使用如图 3-10 所示的手持式热熔机进行。大管径的管子使用如图 3-11 所示的台车式热熔机进行。

热熔机是利用各种不同规格的熔接模头来加热管材和连接管件的，通常热熔机中都配套了一组常用的模头。

1. 手持式热熔机

如图 3-10 所示为手持式热熔机，热熔机使用的电源为 220V 交流电。打开电源后调整调温旋钮，PP-R 管的热接温度为 255～270℃。此时电源指示灯亮，温度指示灯也亮，说明此时热熔接头部分的温度较低，没有达到热熔连接的操作温度。当热熔机上的温度灯灭了以后，热熔接头的温度达到规定温度后才可以进行热熔操作。

手持式热熔机加热时可以放置在支架上进行，在实际操作时也可以从支架上取出，便于各种操作位置。热熔机一般由一个加热装置和一组热熔模具组成，每一种热熔模具只能加热一种规格的管材和管件。使用时要注意选择与需要热熔连接的管材规格相同的加热模具。

2. 台车式热熔机

图 3-11 所示为台车式热熔机，该热熔机适合大管径 PP-R 管的连接。连接原理与手持式热熔机原理相同，只是加热管材和管件是靠机器上的机构来完成，加热完成后的管材往管件里的插入也依靠机构完成。

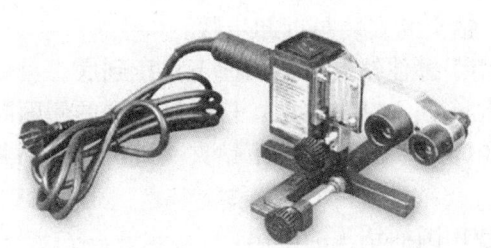

图 3-10　手持式热熔机

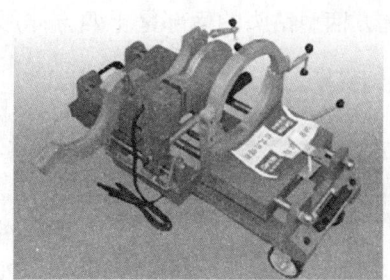

图 3-11　台车式热熔机

三、管道工钻孔工具

（一）冲击电钻

冲击电钻也使用标准钻夹头，但它的结构比较特殊，如图 3-12 所示，可通过特殊的内部的冲击装置，使钻头一边旋转，一边做前后冲击。其功率一般比手电钻大，可以在钢材和木材表面钻较大的孔，也可以在各种石材及墙体表面使用专用钻头钻孔。

13mm钻夹头

前部手柄

按钮式电源开关

长时间转动的锁定按钮

图 3-12　冲击电钻

（二）电锤

电锤由单相串激电机、变速箱及传动机构组成。其功能与冲击电钻相似，但是由于使用了大功率的电机和效率极高的冲击装置，所以可以很轻松地在各种混凝土、砖墙和岩石上钻孔，是目前各种管道安装工程中常用的重要工具。

常用的有四坑方柄型电锤钻头和四坑或五坑圆柄型电锤钻头。

1. 使用方柄钻头的电锤

（1）电锤的结构

使用四坑方柄型钻头的电锤的结构如图 3-13 所示。

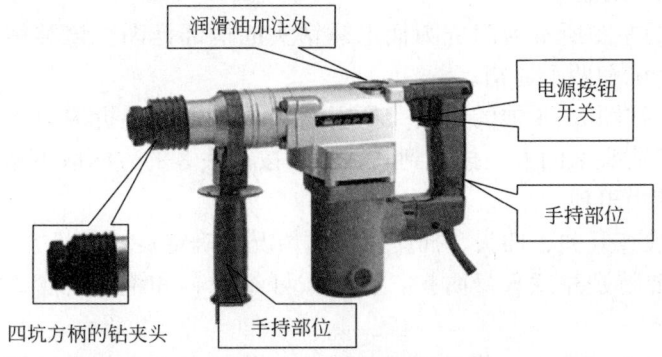

润滑油加注处

电源按钮开关

手持部位

四坑方柄的钻夹头

手持部位

图 3-13　四坑方柄型电锤钻

四坑方柄型钻头的柄部是正四方体形式，四个面上都有一键槽似的坑，如图 3-14 所示。

图 3-14　四坑方柄型钻头

（2）钻头的安装与拆卸步骤

① 用手握住钻夹头侧面往下推压到底。

② 钻头插入钻头夹中，松开钻头夹的侧面即可。

③ 卸下钻头时也是按下钻夹头外圈，然后将钻头取下即可。

2. 使用圆柄钻头的电锤

（1）电锤的结构

使用圆柄钻头的电锤的结构如图 3-15 所示。图中的"SDS"标志即为使用"四坑圆柄"钻头和钻夹头的标示。

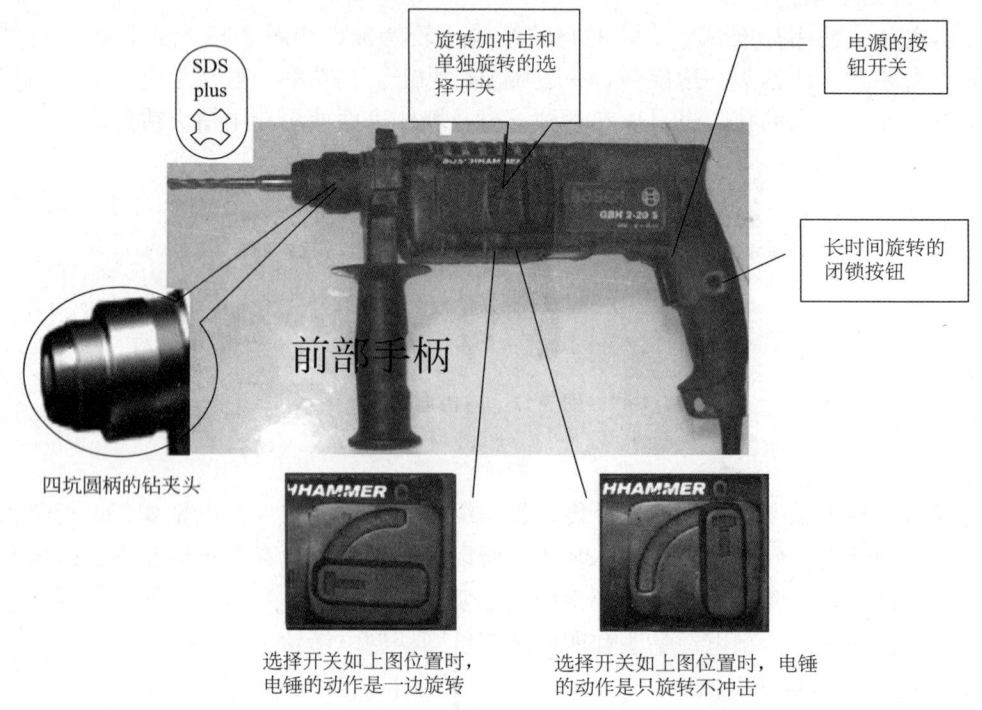

图 3-15　博世电锤

（2）钻头的安装方法

如图 3-16 中的左图所示为四坑圆柄电锤钻头的柄部详图。该类钻头的柄部为圆柱体外形，表面有两个坑和两个通槽。

安装钻头时，按图 3-16 中的箭头 1 所示直接按入即可。拆取时，先用手指捏住钻夹头周围的橡胶圈按箭头 2 的方向按下到底，然后按箭头 3 的方向取下钻头即可。

（3）电锤的使用事项

① 使用前应检查开关、插头、插座及接地情况，确定良好时，方可使用。

② 操作人员要特别注意人身防护，要穿戴好绝缘鞋和绝缘手套，对机具的绝缘性要经常检查。

③ 对钢筋混凝土打孔时，若碰到钢筋要立即停车，改变打孔位置，以免损坏构件和

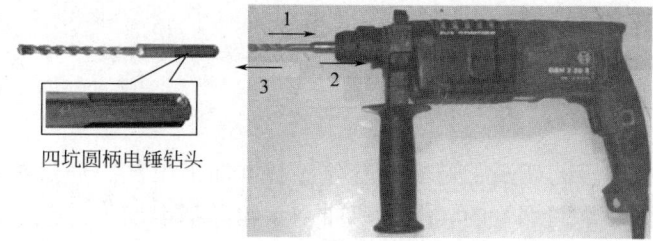

四坑圆柄电锤钻头

图 3-16 电锤的结构

机具。

④ 机具长时间使用会引起过热，此时应停车冷却以保护电机，严禁用冷却水冷却机体。

⑤ 使用过程中应注意清洁，防止粉尘、异物进入机具内部。

⑥ 使用后应将机具清理干净，装入机具箱内妥善保管。

任务评价

认识管工基本工具评价表 表 3-6

评价内容		分值	评价标准	自评	互评	教师评价
基础知识	管道切断工具认知	5	回答正确，表述清晰，出现错误酌情扣分			
	管道连接工具认知	5				
	钻孔工具认知	10				
	熟悉操作管工工具的操作规范	10				
	熟悉套丝工具的结构	10				
操作要点	选用合适的管道切割工具进行切割	10	方法合适，操作正确，错误一处扣2分			
	正确组装热熔机	10	操作错误一处扣2分			
	正确调试机械套丝机	10	操作错误一处扣2分			
	选择合适的钻头钻孔	10	误差每超出1mm扣2分			
职业素养	工作态度	5				
	协作精神	5				
	表达能力	5				
	创新意识	5				

任务总结

掌握的基础知识	
掌握的操作要点	
遇到的问题	
解决问题的方法和途径	
心得体会	
其他	

任务二　掌握钢管基本加工工艺

任务描述

本任务主要介绍钢管的切断、弯曲、套丝等基本加工工艺。通过本任务的学习，操作者能够熟悉钢管管材，掌握钢管的切断、弯曲、套丝等基本加工工艺，能够针对不同的要求对钢管进行正确的加工。

任务分析

分析钢管基本加工工艺，完成表 3-7。

钢管基本加工工艺　　　　　　　　　　　　　表 3-7

序号	操作工艺	使用工具	操作对象

任务目标

1. 知识目标

（1）熟悉钢管管材的分类及规格。

（2）掌握钢管的切断、套丝、弯曲等基本加工方法。

2. 能力目标

能够进行钢管的切断、套丝和弯曲的基本操作。

3. 职业素养目标

（1）工作态度端正，纪律观念强。

（2）善于思考问题和敢于解决问题的能力。

（3）良好的协作精神和创新意识。

（4）遵守安全文明生产的要求。

任务知识

一、钢管管材概述

（一）钢管的分类

钢管的种类很多，按照钢管的生产工艺可以作如下分类：

1. 焊接钢管

焊接钢管是采用薄钢板在卷管机上进行卷制成形后，对管身接缝处进行焊接，然后对钢管表面进行磨光制成的。按照卷制工艺的不同可以分为直缝管和螺旋缝管。直缝管通常用于小管径的管子，包括各种镀锌管和不锈钢管，管子的实体如图 3-17 所示。螺旋焊缝的钢管一般用于直径较大的管子，而且可以承受比直缝管大得多的压强。螺旋焊缝的钢管表面有螺旋线似的焊缝，如图 3-18 所示。

图 3-17　直缝焊接钢管

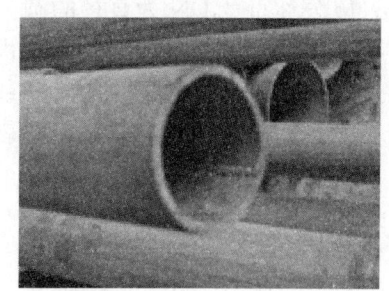

图 3-18　螺旋缝焊接钢管

建筑工程中常用的普通焊接钢管主要有以下两种：

（1）黑铁管（不镀锌钢管）

黑铁管如图 3-19 所示，属于无保护层型钢管，主要用于电气配线工程中的穿线管，或是制作钢构件，部分用于消防给水管道或是部分排水管道中。

（2）镀锌钢管（表面镀锌层保护）

按镀锌的工艺分为冷镀锌管（化学镀锌）和热镀锌管（热轧镀锌）。目前，工程中广泛使用的是热镀锌钢管，如图 3-20 所示。

热镀锌管因为保护层致密均匀、附着力强、稳定性比较好，目前在工程中主要作为消防管道和采暖管道来使用。

热轧镀锌钢管厚壁的叫水煤气钢管，作为给水、煤气、压缩空气、热水蒸气等介质的输送，其工作压力一般不超过 1.6MPa。

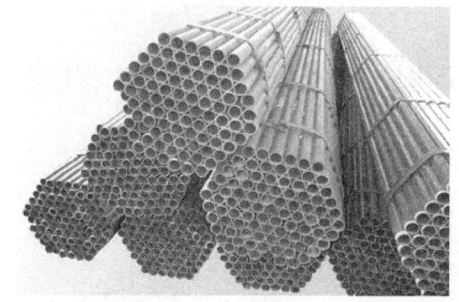

图 3-19　黑铁管

图 3-20　热镀锌钢管

2. 无缝钢管

无缝钢管是采用特殊的模具在轧钢机上轧制成形的，管身四周均没有接缝，可以承受很高的压强。但由于受生产工艺的限制，目前无缝钢管的长度受限制，使用无缝钢管的管道有很多环形对接焊缝。

（二）管材粗细的表示方法

管材粗细的表示方式与管材的连接方式有关，一般都是以管材截面的某一直径作为管材粗细的表示方式。由于连接方式的不同，塑料管材与钢管的表示方式是不同的。

1. 钢管粗细的表示方式

钢管采用公称直径表示管子的粗细规格，公称直径的符号为 DN，公称直径比钢管的外径小一点。以公称直径 DN 为直径的圆为图 3-21 中细点划线表示的圆。公称直径不能直接测量，公称直径的好处就是便于钢管表面的螺纹加工（套丝）。

钢管在进行套丝时，其所加工的外螺纹直径就是它的公称直径。即：DN15 的钢管采用铰扳进行套丝，加工出的外螺纹的直径就是 M15。加工螺纹时选择套丝工具时就以钢管

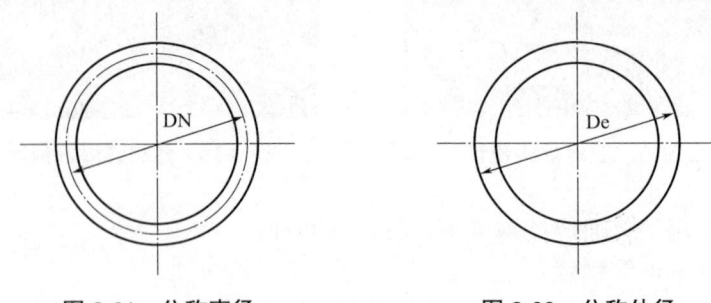

图 3-21　公称直径　　　　　　　　图 3-22　公称外径

的公称直径作为基准。因此，各种钢管的加工工具和安装工具的尺寸规格都以其所能加工钢管的公称直径 DN 为准，如：管钳、割刀、管子虎钳、铰扳等。

钢管的连接螺纹为英制螺纹，不同于普通的连接螺纹。所以各种管道加工工具上所标注的尺寸很多是以英寸做单位的（表 3-8）。

管道工程中公制单位与英制单位对照　　　　　　　　　　表 3-8

公制单位	DN15	DN20	DN25	DN32	DN40	DN50
英寸	1/2″	3/4″	1″	1¼″	1½″	2″

2. 其他管材粗细的表示方法

（1）塑料管材由于采用承插方式连接所以采用外径来表示管材的粗细。如图 3-22 所示采用公称外径 De 来表示管子的粗细。

（2）铝塑复合管也是采用公称外径 De 作为管材规格的表示方式。

（3）钢塑复合管由于采用丝扣连接，采用公称直径 DN 表示粗细。

二、钢管的加工工艺

（一）切断

在管道工程安装中，为了得到所需要的管道长度或形状，就须对管材进行切割。切割钢管的方法很多，通常有锯割、磨割、气割、刀割以及等离子切割等。

1. 锯割

锯割是一种常用的方法，大部分的金属管材及塑料管材都可采用锯割的方法。锯割的工具可以采用手工钢锯。

锯割的操作要领与钳工部分锯割操作相同。锯割圆管时，一般把圆管水平地夹持在虎钳内，对于薄管或精加工过的管子，应夹在木垫之间。锯割管子不宜从一个方向锯到底，应该锯到管子内壁时停止，然后把管子向推锯方向旋转一些，仍按原有锯缝锯下去，这样不断转锯，到锯断为止。

2. 磨割

磨割就是采用砂轮切割机，其工作性质实为磨削。磨割的效率较高，比手工锯割的工

效高 10 多倍。磨割切口的端面光滑，但有多余的飞边。一般磨割的切口可以直接焊接，但是不能直接进行套丝加工。磨割的切口在进行套丝加工前必须清理断口的毛刺。砂轮切割机的夹持钳口能与砂轮主轴在 0～35°夹角的范围内随意调整，因而不但可以切直口，而且可以切斜口（如虾米弯的管节），也可用于切断各种型钢。

3. 气割

气割是利用氧气和乙炔燃烧时所产生的热能，使被切割的金属在高温下熔化而生成氧化铁熔渣，再用高压氧气流将熔渣吹离，从而达到切割的目的。气割不适用于不锈钢管及有色金属管材的切割。采用气割的管材端口不能直接进行套丝。

4. 刀割

刀割是使用管子割刀对钢管进行切割，其切割效率比锯割高，断面也比较平直，刀割后的钢管端部可以直接进行套丝。缺点是切口处受到挤压而使内径缩小，管子端口形成锋利的内刃，如管子作为电气配线工程中的穿线管使用时，这些内刃会刮坏导线的绝缘层。刀割也可以在套丝机上进行，如图 3-23 所示。管子割刀所能切割的管径有一定的限度，一般只适宜用于公称通径在 100mm 以内的钢管。

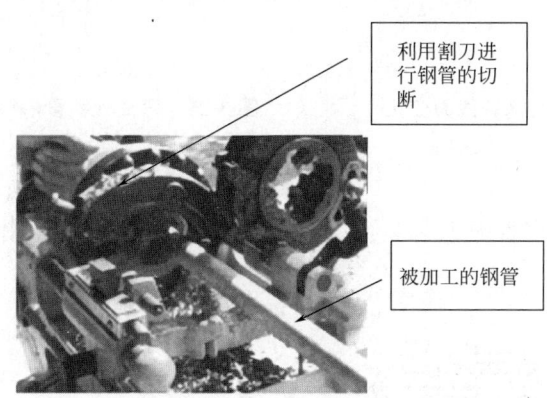

利用割刀进行钢管的切断

被加工的钢管

图 3-23 套丝机上的割刀

（二）弯曲

弯管的方法可分为冷弯、热弯、焊接弯和冲压弯等。

1. 弯管时管材的受力变形分析

管材弯曲受力变形的情况，可从图 3-24（a）的一条直管，弯曲 90°成为图 3-24（b）。可以看出，弯头内侧（腹部）的长度 $a'b'$ 比弯管前的长度要短，说明弯管内侧受到了压力，管壁增厚了。而弯头外侧（背部）的长度 $c'd'$ 比弯管前的长度 cd 要长，说明弯头外侧受到了拉力，管壁减薄了。中性轴线上的长度 $N'N'$ 和弯管前的长度 NN 相等，说明中性轴线上的材料既没有受拉，也没有受压，管壁厚度没有增减。而且在弯管的过程中，由于有拉力和压力的作用，使弯头的截面由圆形变成了椭圆形，其短轴位于管子的弯曲平面上。

为了避免钢管的弯曲对管材正常工作的影响，通常弯管时做如下规定：

（1）一般说来，管径较大或管壁较薄的管子就越要采用较大的弯曲半径，反之则可采用较小的弯曲半径。

（2）管子冷弯时要在管内放置芯棒，热弯时要在管内装砂，这是为了减小椭圆度而采取的措施。

（3）用直缝焊接钢管制作冷弯或热弯弯头时，接缝应放在距中性轴线 45°的地方，如图 3-25 中 A、B、C、D 中的任何一个位置，而不应当放在腹部或背部。因为钢管焊缝处的强度较低，应避免在弯曲时受到拉伸或是压缩，否则容易开裂。

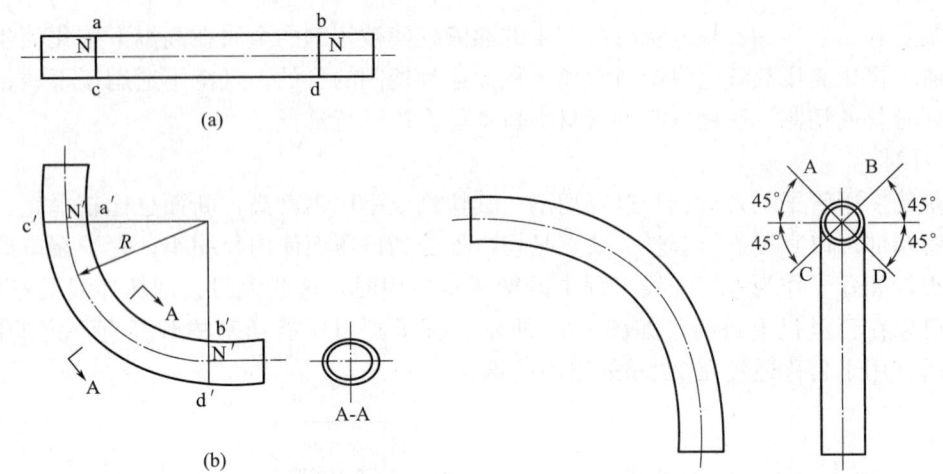

图 3-24　弯曲处的钢管截面变化　　　　图 3-25　弯曲处钢管焊缝的位置安排

2. 弯头的制作

制作冷弯弯头时，钢管内不必装砂。可以使用手动弯管器（图 3-26）或液压弯管机（图 3-27）直接进行。

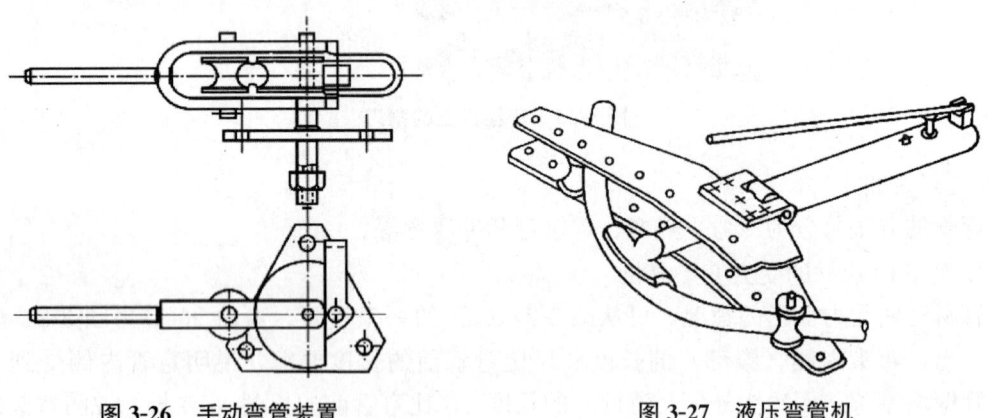

图 3-26　手动弯管装置　　　　　　　图 3-27　液压弯管机

对公称直径在 25mm 以下的焊接钢管进行弯曲时，可以使用自制的小型弯管工具。手动弯管器需用螺栓固定在工作台上。操作时，把要弯曲的管子放在与管子外径相符的定胎轮与动胎轮之间，一端固定在管子夹持器内，然后推动手柄，绕定胎轮旋转，直至弯成需要的角度。对公称直径较大的管子进行弯曲时，可以使用电动或液压弯管机。

（三）丝扣连接

套丝就是对钢管的端部加工外螺纹，按套丝的方式可以分为手工套丝和机械套丝。

1. 手工套丝

套螺纹前，先选择与管径（按管子的公称直径选择）相对应的板牙。然后按照板牙上的顺序号码将四个板牙依次装入铰扳板牙室。注意：一副板牙只能套制两种不同管径的钢管。如图 3-28 所示的铰扳装入的是能套制 DN15（1/2 吋）和 DN20（3/4 吋）钢管的板牙。

进行套丝前先将钢管在管子虎钳上夹持牢固，使管子呈水平状态，管端伸出管子虎钳约 150mm。注意管口不得有椭圆斜口毛刺及扩口等缺陷。

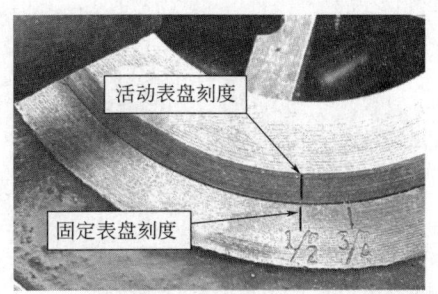

图 3-28　铰扳表面的刻度盘

松开表盘固定把手，推动活动表盘，使其表面的标记位置按所加工钢管的公称直径对准固定表盘上的刻度值。如图 3-28 所示的铰扳是按照加工 DN15（1/2 吋）的钢管进行对正的。

调整好加工尺寸后，旋动后卡爪手柄 9，使得三个后卡爪回缩（后卡爪的动作情况如图 3-29 所示）。然后将铰扳从后卡爪处套入钢管（表盘方向朝向操作者）。松开板牙松紧把手 6 将板牙对正套入钢管端部，同时旋动后卡爪手柄 9，使三个后卡爪伸出夹紧钢管，如图 3-30 所示。注意：松开板牙松紧把手后，表盘上的刻度值会有所变化，这不会影响后面的套丝。在套丝的过程中逐渐将松紧把手压下，直到表盘上的刻度值重新对正为止。铰扳套上钢管后一定要与钢管管身垂直。

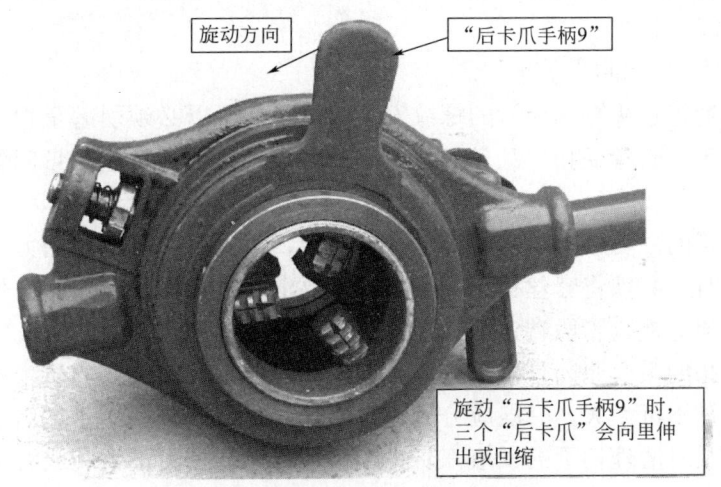

图 3-29　铰扳背部的后卡爪活动情况

操作时，人首先站在管端的侧前方，面向管压钳两腿叉开，一前一后，一手压住铰扳，同时用力向前推进，另一只手握住手柄，按顺时针方向扳动铰扳，待铰扳在管头上套上丝扣后，逐渐压下板牙松紧把手 6。一边套丝、一边压下把手 6，直到完全收紧，如图 3-31 所示。旋动铰扳时最好用两只手同时进行，这样可以保证套丝的对正度。

开始套螺纹时动作要慢，要稳重，注意操作中的协调性，不可用力过猛，避免套出的螺纹与管子不同心从而造成啃扣、偏扣，待套进两扣后，为了润滑和冷却板牙，要间断地向切削部位滴入机油。套制过程中吃刀不宜太深。

图 3-30　套丝操作第一步

图 3-31　套丝操作第二步

第一次套丝完成后，松开板牙，再调整其距离，使其比第一次小一点，按第一次方法再套一次，要防止乱丝。当第二次丝扣快套完时，稍松开板牙，边转边松，使管口呈锥形丝口。清理管口，将管段端面毛刺处理干净。

待丝扣套成时，轻轻松开松紧把手 6，旋动后卡爪手柄 9，使三个后卡爪回缩松开钢管，将铰扳从钢管上取下。

套丝时应按管径尺寸分次套制丝扣，一般以管径 15～32mm 可一次套成、30～50mm套两次、70mm 以上套 3～5 次为宜。

2. 套丝的主要质量缺陷分析

因套丝的质量将直接影响钢管的螺纹安装的质量，所以必须引起重视。套丝的主要质量缺陷为螺纹不正、断丝缺扣、乱丝细丝等。当所套丝扣出现上述质量问题时，可能的原因主要有以下几点：

（1）螺纹不正的主要原因是套丝板卡子未卡紧，手工套丝时两臂用力不均及管段端头锯切不正。套丝时，必须将套丝板与管段按规范要求固定，操作时用力应均匀，不得将套丝板推歪。套丝前应检查管段端口是否平正，如不平可锉平。

（2）断丝缺扣的主要原因是由于套丝时板牙进刀量太大或板牙的质量不好。在套丝操作时，一次进刀量不可太大，一般应分为两次套丝，直径 25mm 以上的管子套丝应不少于三次，套丝时应及时清理切下的铁渣，防止积存。板牙的牙刃不锐利或有损坏处时，应增加套丝的次数。

（3）乱丝细丝的主要原因是板牙顺序弄错、极牙间隙太大以及二次套丝未对准。在操作时，要严格按操作规范要求操作，两次套丝轨迹必须重合。

手工套丝除了使用管子铰扳之外，还有一种棘轮式铰扳（也称微型铰扳）管子套丝工具使用也非常普遍，如图 3-32 所示。棘轮式铰扳小巧轻便，且易于携带。同时其板牙规格固定，更换板牙方便快捷，免去了调节松紧操作的麻烦，对于小口径的管子套丝，效率更高。

3. 机械套丝

机械套丝是指用套丝机代替管子铰扳进行管子套丝的作业。

图 3-32　套装式固定铰扳

机械套丝操作过程：

（1）根据套丝的管子直径，选取相应规格的板牙头的板牙，板牙上的 1、2、3、4 号码应与板牙头的号码相对应。

（2）拨动把手，使拖板向右靠拢；旋开前后卡盘，插进管子，注意伸出的长度要合适，然后旋紧前后卡盘，把管子卡牢。

（3）如套丝的管子较长，应用辅助支架支撑或其他物体支承，高度要调整合适。

（4）将板牙头和出油管放下，按下开关，调整喷油管对准切削部位喷油。移动进给把手，使板牙头对准管并稍施压力，入扣后因螺纹的作用板牙头会自动导入。

（四）钢管的焊接连接

在管道工程中通常采用的焊接方法是手工电弧焊。在管道安装工程中手工电弧焊主要用来进行钢管的连接和相关附件的制作（如用钢板焊接水箱等），以及各种管道支架吊架的制作（利用各种型钢如角钢焊接各种支架等）中。通常是由电焊工进行。

1. 钢管的焊接连接工艺

首先按照施工图纸的设计，画出管路的详细形状和各部分的尺寸，确定连接的位置和各部分钢管的尺寸，进行钢管的裁切。

2. 坡口加工

通常采用焊接连接的钢管端部要制成各种形式的坡口。

坡口的加工可以采用手提砂轮机或使用砂纸、锉刀等简单工具对钢管的端部进行清理，除去毛刺、油、锈、漆等污物。也可以用坡口加工机械对钢管的坡口做处理，如图3-33 所示。

图 3-33　坡口加工

3. 组对与固定

（1）组对宜采用螺栓连接的专用组对器。如图 3-34 所示为使用专用组对器进行钢管组对的情形。

（2）焊接卡具的拆除宜采用氧乙炔焰切割，残留的焊疤痕应用手提砂轮机打磨掉。

（3）经卡具组对并固定好后的两管口中心线应在同一直线上。

4. 管道焊接

先在管口连接处进行点固。利用小段焊缝或是点焊缝将两只管子连接起来。

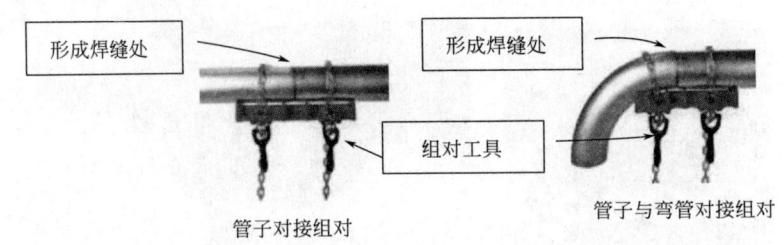

管子对接组对　　　　　　　管子与弯管对接组对

图 3-34　钢管组对形式

点固后观察管子的连接角度和坡度是否合格。当连接角度和坡度符合要求后，对坡口处连续施焊将管子连接。

对于坡口深的焊缝，要用电弧进行多层焊时，焊缝内堆焊的各层，其引弧和熄弧的地方应彼此错开不得重合，如图 3-35 所示。

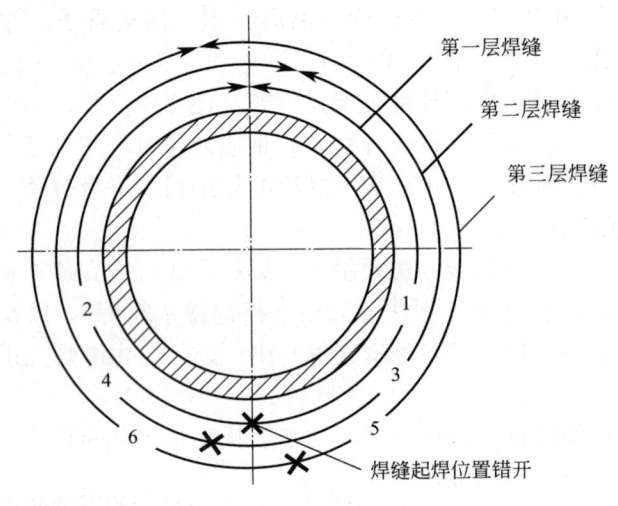

第一层焊缝
第二层焊缝
第三层焊缝
焊缝起焊位置错开

图 3-35　焊缝的设置

完成的对接焊缝应突出管子的外表层形成规整的加强面。加强面的高度应符合焊接工艺要求，如图 3-36 所示。图 3-37 所示为焊接完成后管子的焊缝。

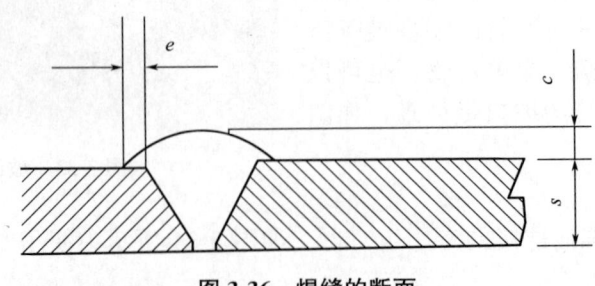

图 3-36　焊缝的断面

（五）钢管的法兰连接

法兰连接就是把固定在两个管口上的一对法兰，中间放入垫片，然后用螺栓拉紧使其接合起来的一种可拆卸的接头（图 3-38）。主要用于管道中需要经常拆卸检修的场所。

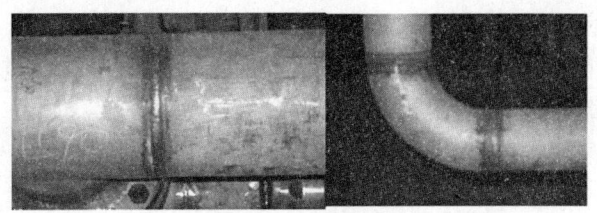

图 3-37　完成的焊接

法兰连接的优点是拆卸方便、强度高、密封性能好。

1. 法兰的种类

1）焊接法兰

焊接法兰的使用最为普遍，分为平焊法兰和对焊法兰。

（1）平焊法兰

平焊法兰又叫搭焊法兰，可用钢板切割后车制。平焊法兰的密封面可以制成光滑式（图 3-39）、凹凸式（图 3-40）、榫槽式三种。其中以光滑式的平板法兰应用最为普遍。

图 3-38　法兰接头

图 3-39　平焊法兰

图 3-40　凹凸式法兰

（2）对焊法兰

对焊法兰与平焊法兰的区别是，法兰本体带一段短管，法兰与管子的连接实质上是短管与管子的对口焊接，故称其为对焊法兰，如图 3-41 所示。

2）螺纹法兰

这种法兰是使用螺纹连接套装于管端上，可分为低压螺纹法兰和高压螺纹法兰（图 3-42）。

图 3-41　对焊法兰

图 3-42　螺纹法兰

2. 法兰的安装要求

（1）法兰与管子组装应用图 3-43 所示的工具和方法对管子端面进行检查。

（2）法兰与管子组装时，要用法兰角尺检查法兰的垂直度，如图 3-44 所示。

（3）法兰与法兰对接连接时，密封面应保持平行。

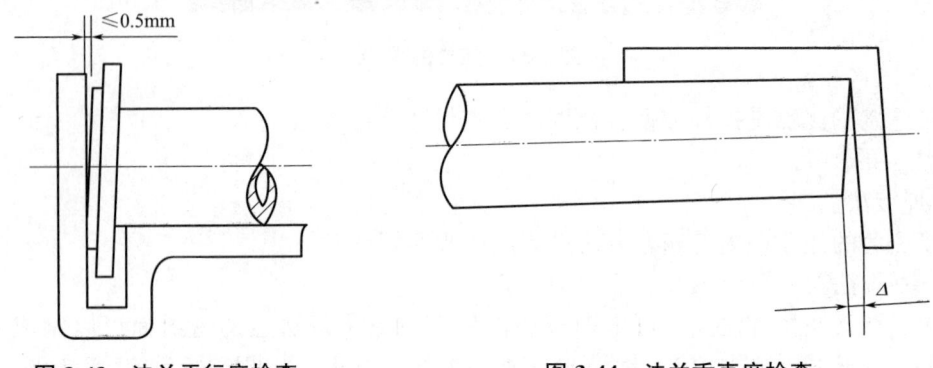

图 3-43　法兰平行度检查　　　　图 3-44　法兰垂直度检查

（4）拧螺栓时应对称交叉进行，以保障垫片各处受力均匀，拧紧后的螺栓与螺母宜齐平。

（5）法兰不得埋入地下，埋地管道或不通行地沟管道的法兰应设置检查井，法兰也不能装在楼板、墙壁和套管内。

3. 法兰连接的操作

1）焊接法兰连接

（1）在管端焊接法兰盘

如果两个管口用法兰连接时，可以先焊好一个管口的法兰盘，另一个管口可套上法兰盘，将两法兰安装就位，对准螺栓孔再焊接，焊接的两个法兰盘连接面应平正且互相平行。

（2）两个法兰连接

两个管口的法兰焊接和对正完成后，即可加垫、穿螺栓、拧紧螺栓和螺母。选择法兰垫片时，垫料和垫片的尺寸应选用合适。垫片有成品垫片，也可现场制作，为了便于安装定位，现场制作的垫片应有"手柄"，如图 3-45 所示。制作的垫片内径不应小于管子内径，外径不妨碍螺栓穿过法兰螺栓孔。

穿螺栓时，应预穿几根，将垫片插入两法兰之间，再穿余下的螺栓，垫片调正后，即可用扳手紧固。

紧螺栓应按图 3-46 所示的螺栓扳紧步骤进行。法兰螺栓的螺母需加钢垫圈。在拧紧螺母时，螺栓不要转动，如转动，则需再用一把扳手固定螺栓，然后拧紧螺母。

2）螺纹法兰连接

管道螺纹法兰连接与管道焊接法兰连接不同之处是，管口端先套成短螺纹，再按短丝连接方法把管端螺纹与螺纹法兰连接起来。

使管端螺纹与法兰螺纹连接在一起，最简便的方法有两种：

第一种方法：把带短丝的管子固定在管子台虎钳上，管端螺纹伸出管子台虎钳 100mm 左右，将管端螺纹缠上填料后，用手把螺纹法兰与管子带上扣，最后用与法兰外径相适应的管钳夹住法兰，按顺时针方向拧紧，如图 3-47 所示。这种方法适用于上直径较小的法兰。

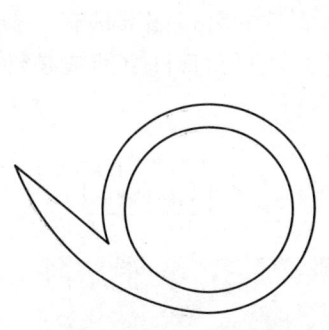

图 3-45　法兰垫片

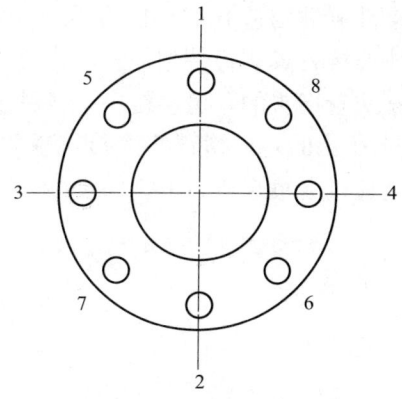

图 3-46　法兰拧紧螺栓的顺序

第二种方法：在上直径较大的法兰，找不到合适的管钳时，同第一种方法一样，先将螺纹法兰与管子带上丝扣，然后用两根强度较大、外径稍小于螺孔的铁棍插入法兰螺孔内，再用一根较粗的铁棍交错上两根铁棍，并靠近法兰平面，按顺时针方向把螺纹法兰上紧，如图 3-48 所示。

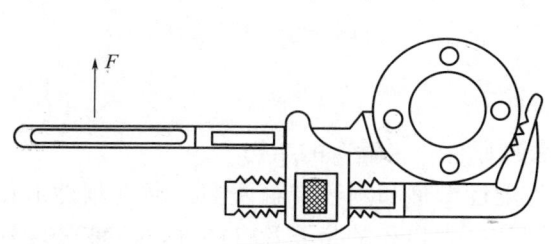

图 3-47　小直径法兰上紧法

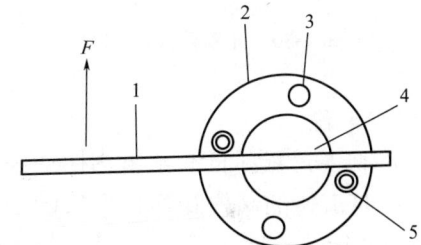

图 3-48　大直径法兰拧紧法

（六）钢管的卡箍连接

卡箍连接，国内也叫沟槽连接，是我国消防管道连接的主导方式。

1. 卡箍连接的管件

卡箍连接是利用专用卡箍连接管件中的卡箍，将密封橡胶圈卡压在事先在端部加工出沟槽的钢管上所形成的连接。使用卡箍连接的钢管端部必须事先利用特殊的加工机械加工出一圈凹槽来，如图 3-49 所示。

图 3-49　钢管端部的沟槽

卡箍连接部分的构造方式如图 3-50 所示。常用的卡箍连接管件包括弯头、三通、四通等，与其他连接方式的管件相似。

使用卡箍式管接头的管道系统中，各种卡箍连接管件的管口端部都有一条加工好的凹槽。如图 3-51 所示的是卡箍管件"90°弯头"的情况。管件和管件之间或是管件和钢管之间的连接都是通过卡箍来进行的。

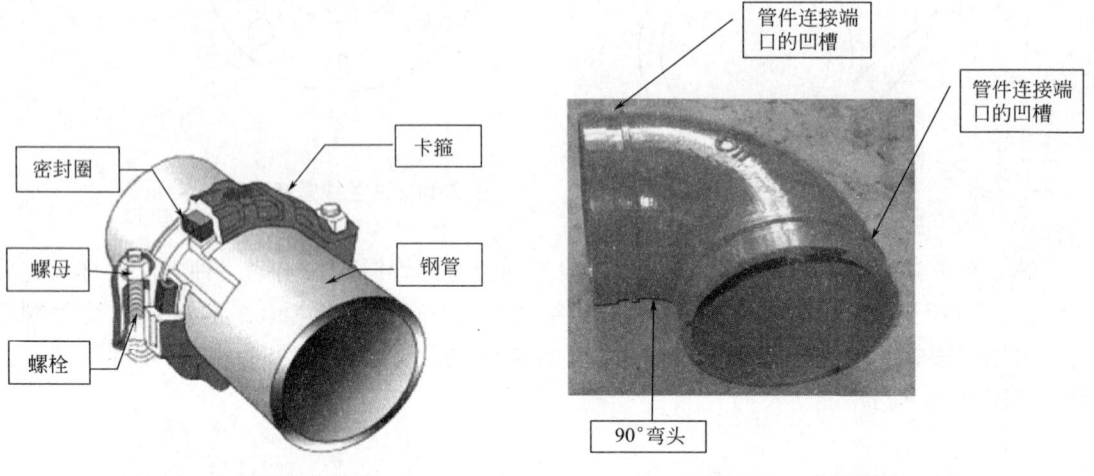

图 3-50　卡箍连接的构造　　　　　　　图 3-51　卡箍管件弯头

1）卡箍

如图 3-52 所示的是卡箍沟槽连接中的关键原件"卡箍"的结构。

按照卡箍的结构和连接方式的不同分为柔性卡箍和刚性卡箍两类。通常刚性卡箍本体都是两片；而小口径的柔性卡箍本体是两片，大口径的是三片（图 3-53）或是四片。

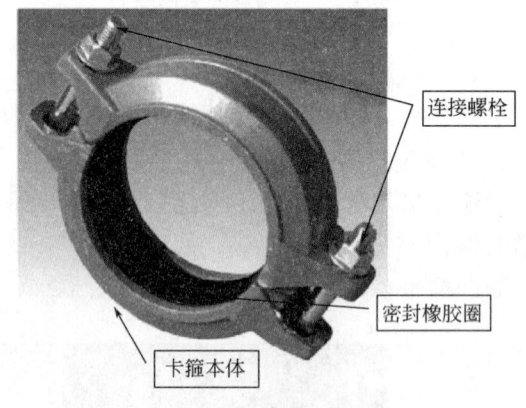

图 3-52　刚性卡箍　　　　　　　　　　图 3-53　柔性卡箍

（1）刚性管接头

刚性管接头的结构方式如图 3-54 所示，管接头卡紧后可与钢管形成刚性一体。

（2）柔性管接头

柔性管接头的结构方式如图 3-55 所示。钢管连接后，两对接钢管的管端之间留有间隙，可适应管道的膨胀、收缩。

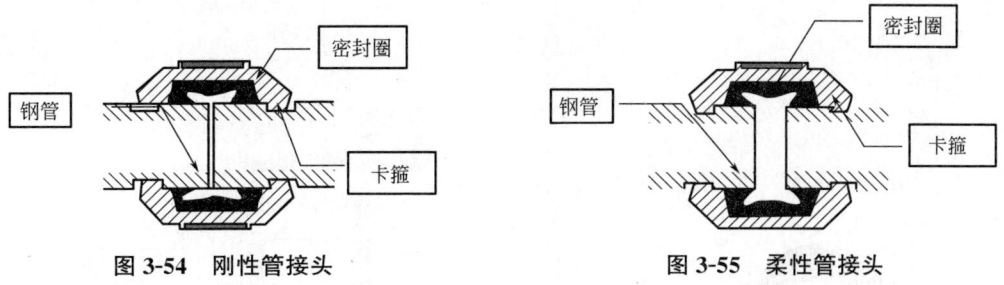

图 3-54　刚性管接头　　　　　　　　　图 3-55　柔性管接头

2）法兰管接头

在使用卡箍连接的管道系统中如需要与法兰接头的阀门等连接时，可采用如图 3-56 所示的法兰管件，其连接方式与其他卡箍管件相同，也是通过卡箍进行连接。也可采用如图 3-57 所示的卡箍法兰接头。

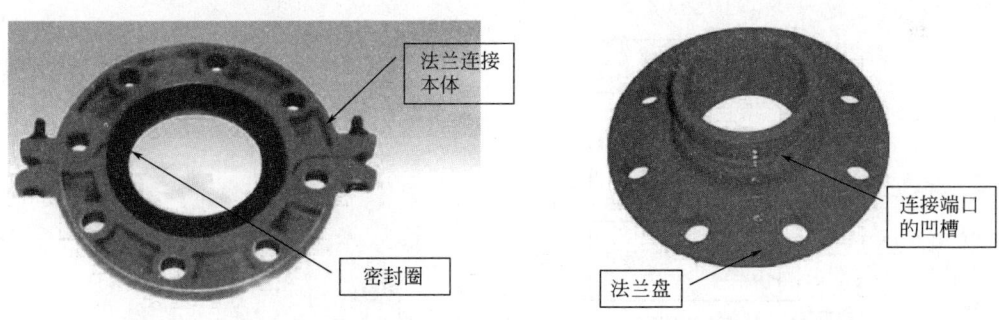

图 3-56　卡箍口法兰接头　　　　　　　图 3-57　卡箍法兰

3）机械三通

机械三通是卡箍连接中的一种特殊管件，可用于直接在钢管上垂直接出小于钢管口径的支管，如图 3-58 所示。

机械三通的连接原理是在钢管上用开孔机开孔，然后将机械三通卡入孔洞，孔四周由密封圈沿管壁密封，如图 3-59 所示。机械三通的支管接口形式有丝扣接口和卡箍接口两种。

4）螺栓、螺母和密封胶圈

卡箍上的螺栓、螺母原材料采用 40Cr。其螺母一般是自带垫圈式防滑，根据管道中的不同介质选择不同的胶圈。

2. 钢管端部凹槽的加工

钢管端部凹槽的加工方式有车槽和滚槽。车槽主要适用于较大管径的情况，凹槽的加工是利用专用机械切削出来的。滚槽是利用滚槽机的滚轮挤压出来的。在实际工程中滚槽用得较多。

滚槽机如图 3-60 所示。滚槽机的滚压原理如图 3-61 所示。

3. 卡箍连接的操作

卡箍连接的安装过程：

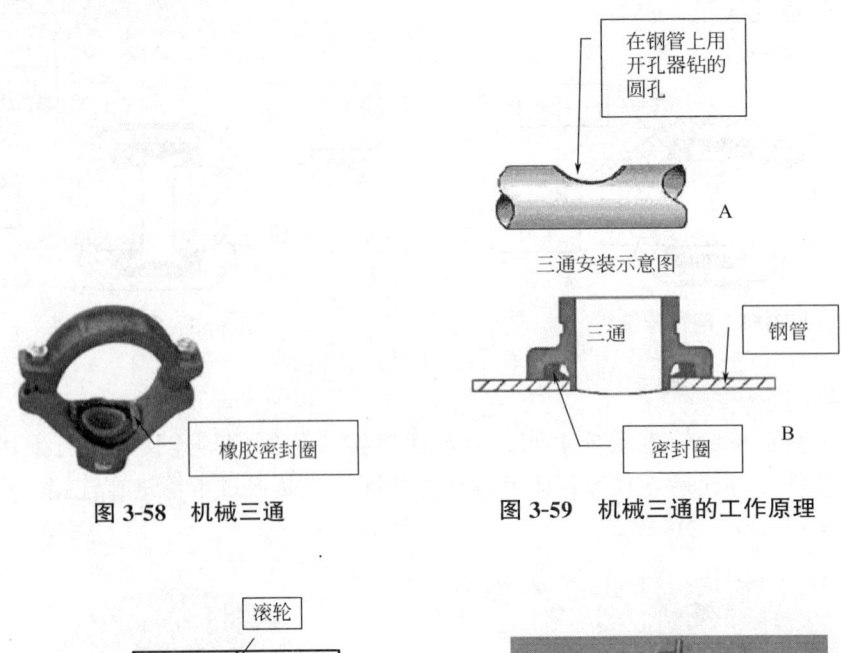

图 3-58　机械三通　　　　　　　图 3-59　机械三通的工作原理

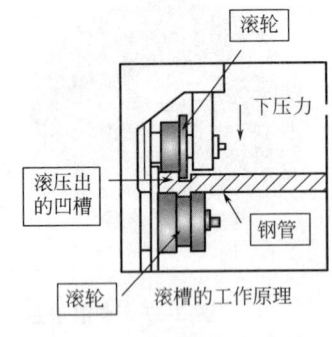

图 3-60　滚槽机加工钢管

图 3-61　滚槽的工作原理

（1）检查钢管端部的毛刺是否清除干净。如发现有毛刺可以用锉刀进行清理修正，如图 3-62（a）所示。

（2）在密封圈唇部及背部涂些润滑剂，便于安装，如图 3-62（b）所示。

图 3-62　卡箍连接操作（一）

（3）将密封圈套入管端，确保密封唇不要悬垂在管端，如图 3-63（a）所示。

（4）将密封圈套入另一段钢管，如图 3-63（b）所示。

（5）安装连接器外壳，把外壳合在密封圈上，使壳体卡口咬合在管道凹槽内，插入螺栓，用手拧紧螺帽，如图 3-64（a）所示。

(a)   (b)

图 3-63 卡箍连接操作（二）

（6）用限力扳手交替、均匀地拧紧两侧螺帽，直到螺栓底座金属面接触，螺栓收紧，如图 3-64（b）所示。

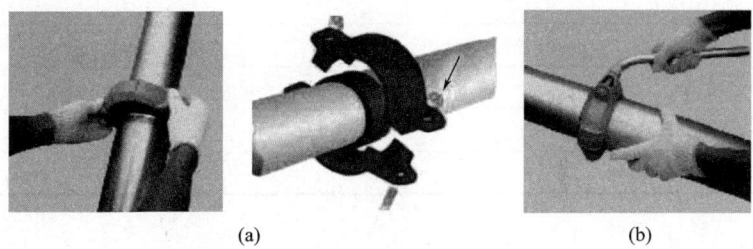

(a)   (b)

图 3-64 卡箍连接操作（三）

任务评价

掌握钢管基本加工工艺评价表　　　　　　　　表 3-9

	评价内容	分值	评价标准	自评	互评	教师评价
基础知识	管材的认知	5	回答正确，表述清晰，出现错误酌情扣分			
	管道规格的表示方法	5				
	切割的方法	6				
	管工的基本操作技能	5				
	钢管弯曲的方法	5				
	钢管套丝的方法	5				
	钢管的连接方法	5				
操作要点	正确切割钢管	5	操作规范、正确，错误一处扣2分			
	正确操作套丝机套丝	10	操作规范、正确，错误一处扣2分			
	钢管弯曲操作	5	操作规范、正确，错误一处扣2分			
	钢管焊接操作	10	操作规范、正确，错误一处扣2分			
	钢管法兰连接操作	10				
	钢管卡箍连接操作	5				

	评价内容	分值	评价标准	自评	互评	教师评价
职业 素养	工作态度	5				
	协作精神	5				
	表达能力	5				
	创新意识	5				

任务总结

掌握的基础知识	
掌握的操作要点	
遇到的问题	
解决问题的方法和途径	
心得体会	
其他	

任务三　识读水施工图

任务描述

管道工是一个技术工种，管道工的工作内容就是利用管材和管件根据施工图纸的设计意图组装成管道系统。本部分的任务主要是熟记管道工程图中管道的标准图例，并掌握管道系统中轴测图的表达方式，能对施工图纸进行正确的识读，从而为后续的管道安装做好准备。

任务分析

分析室内管道施工图的识读方法，完成表 3-10：

室内管道施工图识读　　　　　　　　　　表 3-10

序号	图纸名称	识图步骤	图纸内容	识读要求

任务目标

1. 知识目标

（1）熟悉管道施工图的组成。

（2）熟悉施工图的表示方法。

（3）掌握水施工图的识读方法。

2．能力目标

（1）能够熟悉施工图的内容。

（2）能够看懂水施工图。

（3）能够编写施工图的材料表。

（4）能够绘制简单的管道安装草图。

3．职业素养目标

（1）工作态度端正，纪律观念强。

（2）善于思考问题和敢于解决问题的能力。

（3）良好的协作精神和创新意识。

（4）遵守安全文明生产的要求。

任务知识

水施工图属于设备施工图的一部分，主要描述在建筑物中给水排水管道系统的安装位置和管道系统的实体尺寸。

水施工图一般使用平面图和系统图两种表示方式不同的图纸进行表述。

一、平面图和系统图概述

1．平面图

平面图采用正投影的方法在建筑平面图上进行给水排水系统的绘制，建筑本身以及卫生设备之间的隔断和平面安装位置完全按实形绘制，各种卫生设备采用图例符号表示，立管用一小圆圈表示，并使用标号，如：PL-1 表示排水立管 1 号；JL-1 表示给水立管 1 号。平面图中重点是表示出立管的位置。横管与立管垂直相交，一般仅表达平面位置，横管的实际空间位置在系统图上表示得比较清楚。平面图的作用就是表示整个给水排水系统在建筑物中的安装位置，整个给水排水系统的管道系统在空间的实际形状和位置在系统图中进行表达。

2．系统图

因为平面图采用正投影方法，垂直地面的很多管道在图上无法正确地显示出来，因此必须在系统图中进行表示。

目前，大多数管道系统图都采用 45°正面斜轴测来绘制。OZ 与 OX 的轴间角为 90°，OY 与 OZ、OX 的轴间角为 135°。为了便于绘制和阅读，立管平行于 OZ 轴方向，平面图上左右方向的水平管道，沿 OX 轴方向绘制，平面图上前后方向的水平管道，沿 OY 轴方向绘制。

系统图中描述整个管道系统的空间位置和实际形状，管道各处的粗细以及管道中安装的各种附件，如：阀门、水龙头等。横管的长度一般不予表示，可参见平面图。立管的长度以及各处横管在立管上的安装位置一般用标高尺寸的形式予以表示，阅读时需要将两张图联系起来进行阅读。

二、平面图和系统图的识读

图 3-65 所示为一卫生间给水系统管道实际情况，管材使用镀锌钢管，连接方式采用丝扣连接。

图 3-66 所示为某卫生间平面图中给水管道的一部分，该平面图中描述了给水立管的位置和污水盆的位置，以及横管的大致位置，横管的尺寸在图中未做表示。每个卫生设备

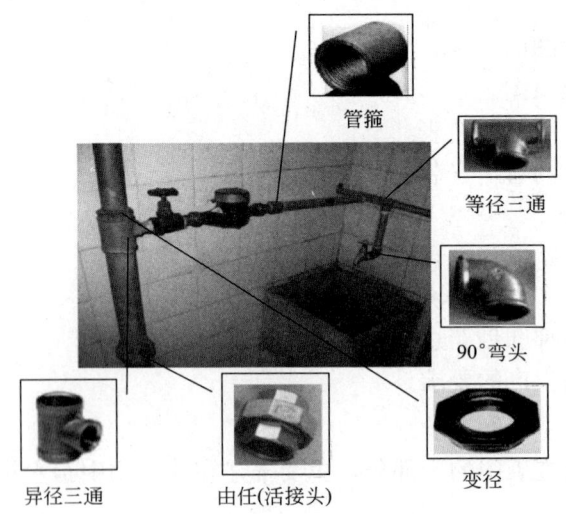

管箍

等径三通

90°弯头

变径

异径三通　　　由任(活接头)

图 3-65　给水系统管段

上都有给水支管和附件，如：水龙头，但在平面图中卫生设备的支管部分就不做表示了，这部分可以在卫生设备的安装详图中找到。

　　图 3-67 所示为该管道的系统图部分，从系统图中可以看出立管和横管的空间位置和实际形状。不同高度的横管在平面图中是无法看出区别的，因此管道施工图都需要补充以轴测图方式描述的系统图。JL 表示给水立管，其后面横线后的数字表示给水立管的编号，在整套施工图中给水立管的编号是唯一的，不能重复。平面图中的立管编号与系统图中的立管编号是对应的，这样更便于在系统图中寻找平面图中的管道系统。

　　图中给水横管从 JL-1 给水立管出发往前，然后发出两根横管，右边的一支上安装了一个污水盆。在这部分管道的系统图中可以看出各处管子的粗细，以及管子之间的空间位置关系，为了便于描述清楚，在系统图中标出了几个字母 A、B、C、D、E、F，给水横管 AD 与 JL-1 垂直，DE 横管与 AD 横管垂直，EF 立管与 DE 横管垂直，水龙头与 EF 立管垂直。系统图中可以看到给水横管在 BC 之间安装了一个截止阀。系统图中使用字母表示的几个地方就是管道中需要使用管件进行连接的地方。管道工应该可以根据系统图，罗列出各处的管件。

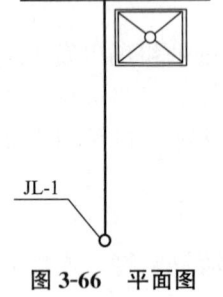

图 3-66　平面图

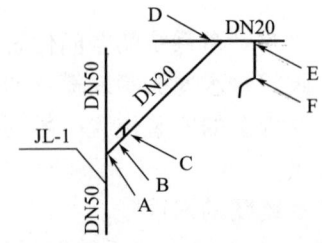

图 3-67　系统图

A—DN50×DN20 异径三通；B—截止阀丝口；C—DN20 活接头；
D—DN20 等径三通；E—DN20×DN15 异径三通；F—DN15 弯头

任务评价

管道工识图技能知识评价表　　　　　　　表 3-11

评价内容		分值	评价标准	自评	互评	教师评价
基础知识	平面图概念	5	回答正确,表述清晰,出现错误酌情扣分			
	系统图概念	5				
	图例	10				
	识图步骤	10				
操作要点	统计材料表	20	材料表正确,出现错误酌情扣分			
	根据简单平面图绘制系统图	20	绘制图清晰、准确,出现错误酌情扣分			
	根据系统图选用连接管件	10	出现错误酌情扣分			
职业素养	工作态度	5				
	协作精神	5				
	安全文明生产	5				
	创新意识	5				

任务总结

掌握的基础知识	
掌握的操作要点	
遇到的问题	
解决问题的方法和途径	
心得体会	
其他	

项目二　镀锌钢管管段安装

项目介绍

本项目是熟练掌握钢管管段的施工组装过程,能根据给定的图纸(图 3-68),计算所需各段钢管的规格(包括直径和长度),选定各连接节点的管件类型和规格,完成对钢管的下料、端部加工,然后使用丝扣连接管件将钢管组成管段,并进行打压试验。

项目分析

1. 管段材料

本项目为某卫生间的冷水给水系统,管材采用热镀锌

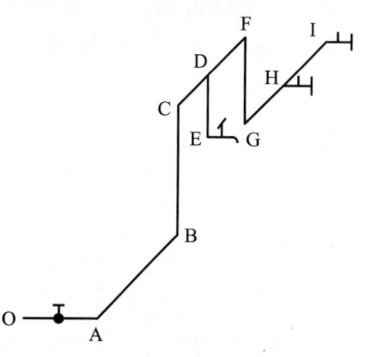

图 3-68　镀锌钢管管段安装示意图

钢管，管道的连接点称为接口，接口连接是安装工程的主要工序和关键工作。

2. 图样分析

分析图 3-68，完成表 3-12。

镀锌钢管管段材料分析表　　　　　　　　　　　　　表 3-12

序号	名称	规格	型号	单位	数量

3. 工艺分析

分析镀锌钢管管段的组装流程，完成表 3-13。

镀锌钢管管段的组装流程表　　　　　　　　　　　　表 3-13

序号	工作内容	操作方法	精度要求	设备、工具、量具

任务一　管道下料

任务描述

通过对图纸的识读，根据管道下料的计算方法，完成图 3-68 所示管段的下料任务。

任务分析

1. 图样分析

分析图 3-68，完成表 3-14。

管道下料图分析表　　　　　　　　　　　　表 3-14

序号	管段	规格	单位	数量
	O-A			
	A-B			
	B-C			
	C-D			
	D-E			
	D-F			

序号	管段	规格	单位	数量
	F-G			
	G-H			
	H-I			

2. 工艺分析

分析管道下料的工作流程，完成表 3-15。

管道下料的工作流程表　　　　　　　　表 3-15

序号	工作内容	操作方法	精度要求	设备、工具、量具

任务目标

1. 知识目标

（1）了解管子的规格型号表示方法。

（2）熟悉常用管螺纹的连接尺寸。

（3）熟悉计算下料法的计算公式。

2. 能力目标

（1）能正确使用卷尺测量管道。

（2）能正确计算安装图中的管段长度。

（3）能采用计算下料法和比量下料法进行管子的下料。

3. 职业素养目标

（1）工作态度端正，纪律观念强。

（2）善于思考问题和敢于解决问题的能力。

（3）良好的协作精神和创新意识。

（4）遵守安全文明生产的要求。

任务实施

工作内容	操作方法	说明	精度要求	设备、工具、量具
1. 钢管下料	确定管段的构造长度			
	量测管件的尺寸			
	计算下料长度			

工作内容	操作方法	说明	精度要求	设备、工具、量具
任务知识点				
2. 钢管切断	装夹钢管			
	刀割			
	锯割			
任务知识点				

任务实施加油站

一、钢管下料

1. 计算下料法

在管段中，两个相邻的管件中心线之间的长度叫作构造长度，就是图 3-69 中的 L_1 和 L_2。通常施工图纸上标出的长度就是指构造长度。钢管的实际切割长度也叫作下料长度，如图中的 l_1 和 l_2。管道工在进行钢管的连接操作时，需要根据图纸上的构造长度计算出实际每一段钢管的下料长度。确定管子的下料长度时，要根据管子两端的连接方式和管件的情况来进行计算。

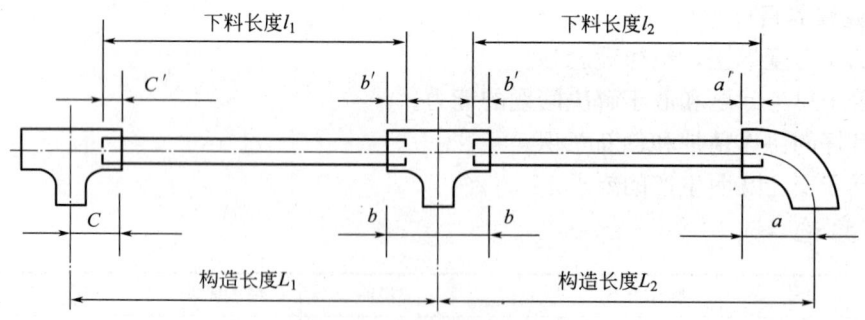

图 3-69   管道下料示意图

图 3-69 所示的钢管段如果采用螺纹连接，其各段的构造长度 L_1 和 L_2 可以从图纸中获得。图中的距离 C 和距离 b 的数值是从连接管件（如三通）的中心线到连接件管口端部的距离，可以在管件的说明书中获得，或是现场实测获得。钢管端部拧入管件的螺纹长度可以从规范中获得，注意：不同公称直径的钢管拧入管件的螺纹长度是不同的。

表 3-16 中所列出的是一些常用的螺纹拧入长度。图 3-69 中钢管的实际下料长度 l_1 与构造长度 L_1 之间的关系是：

$$l_1 = L_1 - (C+b) + (C'+b') \qquad (3-1)$$

常用管螺纹连接尺寸　　　　　　　　　　　　　　表 3-16

公称直径(mm)	15	20	25	32	40	50
英寸	1/2	3/4	1	1.25	1.5	2
螺纹长度(mm)	14	16	18	20	22	24
丝扣数(牙)	8	9	8	9	10	11
拧入深度(mm)	11	13	13	16	18	30

2. 比量下料法

根据实测的构造长度，用实物（管件或阀门）比量的方法确定下料长度。这种方法简便实用，目前被施工现场广泛应用。

比量下料的具体做法是：在切断的管端上先套丝后再抹油缠麻（或缠生料带），把需要连接的零件拧好，从零件（或阀门）的中心量管段的构造长度，在管子上画一个标记，把另一端要连接的实物中心对准标记线，从实物边缘估计拧入深度，再画一个更清楚的标记，从这点切断，实际上就确定了下料长度。

比量下料时，必须记熟各种不同管径管子工作螺纹的长度；记熟应减去的外露长度，这样才能把螺纹的插入深度估计准确。

比量下料是和现场安装同时进行的，有一半的安装连接是在工作台上完成的，故工作安全、接口紧密、施工进度快。可从管道的一端开始比量下料安装，直至本系统的末端。

二、钢管切断

1. 钢管装夹

（1）选择并准备好需要切割的钢管，检查钢管质量是否合格，用卷尺测量需要切割的长度，并用记号笔标注切割位置，如图 3-70 所示。

图 3-70　切割标记

（2）顺时针方向转动套丝机前后卡盘，松开三爪，将所需切割钢管从后卡盘装入，穿过前卡盘，使得钢管上的标记线在割刀器滚子左侧极限位置的右方，如图 3-71 所示，但不能超过割刀器滚子右侧极限位置，如图 3-72 所示。

图 3-71　左侧极限　　　　　　　图 3-72　右侧极限

（3）用左手抓住所需切割钢管，用右手先旋紧后卡盘，保证所需切割钢管卡在后卡盘的三爪中心，再旋紧前卡盘并适当锤紧，所需切割钢管就夹紧了，如图 3-73、图 3-74 所示。

图 3-73　钢管卡紧　　　　　　　图 3-74　卡好效果

注意：当钢管尺寸较短、后卡盘无法装卡时，只要将前卡盘稍微松开，装入钢管，保证钢管处于前卡盘三爪中心，再锤紧前卡盘即可完成装夹。

2. 钢管切管

（1）放下套丝机割刀架，逆时针转动割刀手柄，增大刀架开度，使钢管处于刀片与两组滚轮之间，如图 3-75 所示。

（2）转动滑架手柄，使割刀与钢管标记位置对齐，如图 3-76 所示。

图 3-75　放下刀架　　　　　　　图 3-76　割刀对齐

（3）旋转割刀手柄，使割刀与管子靠近。

（4）戴护目镜，按启动按钮。旋紧割刀手柄，割刀即切入所需切割钢管，每转一周应进刀约 0.15～0.25mm，即主轴每转一圈割刀手柄进 1/10 转左右，直至切断钢管，如图 3-77 所示。

镀锌钢管
管段的安装

（5）切割完毕后，向右移动滑架手柄，将刀片退回，并扳起割刀架复位，如图 3-78 所示。

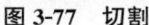

图 3-77　切割

图 3-78　割刀复位

注意：切割时进刀量不能过大，用力不能太猛，否则会使钢管变形，割刀损坏。

任务评价

管道下料评价表　　　　　　　　　　　　　　　　　　表 3-17

评价内容		分值	评价标准	自评	互评	教师评价
基础知识	管子的规格型号	5	回答正确，表述清晰，出现错误酌情扣分			
	管螺纹的连接尺寸	5				
	掌握计算下料法的计算公式	20				
	量具测量的方法	10				
操作要点	计算的方法	20	计算正确，错误一处扣 2 分			
	切割质量	10	质量有缺陷一处扣 2 分			
职业素养	工作态度	10	酌情扣分			
	协作精神	10	酌情扣分			
	安全文明生产	10	酌情扣分			
	创新意识	10	酌情扣分			

任务总结

掌握的基础知识	
掌握的操作要点	
遇到的问题	
解决问题的方法和途径	
心得体会	
其他	

任务二　钢管管段的安装

任务描述

室内给水
排水系统
的安装

　　根据现行国家标准《给水排水管道工程施工及验收规范》GB 50268，在掌握了管螺纹加工和下料的基本技能后，按照图 3-68 所示钢管管段选定各连接节点的管件类型和规格，完成对钢管的下料、端部加工，然后使用丝扣连接管件将钢管组成管段，并进行打压试验，最后安装完成一个简单的卫生间给水系统。

任务分析

分析钢管管段的安装工作流程，完成表 3-18。

钢管管段安装的工作流程表

表 3-18

序号	工作内容	操作方法	精度要求	设备、工具、量具

任务目标

1. 知识目标

（1）了解连接钢管的各种管件的作用。

（2）熟悉设备钢管加工设备和工具的使用。

（3）掌握钢管螺纹连接工艺。

（4）掌握管道试压的操作步骤。

（5）熟悉给水排水施工质量验收标准。

2. 技能目标

（1）能正确选用各种钢管管件。

（2）能熟练操作各种管工设备和工具。

（3）能独立完成管道系统的安装。

（4）能正确进行管道安装的质量验收。

3. 职业素养目标

（1）工作态度端正，纪律观念强。

（2）善于思考问题和敢于解决问题的能力。

（3）良好的协作精神和创新意识。

（4）遵守安全文明生产的要求。

任务实施

工作内容	操作方法	说明	精度要求	设备、工具、量具
1. 钢管套丝操作	安装调节板牙			
	装夹钢管			
	钢管套丝			
任务知识点				
2. 钢管管段的组装	按图选择正确的连接管件			
	管道连接			
任务知识点				
3. 镀锌钢管项目测试与验收	压力试验			
	工艺质量验收			
任务知识点				

任务实施加油站

一、钢管套丝操作

1. 安装和调节板牙

（1）松开板牙头夹紧手柄，将它移到最远端，再将它稍扳紧，如图 3-79 所示。

（2）将板牙逐一取出，如图 3-80 所示。

（3）根据需要套丝钢管的直径，选择合适的板牙组，如 1/2～3/4 英寸、1～2 英寸等，每组板牙上都有安装的顺序号 1、2、3、4，分别安装在板牙头对应的 1、2、3、4 安装口上。

图 3-79　松开手柄

图 3-80　取出板牙

（4）将选好的板牙组，按对应顺序号逐个装入板牙槽内，当听到"咯噔"一声脆响时，板牙的锁紧缺口与曲线盘完全吻合，如图 3-81 所示。

（5）扳动曲线盘，使曲线盘上的刻度指示线与所需加工工件的相应刻度对齐，拧紧手柄螺母，该板牙就被正确定位，将板牙头扳起备用，如图 3-82 所示。

图 3-81　安装板牙

图 3-82　调节刻度

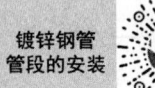

镀锌钢管
管段的安装

2. 装夹钢管

（1）准备已切割好并需要套丝的钢管。

（2）顺时针方向转动前后卡盘，松开三爪，将钢管需要套丝的那头从后卡盘装入，穿过前卡盘，伸出到合适位置，如图 3-83 所示。

（3）用左手抓住所需套丝钢管，用右手先旋紧后卡盘，保证所需套丝钢管卡在后卡盘的三爪中心，再旋紧前卡盘，适当锤紧，管子就夹紧了，如图 3-84 所示。

3. 钢管套丝

（1）根据所需套丝的钢管尺寸，按照钢管套丝螺纹加工尺寸表，调节钢管套丝机套丝长度，如图 3-85 所示。

（2）扳起割刀架和倒角架，放下板牙头，并使板牙头上的滚轮与仿形块接触，将后盘推入槽内锁紧，如图 3-86 所示。

图 3-83　钢管卡装准备

图 3-84　钢管卡装完毕

图 3-85　长度设定

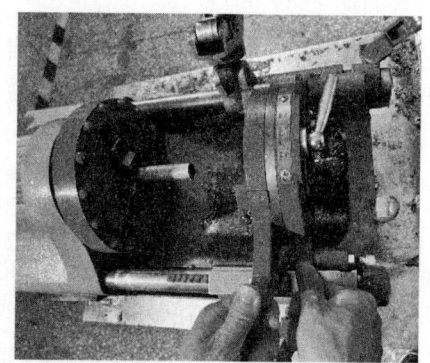

图 3-86　板牙卡装

（3）戴护目镜，按红色启动按钮。转动滑架手轮，使板牙朝钢管逐步靠近，直到接触，如图 3-87 所示。

（4）在滑架手轮上施力，直至板牙在钢管上套出 3～4 牙螺纹后方可放手，如图 3-88 所示。

图 3-87　板牙头靠近

图 3-88　转动手轮

（5）松开滑架手轮，机器开始自动套丝，当板牙头滚轮越过仿形块落下时，板牙会自动张开，套丝结束，如图 3-89 所示。

图 3-89　自动套丝

（6）按下绿色按钮停机，摘下护目镜，退回滑架，直至整个板牙头从管道头退出，拉出板牙头锁紧把手，同时扳起板牙头复位，如图 3-90、图 3-91 所示。

图 3-90　松把手

图 3-91　套丝结束

二、钢管管段的组装

1. 丝扣管件

（1）管箍

管箍通常在两根管材需要对接时使用，或是在需要钢管的端部出现内丝口时使用。管箍为一段短管，短管的两个连接口是内螺纹口，可以与管子端部的外螺纹相配合。管箍按照两个内螺纹口直径的不同可以分为同径管箍（图 3-92）和异径管箍，即大小头（图 3-93）。当两根粗细相同的钢管对接时采用同径管箍；当两根粗细不同的钢管需要对接时采用异径管箍（大小头）。

（2）弯头

弯头的两个口一样大的叫等径弯头，用于连接两根粗细相同的钢管，如图 3-94 所示；弯头的两个口不一样大的叫异径弯头，可以直接将两根不一样粗的钢管连接起来，如图 3-95 所示。

图 3-92 丝扣管箍

图 3-93 丝扣大小头

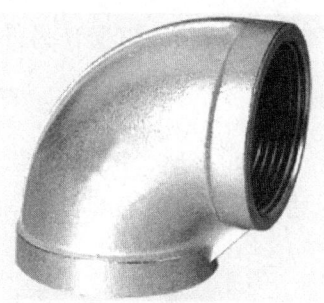

图 3-94 等径弯头

图 3-95 异径弯头

（3）三通

立管上需要与横管对接的地方，或是横管上需要安装水龙头的地方就需要使用三通这种管件了。丝扣三通管件的三个口都是内丝口，三个口可以一样大，这叫等径三通，如图 3-96 所示；在一条直线上的两个口比较粗，与它们垂直方向的接口比较小的叫异径三通，如图 3-97 所示。

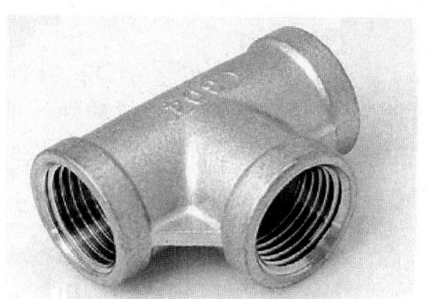

图 3-96 等径三通

图 3-97 异径三通

（4）四通

两根管子在一个平面上交叉连接，就可以使用四通这种管件了，四通和三通相似，也可以分为等径四通（图 3-98）和异径四通（图 3-99）。

图 3-98　等径四通

图 3-99　异径四通

（5）过桥管

当两根钢管在平面内垂直相遇时，其中一根管子需要进行弯曲以避让另外一根，这时可以使用过桥管这种管件了，如图 3-100 所示。

（6）丝堵

丝扣连接的管道末尾需要进行封堵时可以采用的管件叫丝堵，也叫堵头，如图 3-101 所示。堵头的表面是外丝，所以在作为钢管端部的封堵时需要与管箍配合使用。

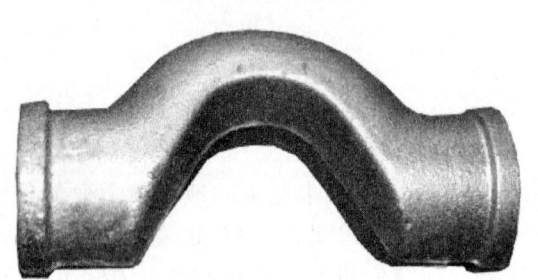

图 3-100　过桥管

图 3-101　丝堵

（7）补芯

如图 3-102 所示的钢管丝扣管件就是补芯。补芯的结构有两层丝口：外丝口和内丝口，并有一六角帽作为夹持的地方。这种管件的规格就是表示出内丝口和外丝口的螺纹直径，如 DN15×DN20，就是表示内丝口可以和 DN15 的套丝钢管连接，外丝口可以和 DN20 的管箍连接。这种管件的作用非常大，如图 3-103 所示的连接节点 A 处，就可以使用 DN50×DN25 的异径三通和 DN50×DN40 的管箍来实现连接。

2. 管道的组成过程

管道施工的内容就是将管材利用管件进行连接。管道工程中的连接包括两部分内容：

（1）管材之间的连接。

（2）阀门、水龙头等附件的接入。

管道之间的连接通常包括以下几种情形：

（1）当管道的长度不够时可以采用如图 3-104 所示的方式将两根管子进行对接；对接时就需要使用管箍了。

图 3-102　补芯

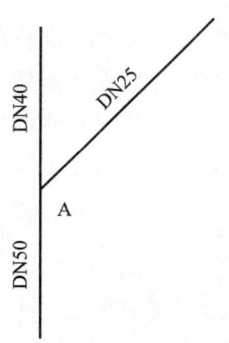

图 3-103　补芯的应用

（2）当管道中需要转弯时，就将两根管材按图 3-105 所示放置，管子之间使用的管件是"弯头"。通常管道转弯的角度设计成：90°、45°、135°。这三种转弯角度的弯头都有，通常使用最多的是 90°弯头。当两根管子的直径不一样时使用异径弯头，当两根管子的直径一样时可以使用等径弯头。

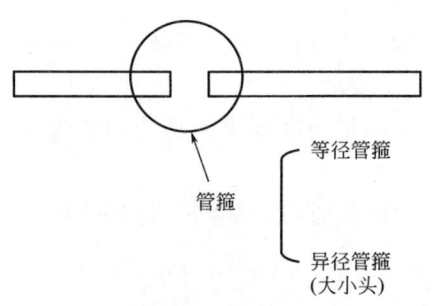

图 3-104　管箍的作用

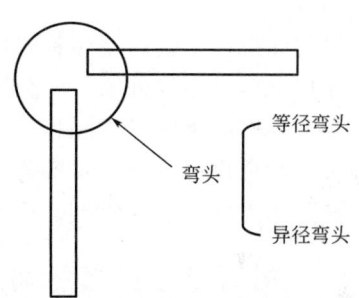

图 3-105　弯头的作用

（3）当管道中需要发出一根支管，或是三根管子需要连接在一起时，并且其中的一根管与另外两根垂直时，连接处采用的管件叫三通（图 3-106）。

（4）当平面上相互垂直的四根管子需要连接在一起时，采用的管件叫四通，如图 3-107所示。

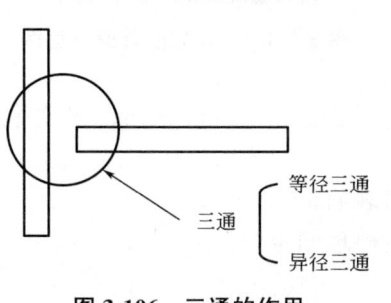

图 3-106　三通的作用

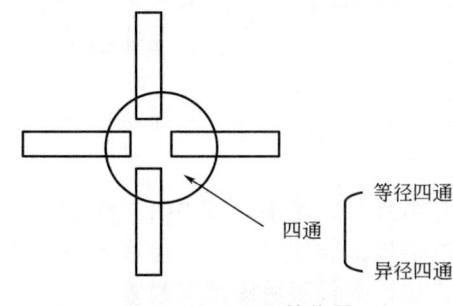

图 3-107　四通的作用

3. 管道连接

（1）将已完成套丝的钢管按钢管螺纹方向缠绕 10 圈左右生料带（图 3-108）。

（2）松开管虎钳活动锁架，打开钳架。

（3）将已缠绕完毕生料带的钢管穿过管虎钳上下牙块，合上钳架，挂牢活动锁架，顺时针用力锁紧加力杠，直至管道被夹持牢固，如图 3-109 所示。

图 3-108 缠生料带

图 3-109 管材固定

（4）将管件拧在钢管缠绕生料带的一端，使用管钳卡住管件，并顺时针拧动，直至管件与管道连接可靠，螺纹外漏 2～3 圈，如图 3-110 所示。

（5）检查管件的角度是否满足要求，如果不能满足角度要求，继续用管钳拧动调整角度，直到满足要求再进行下一步操作。

（6）松开加力杠与活动锁架，取出已连好的管道与管件，如图 3-111 所示。

图 3-110 连接管件

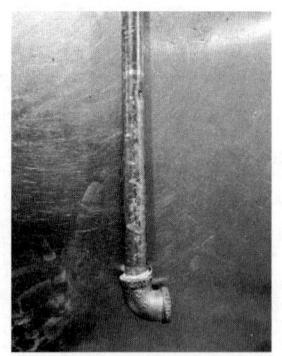

图 3-111 已连好的管道与管件

（7）检查并校准尺寸、形状及位置，保证尺寸、形状、方向准确无误，螺纹外露数量准确。

（8）清理管道连接处挤出的生料带，并清洁管道表面。

（9）清理工作环境卫生，垃圾全部入桶，工器具整理归位。

三、镀锌钢管项目测试与验收

1. 水压打压试验操作步骤

（1）如图 3-112 所示，将手动打压泵水箱注满清水。

（2）上下按动打压泵手柄向打压区给水管系统加压，直到压力表指示压力达到试验压力，即 0.8MPa 时，停止加压，如图 3-113 所示。

（3）压力试验：按现行国家标准《建筑给水排水及采暖工程施工质量验收规范》GB 50242 中 4.2.1 条规定，室内给水管道的水压试验必须符合设计要求，当设计未注明时，各种材质的给水管道系统试验压力均为工作压力的 1.5 倍，但不得小于 0.6MPa。同时检查各连接处不得渗漏，如图 3-114 所示。

图 3-112　水箱注入清水

图 3-113　管道打压

图 3-114　稳压显示

（4）完成打压：

① 打压完成后，松开手动打压泵泄压阀，将打压管道内部水排入水箱。

② 将打压泵水箱内部水倒掉，并擦拭干净。

③ 将打压泵与实训区连接软管拆下，并放入水箱。

④ 将打压泵放回指定位置。

2. 镀锌钢管项目验收

镀锌钢管项目工程施工完毕后，应按照相关国家标准进行评判，主要评判点有位置正确、固定牢固、接头质量合格、没有泄漏、横平竖直、器材干净、用料合理、操作规范、安全操作及环境整洁等。

任务评价

钢管管段安装工艺评价表　　　　　　　　　　　　　　　　　　表 3-19

钢管管段的安装图		图 3-168					
评价内容		分值	评价标准	评分细则	自评	互评	教师评价
镀锌钢管管段安装	外观	5	外观平整,横平竖直	外观不平整1处扣2分			
		5	接口处露出 2～3 丝	接口处没有露丝,每一处扣2分			
		5	按图施工,朝向正确	朝向错误1处扣1分			
		5	生料带、麻丝清理干净	生料带、麻丝清理不干净,每处扣2分			

续表

评价内容		分值	评价标准	评分细则	自评	互评	教师评价
镀锌钢管管段安装	质量	5	接头牢固、可靠	每检查一处错误扣1分			
		5	螺纹制作长度符合标准，光滑、连续、无断丝、缺丝	螺纹质量要求不符合一处扣1分			
		10	试压后无泄漏	泄漏一处扣5分			
	正确度	10	连接管件的管段尺寸正确，图纸要求	尺寸≤0.1cm不扣分，否则每错误1处扣4分			
材料清单	材料名称	10	符合给水排水专业术语	每错1个扣2分			
	材料规格	10	规格正确	每错1个扣2分			
	材料数量	10	数量准确	每错1个扣2分			
职业素养	安装完成后场清料净	5	工具清点数量后放回工具箱	工具没放回工具箱、摆放不整齐，或者损坏工具扣5分			
		10	把现场清理干净	现场不清理扣3分			
		5	合理利用管材、管件	浪费一个管件扣2分			

任务总结

掌握的基础知识	
掌握的操作要点	
遇到的问题	
解决问题的方法和途径	
心得体会	
其他	

项目三　PP-R 塑料管管段安装

项目介绍

本项目为某卫生间的冷水给水系统，如图 3-115 所示。本任务是掌握工程中常用的 PP-R 塑料管材的切断和连接技能。要求能根据实训中所给管道施工的系统图，独立完成管材的下料、管件的选择，并完成 PP-R 塑料管管段的安装。

项目分析

1. 图样分析

分析图 3-115，完成表 3-20。

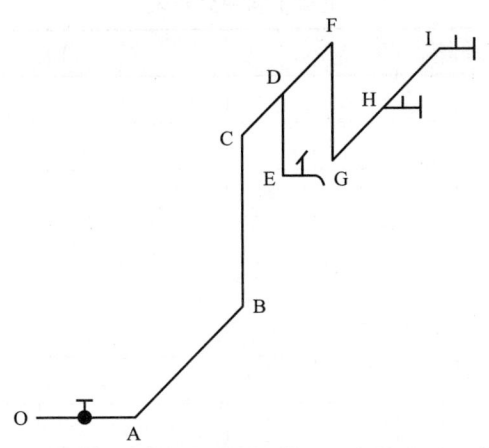

图 3-115　PP-R 塑料管管段安装示意图

PP-R 塑料管管段的组装材料分析表　　　　　　　　　　　表 3-20

序号	名称	规格	型号	单位	数量

2. 工艺分析

分析 PP-R 塑料管管段的组装流程，完成表 3-21。

PP-R 塑料管管段的组装流程表　　　　　　　　　　　表 3-21

序号	工作内容	操作方法	精度要求	设备、工具、量具

任务一　PP-R 管下料

任务描述

通过对图纸的识读，根据管道下料的计算方法，完成图 3-115 所示管段的下料任务。

任务分析

1. 图样分析

分析图 3-115 所示 PP-R 塑料管管段安装示意图，完成表 3-22。

管道下料图分析表 表 3-22

序号	管段	规格	单位	数量
	O-A			
	A-B			
	B-C			
	C-D			
	D-E			
	D-F			
	F-G			
	G-H			
	H-I			

2. 工艺分析

分析管道下料的工作流程，完成表 3-23。

管道下料的工作流程表 表 3-23

序号	工作内容	操作方法	精度要求	设备、工具、量具

任务目标

1. 知识目标

（1）了解 PP-R 管的规格型号表示方法。

（2）掌握 PP-R 管的连接尺寸。

（3）掌握计算下料法的计算公式。

2. 能力目标

（1）能正确使用卷尺测量管道。

（2）能正确计算安装图中的管段长度。

3. 职业素养目标

（1）工作态度端正，纪律观念强。

（2）善于思考问题和敢于解决问题的能力。

（3）良好的协作精神和创新意识。

（4）遵守安全文明生产的要求。

任务实施

工作内容	操作方法	说明	精度要求	设备、工具、量具
PP-R 管下料	选择管子规格			
	选择相关管件			
	切割下料			
任务知识点				

任务实施加油站

PP-R 管，又称三丙聚丙烯管、无规共聚聚丙烯管或 PPR 管，是一种采用无规共聚聚丙烯为原料的管材。PP-R 管材与传统的铸铁管、镀锌钢管、水泥管等管道相比，具有节能节材、环保、轻质高强、耐腐蚀、内壁光滑不结垢、施工和维修简便、使用寿命长等优点，广泛应用于建筑给水排水工程。

一、PP-R 管的规格

由于 PP-R 管采用承插式连接，即管子直接插入管件的承插孔内，所以 PP-R 管材的规格通常用其公称外径 De 表示。有些说明书及规范上也称其为"公称直径"，其实也是指的外径。要注意与钢管的公称直径的区别。其他采用承插方式连接的塑料管，如 UPVC 管也是采用其外径来表示粗细规格的。

PP-R 管材的壁厚根据其所能耐受的公称压力分为四个级别。选用管材时要注意，压力级别越高，管子的壁厚越大。具体的尺寸及允许偏差见 PP-R 管的规格参数表 3-24。

PP-R 管的规格参数　　　　　　　表 3-24

公称外径 De（mm）	壁厚（e）				长度（mm）
	公称压力（MPa）				
	PN1.25	PN1.6	PN2.0	PN2.5	
	壁厚及公差	壁厚及公差	壁厚及公差	壁厚及公差	
20＋0.30	—	2.3＋0.0	2.8＋0.50	3.4＋0.60	—
5＋0.30	2.3＋0.50	2.8＋0.50	3.5＋0.60	4.2＋0.70	—
32＋0.30	3.0＋0.50	3.6＋0.60	4.4＋0.70	5.4＋0.80	—
40＋0.40	3.7＋0.60	4.5＋0.70	5.5＋0.80	6.7＋0.90	4000±10
50＋0.50	4.6＋0.70	5.6＋0.80	6.9＋0.90	8.4＋1.10	
63＋0.60	5.8＋0.80	7.1＋1.00	8.7＋1.10	10.5＋1.30	3000±10
75＋0.70	6.9＋0.90	8.4＋1.10	10.3＋1.30	12.5＋1.50	—

如图 3-116 所示，PP-R 管的内径 D，与外径 De 的关系为：$D=De-e$，其中，e 为管子的壁厚。

在选用管子时，相同公称外径的管子，耐压程度越高，管子的壁厚 e 越厚，管子的实际内径 D 就越小，有可能会造成水头损失或管道内水的流速过快。在选用 PP-R 管材时需要引起注意。

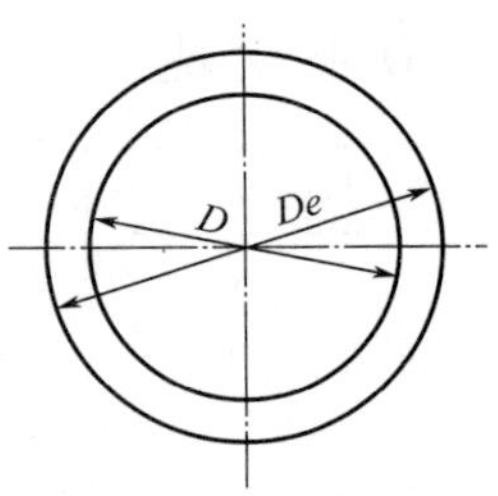

二、PP-R 管件

按管件的作用进行划分可以大致分为两大类：（1）满足管道的形状变化和粗细变化的管件，这类管件所有连接口都与管材直接连接；（2）满足各种给水附件或配件接入的管件，如水龙头、水表等的接入。这类管件上至少有一个接口是金属丝扣接口。

图 3-116 公称外径

我们把第一类 PP-R 管件称为塑料管件，把第二类 PP-R 管件称为带金属丝扣的管件。

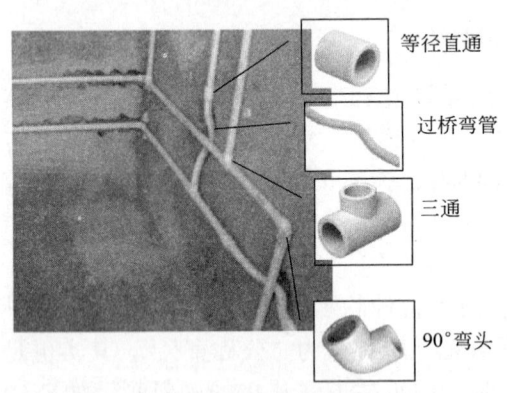

图 3-117 PP-R 管段中的塑料管件使用情况

1. 塑料管件

塑料管件的类型与钢管件相似，通常包括：直通（管箍）、弯头、三通、过桥管、堵帽等。管件的所有接口都是热熔接口，都与管材直接相连，组成管道的主要部分。其中：直通、弯头、三通都有等径的和异径的区分。图 3-117 所示为各种常见 PP-R 管件在管道上的应用实例。

2. 金属丝扣管件

这类管件的种类包括：直通、弯头、三通。

每一种金属丝扣管件的金属丝扣接口形式都有内丝口和外丝口两种。如图 3-118 所示为内丝口弯头；如图 3-119 所示为外丝口弯头。

图 3-118 PP-R 管件内丝口弯头

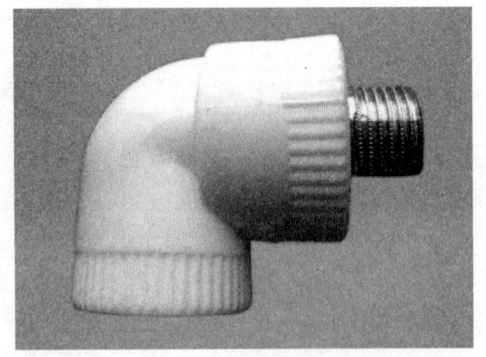

图 3-119 PP-R 管件外丝口弯头

三、切断下料

1. 切断工具

PP-R 管材的切断工具形式很多，如图 3-120 所示。为了得到整齐垂直轴线的端口，推荐使用管剪和专用割刀。小管径的管子采用管剪比较方便，大管径的管子采用专用割刀比较方便。使用管剪切断的管子端口，为了保证一定的圆度可以使用塞入式整圆器进行正圆。

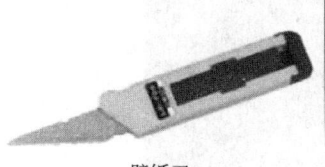 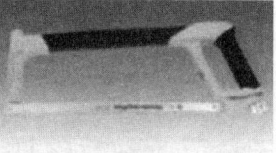 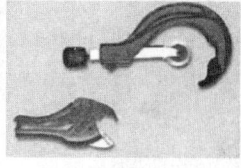 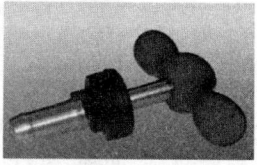

壁纸刀　　　　　　　　手工钢锯　　　　　塑料管专用割刀和管剪　　　　整圆器

图 3-120　PP-R 管材的切断和整圆工具

2. 下料计算

根据安装图 3-115、下料公式 $l_1 = L_1 - (c+b) + (c'+b')$ 和 PP-R 管材的熔接深度（表 3-25）进行 PP-R 管的下料计算。

PP-R 管材的熔接深度　　　　　　　　　　　表 3-25

公称外径（mm）	20	25	32	40	50	63	75	90	110
熔接深度（mm）	14	16	20	21	22.5	24	26	32	38.5

3. 管道切断下料

（1）领取适量 DN20 的 PP-R 管及相关规格的管件，检查管道及管件质量与外观是否合格，如图 3-121 所示。

（2）根据安装图的长度要求，用钢卷尺对 PP-R 管进行测量，量取所需长度，并用记号笔在管道需要切割的位置划上切割标记线，如图 3-122 所示。

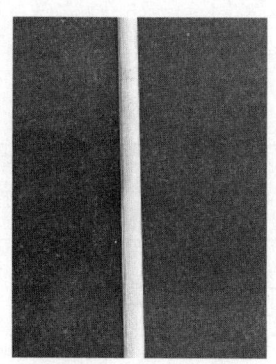 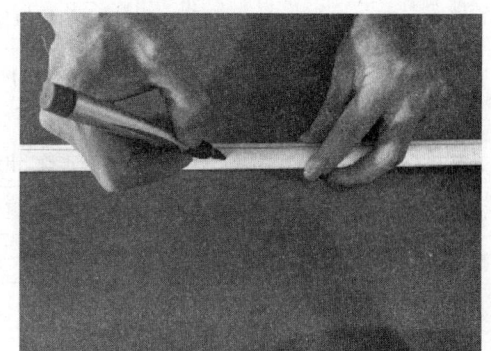

图 3-121　准备材料　　　　　　图 3-122　切割标记

（3）一只手握紧 PP-R 管，另一只手用管剪沿标记的切割位置垂直剪断 PP-R 管，切断时应均匀加力，断管时，断面应同管轴线垂直、无毛刺，如图 3-123 所示。

（4）把管道擦干净，并把管道边缘的杂质等清理干净，以获得良好的熔接效果，如图 3-124 所示。

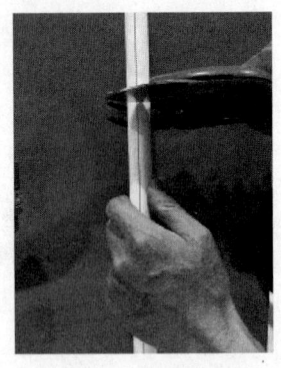

图 3-123　管材切割

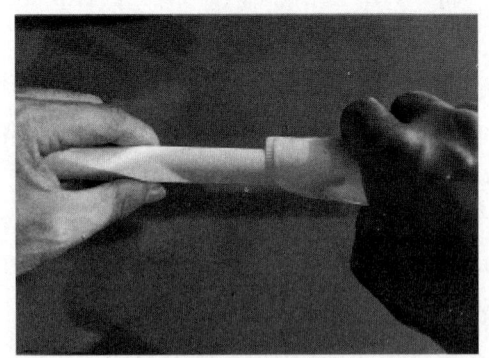

图 3-124　管材擦拭

（5）根据安装图 3-115，用相同的方法将所有需要安装的管道切割下料，并按顺序放好，完成管道切割下料。

任务评价

完成 PP-R 管的下料工作，填写表 3-26。

PP-R 管下料评价表 表 3-26

评价内容		分值	评价标准	自评	互评	教师评价
基础知识	PP-R 管规格辨别	10	回答正确，表述清晰，出现错误酌情扣分			
	PP-R 管件选用	10	回答正确，表述清晰，出现错误酌情扣分			
	熔接深度	20	回答全面，表述清晰，出现错误酌情扣分			
操作要点	PP-R 的切割	10	动作规范，操作正确，错误一处扣 2 分			
	下料计算	10	计算正确，错误一处扣 2 分			
职业素养	工作态度	10	工作积极，迟到旷课扣 4 分			
	协作精神	10	酌情扣分			
	安全文明生产	10	酌情扣分			
	创新意识	10	酌情扣分			

任务总结

掌握的基础知识	
掌握的操作要点	
遇到的问题	

解决问题的方法和途径	
心得体会	
其他	

任务二 PP-R 管的管段安装

任务描述

本任务是熟练掌握 PP-R 管段的施工组装过程，根据给定的图 3-115 所示的管段和给水排水施工质量验收规范，计算所需各段管的下料长度，选定各连接节点的管件类型和规格，完成管段加工，并进行打压试验。

任务分析

分析 PP-R 管的管段组装工作流程，完成表 3-27。

PP-R 管的管段组装工作流程表　　　　　表 3-27

序号	工作内容	操作方法	精度要求	设备、工具、量具

任务目标

1. 知识目标

（1）了解 PP-R 管材的熔接操作时间。

（2）了解卫生间给水系统的安装要求。

（3）熟悉给水系统的验收规范。

（4）掌握 PP-R 管的热熔连接步骤和质量标准。

（5）掌握塑料管的打压程序。

2. 能力目标

（1）能正确操作热熔机进行热熔连接。

（2）能正确使用试压泵进行压力试验。

（3）能够按照安装规范验收卫生间给水系统。

3. 职业素养目标

（1）工作态度端正，纪律观念强。

（2）善于思考问题和敢于解决问题的能力。

（3）良好的协作精神和创新意识。

（4）遵守安全文明生产的要求。

任务实施

工作内容	操作方法	说明	精度要求	设备、工具、量具
1. 热熔连接	组装热熔机			
	做熔接深度标记			
	熔接操作			
任务知识点				
2. PP-R 管项目测试与验收	PP-R 管压力试验			
	熔接工艺质量评定			
任务知识点				

任务实施加油站

一、热熔连接

1. 组装热熔机

（1）取出热熔机，准备十字螺丝刀 1 把，将热熔机固定在支架上，如图 3-125 所示。

（2）根据需要熔接的管材规格选择相应规格的加热模头，如图 3-126 所示。

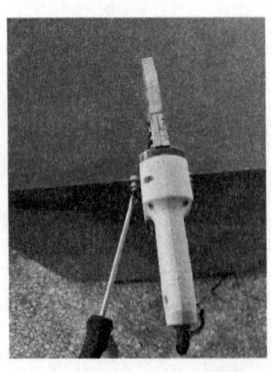

图 3-125　热熔机固定

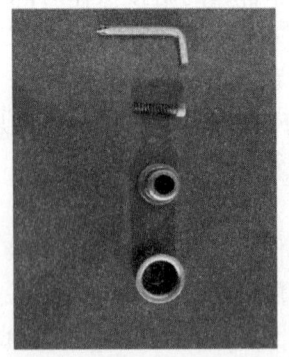

图 3-126　模头准备

（3）先将螺丝穿入无内丝的加热头模头内，接着把穿上模头的螺丝从热熔机机体前端的小孔中穿过去，再把配套的有内丝的加热模头从热熔机机体的另一端与螺丝连接，最后用专用六角板手进行紧固。一般规格小的模头安装位置在热熔机机体前端，规格较大的安装在后端，公母模头的左右位置可按各人习惯安装，如图 3-127、图 3-128 所示。

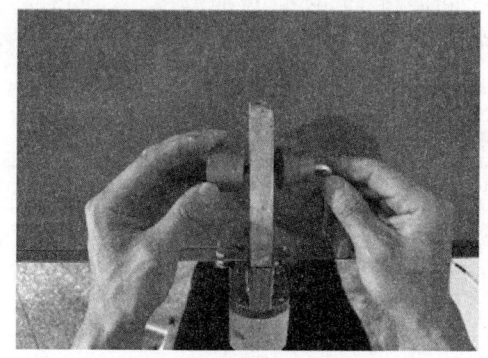

图 3-127　模头安装紧固

图 3-128　组装完成

（4）完成热熔机组装后，通电检查热熔机工作是否正常，绿灯亮表示正在加热，如图 3-129 所示。大约通电 30s 后红灯亮，说明达到熔接温度，一般为 260℃，如图 3-130 所示。

图 3-129　绿灯亮

图 3-130　红灯亮

2. 做熔接深度标记

用钢直尺、铅笔测量管子的插入深度，在参照表上做上标记，如图 3-131 所示。

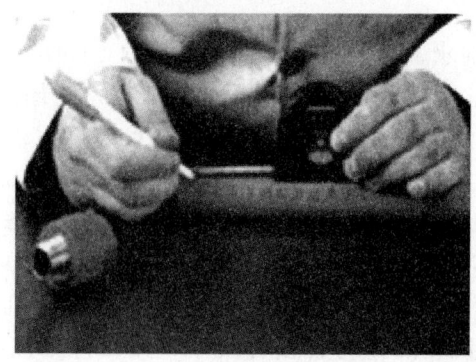

图 3-131　测量管子的插入深度

3. 熔接

接通热熔机电源，热熔机红灯亮，达到加热时间后将 PP-R 管对准母模头，同时将管件对准公模头，保持管材与管件水平、匀速、无旋转地推入到 PP-R 管熔接深度标记位置，各种不同规格的 PP-R 管材的加热时间和加工时间以及冷却时间见表 3-28。

PP-R 熔接时间　　　　　　　　　　　　　　　表 3-28

公称外径(mm)	20	25	32	40	50	63	75	90	110
加热时间(s)	5	7	8	12	18	24	30	40	50
加工时间(s)	4	4	6	6	6	8	10	10	15
冷却时间(min)	3	3	4	4	5	6	8	10	12

注：若环境温度小于 5℃，加热时间应延长 50%。

注意：加热时间过短，则会导致熔接不牢靠，发生漏水；加热时间过长，则会导致熔接部分过多，出现管道堵塞现象。

达到加热时间后，立即把管材与管件从加热套与加热头上同时取下，将加热后的管子迅速、无旋转地沿轴线均匀压入管件的内口中，直到管身上所标深度，使接头处形成均匀凸缘，如图 3-132 所示。在 PP-R 熔接时间表 3-28 中规定的加工时间内，刚熔接好的接头还可校正，最大可容许 10°的校正角度，但严禁旋转。热熔连接的管道，进行水压试验的时间应在热熔连接 24h 后进行。

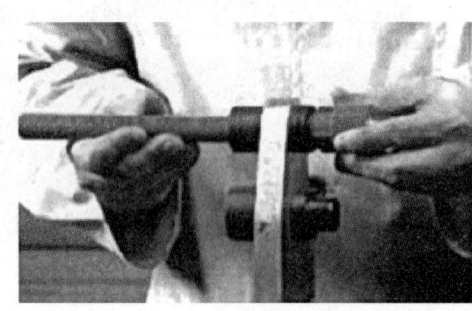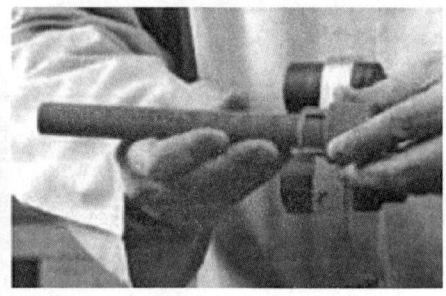

图 3-132　PP-R 管的热熔连接操作

二、PP-R 管项目测试与验收

1. 水压打压试验操作步骤

(1) 将手动打压泵水箱注满清水。

(2) 关闭管道系统末端阀门，或者用丝堵堵上预留管口。系统最高端阀门打开，便于排放管道内空气。

(3) 试压泵出水管接管道系统最低端管口，然后上下按动打压泵手柄向打压区给水管系统加压，系统最高端阀门留出水后阀门关闭，继续打压直到压力表指示压力达到试验压力，即 0.8MPa 时，停止加压。

(4) 压力试验：按现行国家标准《建筑给水排水及采暖工程施工质量验收规范》GB 50242 中 4.2.1 条规定，室内给水管道的水压试验必须符合设计要求，当设计未注明时，各种材质的给水管道系统试验压力均为工作压力的 1.5 倍，但不得小于 0.6MPa。塑料管给水系统应在试验压力下稳压 1h，压力降不得超过 0.05MPa，然后在工作压力的 1.15 倍状态下稳压 2h，压力降不得超过 0.03MPa，同时检查各连接处不得渗漏。

（5）完成打压：

① 打压完成后，松开手动打压泵泄压阀，将打压管道内部水排入水箱。

② 将打压泵水箱内部水倒掉，并擦拭干净。

③ 将打压泵与实训区连接软管拆下，并放入水箱。

④ 将打压泵放回指定位置。

2. 熔接工艺质量评定

PP-R 管项目工程施工完毕后，应按照相关国家标准进行评判。

（1）位置正确

按照图纸规定安装管道、管件阀门、管卡等器材，管道、管件、阀门安装尺寸允许误差为 ±4mm，管卡安装尺寸允许误差为 ±2mm，要求安装位置正确，在下料时应保证长度尺寸正确。

（2）固定牢固

按照图纸规定位置，使用管卡对管道进行固定，要求固定规范、牢固，没有松动，螺丝应拧紧，管道不允许有松动。

（3）接头质量

生料带缠绕规范美观，没有外露，熔接处没有熔瘤、熔接圈凸凹不匀现象，管道、管件熔接时，中心线应一致朝外。

（4）没有泄漏

管线安装完毕后，进行 2min 0.8MPa 的压力试压，要求管路连接部位不得出现水滴、水流等漏水现象。

（5）横平竖直

要求管道、管件、阀门等器材横平竖直，阀门和角阀方向正确，各管件安装方向符合图纸设计要求。

（6）器材干净

保持管道、管件表面洁净，没有污斑，干净美观。完成全部管道安装时，管道、管件表面应清理干净，没有污渍、污染和杂物等。

（7）用料合理

要求合理用料，充分利用剩余的管道，不得浪费管道、管件等材料。

任务评价

PP-R 管的管段安装评价表　　　　　　　　　　　　　表 3-29

PP-R 管的管段安装图				图 3-115				
评价内容		分值	评价标准	评分细则	自评	互评	教师评价
PP-R 管管段安装	外观	5	外观平整，横平竖直	外观不平整 1 处扣 2 分			
		5	接口处翻浆均匀	接口处翻浆不均匀 1 处扣 1 分			
		5	按图施工，朝向正确	朝向错误 1 处扣 1 分			
		5	中心线一致朝外	中心线不一致扣 1 分			

续表

评价内容		分值	评价标准	评分细则	自评	互评	教师评价
PP-R管管段安装	质量	5	接头牢固、可靠	每检查一处错误扣1分			
		5	管道内接口光滑、无熔渣,不堵塞	堵塞一处扣2分			
		10	试压泄漏合格	泄漏一处扣5分			
	正确度	10	连接管件的管段尺寸正确,符合图纸要求	尺寸≤0.1cm不扣分,否则每错误1处扣4分			
材料清单	材料名称	10	符合给水排水专业术语	每错1个扣2分			
	材料规格	10	规格正确	每错1个扣2分			
	材料数量	10	数量准确	每错1个扣2分			
职业素养	安装完成后场清料净	5	工具清点数量后放回工具箱	工具没放回工具箱、摆放不整齐,或者损坏工具扣5分			
		10	把现场清理干净	现场不清理扣3分			
		5	合理利用管材、管件	浪费一个管件扣2分			

任务总结

掌握的基础知识	
掌握的操作要点	
遇到的问题	
解决问题的方法和途径	
心得体会	
其他	

项目四 铝塑管管段安装

项目介绍

本任务是熟练掌握两类工程中常用的塑料管材的切断和连接技能。要求能根据实训中所给管道施工的系统图（图3-133），独立完成管材的下料、管件的选择，并完成安装。

1. 铝塑管管材

铝塑复合管（PAP管）是中间层采用焊接铝管，外层和内层采用中密度或高密度聚乙烯或交联高密度聚乙烯，经热熔胶粘合而形成的一种复合材料型的管道，铝塑复合管的结构如图3-134所示。

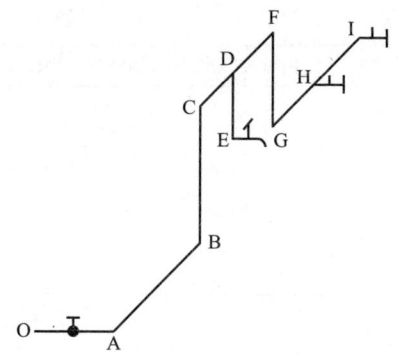

图 3-133 铝塑复合管管段安装示意图

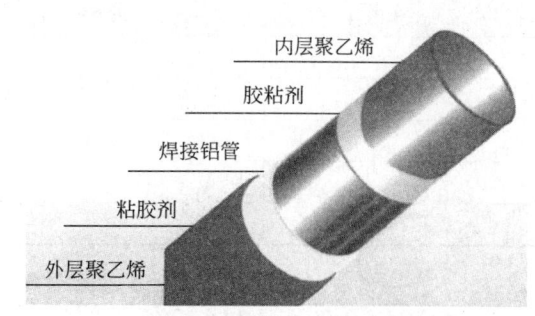

图 3-134 铝塑复合管的结构

铝塑管除具有塑料管材的特点外，其本身还具有金属管的特点。由于其中间夹层是铝皮，铝塑管可以任意弯曲，并保持弯曲后的形状。所以铝塑管广泛应用于给水设备的接入管、燃气和采暖管道中。

2. 铝塑管的特点

（1）铝塑管可以在一定范围内随意弯曲，并且是永久性地弯曲不会反弹。

（2）抗振动、耐冲击性较好，能有效缓冲管路中的水锤作用，减少管内水流噪声。

（3）由于它具有良好的弯曲性能，其弯曲时可吸收管材的反弹能力。所以使用铝塑管时可以不用考虑由热胀冷缩带来的管道变形。铝塑管的弯曲操作也非常方便。

（4）管道的连接完全是利用专用的铝塑管接头来完成的。管材和连接管件的连接方式较为先进，操作简便，施工时间短，效率高。

铝塑管是利用连接管件组成管道的，如图 3-135 所示，在它的接头部位有效截面发生突变，连接管件内的管径变得非常细，会产生很大的水头损失。因此采用铝塑管时其管道上的各种管件所带来的水头损失会比其他管材（如钢管）大。

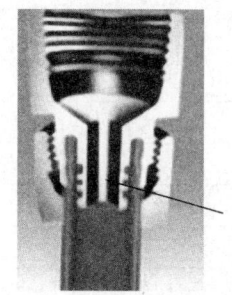

内部有效管径变得很细

图 3-135 铝塑管接头内部结构

项目分析

1. 图样分析

分析图 3-133，完成表 3-30。

铝塑管管段材料分析表　　　　　　　　　　　表 3-30

序号	名称	规格	型号	单位	数量

2. 工艺分析

分析铝塑管管段的组装流程，完成表 3-31。

铝塑管管段的组装流程表   表 3-31

序号	工作内容	操作方法	精度要求	设备、工具、量具

任务一 铝塑复合管的切割下料

任务描述

通过本任务的学习使学生掌握铝塑复合管管材的基本特性、使用范围、规格型号、切断、弯曲和下料，为铝塑管段的安装做好准备工作。

任务分析

1. 图样分析

分析图 3-133 完成表 3-32。

管道下料分析表   表 3-32

序号	管段	规格	单位	数量
	O-A			
	A-B			
	B-C			
	C-D			
	D-E			
	D-F			
	F-G			
	G-H			
	H-I			

2. 工艺分析

分析图 3-133 铝塑复合管下料的工作流程，完成表 3-33。

铝塑复合管下料的工作流程表   表 3-33

序号	工作内容	操作方法	精度要求	设备、工具、量具

任务目标

1. 知识目标

（1）熟悉铝塑复合管的连接特点。

（2）熟悉铝塑复合管连接基本工具的使用方法。

（3）熟悉铝塑复合管管材的规格型号。

（4）掌握铝塑复合管的下料方法。

2. 能力目标

（1）能准确判断出铝塑管材类别和型号规格。

（2）会熟练操作割刀的切割。

（3）根据图纸能够选用合适的铝塑管管件。

（4）能根据图纸进行铝塑管的下料。

3. 职业素养目标

（1）工作态度端正，纪律观念强。

（2）善于思考问题和敢于解决问题的能力。

（3）良好的协作精神和创新意识。

（4）遵守安全文明生产的要求。

任务实施

工作内容	操作方法	说明	精度要求	设备、工具、量具
铝塑复合管下料	选择管子规格和管件			
	管子弯曲			
	切断下料			
任务知识点				

任务实施加油站

一、铝塑复合管规格

1. 铝塑管（PAP 管）的规格通常用公称外径 De 表示，即管道最粗的地方。常用的有 12～75mm 十多种规格。

2. 小管径的铝塑复合管管材通常为盘卷包装。每盘的长度随管材的粗细不同，通常为 200m。

3. 铝塑复合管常用外观颜色表示其不同的用途。通常按其用途不同分类，有如下四种颜色：

（1）冷水用普通型铝塑复合管，采用的颜色为白色，工作温度小于或等于 60℃。

（2）热水用耐温型铝塑复合管，采用的颜色为橙红色，工作温度小于或等于95℃。

（3）燃气专用型的铝塑复合管，采用的颜色为黄色，工作温度小于或等于40℃。

（4）特种流体用的铝塑复合管，采用的颜色为红色，工作温度小于或等于60℃。

在选用铝塑管的时候要注意耐温型铝塑复合管可以替代普通型铝塑复合管，但反过来则不被允许。即热水管可以代替冷水管，但冷水管不能代替热水管。

二、铝塑管管件

采用铝塑管组成的管道中，管道中各处的连接要求都是通过各种专用管件来实现的。按铝塑管和管件之间的连接原理可以将管件划分为：卡套式和卡压式。

卡套式连接的操作工具简单易得。下面以卡套式管件为例做一介绍。

铝塑管卡套式连接管件按其作用分为两类：

（1）连接铝塑管的管件，这类管件的所有接口都与铝塑管连接。这类管件是组成管道系统的主要管件。

（2）接入附件的管件，这类管件的所有接口中至少有一个螺纹接口，这样可以在铝塑管的管道系统中接入水龙头、三角阀、水表等配水附件。

1. 连接铝塑管的管件

这类管件的所有接入口都是卡套口，都是与铝塑管直接相连。管件的类型与钢管件相似，包括常见的直通、大小头、弯头、三通等，如图3-136所示为卡套口三通，如图3-137所示为卡套口直通，如图3-138所示为卡套口弯头，如图3-139所示为卡套口外丝三通。

图3-136　铝塑管管件——三通

图3-137　铝塑管管件——直通

图3-138　铝塑管管件——弯头

图3-139　铝塑管管件——外丝三通

2. 丝口铝塑管管件

这类管件的所有接入口中除卡套口外，至少有一个丝扣接口。这类管件都是作为各种给水附件的接入或是其他管材的管道（如钢管）与铝塑管连接时使用的。

管件的类型也包括常见的直通、大小头、弯头、三通等，只是每一种管件上都有一个丝扣接口。丝扣接口的形式有内丝口和外丝口，如图 3-140 所示为外丝口的直通；图 3-141 所示为内丝口直通；图 3-142 所示为外丝口弯头；图 3-143 所示为内丝口弯头。

图 3-140　铝塑管管件——外丝直通　　　图 3-141　铝塑管管件——内丝直通

图 3-142　铝塑管管件——外丝弯头　　　图 3-143　铝塑管管件——内丝弯头

三、铝塑管的弯曲

铝塑管可以直接用手弯曲，但弯曲半径不能小于管子外径的 5 倍，见表 3-34。

铝塑管的弯曲半径　　　　　　　　　　　　　　　　表 3-34

铝塑管的规格（mm）	弯曲半径 R	
	$R < 5D$	$R \geq 5D$
$\phi 8$ 至 $\phi 25$	弯头连接	直接弯曲
$\phi 32$ 至 $\phi 125$	弯头连接	

弯曲方法是将弯管弹簧塞入管道，送至弯曲处，在该处用手加力缓慢弯曲，成型后抽出弹簧。管子弯曲处必须离接头或管件最小 20mm 以上，不得以管件或接头作为支点进行弯曲，如图 3-144 所示。

四、铝塑管的切断下料

铝塑管的切割可以使用如图 3-145 所示的工具进行，推荐使用专用管剪。大口径的管子可以用割刀切割，也可采用钢锯进行切割。无论采用哪种切割方式，均要求切口平滑，与管子表面垂直。

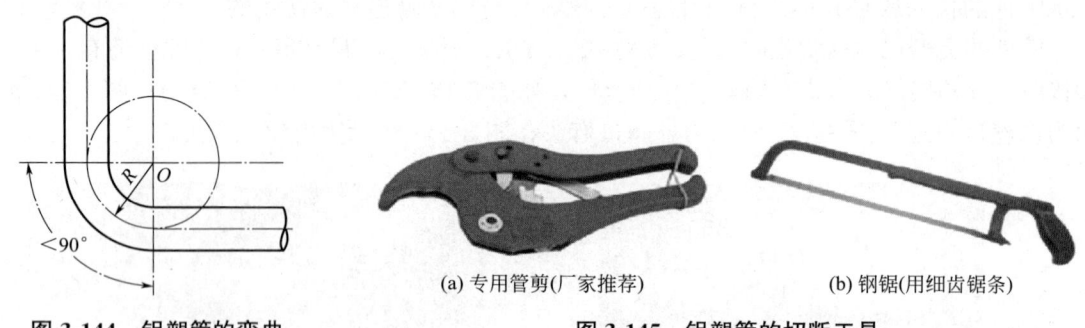

图 3-144　铝塑管的弯曲　　　　　图 3-145　铝塑管的切断工具

（a）专用管剪（厂家推荐）　　　　　（b）钢锯（用细齿锯条）

铝塑管切断后，为了便于连接，切口要求用如图 3-146 所示的铰刀和整圆器进行整圆。

管道切割下料步骤：

（1）准备铝塑盘管、矫直机，检查铝塑管材品质及表面质量，用矫直机对选择的铝塑管道矫直，如图 3-147 所示。管道矫直时应匀速缓慢推拉，注意不要划伤管道表面。注意：在搬运铝塑盘管时，应小心轻放，以便减少划伤管道表面的风险，严禁在地板上拖曳管材。

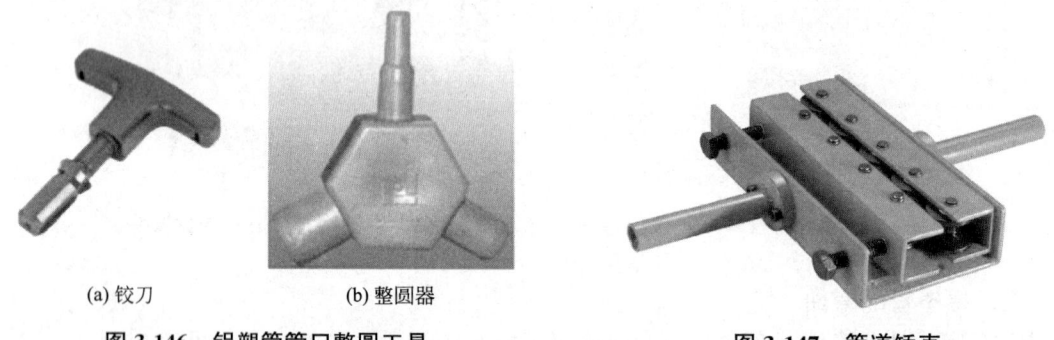

（a）铰刀　　　　　　（b）整圆器

图 3-146　铝塑管管口整圆工具　　　　　图 3-147　管道矫直

（2）管道矫直后需确认管道没有损伤和变形，然后按照图纸要求计算下料长度，对管道进行长度尺寸测量，并在相应位置处进行标记。切管时，一只手握紧铝塑管，另一只手用铝塑管剪沿标记位置垂直剪断铝塑管，切断时应均匀加力，断管时断面应同管轴线垂直、无毛刺。

管道切割应注意：

（1）管道切割时断面必须保证垂直于管轴且不发生变形。

（2）管道在切割后，检查其是否平直，如有弯曲，则应进行逐段调直，或者通过铝塑管矫直机再次进行矫直。

（3）清理管道。用抹布将管道擦干净，并把管道边缘的杂质等清理干净，以获得良好的连接效果。

任务评价

铝塑复合管的切割下料评价表　　　　　　　　　　　　　　　　表 3-35

铝塑复合管管段示意图			图 3-133			
评价内容		分值	评价标准	自评	互评	教师评价
基础知识	铝塑管规格辨别	10	回答正确,表述清晰,出现错误酌情扣分			
	铝塑管管件选用	10	回答正确,表述清晰,出现错误酌情扣分			
	铝塑管下料方法	20	回答全面,表述清晰,出现错误酌情扣分			
操作要点	铝塑管的切割	10	动作规范,操作正确,错误一处扣2分			
	铝塑管的下料	10	动作规范,操作正确,错误一处扣2分			
职业素养	工作态度	10	工作积极,迟到旷课扣4分			
	协作精神	10	酌情扣分			
	表达能力	10	酌情扣分			
	创新意识	10	酌情扣分			

任务总结

掌握的基础知识	
掌握的操作要点	
遇到的问题	
解决问题的方法和途径	
心得体会	
其他	

任务二　铝塑复合管的连接操作

任务描述

根据安装图 3-133,计算所需各段管的下料长度。选定各连接节点的管件类型和规格,按照安装程序、安装方法、技术要求、质量标准、操作规程,完成管段加工,并进行打压试验,完成安装任务。

任务分析

分析铝塑复合管管段组装的工作流程,完成表 3-36。

铝塑复合管管段组装流程表　　　　　　　　　　　　　　　　表 3-36

序号	工作内容	操作方法	精度要求	设备、工具、量具

任务目标

1. 知识目标

(1) 掌握铝塑复合管的下料计算。

(2) 了解卫生间给水系统的安装要求。

(3) 熟悉给水系统的验收规范。

(4) 掌握铝塑复合管的卡套连接和卡压连接步骤和质量标准。

(5) 掌握铝塑复合管的打压程序。

2. 能力目标

(1) 能正确利用工具进行铝塑复合管卡套连接。

(2) 能正确利用工具进行铝塑复合管卡压连接。

(3) 能够按照安装规范验收管道系统。

(4) 能够利用空压机进行压力试验。

3. 职业素养目标

(1) 工作态度端正,纪律观念强。

(2) 善于思考问题和敢于解决问题的能力。

(3) 良好的协作精神和创新意识。

(4) 遵守安全文明生产的要求。

任务实施

工作内容	操作方法	说明	精度要求	设备、工具、量具
1. 卡套式连接	套入螺母和卡套			
	端口整圆			
	紧固螺母			
任务知识点				
2. 卡压式连接	整圆			
	装配套管			
	卡钳挤压			
任务知识点				

工作内容	操作方法	说明	精度要求	设备、工具、量具
3. 铝塑管安装 质量验收	压力试验			
	工艺质量评定			
任 务 知 识 点				

任务实施加油站

卡套式管件的应用非常普遍。这种连接施工使用普通的活扳手即可，不必采用特殊的工具，安装成本较低。所以这种连接管件在目前的给水排水及气体管道中的应用较为广泛。

一、卡套式连接

1. 卡套式管件的结构

卡套式管件连接原理如图 3-148 所示。连接时按照图中的顺序将"连接螺母"和"C型压紧环"套在铝塑管上。按图中箭头的方向插进接头本体的铜塞头上。插入后，用扳手旋紧连接螺母即可。

2. 卡套式管件的操作过程

（1）首先用切割工具将管子截断。在切割时一定要保证切口的平滑以及切口平面与管身的垂直。

（2）先将螺母套入铝塑管，然后套入 C 型卡环，如图 3-149 所示。

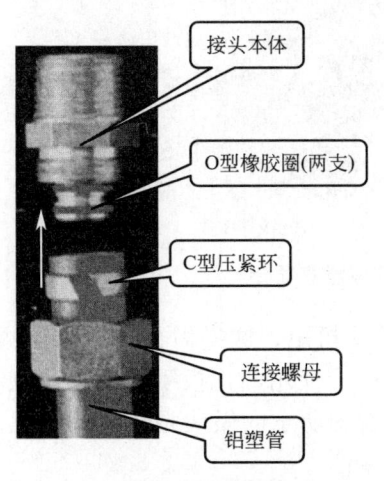

图 3-148 铝塑管连接原理

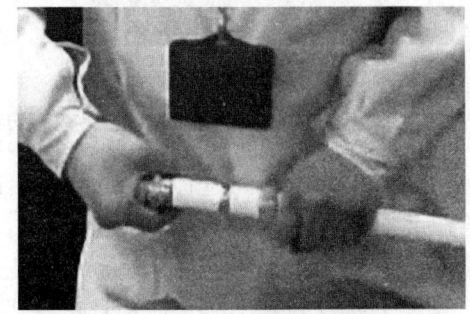

图 3-149 套入紧固螺母和 C 型卡环

（3）使用铝塑管专用的整圆器垂直插入管口，来回转动，将管口整圆。注意不要左右摆动，以免将管口扩大。

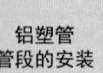

（4）整圆后将连接管件上带密封圈的金属内芯塞入铝塑管内腔。插入时一定要将金属内芯完全插入，两个密封圈完全插入铝塑管内。并将 C 型卡环沿着铝塑管移至连接管件口处，将连接螺母与连接管件上的外螺纹旋紧，如图 3-150 所示。

（5）用两把活扳手咬住管件和连接螺母的外六角部位，使劲拧紧（图 3-151），即可完成连接。

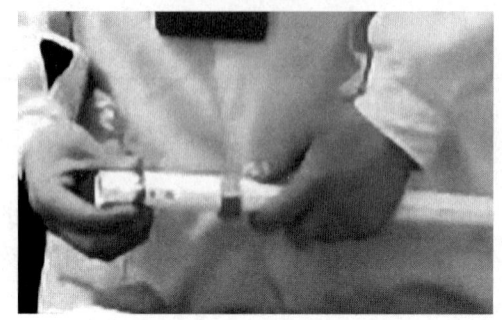

图 3-150　塞入管件接头

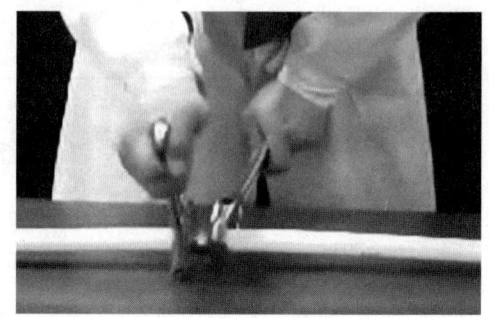

图 3-151　旋紧操作

3. 卡套式操作中的注意事项

（1）为了保证切割出的切口与管子垂直，因此在切割时使用的工具一定要与管子轴线垂直，如图 3-152 所示，当采用管剪切割时，左图的操作是正确的，而右图中的操作是不正确的。因为剪子未与管子垂直，不能保证切口与管子垂直。

(a) 操作正确

(b) 操作错误

图 3-152　铝塑管切断操作的注意事项

（2）在拧紧连接螺母的过程中，不能让铝塑管承受扭矩，这样做会导致连接的失败，并可能会使管材失效。铝塑管是不能扭动的，拧螺母时应使用两把扳手，可以让铜制的连接件承受扭矩，如图 3-153 左图所示的做法是正确，右图所示的做法是错误的。螺母一定要旋紧，不能有螺纹外露。禁止使用管钳替代扳手。

二、卡压式连接

卡压式管件有些厂家也称之为钳压式管件。这种连接件主要应用于压力较高的管路中。这种连接管件必须由管材的生产厂家提供，相应的连接件的价格较高。

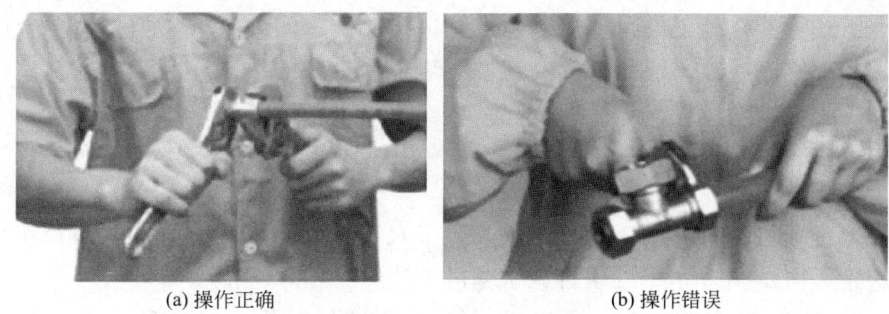

(a) 操作正确　　　　　　　　　　(b) 操作错误

图 3-153　铝塑管旋紧操作的注意事项

1. 卡压式连接管件

卡压式连接管件的结构如图 3-154 所示。一般都是利用不锈钢套筒作为压紧铝塑管的元件。

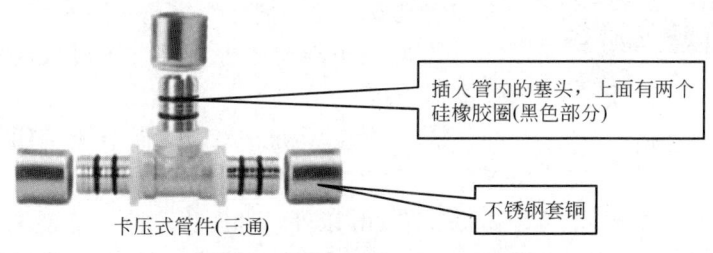

插入管内的塞头，上面有两个硅橡胶圈(黑色部分)

卡压式管件(三通)

不锈钢套铜

图 3-154　铝塑管卡压式连接原理

2. 卡压式管接件的连接操作

卡压式连接的操作过程过程如图 3-155 所示。首先，如图 A 所示，按相应的尺寸截取管材，本例中使用的是专用切管器。割口一定要平滑且与管身垂直。第二步，如图 B 所示，利用整圆器仔细调整管子割口的圆度。第三步，如图 C 所示，从卡压连接件上取下不锈钢套管，并将套管套在铝塑管上。第四步，如图 D 所示，将套了不锈钢套管的铝塑管插进连接件的带有密封橡胶圈的塞头。套了套管的铝塑管要一插到底。最后，如图 E 所示，用卡钳将套管挤压成形，整个连接就大功告成了。

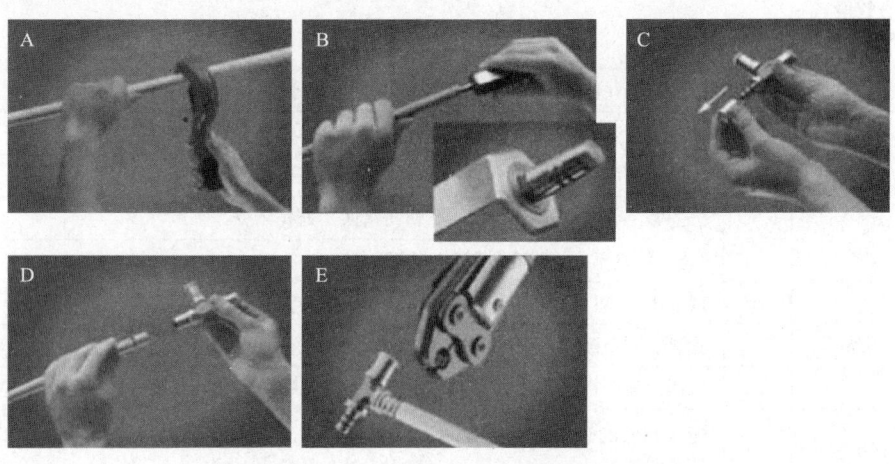

图 3-155　铝塑管卡压式连接操作过程

这种卡压式管件在施工的时候安装速度快、接头的密闭效果好，但是需要专门的工具和连接件。并且不同厂家的连接件的互换性不好，连接件的成本较高。目前在室内给水系统中的应用较少。

三、铝塑管安装质量验收

1. 压力试验

在管道工程项目施工常用压力测试中，除了水压打压以外，还常用气压打压试验，下面通过铝塑管压力试验来介绍气压打压试验的方法。

图 3-156　空压机

（1）气压打压试验工具

常用管道压力试验工具为空压机，如图 3-156 所示。

（2）气压打压试验步骤

① 试验前，应对试压管道进行预吹扫，保证试压管道内部的清洁符合要求，试验前还要准备好用于泄漏检查的溶液或者肥皂剂。

② 将管道与空压机通过空压机快速接头和空压机软管进行连接。

③ 打开空压机开关，缓慢升压到额定试压值，进行保压。

④ 保压时，所有人员应远离试验管道 2m 以外，如压力不降、无泄漏，则严密性试验合格，泄压，关闭空压机。如压力无法保持，则检查管道、管件、阀门等处，找到泄漏点，泄压并关闭空压机，对泄漏点进行补修，然后再次进行空气压力试验。

2. 铝塑管卡套式连接工艺质量评定

卡套式连接完毕后应该按照相关标准进行评判，主要评判点有：尺寸、水平垂直度、管道煨弯、接头质量、成品外观、设备安装及管卡紧固、安全规范操作、压力试验、完成度、用料合理、环境整洁。

任务评价

铝塑复合管连接操作评价表　　　　　　　　　　　　　　　　　　　　　表 3-37

铝塑复合管段的安装图		图 3-133					
评价内容		分值	评价标准	评分细则	自评	互评	教师评价
铝塑复合管管段安装	外观	5	外观平整,横平竖直	外观不平整 1 处扣 2 分			
		5	接口插入深度正确	插入深度不正确的 1 处扣 1 分			
		5	按图施工朝向正确	朝向错误 1 处扣 1 分			
		5	管件、管道不允许出现划痕	出现一处扣 1 分			
	质量	5	接头牢固、可靠	每检查一处错误扣 1 分			
		5	管道切割断面无毛刺,平整	错误一处扣 2 分			
		10	试压泄漏合格	泄漏一处扣 5 分			
	正确度	10	连接管件的管段尺寸正确,符合图纸要求	尺寸≤0.1cm 不扣分,否则每错误 1 处扣 4 分			

评价内容		分值	评价标准	评分细则	自评	互评	教师评价
材料清单	材料名称	10	符合给水排水专业术语	每错1个扣2分			
	材料规格	10	规格正确	每错1个扣2分			
	材料数量	10	数量准确	每错1个扣2分			
职业素养	安装完成后场清料净	5	工具清点数量后放回工具箱	工具没放回工具箱、摆放不整齐，或者损坏工具扣5分			
		10	把现场清理干净	现场不清扣3分			
		5	合理利用管材、管件	浪费一个管件扣2分			

任务总结

掌握的基础知识	
掌握的操作要点	
遇到的问题	
解决问题的方法和途径	
心得体会	
其他	

项目五　排水管道安装

项目介绍

排水管道安装是管道工应该掌握的必备技能之一。本任务主要介绍室内排水系统、UPVC排水管材的安装基本知识，通过本任务的学习，操作者能掌握UPVC排水管材安装技能。

项目分析

1. 图样分析

分析图3-157，完成表3-38。

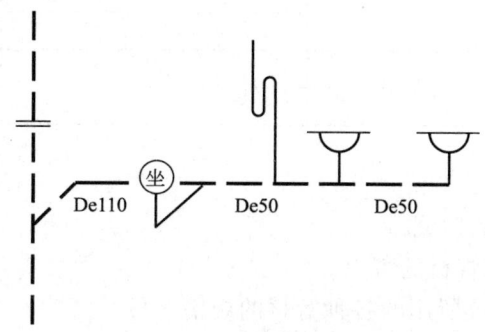

De110　　De50　　De50

图3-157　排水管道安装示意图

排水管道管段材料分析表 表 3-38

序号	名称	规格	型号	单位	数量

2. 工艺分析

分析图 3-157，完成表 3-39。

排水管道管段的组装流程表 表 3-39

序号	工作内容	操作方法	精度要求	设备、工具、量具

任务一　UPVC 排水管的下料

任务描述

通过本任务的学习，主要掌握 UPVC 排水管材的材料特性、分类及规格，UPVC 排水管安装所配备的管件，掌握 UPVC 排水管的下料计算和切断方法。

任务分析

分析 UPVC 排水管材的切割下料工作流程，完成表 3-40。

UPVC 排水管材的切割下料工作流程表 表 3-40

序号	步骤名称	主要内容	设备、工具、量具

任务目标

1. 知识目标

（1）熟悉 UPVC 排水管材的特点。

（2）熟悉室内排水系统所用的各种管材的规格型号。

（3）掌握 UPVC 排水管道下料方法。

2. 能力目标

（1）能熟练地使用切割工具进行 UPVC 排水管的切割。

（2）能辨别排水管道的管材种类及规格。

（3）能选用合适的连接 UPVC 排水管的管件。

（4）能准确地按照图纸进行管道下料。

3. 职业素养目标

（1）工作态度端正，纪律观念强。

（2）善于思考问题和敢于解决问题的能力。

（3）良好的协作精神和创新意识。

（4）遵守安全文明生产的要求。

任务实施

工作内容	操作方法	说明	精度要求	设备、工具、量具
1. 备料	选择对应的 UPVC 管材			
	配备对应的管件			
任务知识点				
2. UPVC 排水管的切割下料	量测			
	利用钢锯切断			
	管道清理			
任务知识点				

任务实施加油站

一、备料

1. UPVC 排水管材的特点

硬聚氯乙烯（UPVC）管的抗腐蚀能力远高于铸铁管，但不能抵抗 90% 以上浓度的硫酸、脂肪酸、甲苯、乙醚的腐蚀，若将硬聚氯乙烯（UPVC）管误用于含以上溶剂的场合，将不可避免地出现腐蚀老化现象。因此，硬聚氯乙烯（UPVC）管用于某些特殊场合时，要考虑其抗腐蚀适用性，不可与浓硫酸、脂肪酸等长期接触，以免腐蚀破坏。硬聚氯乙烯（UPVC）管对温度较敏感，耐热性能比铸铁管差，一般只用于连续排放温度低于 40℃、瞬时排放温度不高于 80℃ 的场合。若超过此限，材料的分子结构在高温状态下易失去稳定，结合键破坏，从而加速材料的老化，影响寿命。

同时硬聚氯乙烯（UPVC）管的施工一般都是以胶粘剂的粘接为主。在高温下胶粘剂的接头也会出现开缝渗漏的现象。所以在排放温度较高的场合目前还是使用铸铁管。

2. UPVC管规格

UPVC管尺寸规格用公称外径DN表示，其尺寸规格见表3-41。管道的长度一般为4m或6m，其他长度由供需双方协商确定。

UPVC管尺寸规格   表3-41

公称外径DN	平均外径		壁厚	
	最小	最大	最小壁厚	最大壁厚
32	32.0	32.2	2.0	2.4
40	40.0	40.2	2.0	2.4
50	50.0	50.2	2.0	2.4
75	75.0	75.3	2.3	2.7
90	90.0	90.3	3.0	3.5
110	110.0	110.3	3.2	3.8
125	125.0	125.3	3.2	3.8

3. UPVC排水管件

UPVC排水管道的连接管件将直管段连接起来组成管路（图3-158）。连接方式主要是承插连接，接口处用胶粘剂进行粘接。

洗衣机地漏(圆形)

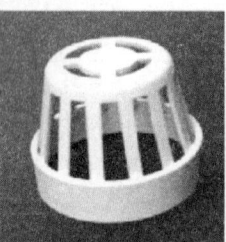
通气帽

直通

大小头

顺水三通

45°弯头

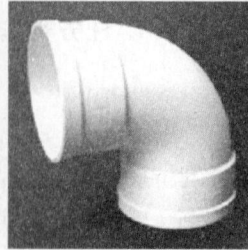
90°弯头

伸缩节

图3-158 常用UPVC排水管管件

二、UPVC 排水管的切割下料

截断时可以利用钢锯或是专用割刀进行。手工锯割 UPVC 管道的方法如下：

（1）选取 UPVC 管道及相同规格的管件。以 DN110 的 UPVC 管道为例，检查管道及管件的质量与外观合格，如图 3-159 所示。

（2）用钢卷尺对 UPVC 管道进行测量，量取所需长度，并用记号笔进行标记，如图 3-160 所示。

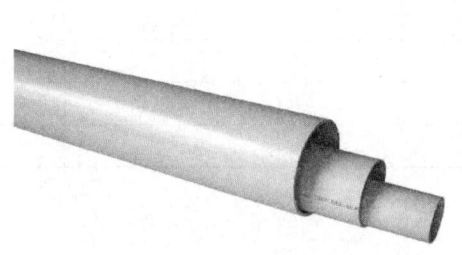

图 3-159 管材选择

图 3-160 切割标记

（3）用 UPVC 割刀或手工锯沿记号笔标记位置垂直切断 UPVC 管，切断管材时应保证切口平整且垂直于管轴线，本节以 UPVC 手工锯为例，如图 3-161 所示。

（4）管道清理。用干抹布将切割好的管道擦干净。对管道口进行去毛刺处理，如图 3-162 所示。

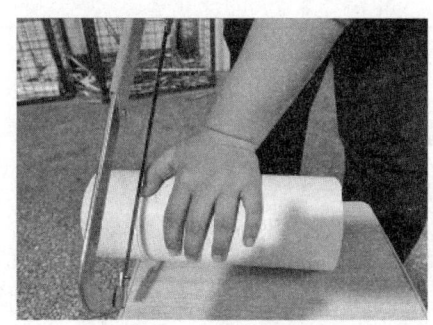

图 3-161 管材切割

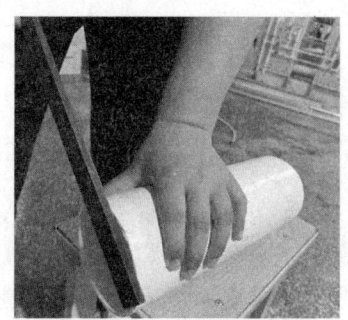

图 3-162 端口处理

任务评价

分析图 3-157，完成 UPVC 排水管道安装下料，填写表 3-42。

UPVC 排水管道安装下料评价表　　　　　　　　　　　表 3-42

UPVC 排水管道安装图			图 3-157			
	评价内容	分值	评价标准	自评	互评	教师评价
基础知识	排水管规格辨别	10	回答正确，表述清晰，回答错误酌情扣分			
	排水管管件选用	10				
	UPVC 管下料方法	10				

评价内容		分值	评价标准	自评	互评	教师评价
操作要点	管道下料计算	15	计算正确,尺寸准确,出现错误酌情扣分			
	切割质量	15	动作规范,尺寸正确,误差没超过1mm扣4分			
	设备、工具、量具的使用	10	动作规范,操作正确,错误一处扣2分			
	操作姿势	10	动作规范,操作正确,错误一处扣2分			
职业素养	工作态度	5	工作积极,迟到旷课扣2分			
	协作精神	5	酌情扣分			
	安全文明生产	5	酌情扣分			
	创新意识	5	酌情扣分			

任务总结

掌握的基础知识	
掌握的操作要点	
遇到的问题	
解决问题的方法和途径	
心得体会	
其他	

任务二 UPVC 排水管的安装

任务描述

根据室内排水管道安装示意图 3-157，通过识读合理选用建筑室内排水系统常用安装材料，掌握室内排水系统安装工艺，熟悉建筑室内给水排水系统安装工程质量验收规范，并能够进行质量验收。

任务分析

分析 UPVC 排水管材的安装工作流程，完成表 3-43。

UPVC 排水管材的安装工作流程表　　　　表 3-43

序号	工作内容	操作方法	精度要求	设备、工具、量具

任务目标

1. 知识目标
(1) 熟悉 UPVC 排水管的连接方法。
(2) 熟悉 UPVC 排水管的质量评定内容。
(3) 掌握 UPVC 排水管连接的故障原因。
(4) 掌握 UPVC 排水管的灌水试验内容。
(5) 熟悉建筑室内排水系统安装工程质量验收规范。

2. 能力目标
(1) 能正确进行 UPVC 排水管的连接操作。
(2) 能按照施工规范进行 UPVC 排水管的安装。
(3) 能够进行 UPVC 排水管安装工程的质量检验。
(4) 能够进行排水管道的灌水试验。

3. 职业素养目标
(1) 工作态度端正，纪律观念强。
(2) 善于思考问题和敢于解决问题的能力。
(3) 良好的协作精神和创新意识。
(4) 遵守安全文明生产的要求。

任务实施

工作内容	操作方法	说明	精度要求	设备、工具、量具
1. UPVC 管道安装	管口处理			
	试插			
	粘接			
任务知识点				
2. UPVC 管灌水、通球试验	准备工作			
	打开检查口，放置气囊			
	灌入水，查漏点，记录数据			
	分区段、分层进行灌水试验			
	通球试验			
任务知识点				

任务实施加油站

一、UPVC 管道安装

1. 管口处理

用锉刀或刮刀除掉断口内外飞刺，外锉出 15°角，如图 3-163 所示。用棉布将承插口需粘接部位的水分、灰尘擦拭干净，如有油污需用丙酮除掉。

图 3-163　UPVC 管的管口处理

2. 试插

在进行最后的粘接前，将管材插入管件的承插口，进行试验。实际观察组装后的实体管段与现场的吊架位置及各个预留洞口的位置是否吻合、能否满足安装要求。确定每个插口处管材的插入深度，并用铅笔在管材表面绘出插入深度的记号以便最后粘接时使用。插入深度见表 3-44。粘接部分的表面不能有灰尘和水分，抹胶前务必进行检查和处理。

承插粘接插入深度（mm）　　　　　　　　表 3-44

管子公称外径	管端插入承口深度	管子公称外径	管端插入承口深度
40	20～25	110	43～48
50	20～25	125	45～51
75	35～40	160	50～58
90	40～45		

3. 抹胶

抹胶时最好用专用鬃刷，当采用其他材料的刷子时，应防止刷子本身与胶粘剂发生化学作用，刷子宽度一般为管径的 1/3～1/2。涂刷胶水时动作应迅速。

抹胶时一般先涂刷管件上的承口，如图 3-164 所示。再涂刷承插管材的表面，如图 3-165 所示。

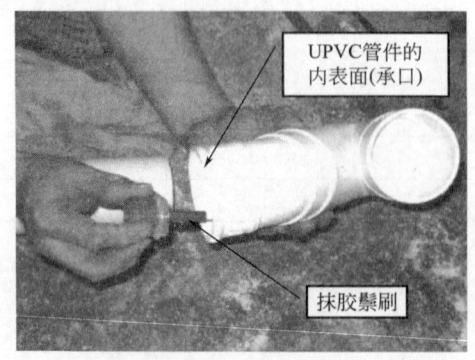

图 3-164　UPVC 管件内壁抹胶

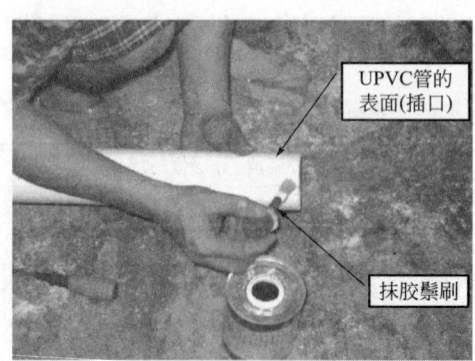

图 3-165　UPVC 管材外表面抹胶

4. 粘接

胶粘剂涂刷结束应将管子立即插入承口，轴向需用力准确，并稍加旋转，注意不可弯曲，如图 3-166 所示。

因插入后一般不能再变更或拆卸。管道插入后应扶持 1～2min 再静置，以待完全干燥和固化。110mm、125mm 及 160mm 管因轴向力较大，应两人共同操作。连接后，多余或挤出的胶粘剂应及时擦除，以免影响管道外壁美观。

管道粘接后建议静置时间见表 3-45。

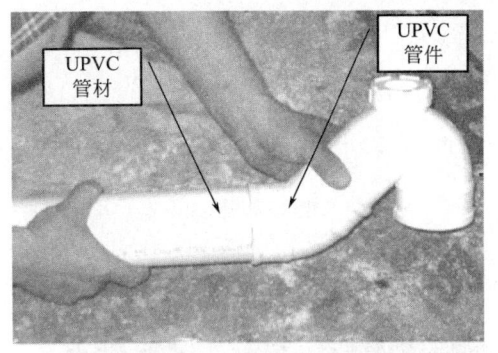

图 3-166　涂抹胶水后的插入

UPVC 管的粘接后静置时间　　　　　　　表 3-45

环境温度	静置时间
15～40℃	至少 30min
5～15℃	至少 1h
−5～15℃	至少 2h
−20～5℃	至少 4h

二、UPVC 管灌水、通球试验

1. UPVC 排水管灌水试验工作原理及操作步骤

（1）灌水试验工作原理

UPVC 排水管灌水试验可以检验 UPVC 排水管道耐压性能是否达标，若耐压性能不达标则管道在后期使用中，将会在胶水粘合处松脱出现泄漏甚至喷水故障。对排水管做灌水试验，应根据实际情况采用相应的方法，对于单层或低层建筑，排水管灌水所形成的压力不高，可用气囊注气法，对于高层建筑的排水管，灌水的水柱压力较高，一般气囊承受不了，可在排水管出水口处加盖板临时封堵。

按照现行国家标准《建筑给水排水及采暖工程施工质量验收规范》GB 50242 中第5.2.1 条规定的检验方法：隐蔽或埋地的排水管道，在隐蔽前做灌水试验，其灌水高度应不低于底层卫生器具的上边缘或底层地面高度。

检验方法：满水 15min 水面下降后，再灌满观察 5min，液面不降，管道及接口处无渗漏为合格。

本试验方法特别适用于排水系统分层横管及分段立管的严密性试验，也适用于卫生洁具及地漏的严密性试验。试验时应采用特制的气囊充气装置，如图 3-167 所示。

（2）灌水试验操作步骤

灌水试验示意图如图 3-168 所示，其具体操作步骤大致如下：

第一步：准备工作。准备气囊充气装置的配件：气囊、打气筒、压力表等，做工具试漏检查。将气囊置于盛满水的水桶中并按住，用气筒向气囊充气，检查气囊、胶管及接口是否漏气，压力表有无指示。

图 3-167　堵水气囊

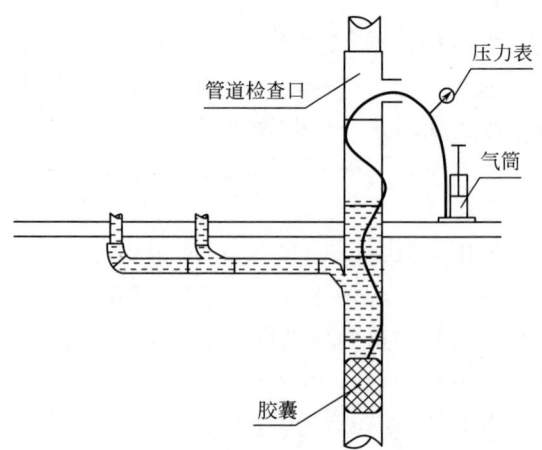

图 3-168　灌水试验示意图

第二步：用卷尺测量由立管检查口至楼层下方最低横支管的垂直距离并加长 500mm（长约 2m），记住此长度，并将此长度标记在气囊与气囊连接的胶管上，做出记号，以控制气囊插入立管的深度。

第三步：打开立管检查口，将气囊从此口慢慢向下送入至所需长度，然后气囊充气，观察压力表值，指针上升至 0.8～1MPa 为宜，使气囊与管内壁紧密接触，以不漏水为标准。若检查口设计为隔一层装一个，则在立管未设检查口的楼层管道做灌水试验时，应将气囊从下层立管的检查口向上送入约 500mm，操作人员在下层充气，上层灌水。气囊要避免放在立管管件接头处，因为该处内壁有接缝，影响堵水严密性。

第四步：在楼面的灌水口（也可以在检查口），灌水至楼面高度，注水高度应严格控制，然后对灌水管道及管件接口逐一检查，如发现有漏点，做出记号，排水后进行修复处理。如灌水管道检查没有渗漏点，则水位可稳住，灌水时间延续 15min 水面下降后，再灌满水，保持 5min 灌水液面不再下降为合格。

第五步：将气囊放气，然后缓缓抽出气囊，注意不要使气囊受损。

第六步：取出气囊后，水应能很快排走，如下降很慢，说明灌水管段内有杂物堵塞，应及时清理。

第七步：分区段、分层进行灌水试验，对试验结果应做出记录。

埋地管道的灌水试验方法与上述基本相同。

2. 灌水试漏应注意的事项

（1）灌水高度应严格控制。

（2）气囊放入的位置严格控制，严禁将气囊放入管件口处，以免气囊充气打爆或被管道端口毛刺刺破气囊。

（3）注意气囊泄气排水时液面的下降速度。如速度较快，则说明管道通畅；反之，则说明管道内有垃圾、杂物等堵塞。

（4）若管件接口处有渗漏，做好标记，以备返修处理。

（5）对于已装修好的房间进行灌水试漏时，应对可能渗漏的地方采取措施，防止污染墙面、吊顶、地面。

（6）应分立管进行，以防止跑水现象，同时室内排水主立管应分层做灌水试验，每立管每层做一次。

（7）灌水试验合格后必须将水排净。

3. UPVC 管通球试验

1）UPVC 排水管通球试验概念及意义

排水管从施工到卫生洁具通水试验的周期较长，难免有些杂物落入管内，在卫生洁具通水试验时，虽然净水能够通过，但如果管内有杂物，或当粪便污水通过时还会造成管道堵塞，因此污水管只有通过通球试验才能检验出管道是否真正畅通。排水管道灌水试验后应进行通球试验，通球试验应使用直径不小于管径 2/3 的橡胶球、铁球或木球，如图 3-169 所示，适用于水平干管或主立管，如果有大的堵塞物通球就无法通过。

图 3-169　通球试验球

按现行国家标准《建筑给水排水及采暖工程施工质量验收规范》GB 50242 中第 5.2.5 条规定的检验方法：排水主立管及水平干管管道均应做通球试验，通球球径不小于排水管道管径的 2/3，通球必须达到 100%。检查方法：通球检查。

2）UPVC 排水管通球试验工作原理及操作步骤

（1）立管进行通球试验

对于排水立管，应自立管顶部将一直径不小于 2/3 立管直径的橡胶球或木球投入，用线贯穿并系牢，线长略大于立管总高度，在立管底部引出管的出口处进行检查，如能顺利通过，说明主管无堵塞，为了防止球滞留在管道内，必须用线贯穿并系牢，通球试验是为了测试建筑管道的防堵塞能力。

（2）干管进行通球试验

对于横干管及引出管，应将通球在干管起始端投入，并向干管内通水，在引出管末端处观察，以小球畅通无阻的流出为合格。如果通球受阻，可拉出通球，测量线的放出长度，则可判断受阻部位，然后进行疏通处理，反复做通球试验，直至管道通畅为止。通球试验必须 100% 合格后，排水管才可投入使用。

任务评价

UPVC 排水管安装评价表　　　　　　　　　　　　表 3-46

UPVC 排水管安装图			图 3-157				
评价内容		分值	评价标准	评分细则	自评	互评	教师评价
UPVC 管管段安装	外观	5	外观平整,横平竖直	外观不平整 1 处扣 2 分			
		5	接口干净,无胶水	接口处不干净 1 处扣 1 分			
		10	按图施工,朝向正确	朝向错误 1 处扣 1 分			

评价内容		分值	评价标准	评分细则	自评	互评	教师评价
UPVC管管段安装	质量	5	接头牢固、可靠	每检查一处错误扣1分			
		5	坡度正确	坡度错误一处扣2分			
		10	灌水、通球试验合格	泄漏一处扣5分			
	正确度	10	连接管件的管段尺寸正确,符合图纸要求	尺寸≤0.1cm不扣分,否则每错误1处扣4分			
材料清单	材料名称	10	符合给水排水专业术语	每错1个扣2分			
	材料规格	10	规格正确	每错1个扣2分			
	材料数量	10	数量准确	每错1个扣2分			
职业素养	安装完成后场清料净	5	工具清点数量后放回工具箱	工具没放回工具箱、摆放不整齐,或者损坏工具扣5分			
		10	把现场清理干净	现场不清理扣3分			
		5	合理利用管材、管件	浪费一个管件扣2分			

任务总结

掌握的基础知识	
掌握的操作要点	
遇到的问题	
解决问题的方法和途径	
心得体会	
其他	

项目六 地板采暖系统安装

项目介绍

本项目首先介绍地暖的概念、特点、地暖管系统的组成,其次重点介绍和展示地暖管项目施工安装的方式,然后根据图3-170完成水暖地板采暖的施工安装和干式地板采暖的施工安装,最后进行项目测试和验收。

项目分析

1. 图样分析

分析图3-170,完成表3-47。

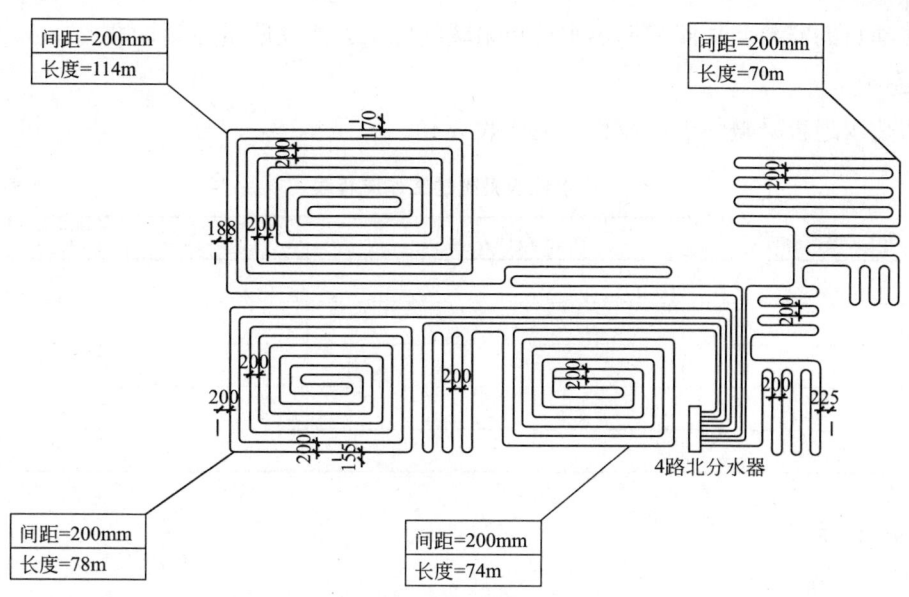

间距=200mm
长度=114m

间距=200mm
长度=70m

4路北分水器

间距=200mm
长度=78m

间距=200mm
长度=74m

图 3-170　地暖设计图

地板采暖材料设备分析表　　　　　表 3-47

序号	名称	规格	型号	单位	数量

2. 工艺分析

分析地板采暖安装流程，完成表 3-48。

地板采暖安装流程表　　　　　　表 3-48

序号	工作内容	操作方法	精度要求	设备、工具、量具

任务一　热水地板采暖系统的安装

任务描述

对热水地板采暖的系统了解后，按照热水地板的采暖施工步骤和规范，完成一个热水地板采暖项目的安装，从而掌握热水地板采暖的施工方法及质量评判标准。

任务分析

分析热水地板采暖的工作流程，完成表 3-49。

热水地板采暖的工作流程表　　　　　　　　表 3-49

序号	工作内容	操作方法	精度要求	设备、工具、量具

任务目标

1. 知识目标

（1）了解热水地板采暖的概念和特点。

（2）了解热水地板采暖系统的组成。

（3）熟悉热水地板采暖管材和配件。

（4）掌握热水地板采暖安装步骤。

2. 能力目标

（1）能根据图纸完成热水地板采暖系统材料统计。

（2）能够按照施工规范铺设热水地板采暖管道。

（3）能正确进行热水地板采暖的压力试验。

（4）能按照质量标准进行热水地板采暖的施工验收。

3. 职业素养目标

（1）工作态度端正，纪律观念强。

（2）善于思考问题和敢于解决问题的能力。

（3）良好的协作精神和创新意识。

（4）遵守安全文明生产的要求。

任务实施

工作内容	主要内容	说明	精度要求	设备、工具、量具
1. 施工准备	准备设备、工具			
	清理室内地面			
任务知识点				

续表

工作内容	主要内容	说明	精度要求	设备、工具、量具
2. 热水地板采暖系统的安装	安装绝热层			
	安装分水器、集水器			
	安装加热管			
	水压试验			
	做填充层及面层			
任务知识点				

任务实施加油站

一、地板采暖概述

1. 地暖的概念

地板辐射式采暖简称地暖，是一种利用建筑物内部地面进行采暖的系统，如图 3-171 所示。以不超过 60℃ 的热水为热源通入埋设于地板下的一种耐腐蚀性强、易弯曲的加热管——聚乙烯塑料管当中，聚乙烯塑料管受热后将热量传导至地面的混凝土，把地板加热到表面温度 18～32℃，进而从地板表面放散出辐射热，从而将热水中的热量传到室内，达到室内采暖的目的。

2. 地暖的优点

地板辐射式采暖是一种舒适卫生、节能环保的采暖系统，温度梯度小，室内温度均匀，给人十分舒适的感觉。普通的采暖一般采用对流的方式，热风易直接吹到人体表面，带来额外的水分散失；而地板辐射式采暖，热量是从地板通过辐射散热到人体活动区，如图 3-172 所示，主要集中在 2m 以内人体收益区，从脚底到腰部，充分暖和易受冷的人体部位，没有热气流吹到人身上，减少干燥感。

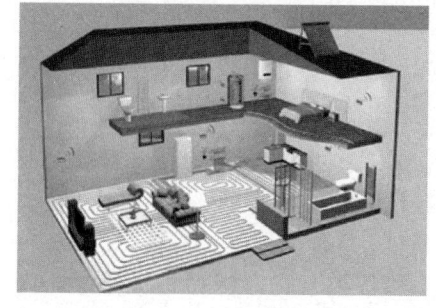

图 3-171　地暖系统

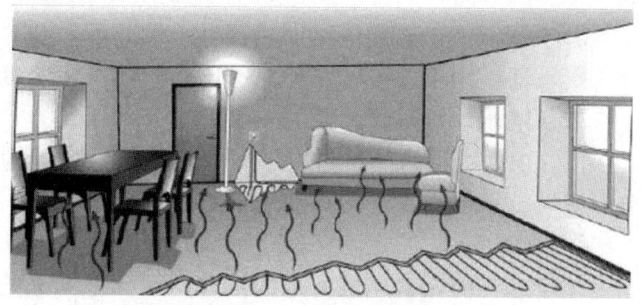

图 3-172　地板辐射式采暖

地板辐射式采暖由市政热力管网、小区锅炉房等各种不同方式提供热源。地板辐射采暖便于分户计量采暖，图 3-173 所示为地暖管上下水的分、集水器，起到热水入户后的分流供水功能及冷水出户时的合流功能。

3. 地暖系统的组成

热水地暖系统主要是由热源设备、集分水器、水管、温控器、多种阀门组成，如图 3-174 所示。

图 3-173　地暖分、集水器

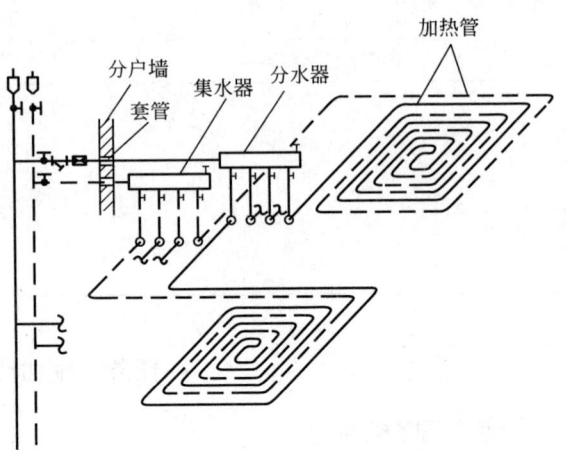

图 3-174　低温热水辐射采暖系统

（1）管材

管材目前有 PEX 管、铝塑管、PERT 管、PB 管。

PB 管：是当前几种用于热水的塑料管中价格最贵和可靠性最高的品种。

PERT 管：具有可以热熔连接、原料性能稳定可靠和柔韧性好等优点，其综合的优良特性使之在地板辐射采暖领域中具有一定的竞争力，价格适中。

PEX 管：是地暖系统中使用量最大的一个品种。

铝塑管：热膨胀系数小，抗渗氧，品质极佳。

（2）分、集水器

分、集水器的作用是优化系统各支路的流量分配，更好地控制热量均衡，并且起到各支路开关、系统泄水、自动排气的作用，可通过分、集水器将地暖水管分成多路控制，例如一个房间一路，其实物图及原理图如图 3-174 所示。

分水器：用于连接各路加热管供水管的配水装置。

集水器：用于连接各路加热管回水管的汇水装置。

二、热水地板采暖系统的安装

图 3-175 所示为低温热水地面辐射采暖系统结构。施工工序为：地面清理—安装绝热层—安装分水器、集水器—安装加热管—水压试验—做填充层和面层。

1. 地面清理

地暖施工前，首先进行地面清理。清除地面上的积土和各类杂物，保持地面干净，防止损坏保温板。

2. 安装绝热层

绝热层一般采用聚苯乙烯泡沫塑料板。绝热层做在找平层上，保温板要平整、板块接

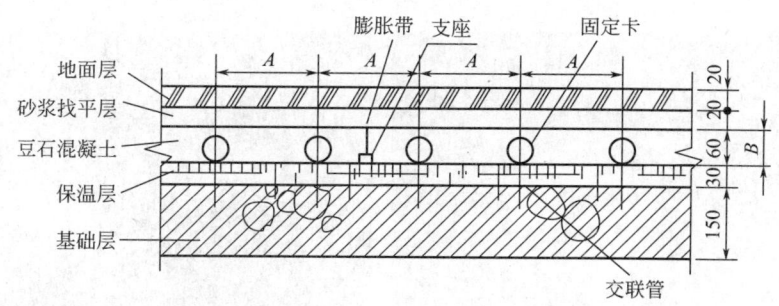

图 3-175　低温热水地面辐射采暖系统结构示意图（单位：mm）

缝应严密，下部无空鼓及突起现象。保温板与四周墙壁之间留出伸缩缝。如图 3-176 所示为绝热层的安装操作。

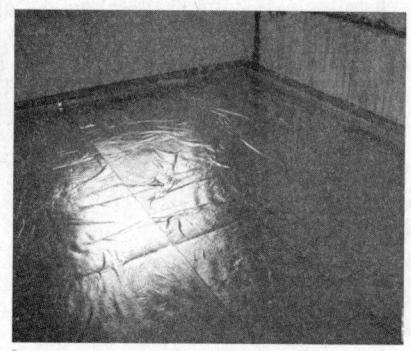

图 3-176　绝热层的安装操作

3. 安装分水器、集水器

分水器、集水器宜在开始铺设加热管之前进行安装。水平安装时，宜将分水器安装在上，集水器安装在下，中心距宜为 200mm，集水器中心距地面不应小于 300mm。每个环路加热管的进、出水口，应分别与分水器、集水器相连接。分水器、集水器一般布置在不影响室内使用并操作方便的地方。热媒集配装置应加以固定。分水器、集水器的安装操作如图 3-177 所示。

图 3-177　分水器、集水器的安装操作

4. 安装加热管

加热管安装前，应对材料的外观和接头的配合公差进行仔细检查，并清除管道和管件内外的污垢和杂物。注意管与管之间的距离、固定加热管卡子的间距，加热管出地面到分水器、集水器连接处的明装部分，外部加套管，套管高出装饰面 150～200mm，以保护加热管。钢丝网有铺在反射膜上面的，也有铺在盘管上面的，加固时都要铺。加热管的安装及分水器、集水器的连接操作如图 3-178 所示。

5. 水压试验

地暖系统打压前，必须事先冲洗管道。水压试验进行两次，分别是在浇捣混凝土填充

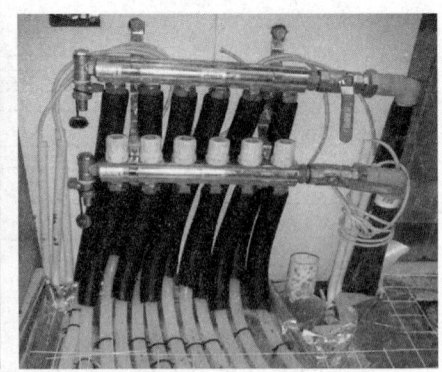

图 3-178　加热管的安装操作

图 3-179　水压试验的操作

层前和填充层养护期满后。地暖系统试验压力为工作压力的 1.5 倍，且不应小于 0.6MPa。在试验压力下稳压 1h，其压力降不应大于 0.05 MPa。不宜以气压试验替代水压试验。水压试验宜采用手动泵缓慢升压，升压过程中应随时观察与检查，系统各处无任何渗漏后方可带压充填细石混凝土。水压试验的操作如图 3-179 所示。

6. 做填充层及面层

(1) 混凝土填充层施工应具备以下条件：

① 所有伸缩缝均已按设计要求敷设完毕。

② 加热管安装完毕且水压试验合格、加热管处于有压状态下。

(2) 面层施工前应确定填充层是否达到面层需要的干燥度后才可施工。面层施工，除应符合土建施工设计图纸的各项要求外，尚应符合以下规定：

① 施工面层时，不得剔、凿、割、钻和钉填充层，不得向填充层内楔入任何物件。

② 面层的施工，必须在填充层达到要求的强度后才能进行。

③ 面层（石材、面砖）在与内外墙、柱等交接处，应留 8mm 宽伸缩缝（最后以踢脚遮挡）；木地板铺设时，应留≥14mm 伸缩缝。

④ 以木地板作为面层时，木材必须经过干燥处理，且应在填充层和找平层完全干燥后，才能进行地板粘贴。

任务评价

热水地板采暖系统的安装评价表　　　　　　　　　　　　　　　　表 3-50

评价内容		分值	评价标准	评分细则	自评	互评	教师评价
热水地板采暖安装	外观	5	外观平整，横平竖直、美观	外观不平整 1 处扣 2 分			
		5	间距均匀，符合标准	间距不均匀 1 处扣 1 分			
		10	管道不被污染	污染 1 处扣 1 分			

地暖系统的安装

264

续表

评价内容		分值	评价标准	评分细则	自评	互评	教师评价
热水地板采暖安装	质量	5	接头牢固、可靠	每检查出一处错误扣1分			
		5	管道间距正确	管道间距错误一处扣2分			
		10	压力试验合格	泄漏一处扣5分			
	正确度	10	管道长度正确,集、分水器接管正确	每错1处扣4分			
材料清单	材料名称	10	符合专业术语	每错1个扣2分			
	材料规格	10	规格正确	每错1个扣2分			
	材料数量	10	数量准确	每错1个扣2分			
职业素养	安装完成后场清料净	5	工具清点完数量后放回工具箱	工具没放回工具箱、摆放不整齐,或者损坏工具扣5分			
		10	把现场清理干净	现场不清理扣3分			
		5	合理利用管材、管件	浪费一个管件扣2分			

任务总结

掌握的基础知识	
掌握的操作要点	
遇到的问题	
解决问题的方法和途径	
心得体会	
其他	

任务二　干式地板采暖的安装

任务描述

对干式地板采暖的系统了解后,按照干式地板的采暖施工步骤和规范,完成一个干式地板采暖项目的安装,从而掌握热水干式地板采暖的施工方法及质量评判标准。

任务分析

分析干式地板采暖安装的工作流程,完成表3-51。

干式地板采暖安装的工作流程表　　表3-51

序号	工作内容	操作方法	精度要求	设备、工具、量具

任务目标

1. 知识目标

(1) 了解干式地板采暖的概念。

(2) 熟悉干式地板采暖管材和配件。

(3) 掌握干式地板采暖安装步骤。

2. 能力目标

(1) 能根据图纸完成干式地板采暖系统材料统计。

(2) 能够按照施工规范铺设干式地板采暖管道。

(3) 能正确进行干式地板采暖的压力试验。

(4) 能按照质量标准进行干式地板采暖的施工验收。

3. 职业素养目标

(1) 工作态度端正，纪律观念强。

(2) 善于思考问题和敢于解决问题的能力。

(3) 良好的协作精神和创新意识。

(4) 遵守安全文明生产的要求。

任务实施

工作内容	主要内容	图示	精度要求	设备、工具、量具
1. 施工准备	准备设备、工具			
	清理地面			
任务知识点				
2. 干式地暖系统的安装	铺设防潮层			
	铺设地暖模块			
	修整模块接缝和边缝			
	放线嵌管			
	注水试压装地板			
任务知识点				
3. 打压试验	见项目四"铝塑管管段安装"内容			
任务知识点				

任务实施加油站

一、干式地暖系统认知

1. 干式地暖的概念

干式地暖又称超薄地暖，因相对于普通地暖安装方式无须地暖回填，故取名干式地暖。干式地暖是一种基于干式地暖模块内铺设管材的一种新型地暖方式。

2. 干式地暖系统的组成

干式地暖模块包括导热层、隔热层，导热层位于隔热层的上方，导热层与隔热层上对应设有地暖盘管槽，地暖盘管槽为倒 Ω 形管槽，省去了管卡，也不需使用胶水覆膜固定，既不占层高又保障了地板弹性和良好的舒适度，如图 3-180 所示。

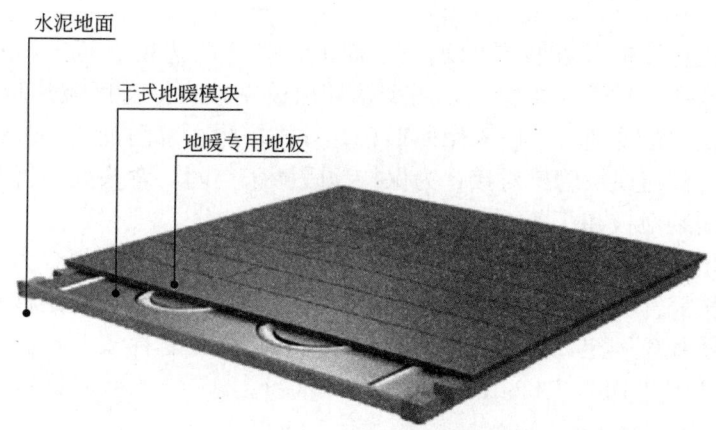

水泥地面

干式地暖模块

地暖专用地板

图 3-180　干式地板采暖示意图

3. 干式地暖系统的分类

干式地暖模块包括地板型、地砖型、电地暖模块。地板型模块包括地楞型模块和免地楞型模块两种规格，宽度分别为 260nm 和 600mm。电地暖包括地砖和地板型，地板型地暖模块在安装地板前铺设，地砖型地暖模块在安装地砖前铺设。

二、干式地暖系统的安装

1. 规划布管方向

根据地暖布管图，确定好整体地暖区域的进回水管道分布、各区域地暖进水和最终回水管方向，最终回水管方向要尽量靠近分水器集中分布，各区域的地暖面积要基本均衡，清理地面垃圾，如图 3-181 所示。

2. 铺设防潮层

为了防止建筑地基或楼层地面下的潮气透过地面，铺设防潮层，如果安装楼层为中间层可不铺设，如图 3-182 所示。

3. 铺设地暖模块

地楞型模块直接在前期沟通固定的沿地楞方向嵌入模块并平铺，把铝板接沿整平塔接在地楞上方，两边管道弯头处小面积区域用裁纸刀截取弯头板铺设，在管道经过的地楞上画线锯槽口。

图 3-181　清理卫生

图 3-182　铺设防潮层

免地楞型模块直接铺设在找平的水泥地面上，模块两边留有近 15mm 的铝板接沿，铝板接沿重叠塔接在地暖模块接缝处，用少量环保胶粘接，保持区域热量整体均衡传导，并按上述方法放线固定管道，一般采用回形布管方式按照示意图铺设，管道弯头两侧嵌入弯头板，弯头板管槽与模块管槽对接，为保持地暖膨胀空间，弯头处不得覆盖，试压后直接按照正常程序安装地板和压条。

地砖型地暖模块直接铺设在水泥地面上，地砖型地暖模块表面复合为反射膜，地暖模块对接铺设后，按照需要的布管方式直接在上面布管并用专用管卡固定地暖管，试压后铺设地暖丝网并纵横扎丝固定，注水冲洗试压后即可按照正常程序安装地砖或瓷砖。地暖模块及管道的铺设如图 3-183、图 3-184 所示。

图 3-183　铺设地暖模块

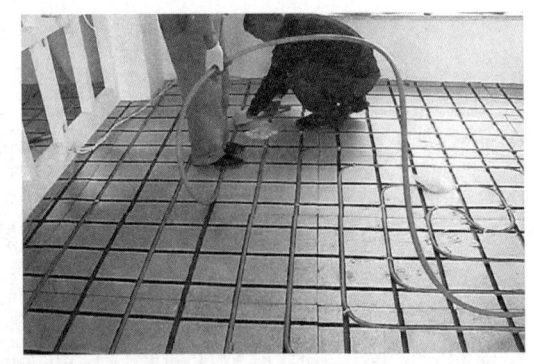

图 3-184　铺设管道

4. 修整模块接缝和边缝

用铝箔胶带将所有模块间的接缝粘贴平整，如墙根有线管边缝，则用半干水泥砂浆填充与模块持平。

5. 放线嵌管

先固定分水器进水端，按照管槽方向放线嵌入地暖管，表面不需要任何固定和覆盖物，两边管道弯头处用地暖管卡直接固定在带反射膜的衬板上，弯头处保持适当的弯曲半径，不得折弯地暖管，否则，将导致流水不畅甚至堵塞，为保持地暖膨胀空间，弯头处不得覆盖，如图 3-185 所示。

6. 注水试压装地板

各区域回路管道安装固定后，按顺序注水冲洗各地暖区盘管，即可按常规试压，试压完毕后可移交安装地板。

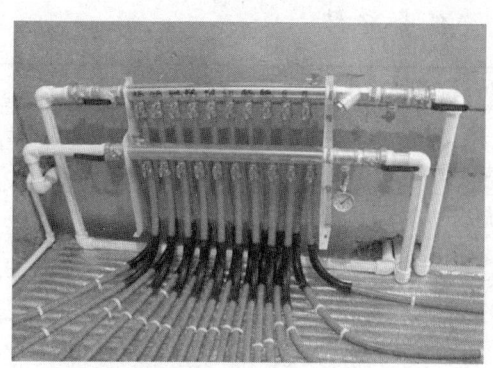

图 3-185 连接分、集水器

三、打压试验

安装地暖管的全过程要经过三次打压试验：

（1）管路铺设完毕后进行第一次打压试验；

（2）混凝土回填完毕后进行第二次打压试验；

（3）全部装修工程完毕做保洁前，做第三次打压试验。

打压时试验压力为工作压力的 1.5 倍，不得小于 0.6MPa。在压力下稳压 1h，压力降不大于 0.05MPa 为合格。

具体打压方式为用空压机连接集水器，集水器安装压力表，详见项目四"铝塑管管段安装"内容。

任务评价

干式地板采暖的安装评价表

表 3-52

评价内容		分值	评价标准	评分细则	自评	互评	教师评价
热水地板采暖安装	外观	5	外观平整,横平竖直,美观	外观不平整1处扣2分			
		5	间距均匀,符合标准	间距不均匀1处扣1分			
		10	管道不被污染	污染1处扣1分			
	质量	5	接头牢固、可靠	每检查一处错误扣1分			
		5	管道间距正确	管道间距错误一处扣2分			
		10	压力试验合格	泄漏一处扣5分			
	正确度	10	管道长度正确,集、分水器接管正确	每错误1处扣4分			
材料清单	材料名称	10	符合专业术语	每错1个扣2分			
	材料规格	10	规格正确	每错1个扣2分			
	材料数量	10	数量准确	每错1个扣2分			
职业素养	安装完成后场清料净	5	工具清点数量后放回工具箱	工具没放回工具箱、摆放不整齐,或者损坏工具扣5分			
		10	把现场清理干净	现场不清理扣3分			
		5	合理利用管材、管件	浪费一个管件扣2分			

任务总结

掌握的基础知识	
掌握的操作要点	
遇到的问题	
解决问题的方法和途径	
心得体会	
其他	

Chapter 04

单元四

建筑电工

学习任务	项目一　建筑电工认知 项目二　室内照明线路的安装	参考学时	12
能力目标	掌握基本用电安全常识,能按照要求正确使用常用电工工具,掌握常用导线连接方法,熟练进行基本照明线路的配线和配电箱的安装操作,进行建筑电气工程施工岗位基本技能的训练		
教学资源与载体	多媒体网络平台,教材,动画,视频,理实一体化教室,工程图纸,评价考核表,电气施工验收规范		
教学方法与策略	项目教学法,任务驱动法,引导法,演示法,理实一体化		
教学过程设计	设计典型的建筑电工操作项目,按照工作过程分解任务。每个任务按照"任务描述—任务分析—任务目标—任务实施—任务评价—任务总结"的环节进行。任务描述,学生明确任务及其完成途径;任务分析,学生编制工艺过程;任务目标,学生明确完成任务后能达成的目标;任务实施,学生在优化后的工艺方案指导下,分步操作完成任务,并熟悉任务相关知识;任务评价,通过自评、互评、教师评价综合考核学生在完成任务过程中的基础知识、操作要点和职业素养;任务总结,学生在任务完成后的全面总结		
考核评价内容	从基础知识、操作要点和职业素养三个方面考核学生任务的完成情况,操作要点按工艺操作要点配分,重点考核任务实施的过程和成果		
评价方式	自我评价(　　)小组评价(　　)教师评价(　　)		

项目一　建筑电工认知

项目介绍

　　本项目通过电工认知的学习,旨在了解电工操作基础知识,学习有效的触电预防与急救措施,具备维修电工必备的安全知识和触电急救技能,熟悉电工常用工具、仪表的使用方法,具备正确使用各种电工工具和常用仪表的基本操作技能。

任务一　触电急救

任务描述

本任务通过完成图 4-1 所示触电方式的分析，旨在了解有效的触电预防措施，熟悉实施步骤，掌握维修电工必备的安全知识和触电急救方法。

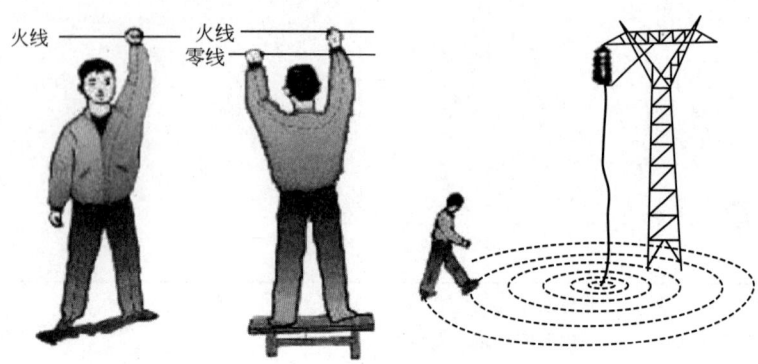

图 4-1　人员触电示意图

安全用电常识和急救措施

　　在电气操作和日常用电中，即使采取了有效的触电预防措施，也可能会有触电事故的发生。所以在电气操作和日常用电中，尤其是在进行电气操作过程中，必须做好触电急救的思想和技术准备。一旦发生人身触电，迅速准确地进行现场急救，并坚持救治是抢救触电者的关键。不但电工应该正确熟练地掌握触电急救方法，所有用电的人都应该懂得触电急救常识，万一发生触电事故就能分秒必争地进行抢救，减少伤亡。

任务分析

根据你对触电的了解，回答以下问题：

（1）简述一下你所耳闻目睹过的人员触电事件。

（2）你认为日常生活中用电者触电的原因有哪些？

（3）看到有人触电时，你认为正确的做法有哪些？

（4）日常生活中如何防止触电？

任务目标

1. 知识目标

（1）了解有效的触电预防措施和实施步骤。

（2）了解安全电压的概念。

（3）掌握维修电工必备的安全知识和触电急救方法。

2. 能力目标

（1）能对不同触电者按照不同的情况分别处理。

（2）能完成人工呼吸法和胸外心脏挤压法实施过程。

3. 职业素养目标

（1）工作态度端正，纪律观念强。

（2）善于思考问题和敢于解决问题的能力。

（3）良好的协作精神和创新意识。

（4）遵守安全文明生产的要求。

任务实施

工作内容	操作方法	说明	设备、工具、量具
1. 断开触电者的电源	发现有人触电，若是低压触电可以选择断开电源和利用绝缘物断电	千万不要用手直接去拉触电者，防止造成群伤触电事故	
任务知识点			
2. 现场急救	当触电者脱离电源后，应当根据触电者的具体情况，迅速地对症进行救护	急救要尽快地进行，在急救过程中要不断观察触电者的面部动作	
任务知识点			

任务实施加油站

一、电工人员必须具备的条件

1. 身体健康、精神正常，否则不得从事维修电工工作。

2. 要获得维修电工国家职业资格证书并持有电工操作证。

3. 需掌握触电急救方法。

二、电工人身安全知识

1. 在进行电气设备安装和维修操作时，维修电工必须严格遵守各种安全操作规程，不得玩忽职守。

2. 操作前应仔细检查操作工具的绝缘性能，绝缘鞋、绝缘手套等安全用具的绝缘性能是否良好，有问题的应及时更换。

3. 操作时要严格遵守停送电操作规定，要切实做好防止突然送电时的各项安全措施，如挂上"有人工作禁止合闸！"的标示牌，锁上闸刀或取下电源熔断器等，不准临时送电，在带电部分附近操作时要保证有可靠的安全距离。

4. 登高工具必须安全可靠，未经登高训练的人员，不准进行登高作业。

5. 操作中，如发现有人触电，要立即采取正确的急救措施。

三、触电方式

按照人体触及带电体的方式和电流通过人体的途径，触电可分为以下三种情况：

防雷接地保护系统

1. 单相触电

单相触电是指人体在地面或其他接地导体上，人体某一部分触及一相带电体时，电流通过人体流入大地（或中性线）称为单相触电，大部分触电事故都是单相触电事故。图 4-2 为电源中性点接地运行时，单相的触电电流途径。图 4-3 为中性点不接地的单相触电情况。一般情况下，中性点接地电网里的单相触电比中性点不接地电网里的单相触电危险性大。

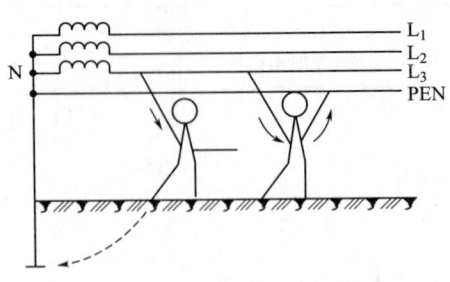

图 4-2　中性点接地系统的单相触电方式

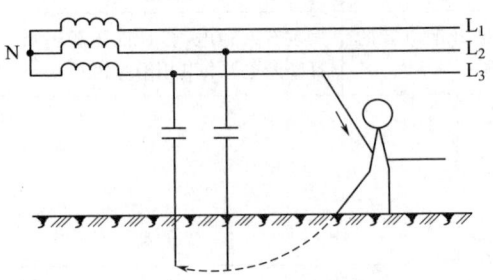

图 4-3　中性点不接地系统的单相触电方式

2. 两相触电

两相触电是指人体两处同时触及两相带电体的触电事故。如图 4-4 所示，两相触电加在人体上的电压为线电压，因此不论电网的中性点接地与否，其触电的危险性都最大。

3. 跨步电压触电

当带电体接地有电流流入地下时，电流在接地点周围土壤中产生电压降。人在接地点周围，两脚之间出现的电压即跨步电压，由此引起的触电事故叫作跨步电压触电，如图 4-5 所示。

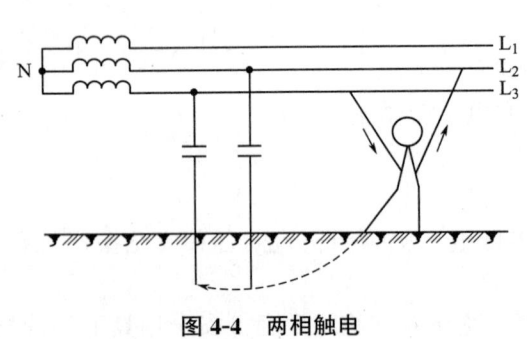

图 4-4　两相触电

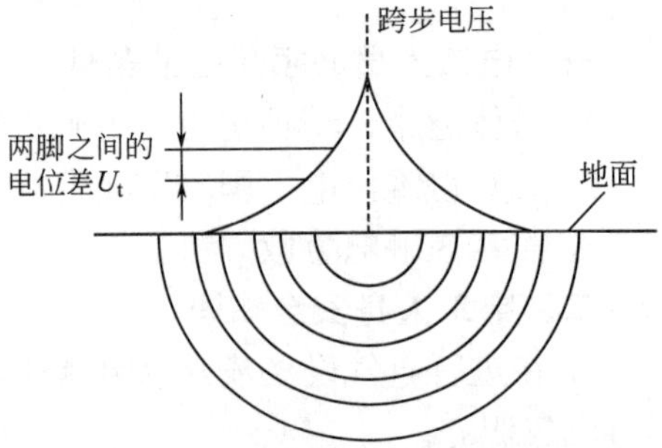

图 4-5　跨步电压示意图

想一想

小鸟落在高压线上为什么不会被电死？

四、防触电保护措施

为降低因绝缘破坏而遭到电击的危险，对于以上不同的低压配电系统形式，电气设备常采用保护接地、保护接零、重复接地等不同的安全措施。

1. 保护接地

保护接地是将与电气设备带电部分相绝缘的金属外壳或架构通过接地装置同大地连接

起来，如图 4-6 所示。保护接地常用在 IT 低压配电系统和 TT 低压配电系统的形式中。在 IT 中性点不接地的配电系统中保护接地的作用：若用电设备设有接地装置，当绝缘破坏外壳带电时，接地短路电流将同时沿着接地装置和人体两条通路流过。流过每一条通路的电流值将与其电阻的大小成反比。通常人体的电阻（1000Ω 以上）比接地体电阻大几百倍以上，所以当接地装置电阻很小时，流经人体的电流几乎等于零，因而，人体触电的危险大大降低。

在 TT 配电系统中的保护接地的作用：若用电设备设有接地装置，当绝缘破坏外壳带电时，多数情况下，能够有效降低人体的接触电压，但要降低到安全限值以下有困难，因此需要增加其他附加保护措施，实现避免人体触电危险的目的。

2. 保护接零

保护接零是把电气设备正常时不带电的金属导体部分，如金属机壳，同电网的 PEN 线或 PE 线连接起来，如图 4-7 所示。保护接零适用于 TN 低压配电系统形式，在中性点接地的供电系统中，设备采用保护接零时，当电气设备发生碰壳短路时，即形成单相短路，使保护设备能迅速动作断开故障设备，减少了人体触电危险。

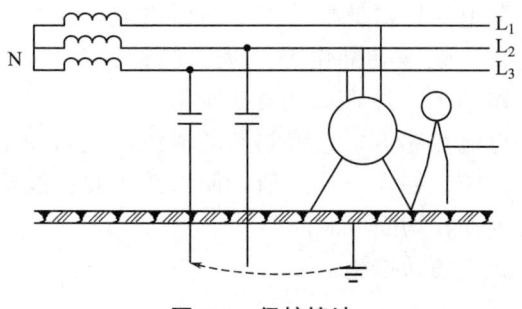

图 4-6 保护接地

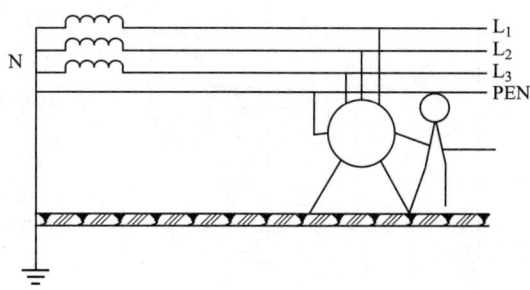

图 4-7 保护接零

在 TN 低压配电系统中若采用保护接地的方法则不能有效地防止人身触电事故，如图 4-8 所示。此时一相碰壳引起的短路电流为：

$$I_d = \frac{U_P}{R_0 + R_e} = \frac{220}{4+4} = 27.5\text{A} \quad (4-1)$$

式中　R_0——系统中性点接地电阻，取 4Ω；
　　　R_e——用电设备接地电阻，取 4Ω。

由于这个短路电流不是很大，通常无法使保护设备动作切断电源，所以此时设备外壳对地的电压为：

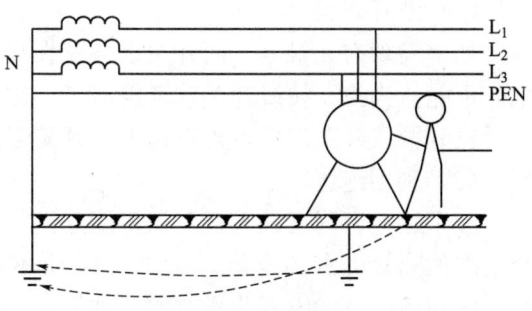

图 4-8 不能使用保护接地的情况

$$U_d = I_d R_e = 27.5 \times 4 = 110\text{V} \quad (4-2)$$

该电压大于安全电压，当人触及带电的外壳时是十分危险的。因此在低压中性点接地的配电系统中不能采用保护接地的方法，而必须采用接零保护。

在采用保护接零方法时，注意要适当选择 PE 导线的截面，尽量降低 PE 线的阻抗，从而降低接触电压。同时要注意在 TT 和 TN 低压配电系统中不得混用保护接地和保护接零的方法。

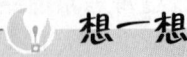

3. 重复接地

将电源中性接地点以外的其他点一次或多次接地，称为重复接地。重复接地是为了保护导体在故障时尽量接近大地电位。重复接地时，当系统中发生碰壳或接地短路时，一则可以降低 PEN 线的对地电压；二则当 PEN 线发生断线时，可以降低断线后产生的故障电压；在照明回路中，也可避免因零线断线所带来的三相电压不平衡而造成电气设备的损坏。

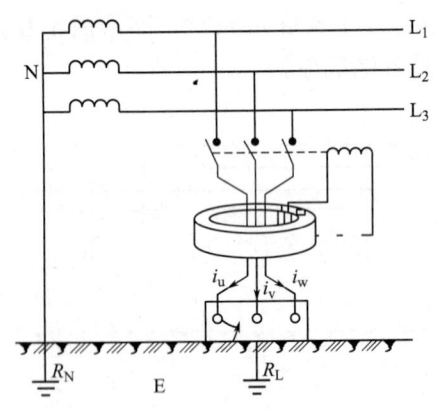

图 4-9 漏电保护器工作原理

4. 漏电保护器

漏电保护器的作用：人体触及带电导体时，有一部分泄漏电流通过人体，这时系统中若配有漏电保护器，漏电保护器就能检测到泄漏电流，并在人受伤害之前，快速切断电源，从而达到保护目的。漏电保护器的工作原理如图 4-9 所示。主要检测元件是零序电流互感器，它将测到的泄漏电流与预定的基准值比较，如大于预定值，便借助于脱扣线圈使脱扣器动作，切断电源回路。

五、触电急救措施

1. 断开低压触电

如果是低压触电，断开电源有以下几种方法：

（1）断开开关

如果发现有人触电，而开关设备就在现场，应立即断开开关。如果触电者接触灯线触电，不能认为拉开拉线开关就算停电了，因为有可能拉线开关是错误地接在零线上，应在顺手拉开拉线开关以后，再迅速地拉开附近的闸刀开关或保险盒才比较可靠。

（2）利用绝缘物

如果触电者附近没有开关，不能立即停电，可用干燥的木棍、绝缘钳等不导电的东西将电线拨离触电者的身体，如图 4-10 所示，或用有绝缘柄的电工钳或干燥木柄的斧头，将电线切断，使触电者脱离电源，如图 4-11 所示。不能用潮湿的东西、金属物体去直接接触触电者，以防救护者触电。如果身边什么工具都没有，可以用干衣服或者干围巾等把自己一只手严格绝缘包裹，拉触电者的衣服（附近有干燥木板时，最好站在木板上拉），使触电人脱离电源，或用干木板等绝缘物插入触电者身下，以隔断电流。总之，要迅速用现场可以利用的绝缘物，使触电者脱离电源，并要防止救护者触电。

2. 断开高压触电

对于高压触电事故，可以采用下列措施使触电者脱离电源：

（1）立即通知有关部门停电。

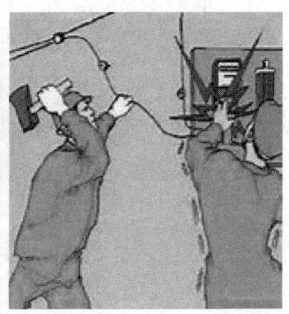
图 4-10 将触电者身上电线挑开

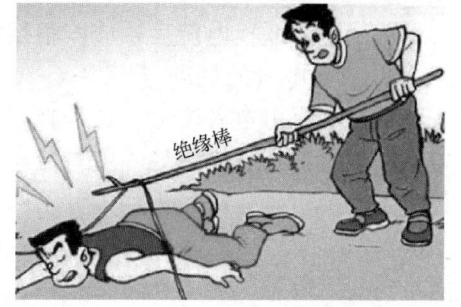
图 4-11 用绝缘柄工具切断电线

（2）戴上绝缘手套，穿上绝缘靴，用相应电压等级的绝缘工具断开开关。

（3）抛掷裸金属线使线路短路接地，断开电源。注意在抛掷金属线前，应将金属线的一端可靠地接地，然后抛掷另一端。

（4）如果是在高空触电，抢救时应做好防护工作，防止触电者在脱离电源后从高空摔下来加重伤势。

此外，对电气设备还应采取下列一些安全措施：

（1）电气设备的金属外壳要采取保护接地或接零。

（2）安装自动断电装置。

（3）尽可能采用安全电压。

（4）保证电气设备具有良好的绝缘性能。

（5）采用电气安全用具。

（6）设立保护装置。

（7）保证人或物与带电体的安全距离。

（8）定期检查用电设备。

其中，安全电压，是指不致使人直接致死或致残的电压。一般环境条件下允许持续接触的"安全电压"是 36V（也可能是 24V、12V AC/DC，36V 最常见）。不同电流下人体感知见表 4-1。

交流电和直流电人体感知区别　　　　　　　　　　　　　　　　　　　表 4-1

电流（mA）	50Hz 交流电	直流电
0.6～1.5	手指开始感觉发麻	无感觉
2～3	手指感觉强烈发麻	无感觉
5～7	手指肌肉感觉痉挛	手指感觉灼热和刺痛
8～10	手指关节与手掌感觉痛，手已难以脱离电源，但尚能摆脱电源	灼热感增加
20～25	手指感觉剧痛，迅速麻痹，不能摆脱电源，呼吸困难	灼热更增，手的肌肉开始痉挛
50～80	呼吸麻痹，心房开始震颤	强烈灼痛，手的肌肉痉挛，呼吸困难
90～100	呼吸麻痹，持续 3min 后或更长时间后，心脏麻痹或心房停止跳动	呼吸麻痹

六、现场急救

现场急救对抢救触电者是非常重要的，因为人触电后不一定立即死亡，而往往是"假死"状态，如现场抢救及时、方法得当，呈"假死"状态的人就可以获救。

当触电者脱离电源后，应当根据触电者的具体情况，迅速地对症进行救护。

1. 对触电者的处理方法

（1）如果触电者伤势不重，神志清醒，但是有些心慌，四肢发麻，全身无力，或者触电者在触电的过程中曾经一度昏迷，但已经恢复清醒。在这种情况下，应当使触电者安静休息，不要走动，严密观察，并请医生前来诊治或送往医院。

（2）如果触电者伤势比较严重，已经失去知觉，但仍有心跳和呼吸，这时应当使触电者舒适、安静地平卧，保持空气流通。同时揭开他的衣服，以利于呼吸，如果天气寒冷，要注意保温，并要立即请医生诊治或送医院。

（3）如果触电者伤势严重，呼吸停止或心脏停止跳动或两者都已停止时，则应立即实行人工呼吸和胸外心脏挤压，并迅速请医生诊治或送往医院。

应当注意，急救要尽快地进行，不能等候医生的到来，在送往医院的途中，也不能中止急救。

2. 救治方法

（1）口对口吹气法

这种方法简单、易行、收效快，具体做法如下：

① 迅速解开触电者的衣扣，松开紧身的内衣、裤带等（解不开时可剪开），使触电人的胸部和腹部能够自由扩张。使触电者仰卧、颈部伸直。掰开触电人的嘴，清除口腔中呕吐物，摘下假牙。如果舌头后缩，应把舌头拉出来，使呼吸道畅通（不是在做人工呼吸时始终拉住舌头，只要舌根不妨碍呼吸就行）。如果触电人牙关紧闭，可用小木片、金属片等从嘴角伸入牙缝慢慢撬开，然后，使触电人头部尽量后仰，以保持呼吸道气流畅通，如图 4-12（a）、（b）所示。

② 救护人在触电人头部旁边，一手捏紧触电者的鼻孔（不要漏气），另一手扶着触电人的下颌，使嘴张开，用嘴吹气，如图 4-12（c）所示，也可隔一层纱布或手帕吹气。吹气时用力大小要根据不同的触电人而有区别，每次吹气以使触电人的胸部微微鼓起为宜。

③ 救护人吹气完毕准备换气时，应立即离开触电人的嘴，放松触电人的鼻孔，使嘴张开，让触电人自动向外呼气，如图 4-12（d）所示。这时应注意触电人胸部复原情况，观察有无呼吸道梗阻现象。

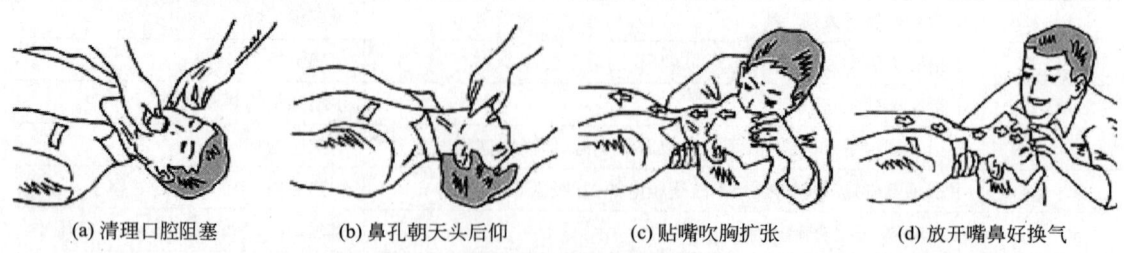

(a) 清理口腔阻塞　　(b) 鼻孔朝天头后仰　　(c) 贴嘴吹胸扩张　　(d) 放开嘴鼻好换气

图 4-12　口对口吹气法

在进行口对口人工呼吸时，吹气速度应均匀，一般为每 5s 重复一次（吹气约 2s，呼气约 3s）。触电人如已开始恢复自主呼吸后，还应仔细观察呼吸是否会再度停止。如果停止，应再继续进行人工呼吸，但这时人工呼吸要与触电人微弱的自主呼吸规律一致。

人工呼吸应不间断地进行，时间过长时，可以换人交替操作。

（2）胸外心脏挤压法

这种方法是触电者心脏跳动停止后采用的急救方法，具体操作步骤如图 4-13 所示。

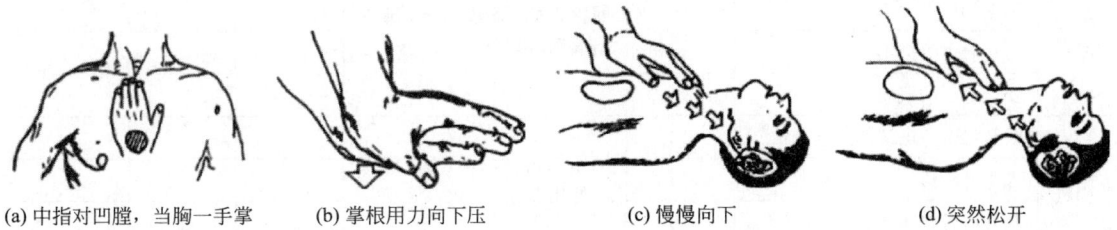

(a) 中指对凹膛，当胸一手掌　　(b) 掌根用力向下压　　(c) 慢慢向下　　(d) 突然松开

图 4-13　胸外心脏挤压法

① 使触电者仰卧在结实的平地或木板上，松开衣领和腰带，使其头部稍后仰（颈部可枕垫软物），抢救者跪跨在触电者腰部两侧。

② 抢救者将右手掌放在触电者胸骨处，中指指尖对准其颈部凹陷的下端，左手掌腹压在右手背上（对儿童可用一只手），如图 4-13（a）、（b）所示。

③ 抢救者借身体重量向下用力挤压，压下 5～6cm，突然松开，如图 4-13（c）、（d）所示。挤压和放松动作要有节奏，每分钟宜挤压 100～120 次，不可中断，直至触电者苏醒为止。要求挤压定位要准确，用力要适当，防止用力过猛给触电者造成内伤或用力过小挤压无效。对儿童用力要适当小些。

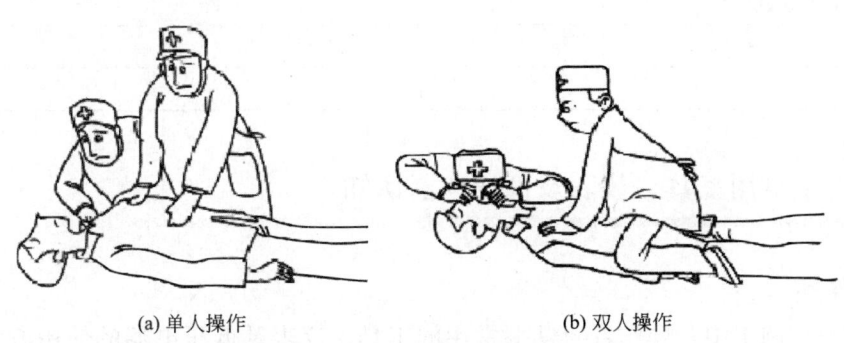

(a) 单人操作　　　　　　　　(b) 双人操作

图 4-14　无心跳无呼吸触电者急救

④ 触电者呼吸和心跳都停止时，允许同时采用"口对口吹气法"和"胸外心脏挤压法"。单人救护时，可先挤压 30 次，再吹气 2 次，交替进行，如图 4-14（a）所示。双人救护时，一人进行吹气，一人进行挤压，两人同时进行操作，如图 4-14（b）所示。抢救既要迅速又要有耐心，即使在送医院途中也不能停止急救。

无论是进行口对口吹气法或胸外心脏挤压法，都要不断观察触电者的面部动作，如果发现其眼皮、嘴唇会动，喉部有吞咽动作时，说明他自己有一定呼吸能力，应暂时停止几秒钟，观察其自动呼吸的情况，如果呼吸不能正常进行或者很微弱，应继续进行人工呼吸和胸外心脏压挤，直到能正常呼吸为止。

任务评价

触电急救评价表　　　　　　　　　　　　　　　　表 4-2

	评价内容	分值	评价标准	自评	互评	教师评价
基础知识	电工人员具备的条件	6	回答正确，表述清晰，出现错误酌情扣分			
	触电的原因分析	8				
	防止触电的措施	8				
	安全电压的概念	8				
操作要点	断开触电者电源的操作方法	16	动作规范，操作正确，错误一处扣 2 分			
	人工呼吸法	16				
	胸外心脏挤压法	18				
职业素养	工作态度	5				
	协作精神	5				
	安全文明生产	5				
	创新意识	5				

任务总结

掌握的基础知识	
掌握的操作要点	
遇到的问题	
解决问题的方法和途径	
心得体会	
其他	

任务二　电工常用工具、仪表及低压电器认知

任务描述

在建筑电气施工中，操作者要掌握常用的工具、仪表及低压电器的使用方法。包括：验电笔、钢丝钳、螺丝刀、尖嘴钳、断线钳、剥线钳、活络扳手、电工刀等常用工具。通过本任务的学习，操作者能了解它们的安全使用知识，能根据施工图纸正确选择和使用工具、仪表和低压电器。

任务分析

学生分析常用电工工具及仪表使用方法，完成表 4-3。

常用电工工具、仪表　　　　　　　　　　　　　　表 4-3

序号	工具名称	操作方法	适用范围	注意事项

续表

序号	工具名称	操作方法	适用范围	注意事项

任务目标

1. 知识目标

（1）掌握建筑电工常用工具种类、使用方法及注意事项。

（2）掌握建筑电工常用仪表种类、使用方法及注意事项。

（3）掌握建筑电工常用低压电器的种类、使用方法及注意事项。

2. 能力目标

（1）能正确选择和使用建筑电工常用工具。

（2）能根据不同的使用场合选择合适的仪表来测量相关参数。

（3）能正确使用建筑电工常用低压电器。

3. 职业素养目标

（1）工作态度端正，纪律观念强。

（2）善于思考问题和敢于解决问题的能力。

（3）良好的协作精神和创新意识。

（4）遵守安全文明生产的要求。

任务知识

一、电工常用工具及其使用

电工常用工具有验电笔、钢丝钳、螺丝刀、尖嘴钳、剥线钳、活络扳手、电工刀等，电工常用工具及其使用参见表4-4。

电工常用工具及其使用方法 表4-4

名称	示意图	使用说明
验电笔	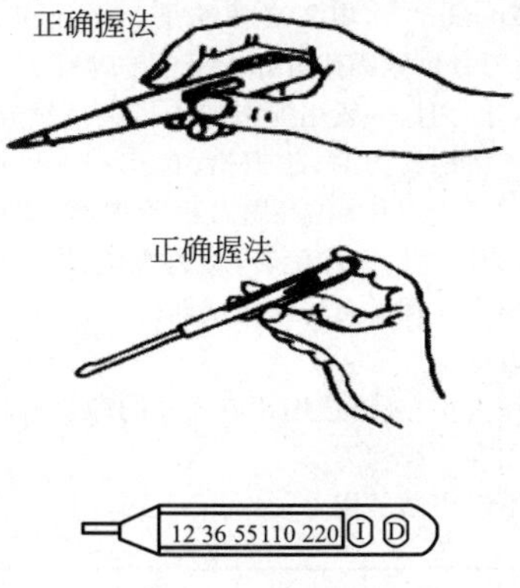 正确握法 正确握法 数字显示式测电笔	验电笔是一种用来测试导线、开关、插座等电器是否带电的工具。 发光式低压验电笔检测电压的范围为60～500V。当用电笔测试带电体时，电流经带电体、电笔、人体到大地形成通电回路，只要带电体与大地之间的电位差超过60V，电笔中的氖管就发光。 使用时，以手指握住验电笔笔身，以食指触及验电笔尾部的金属体（或钢笔式的笔套），食指如果不接触验电笔尾部的金属体，即使被测体带电，氖泡也不会发光。验电笔的结构及握持，如左图所示。

名称	示意图	使用说明
验电笔	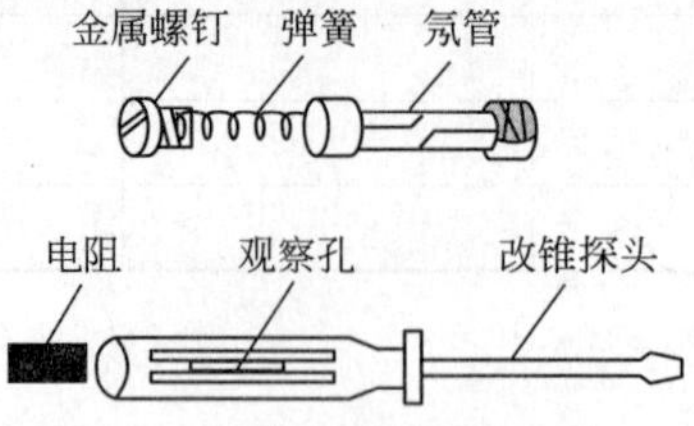 金属螺钉　弹簧　氖管 电阻　观察孔　改锥探头 螺丝刀式低压验电笔	使用时注意： (1)在光线很亮的地方应用手遮挡光线，以便看清氖泡是否发光。 (2)握持验电笔的手，千万不可触及测电的金属体，以防发生触电事故
钢丝钳	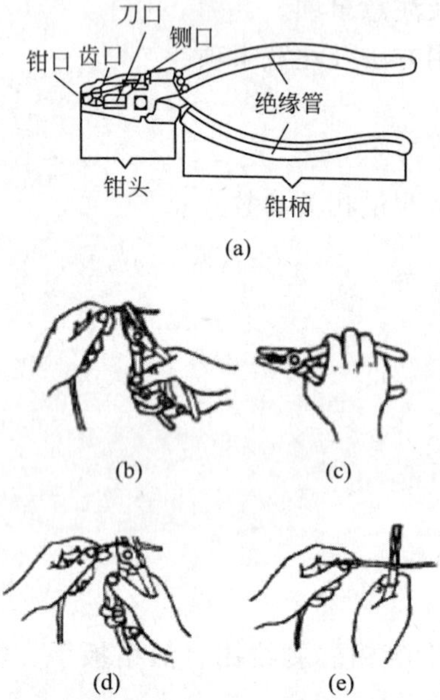 刀口 钳口 齿口 铡口 绝缘管 钳头　钳柄 (a) (b)　(c) (d)　(e)	钢丝钳是一种夹持器件(如螺丝、铁钉等物件)或剪切金属导线的工具。钳口用来绞弯或钳夹导线；齿口用来旋紧或起松螺母，也可以用来绞紧导线接头和放松接头；切口用来剪切导线或拔起铁钉；铡口用来剪切钢丝、铁丝等较硬的金属丝。钢丝钳的结构及握持，如左图所示。 带绝缘柄的钢丝钳使用时注意： (1)使用电工钢丝钳以前，必须检查绝缘柄的绝缘是否完好。绝缘如果损坏，进行带电作业时会发生触电事故。 (2)用电工钢丝钳剪切带电导线时，不得用刀口同时剪切相线和零线，或同时剪切两根相线，以免发生短路故障。 (3)钢丝钳不能当作敲打工具
螺丝刀	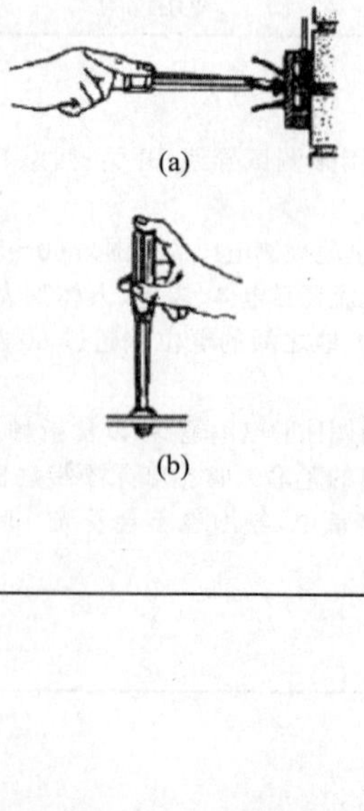 (a) (b)	螺丝刀是一种用来旋紧或起松螺丝、螺钉的工具。 螺丝刀的式样和规格很多，按头部形状不同可分为一字形和十字形两种，一字形螺丝刀常用的规格有 50mm、100mm、150mm 和 200mm 等，电工必备的是 50mm 和 150mm 两种。十字形螺丝刀专供紧固或拆卸十字槽的螺钉。 在使用小螺丝刀时，一般用拇指和中指夹持螺丝刀柄，食指顶住柄端；使用大螺丝刀时，除拇指、食指和中指用力夹住螺丝刀柄外，手掌还应顶住柄端，用力旋转螺丝，即可旋紧或旋松螺丝。螺丝刀顺时针方向旋转，旋紧螺丝；螺丝刀逆时针方向旋转，起松螺丝。螺丝刀的结构及握持，如左图所示。 使用时注意： (1)根据螺丝大小、规格选用相应尺寸的螺丝刀。 (2)不能使用穿心螺丝刀。 (3)螺丝刀不能当凿子用

名称	示意图	使用说明
尖嘴钳	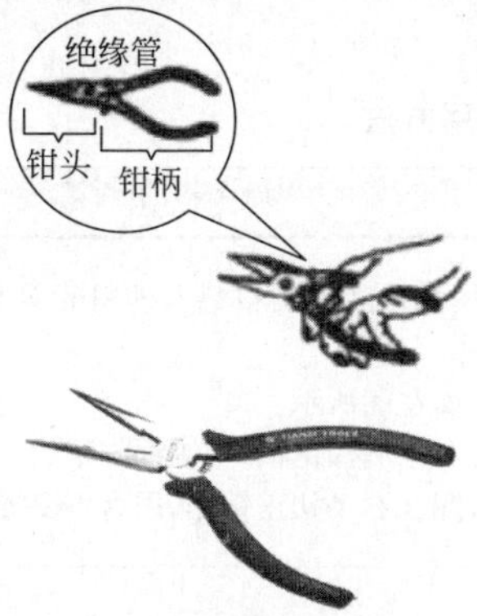 绝缘管 钳头　钳柄	尖嘴钳的头部尖细,适用于在狭小的工作空间操作,如用于灯座、开关内的线头固定等,其外形如左图所示。通常选用带绝缘柄的 130mm、160mm、180mm 或 200mm 尖嘴钳。 尖嘴钳的用途如下: (1)带有刃口的尖嘴钳能剪断细小金属丝。 (2)尖嘴钳能夹持较小螺钉、垫圈、导线等元器件。 (3)在装接控制线路板时,尖嘴钳能将单股导线弯成一定圆弧的接线鼻子。 使用时注意: (1)要注意保护好钳柄绝缘管,以免碰伤而造成触电事故。 (2)尖嘴钳不能当作敲打工具
断线钳		断线钳又称斜口钳,钳柄有铁柄、管柄和绝缘柄三种形式,其中电工用的绝缘柄断线钳的外形如左图所示。其耐压为1000V。断线钳是专供剪断较粗的金属丝、线材及电缆等的工具
剥线钳		剥线钳是用于剥削小直径线绝缘层的专用工具,它由钳头和钳柄组成,其外形如左图所示。它的手柄是绝缘的,耐压为500V。 使用时,将要剥削的绝缘长度用标尺定好以后,即可把导线放入相应的刃口中(比导线直径稍大),用手将钳柄一握,导线的绝缘层即被割破自动弹出。通常选用带绝缘柄 140mm 和180mm 剥线钳。 使用时注意:要根据不同的线径来选择剥线钳的不同刃口
活络扳手	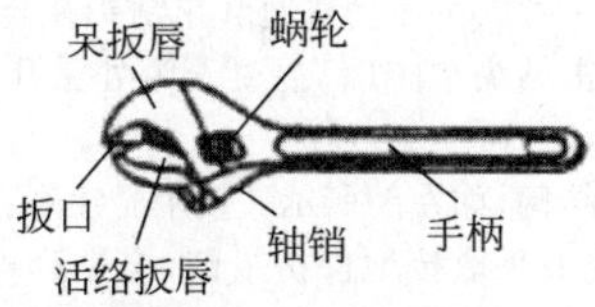 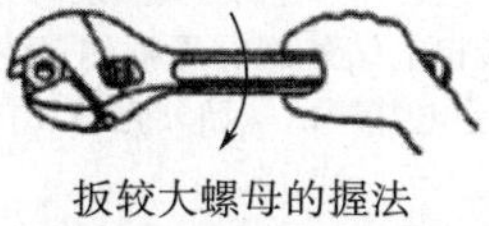 呆扳唇　蜗轮 扳口 活络扳唇　轴销　手柄 扳较大螺母的握法  扳较小螺母的握法	活络扳手是一种在一定范围内旋紧或旋松六角、四角螺栓、螺母的专用工具。活络扳手的结构及握持,如左图所示。 使用时注意: (1)要根据螺母、螺栓的大小选用相应规格的活络扳手。 (2)活络扳手的开口调节应以既能夹持螺母又能方便地提取扳手、转换角度为宜。 (3)活络扳手不能当铁锤用
电工刀	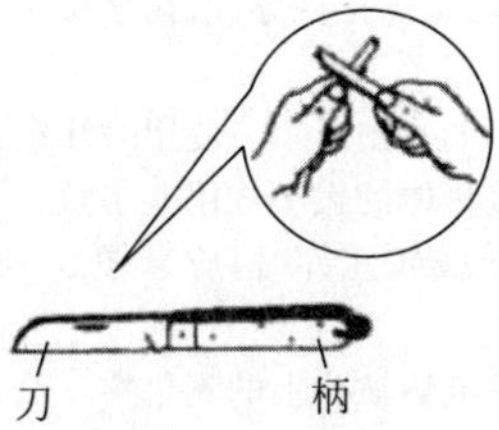 刀　柄	电工刀是一种切削电工器材(如剥削导线绝缘层、切削木枕等)的工具。电工刀的结构及握持,如左图所示。 使用时注意: (1)刀口应朝外进行操作。在剥削电线绝缘层时刀口要放平一点,以免割伤电线的线芯。 (2)电工刀的刀柄是不绝缘的,因此禁止带电使用。 (3)使用后要及时把刀身折入刀柄内,以免刀刃受损或危及人身、割破皮肤

二、电工常用辅助工具及其使用

电工常用的辅助工具有：钢锯、铁锤、钢凿、冲击电钻、电烙铁，以及电工包和电工工具套等，见表4-5。

电工常用辅助工具及其使用方法 　　　　　　　　　　　　　　　　表 4-5

名称	示意图	使用说明
钢锯		钢锯是一种用来锯割金属材料及塑料管等其他非金属材料的工具。 钢锯的结构，如左图所示。 使用时注意：右手满握锯柄，控制锯割推力和压力，左手轻扶锯弓架前端，配合右手扶正钢锯，用力不要过大，均匀推拉
铁锤		铁锤是一种用来锤击的工具。如拆装电动机轴承、锤打铁钉等。铁锤的结构如左图所示。 使用时注意：右手应握在木柄的尾部，才能使出较大的力量。在锤击时，用力要均匀、落锤点要准确
钢凿	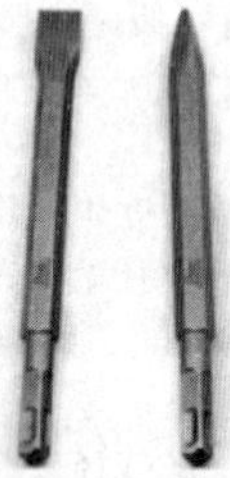	钢凿是一种用来专门凿打砖墙上安装孔（如暗开关、插座盒孔、木砧孔）的工具。钢凿的结构，如左图所示。 使用时注意：在凿打过程中，应准确保持钢凿的位置，挥动铁锤力的方向与钢凿中心线一致
冲击电钻	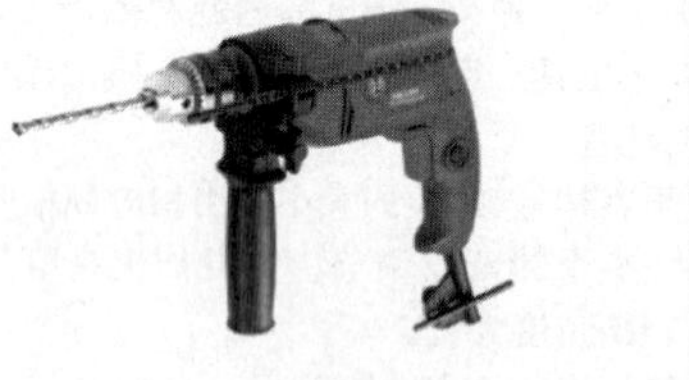	冲击电钻是一种既可使用普通麻花钻头在金属材料上钻孔，也可使用冲击钻头在砖墙、混凝土等处钻孔，供膨胀螺栓使用的工具。 冲击电钻的结构，如左图所示。使用时注意： (1)电钻外壳要采取接地保护措施，电钻到电源的导线采用橡胶软护套线，应使用三芯线，其黑线作为接地保护线。 (2)使用前要检查电钻外观有无损伤，无损伤才可插入电源插座。同时用验电笔测试电钻外壳，只有在外壳不带电时才可以使用电钻。 (3)钻不同直径的孔应选用相应的钻头。 (4)冲击孔时，右手应握紧手柄，左手持握把柄，用力要均匀。 (5)对转速可以调整的电钻，在使用前选择好适当的挡位，禁止在使用时中途换挡
电烙铁	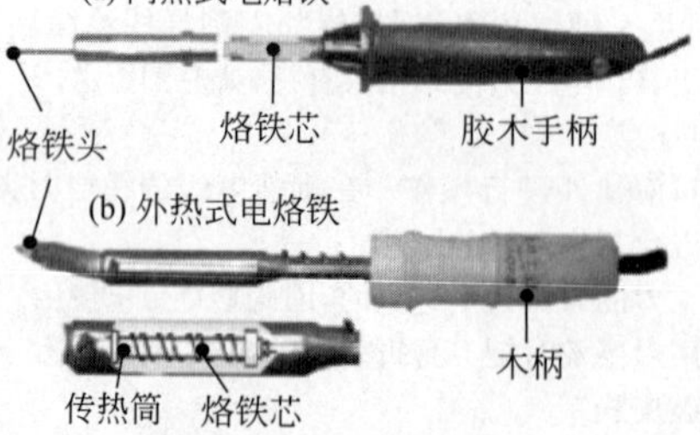 (a) 内热式电烙铁 烙铁头　烙铁芯　胶木手柄 (b) 外热式电烙铁 木柄 传热筒　烙铁芯	电烙铁是一种用来焊接铜导线、铜接头和对铜连接件进行镀锡的工具。 电烙铁的结构，如左图所示。使用时注意： (1)要根据焊接物体的大小选用电烙铁。 (2)焊接不同导线或元件时，应掌握好不同的焊接时间（温度）。 (3)应及时清除电烙铁头上的氧化物

续表

名称	示意图	使用说明
电工包和电工工具套		电工包和电工工具套是用来放置随身携带的常用工具或零星电工器材(如灯头、开关螺丝、保险丝、胶布)等的包套。 电工包和电工工具套的佩戴,如左图所示。 使用时注意: (1)电工工具套可用皮带系结在腰间,置于右臀部,工具插入工具套中,便于随手取用。 (2)电工包横跨在左侧,内有零星电工器材和辅助工具,以便外出使用

三、常用仪表的使用

电工常用的仪表有钳形电流表、万用表、兆欧表、接地电阻测量仪、单相交流电度表等。

(一)钳形电流表

在施工现场临时需要检查电气设备的负载情况或线路流过的电流时,若用普通电流表,就要先把线路断开,然后把电流表串联到电路中,费时费力,很不方便。如果使用钳形电流表,就无须把线路断开,可直接测出负载电流的大小。

钳形电流表的使用

钳形电流表由电流互感器和电流表组成,外形像钳子一样,其结构和使用如图 4-15 所示。

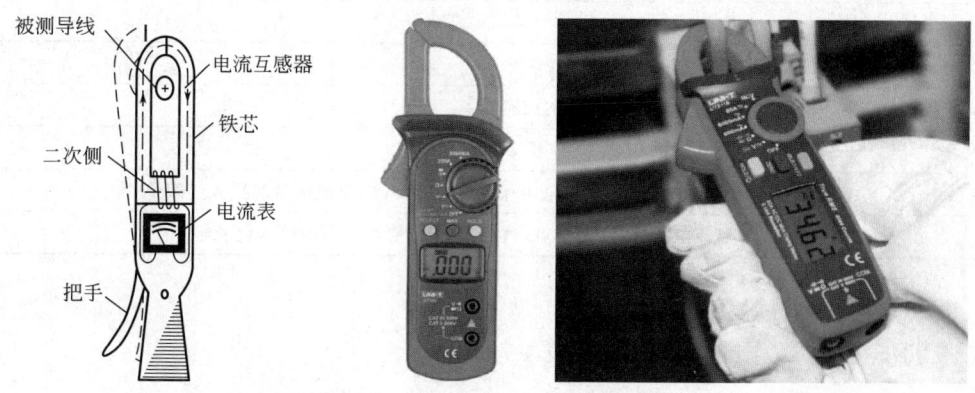

被测导线
电流互感器
铁芯
二次侧
电流表
把手

图 4-15 钳形电流表结构和使用

钳形电流表的上部是一穿心式电流互感器,其工作原理与一般电流互感器完全相同。当把被测载流导线卡入钳口时(此时载流导线就是电流互感器一次绕组),二次绕组中将出现感应电流,和二次绕组相连的电流表的指针即发生偏转,从而指示出被测载流导线上电流的数值。

使用钳形电流表时,应注意以下问题:

(1)测量时,被测载流导线的位置应处在钳形口的中央,以免产生误差。

(2)测量前应估计被测电流大小和电压大小,选择合适量程或者先放在最大量程挡上进行测量,然后根据测量值的大小再变换合适的量程。

万用表的
使用

（3）钳口应紧密结合。若有杂声可重新开口一次。重新开口后，如果仍有杂声，应检查钳口是否有污垢，若有污垢，则应清除后再进行测量。

（4）测量完毕一定要注意把量程开关放置在最大量程位置上，以免下次使用时，由于疏忽未选择量程就进行测量而损坏电表。

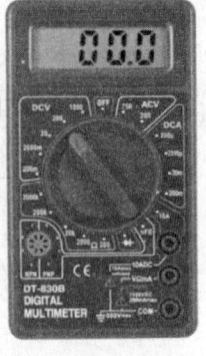

图 4-16　数字式万用表面板

万用表是电工经常使用的一种多用途、多量程便携式仪表。它可以测量直流电流、直流电压、交流电压和电阻，有的还可以测量交流电流、电感、电容等，是电气安装过程中必不可少的测试工具。

如图 4-16 所示是施工中常用的数字式万用表的面板结构。其面板由液晶显示屏、量程转换开关、表笔插孔等组成。液晶显示屏直接以数字形式显示测量结果，各挡位含义见表 4-6。

万用表各挡位含义　　　　　　　　　　　　表 4-6

序号	挡位	挡位含义解释
1	DCV	直流电压挡位
2	DCA	直流电流挡位
3	ACV	交流电压挡位
4	Ω	电阻挡位
5	HFE	三极管放大倍数挡位
6	OFF	测量完毕后转换开关放置处
7	COM	公共端：插入黑表笔
8	VΩmA	正极端：在测电阻、电压和小于 200mA 的直流电流时插入红表笔
9	10ADC	直流电流挡：在测 200mA 至 10A 的直流电流时插入红表笔

1. 数字万用表各种数据的测量方法

数字万用表各种数据的测量方法见表 4-7。

万用表各种数据的测量方法　　　　　　　　表 4-7

序号	测量项目	测量方法
1	测电阻	（1）将黑表笔插入 COM 插孔。 （2）将功能开关置于 Ω 量程，将测试表笔连接到待测电阻上。 注意：如果被测电阻值超出所选择量程的最大值，将显示过量程"1"，应选择更高的量程。当没有连接好时，例如开路情况，仪表显示为"1"。
2	测电流	（1）将黑表笔插入 COM 插孔，红表笔插入 VΩmA 插孔。 （2）功能旋转开关打至 DCA 对应量程的挡位。 （3）断开电路，将外用表串入被测电路中，被测线路中电流从一端流入红表笔，经万用表黑表笔流出，再流入被测线路中。 （4）接通电路，读出 LCD 显示屏数字

序号	测量项目	测量方法
3	测电压	(1)将黑表笔插入 COM 插孔,红表笔插入 VΩmA 插孔。 (2)将功能开关置于交流电压挡 ACV 或直流电压挡 DCV 量程范围,并将测试表笔连接到待测电源(测开路电压)或负载上(测负载电压降)。 注意:若显示为"1.",则表明量程太小,那么就要加大量程后再测量。若在数值左边出现"—",则表明表笔极性与实际电源极性相反,此时红表笔接的是负极(交流电压无正负之分)
4	测短路	(1)将黑表笔插入 COM 插孔,红表笔插入 VΩmA 插孔。 (2)将功能开关打到二极管  挡。 (3)将表笔接入测量部分的两端。 (4)若两端确实短路,则万用表蜂鸣器发出响声。可以用此方法检测保险丝是否熔断、电路是否连通

2. 数字式万用表使用的注意事项

(1)使用数字式万用表前,应先估计一下被测量值的范围,尽可能选用接近满刻度的量程,这样可提高测量精度。

(2)数字式万用表在刚测量时,显示屏的数值会有跳数现象,这是正常的(类似指针式表的表针摆动),应当待显示数值稳定后(不超过 1～2s),才能读数。

(3)测 10Ω 以下的精密小电阻时(200Ω 挡),先将两表笔短接,测出表笔线电阻(约 0.2Ω),然后在测量中减去这一数值。

(4)尽管数字式万用表内部有比较完善的各种保护电路,使用时仍应力求避免误操作,如用电阻挡去测 220V 交流电压等,以免带来不必要的损失。

(三)兆欧表

兆欧表俗称摇表,是专门用于检查和测量电气设备或线路绝缘电阻的一种便携式仪表。绝缘电阻是不能用万用表检查的,因为绝缘电阻的阻值都比较大,可达几兆欧甚至几百兆欧。

兆欧表的使用

万用表电阻挡对这个范围的电阻测量不准确,更主要的是万用表测量电阻时,所用的电源电压比较低,在低电压下呈现的绝缘电阻值,不能反映在高电压作用下的绝缘电阻的真正数值。因此,绝缘电阻必须用备有高压电源的兆欧表进行测量。

1. 兆欧表的结构和工作原理

兆欧表的种类很多,但其基本结构相同,主要由测量机构、测量线路和高压电源组成。高压电源多采用手摇发电机,其输出电压有 500V、1000V、2500V 和 5000V 等。目前已出现了用晶体管直流变换器代替手摇发电机的兆欧表,如 ZC30 型。兆欧表的外形如图 4-17 所示。

2. 兆欧表的选择

根据现行国家标准《电气装置安装工程 电气设备交接试验标准》GB 50150 规定,测量绝缘电阻时,选用兆欧表的电压等级如下:

图 4-17 兆欧表

（1）100V 以下的电气设备或回路，采用 250V 兆欧表。

（2）100～500V 的电气设备或回路，采用 500V 兆欧表。

（3）500～3000V 的电气设备或回路。采用 1000V 兆欧表。

（4）3000～1000V 的电气设备或回路，采用 2500V 兆欧表。

（5）1000V 及以上的电气设备或回路，采用 2500V 或 5000V 兆欧表。

3. 兆欧表的使用

（1）测量前应将被测设备的电源切断，并进行短路放电，以保安全。被测对象的表面应清洁干燥。

（2）兆欧表与被测设备间的连接线不能用双股绝缘线和绞线，而应用单根绝缘线分开连接。两根连线不可缠绞在一起，也不可与被测设备或地面接触，以免导线绝缘不良而产生测量误差。

（3）测量前应先将兆欧表进行一次开路和短路试验。将兆欧表上"线"和"地"端钮上的连接开路，摇动手柄达到额定转速，指针应指到"∞"处，然后将"线"和"地"端钮短接，指针应指在"0"处，否则应调修兆欧表。

（4）在测量线路绝缘电阻时，兆欧表"L"端接芯线，"E"端接大地，所测数值即为芯线与大地间的绝缘电阻。对于电缆线路，除了"E"端接电缆外皮，"L"端接缆芯外，还需将电缆的绝缘层接于保护环端钮"G"上，以消除因表面漏电而引起的误差。测量时操作方法和接线方法如图 4-18 所示。

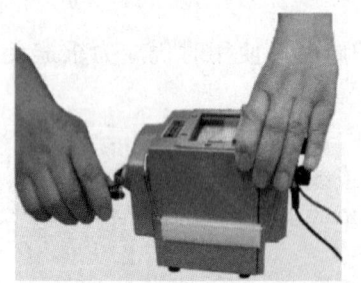
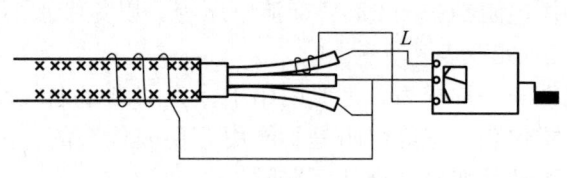

图 4-18　兆欧表操作方法和测量电缆绝缘电阻的接线方法

（5）测量时，摇动手柄的速度由慢逐渐加快，并保持匀速（120r/min），不得忽快忽慢。以 1min 以后的读数为准。

（6）测量电容或较长的电缆等设备的绝缘电阻后，应将"L"的连接线断开，以免被测设备向兆欧表倒充电而损坏仪表。

（7）测量完毕，在手柄未完全停止转动和被测对象没有放电之前，切不可用手触及被测对象的测量部分及进行拆线，以免触电。

（四）接地电阻测量仪

接地电阻测量仪俗称接地摇表，图 4-19 即为 ZC-8 型接地电阻测量仪外形。它主要由手摇发电机、电流互感器、滑线电阻及零指示器等组成。全部机构都装在铝合金铸造的携带式外壳内。测量仪还配有一个附件袋，装有两支接地探测针及 3 根导线，其中 5m 长的一根导线用于接地极，20m 长的一

接地电阻测量仪的使用

根用做电位探测针，40m 长的一根用做电流探测针。

测量时仪表的接线端钮 E 连接于接地极 E′，P、C 连接于相应的接地探测针，即电位的 P′ 和电流的 C′，如图 4-20 所示。

图 4-19　ZC-8 型接地电阻测量仪外形

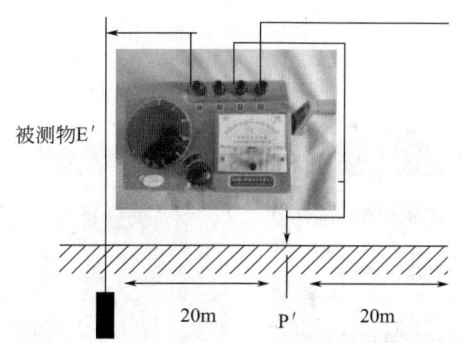

图 4-20　接地电阻测量仪接线

具体测量方法如下：

（1）如图 4-20 所示，沿被测接地极 E′，使电位探测针 P′ 和电流探测针 C′，依直线彼此相距 20m，插入地中，且电位探测针 P′ 要插于接地极 E 和电流探测针 C′ 之间。

（2）用导线将 E′、P′ 和 C′ 分别接于仪表上相应的端钮 E、P、C 上。

（3）将仪表放置于水平位置，检查零指示器的指针是否指于中心线上，否则可用零位调整器将其调整指于中心线。

（4）将"倍率标度"置于最大倍数，慢慢转动发电机的手柄，同时旋动"测量标度盘"，使零指示器的指针指于中心线。当零指示器指针接近平衡时，加快发电机手柄的转速，使其达到 120r/min 以上，调整"测量标度盘"，使指针指于中心线上。

（5）如果"测量标度盘"的读数小于 1，应将"倍率标度"置于较小的倍数，再重新调整"测量标度盘"，以得到正确的读数。

（6）当指针完全平衡在中心线上以后，用"测量标度盘"的读数乘以倍率标度，即得到所测的接地电阻值。

（五）单相交流电度表

1. 单相电度表的功能与分类

电度表是计量电能的仪表，也叫电能表，俗称火表。电度表的种类很多。如图 4-21（a）所示，按工作原理可分为感应式（机械式）、电子式（静止式）；按接入电源性质可分为直流表、交流表；按接入相线可分为单相、三相三线、三相四线电能表。

单相感应式电度表的内部结构如图 4-21（b）所示，主要组成包括驱动元件、转动元件、制动元件和计度器四部分。感应式电度表的工作原理是当交流电通过电度表的电流线圈和电压线圈时，在线圈中产生交变磁通，这些交变磁通在铝盘上会产生涡流，而涡流又会与交变磁通相互作用产生电磁力矩，驱动铝盘转动。同时，转动的铝盘又在制动磁铁的磁场中产生涡流，该涡流与制动磁铁的磁场相互作用产生制动力矩。当转动力矩和制动力矩平衡时，铝盘以稳定的转速转动，其转速与被测功率成正比，根据铝盘转数的多少可以测量出负载消耗的电能。

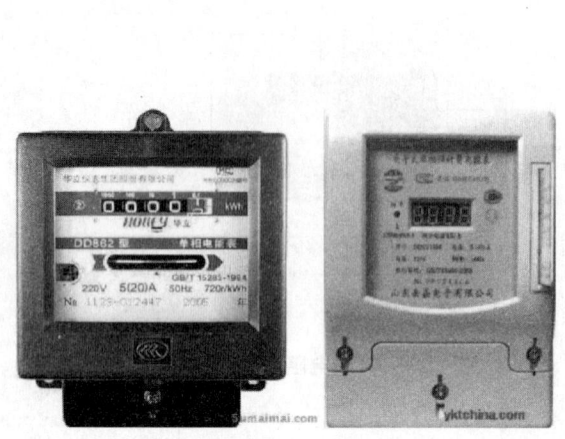

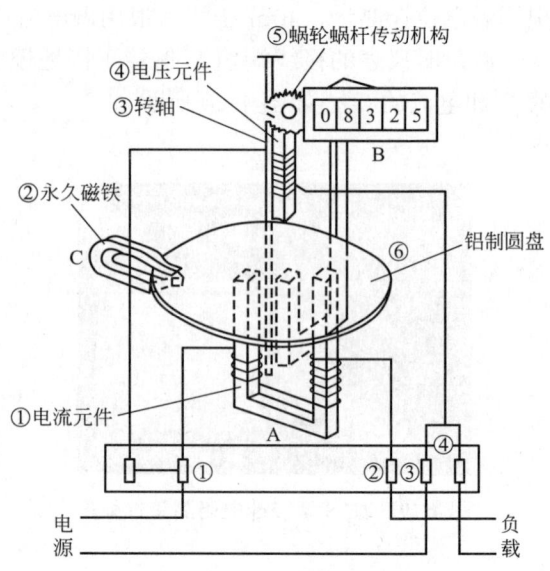

(a) 感应式和电子式电度表外形   (b) 感应式电度表内部结构

图 4-21　单相电度表

单相电子式电度表采用的是电子技术，由于这个信号处理电路，全部采用数字信号处理技术，在一块芯片内完成所有运算。因此能适应恶劣的环境，具有高精度、功耗小、故障率低等特点，且可实现防窃电、反向电能检测、多费率、预付费等功能，目前交流电能的测量大多采用电子式电度表。

2. 单相交流电度表的接线

电度表的接线方式原则上与功率表的接线方式相同，即电流线圈与负载串联，电压线圈跨接在线路两端。对于低电压（220V）、小电流（5～10A 以内）的单相电路，电度表可以直接接入。对于低电压、大电流的单相电路，需经电流互感器接入。

电度表的下部有接线盒，盖板背面有接线图，安装时应按图接线。接线盒内有四个接线端子，一般应符合"火线 1 进 2 出"和"零线 3 进 4 出"的原则接线，"进"端接电源，"出"端接负载，如图 4-22 所示。

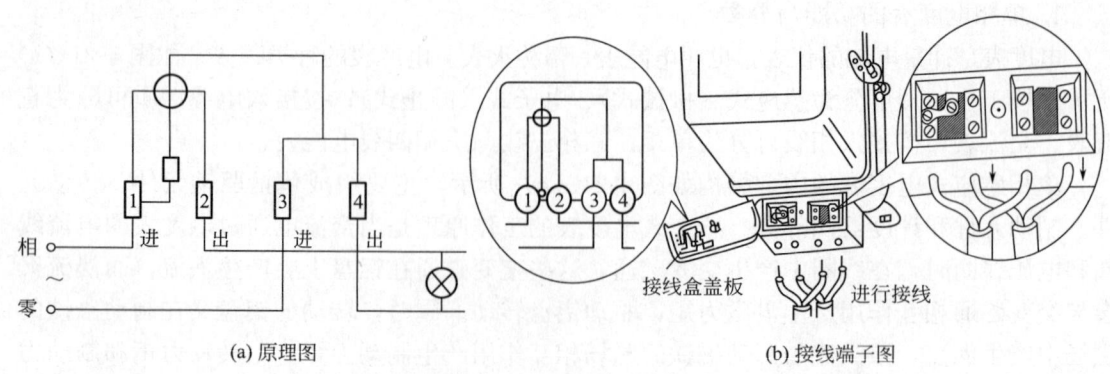

(a) 原理图   (b) 接线端子图

图 4-22　单相电度表接线图

只要接线正确，不管负载是电感性的还是电容性的，电度表总是正转的。但在接线时火线与零线不能对调，如果将火线和零线对调时俗称"相零接反"，如图 4-23 所示。这时电度表仍然正转，且计量正确，但当电源和负载的零线同时接地，或用户将负载（电灯、冰箱、电热器等）接到火线与大地（如经自来水管）之间时，负载电流将从加接地线的地方经大地流走（流经电流线圈的电流要减少或为零），这就造成电度表少计电能或不计电能。

另外，也不能把两个线圈的同名端接反。虽然电压和电流端子的连接片在表内已连好，但如果接线时误接成"火线 2 进 1 出"，如图 4-24 所示，这时，电度表就要反转，这是不允许的。

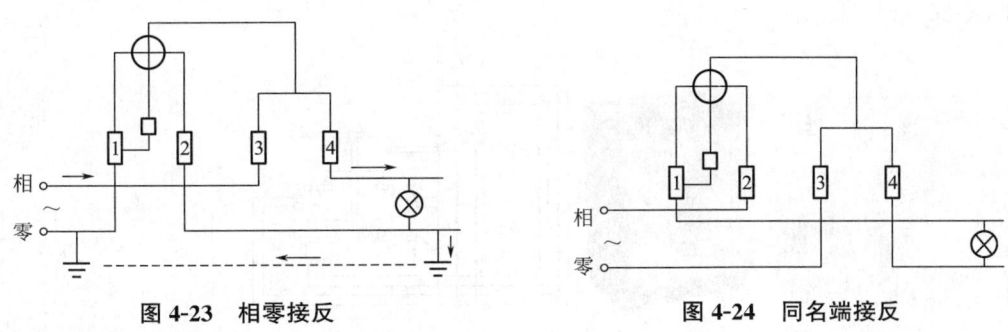

图 4-23　相零接反　　　　　　　　　图 4-24　同名端接反

四、常用低压电器

（一）刀开关

刀开关又叫闸刀开关，一般用于不频繁操作的低压电路中，用作接通和切断电源，有时也用来控制小容量电动机的直接启动与停机。

塑壳刀开关的结构如图 4-25 所示。刀开关的瓷底座上装有进线座、静触头、熔体、出线座和带瓷制手柄的刀式动触头，上面盖有胶盖，以防止人员操作时触及带电体或开关分断时产生的电弧飞出伤人。

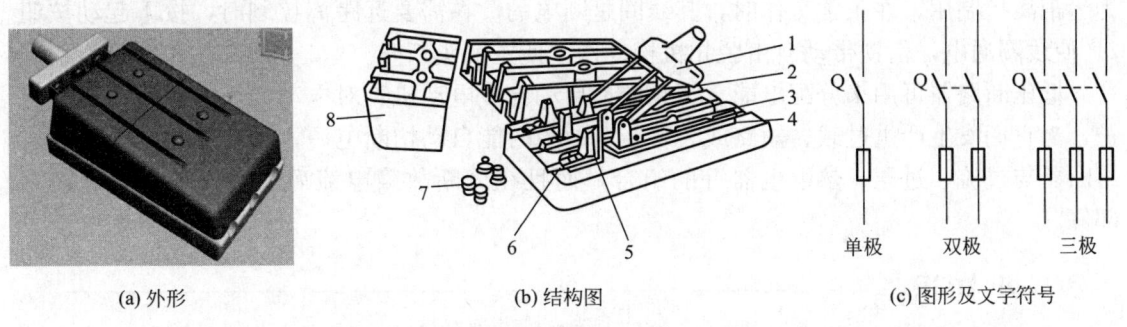

(a) 外形　　　　　　　　(b) 结构图　　　　　　　(c) 图形及文字符号

图 4-25　塑壳刀开关

1—瓷柄；2—动触头；3—出线座；4—瓷底座；5—静触头；6—进线座；7—胶盖紧固螺钉；8—胶盖

刀开关的种类很多。按极数（刀片数）分为单极、双极和三极；按结构分为平板式和条架式；按操作方式分为直接手柄操作式、杠杆操作机构式和电动操作机构式；按转换方向分为单投和双投等。

刀开关一般与熔断器串联使用，以便在短路或过负荷时熔断器熔断而自动切断电路。考虑到电动机较大的起动电流，刀闸的额定电流值应为异步电机额定电流的3~5倍。

安装刀开关时要注意：垂直安装，手柄位置上合下断，不准平装、倒装，防止发生误合闸事故；接线时应把电源进线接在静触头一边的进线座，负载接在动触头一边的出线端；应检查闸刀与静插座接触是否良好。

（二）断路器

低压断路器又叫自动空气开关，是常用的电源开关，它不仅有引入电源和隔离电源的作用，又能自动进行短路、过电流、分励和欠压保护。

低压断路器的外形如图4-26（a）所示；工作原理如图4-26（b）所示；图形及文字符号如图4-26（c）所示。

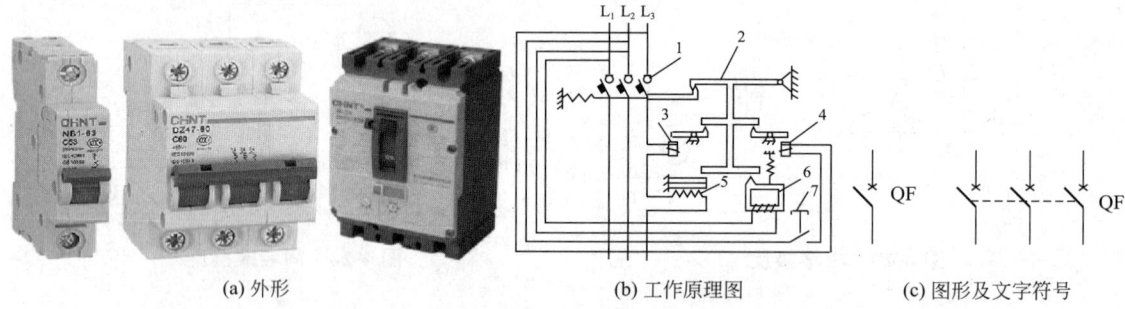

（a）外形 　　　　　　　　（b）工作原理图 　　　　　　（c）图形及文字符号

图4-26　低压断路器

1—主触头；2—自由脱扣机构；3—过电流脱扣器；4—分励脱扣器；5—热脱扣器；6—欠电压脱扣器；7—起动按钮

低压断路器的主触头1是靠手动操作或自动合闸。主触头1闭合后，自由脱扣机构2将主触头锁在合闸位置上。过电流脱扣器3的线圈和电源并联。当电路发生短路或严重过载时，过电流脱扣器3的衔铁吸合，使自由脱扣机构2动作，主触头1断开主电路。当电路过载时，热脱扣器5的热元件发热使双金属片向上弯曲，推动自由脱扣机构2动作。当电路欠电压时，欠电压脱扣器6的衔铁释放，也使自由脱扣机构动作。分励脱扣器4则作为远距离控制用，在正常工作时，其线圈是断电的。在需要远距离控制时，按下起动按钮7，使线圈通电，衔铁带动自由脱扣机构动作，使主触头断开。

低压断路器可用来分配电能、不频繁地启动异步电动机、对电动机及电源线路进行保护，当它们发生严重过载、短路或欠电压等故障时能自动切断电源，其功能相当于熔断式熔断器与过流、过压、热继电器等的组合，而且在分断故障电流后，一般不需要更换零部件。

🕊️ 小知识

在日常生活中，如果线路中的断路器跳闸了，一定要及时查明其跳闸的原因，排除故障以后再重新合闸。不要在不明原因的情况下擅自合上断路器。

（三）漏电保护器

漏电保护器全称是剩余电流保护装置（RCD），是一种具有特殊保护功能（漏电保护）的空气断路器。除了空气开关的基本功能外，还能在负载回路出现漏电时能迅速分断开关，以避免在负载回路出现漏电时对人员的伤害和对电气设备的不利影响。

剩余电流保护装置按结构分为以下三种：①漏电保护断路器：带有保护断路器，可作为线路的短路保护开关。②漏电保护继电器：带有保护继电器，使用另外的主电路开关来分断主电路。③漏电保护插座：带有保护断路器，所接负载可通过插头插入。

1. 漏电保护器的结构

用于单相电路的二线漏电保护器的外形和原理结构如图 4-27 所示。其主要组成部分是主开关、检测漏电电流用互感器和脱扣器。当漏电电流增大到预定的数值时，脱扣器动作，主开关的锁扣被释放而分断电路。快速高灵敏度的漏电保护器从电路发生故障到主开关分断的过程很快，即使发生了人身触电，当触电电流还没有引起致命的危害时，保护器即迅速分断电路，保护人身安全。

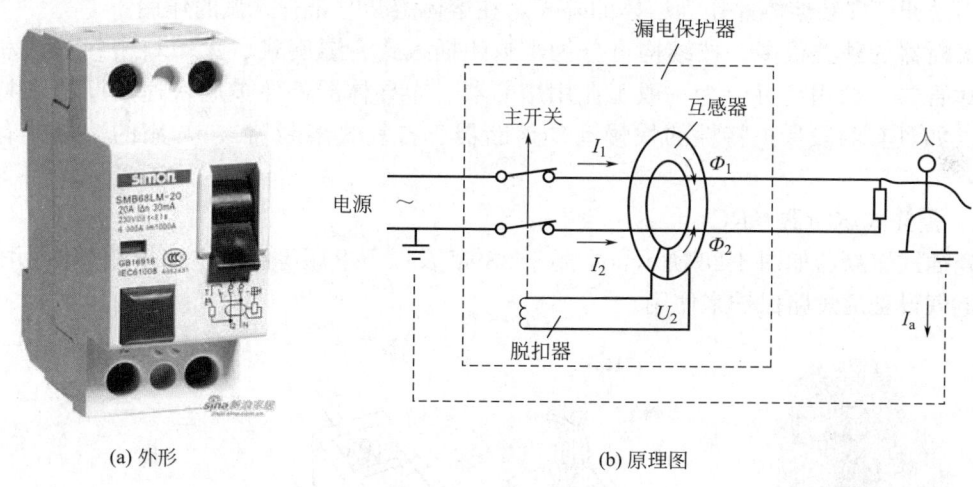

(a) 外形　　　　　　　　　　　　　(b) 原理图

图 4-27　漏电保护器

2. 漏电保护器的应用

漏电保护器的动作电流值一般分为三档：①动作电流值在 10mA 及以下的产品，主要用于防止潮湿场所的人身触电。②动作电流为 15～30mA 的产品，用于防止一般场所的人身触电，如电动工具等。③动作电流在 100mA 及以上的产品，主要用于开关柜等，可防止漏电引起的火灾。一般的漏电保护器的动作时间不大于 0.1s。具有反时限作用和防止漏电火灾用的保护器动作时间在 0.1～2s。

3. 空气开关与漏电保护器的区别

外观上，漏电保护器的外壳上有一个非常突出的 "T" 字按钮，而空气开关没有。这是一个非常直观的区分方法。另外，空气开关和漏电保护器在体积上也有差别。漏电保护器比空气开关体积更大一些，空气开关一般占用 1P 或 2P 的安装位，而漏电保护器则要占用 3P 的安装位。

功能上，空气开关有两个最基本的功能：①短路保护；②过载保护。当出现电流过大或短路时，空气开关检测到异常，就会直接切断回路，防止线路过载而起火。而漏电保护器有三个保护功能：①短路保护；②过载保护；③漏电保护。这样看就能很明显地看出，漏电保护器比空气开关多了一个漏电保护的功能。它在发生漏电时，能迅速自动跳闸，避免人体接触而触电。

（四）熔断器

熔断器是一种简单而有效的保护电器，在电路中主要起短路和严重过载保护作用。它串联在线路中，当线路或电气设备发生短路或严重过载时，熔断器中的熔体首先熔断，使线路或电气设备脱离电源，起到保护作用。

熔断器主要由熔体和安装熔体的绝缘管（或盖、座）等部分组成。其中熔体是主要部分，它既是感测元件又是执行元件。熔体是由不同金属材料（铅锡合金、锌、铜或银）制成丝状、带状、片状或笼状，串接于被保护电路。当电路发生短路或严重过载故障时，通过熔体的电流使其发热，当达到熔化温度时，熔体自行熔断，从而分断故障电路。熔断管一般由硬质纤维或瓷质绝缘材料制成半封闭式或封闭式管状外壳，熔体装其中。熔断管的作用是便于安装熔体并作为熔体的外壳，在熔体熔断时兼有灭弧的作用。

熔断器的种类很多，按结构可分为半封闭插入式、螺旋式、无填料密封管式和有填料密封管式。按用途可分为一般工业用熔断器、半导体器件保护用快速熔断器和特殊熔断器（如具有两段保护特性的快慢动作熔断器、自复式熔断器）。常用的熔断器有以下几种：

1. 瓷插式熔断器（RC）

瓷插式熔断器如图 4-28 所示，常用于 380V 及以下电压等级的电路末端，作为配电支线或电气设备的短路保护来使用。

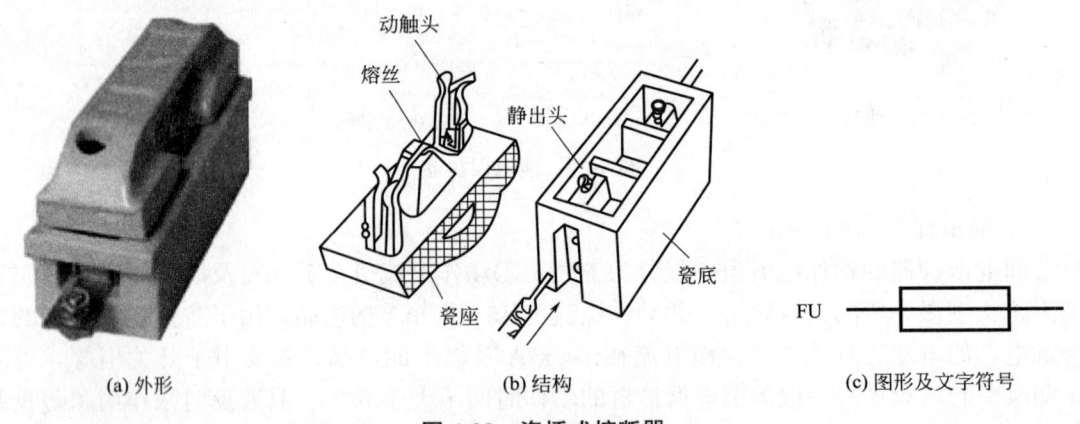

(a) 外形　　　　　　　(b) 结构　　　　　　　(c) 图形及文字符号

图 4-28　瓷插式熔断器

2. 螺旋式熔断器（RL）

螺旋式熔断器如图 4-29 所示。熔体的上端盖有一熔断指示器，一旦熔体熔断，指示器马上弹出，可透过瓷帽上的玻璃孔观察到，它常用于机床电气控制设备中。螺旋式熔断器分断电流较大，可用于电压等级 500V 及其以下、电流等级 200A 以下的电路中，作短路保护。

3. 封闭管式熔断器

（1）无填料密封式（RM）熔断器如图 4-30（a）所示，多用于低压电网、成套配电设备的保护，型号有 RM7、RM10 系列等。

（2）有填料式（RT）熔断器如图 4-30（b）所示，熔管内装有 SiO_2（石英砂），用于

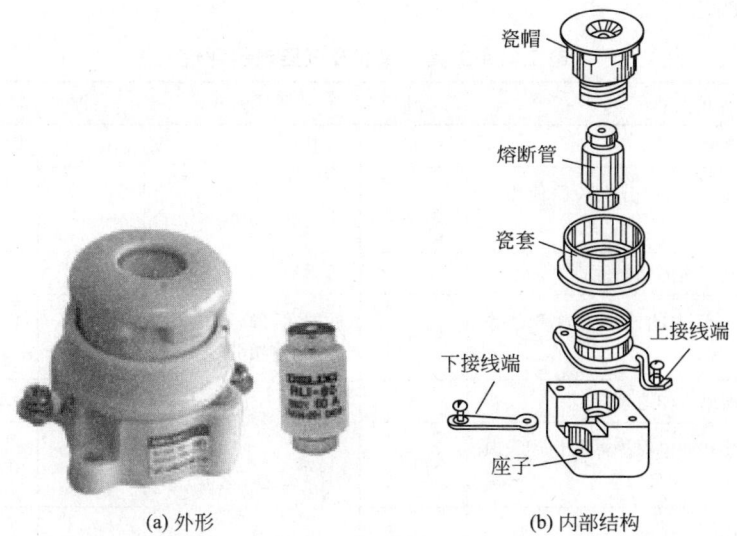

(a) 外形　　　　　　　　(b) 内部结构

图 4-29　螺旋式熔断器

(a) 无填料密封式熔断器　　　　　(b) 有填料式熔断器

图 4-30　封闭管式熔断器

具有较大短路电流的电力输配电系统，常见型号为 RT0 系列。

4. 快速熔断器

快速熔断器如图 4-31 所示，主要用于硅整流管及其成套设备的保护，其特点是熔断时间短、动作快。常用型号有 RLS、RSO 系列等。

图 4-31　快速熔断器

任务评价

电工常用工具、仪表及低压电器评价表　　　　　　　　　　表 4-8

评价内容		分值	评价标准	自评	互评	教师评价
基础知识	低压测电笔的作用	5	回答正确，表述清晰，酌情扣分			
	钳子的种类有几种，分别说明使用的场合	6				
	分析钳形电流表的测量原理	6				
	简述钳形电流表的使用方法和注意事项	6				
	简述断路器的工作原理	6				
	简述断路器和漏电保护器的作用及其区别	6				
	熔断器的作用	5				
操作要点	低压测电笔握持正确	6	动作规范，操作正确，错误一处扣 2 分			
	万用表测量直流电压、直流电流	8				
	万用表测量交流电压和电阻的测量	8				
	利用钳形电流表测量三相电源的电流	10				
	利用兆欧表测量电缆的绝缘电阻	8				
职业素养	工作态度	5				
	协作精神	5				
	表达能力	5				
	创新意识	5				

任务总结

掌握的基础知识	
掌握的操作要点	
遇到的问题	
解决问题的方法和途径	
心得体会	
其他	

项目二　室内照明线路的安装

项目介绍

本项目通过完成图 4-32 的室内照明配线，旨在了解电工操作基础知识，熟悉电工常

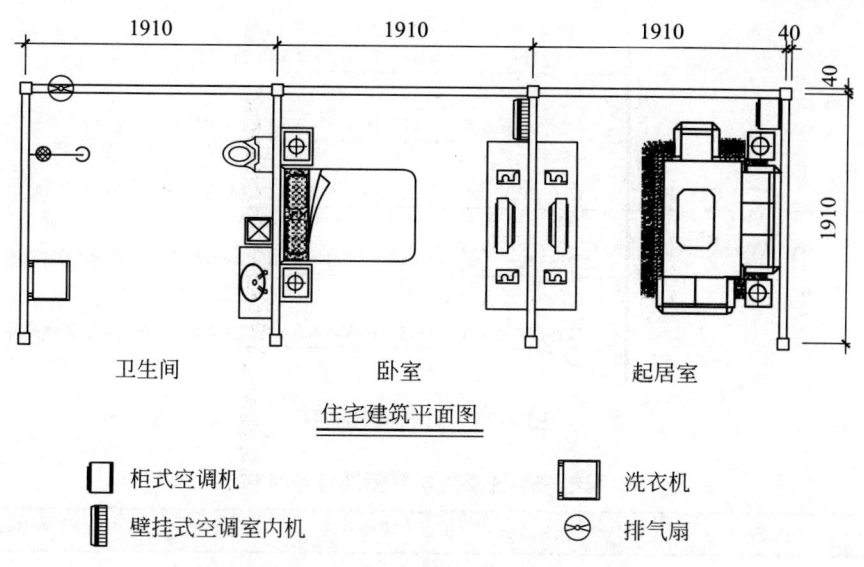

图 4-32　住宅建筑平面图（单位：mm）

用工具、仪表的使用及施工图的识图方法，并掌握线管敷设、导线连接、开关插座安装、灯具安装、配电箱安装等基本操作技能。

项目分析

1. 设计要求

（1）电表箱内设置单相电度表一个、总断路器一个、分支断路器若干

个，要求照明回路用单极断路器，卧室空调插座为普通两极断路器，其他回路用带漏电两极断路器。

（2）起居室电气配置：插座 4 个，单管荧光灯一盏，空调插座一个，单联开关一个。

（3）卧室电气配置：插座 3 个，空调插座一个，普通吸顶灯一个，单联开关一个。

（4）卫生间电气配置：带开关防水插座一个，普通防水插座两个，防水防尘灯一个，排风扇一个，防水双联单控开关一个。

2. 图样分析

分析图 4-33、图 4-34，完成表 4-9。

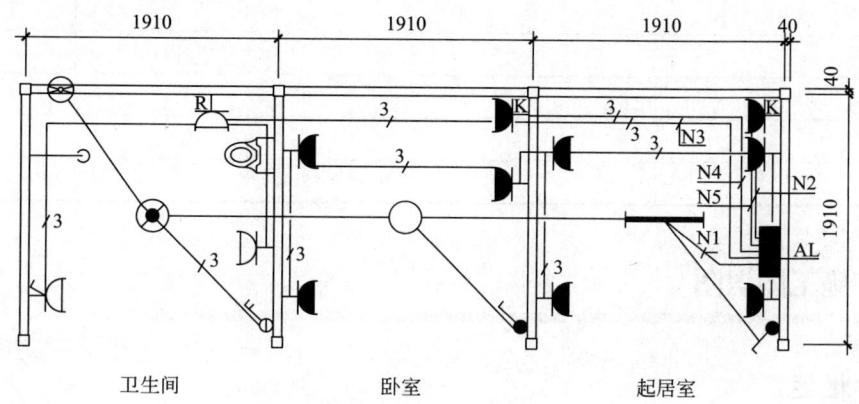

图 4-33　电气平面图（单位：mm）

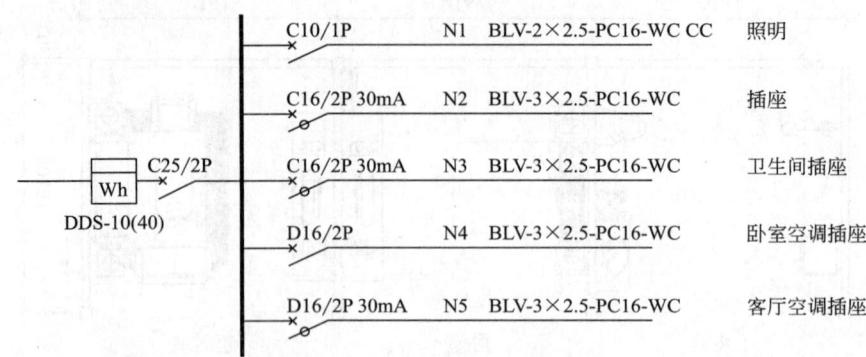

图 4-34　配电箱系统图

配电箱系统图的电气图形符号解释　　　　　　　　　　　　　　　表 4-9

序号	图例	设备名称	序号	图例	设备名称
1	Wh		6		
2	C16/2P 30mA		7		
3	C10/1P		8		
4			9		
5			10		

3. 工艺分析

分析室内照明配线的工作流程，完成表 4-10。

室内照明配线工作流程表　　　　　　　　　　　　　　表 4-10

序号	工作内容	操作方法	工艺要求	设备、工具、量具

任务一　施工图识图

任务描述

本任务是学习电气施工图的识读。学习了解阅读建筑电气施工图的方法及步骤，并以本项目的电气图为例介绍了建筑电气工程图的特点、建筑电气工程图的内容及详细说明了建筑电气施工图的识图过程，通过学习要求掌握建筑电气施工图的识图方法。

任务目标

1. 知识目标

（1）了解识图步骤。

（2）熟悉电气施工图纸的读图方法。

（3）掌握一些常用的图形符号。

2. 能力目标

（1）能识别图纸类别。

（2）能正确识读配电箱系统图。

（3）能正确识读电气平面图。

3. 职业素养目标

（1）工作态度端正，纪律观念强。

（2）善于思考问题和敢于解决问题的能力。

（3）良好的协作精神和创新意识。

（4）遵守安全文明生产的要求。

任务实施

工作内容	操作方法	说明	设备、工具、量具
1. 配电箱系统图的识读	从进线开始，电度表、总断路器，到各分断路器，再到出线，依次识读	看图最有效的方法是结合实际工程看图，一边看图，一边看施工	
任务知识点			
2. 电气平面图的识读	从配电箱出线开始识读，先看照明回路，再看各插座回路（包括普通插座、卫生间插座、空调插座等）	能根据各回路的单线图绘制出接线图，尤其是照明回路中灯具和开关之间管内导线根数及种类（如控制线、相线各有几根）	
任务知识点			

任务实施加油站

一、识读方法及步骤

阅读建筑电气施工图纸，应在掌握一定电气工程知识的基础之上进行。对图中的图例，应明确它们的含义，应能与实物联系起来。读图一般的步骤如下：

（1）查看图纸目录。先看图纸目录，了解整个工程由哪些图纸组成，主要项目有哪些等。

（2）阅读设计说明。了解工程的设计思路、工程项目、施工方法、注意事项等。可以先粗略看，再细看，理解其中每句话的含义。

（3）注意阅读图例符号。该套图纸中的图例一般在图例及主材表中写出来了，在表中对图例的名称、型号、规格和数量等都有详细的标注，所以要注意结合图例及主材表看图。

（4）相互对照，综合看图。一套建筑图纸，是由各专业图纸组成，而各专业图纸之间又有密切的联系。另外，建筑电气工程图纸里的系统图和平面图相互联系紧密。因此，看图时还要将各专业图纸相互对照、电气系统图和平面图相互对照，综合看图。

（5）结合实际看图。看图最有效的方法是结合实际工程看图，一边看图，一边看施工。一个工程下来，既能掌握一定的电气工程知识，又能熟悉电气施工图纸的读图方法，收效较快。

二、配电箱系统图的识读

1. 看配电系统图可以了解的信息

看配电系统图可以获得的信息见表 4-11。

配电系统图信息表
表 4-11

序号	内容
1	电源进线的类型和敷设方式以及电线的数量
2	配电箱的编号
3	进线总开关的类型与特点
4	零排、保护线端子排
5	电源进入配电箱后分的回路数量及其名称功能、电线的数量、开关的特点与类型

2. 如何看实例

从图 4-34 中可以看出电源从配电箱中分出 5 条回路出来，其中具体内容见表 4-12。

表 4-12

序号	内容
1	N1 回路的断路器额定电流为 10A，即为 10A 起跳，型号为 C65N 的 1 极断路器。出线为 3 根 2.5mm 的铝芯聚乙烯绝缘阻燃硬质电线，穿直径为 16mm 的 PC 塑料管，沿墙、顶板暗敷设
2	N2、N3、N5 回路的断路器额定电流为 16A，即为 16A 起跳，型号为 C65N 的 2 极带漏电保护断路器，漏电动作电流为 30mA。出线为 3 根 2.5mm 的铝芯聚乙烯绝缘阻燃硬质电线，穿直径为 16mm 的 PC 塑料管，沿墙暗敷设
3	N4 回路的断路器额定电流为 16A，即为 16A 起跳，型号为 C65N 的 2 极断路器。出线为 3 根 2.5mm 的铝芯聚乙烯绝缘阻燃硬质电线，穿直径为 16mm 的 PC 塑料管，沿墙暗敷设
4	设置 N 线端子排、PE 线端子排
5	电源进入配电箱后分的回路数量及其名称功能、电线的数量、开关的特点与类型

三、绝缘导线的型号

建筑电气室内配线工程常用绝缘导线按其绝缘材料分为橡皮绝缘和聚氯乙烯绝缘；按

线芯材料分为铜线和铝线；按线芯性能又有硬线和软线之分。通常按型号加以表示及区分，表 4-13 给出了常用绝缘导线的型号、名称和用途。

常用绝缘导线的型号、名称和用途　　　　　　　　　　表 4-13

型号	名称	用途
BX(BLX)	铜(铝)芯橡皮绝缘线	适用于交流 500V 及以下，或直流 1000V 及以下的电气设备及照明装置之用
BXF(BLXF)	铜(铝)芯氯丁橡皮绝缘线	
BXR	铜芯橡皮绝缘软线	
BV(BLV)	铜(铝)聚氯乙烯绝缘线	适用于各种交流、自流电器装置，电工仪表、仪器，电讯设备，动力及照明线路固定敷设之用
BVV(BLVV)	铜(铝)聚氯乙烯绝缘聚氯乙烯护套圆型电线	
BVVB(BLVVB)	铜(铝)芯聚氯乙烯绝缘聚氯乙烯护套平型电线	
BVR	铜芯聚氯乙烯绝缘软线	
BV-105	铜芯耐热 105℃聚氯乙烯绝缘软线	
RV	铜芯聚氯乙烯绝缘软线	适用于各种交、直流电器、电子仪器、家用电器、小型电动机具、动力及照明装置的连接
RVB	铜芯聚氯乙烯绝缘平行软线	
RVS	铜芯聚氯乙烯绝缘绞型软线	
RV-105	铜芯耐热 105℃聚氯乙烯绝缘连接软电线	
RXS	铜芯橡皮绝缘棉纱编织绞型软电线	
RX	铜芯橡皮绝缘棉纱编织圆型软电线	

四、电气平面图的识读

1. 看电气平面图可以了解的信息

看电气平面图可以获得的信息见表 4-14。

电气平面图信息表　　　　　　　　　　表 4-14

序号	内容
1	插座回路的数量及各回路的功能名称
2	每个插座回路上的插座数量及种类
3	每个插座的安装位置及尺寸
4	插座电线的敷设方式及路径
5	照明的回路数量
6	每支回路上具体的灯具数量
7	每一盏灯具与开关的关系及连接方式
8	具体线路上的导线根数

2. 图形符号

图形符号具有一定的象形意义，比较容易和设备相联系认读。图形符号很多，一般不容易记忆，但民用建筑电气工程中常用的并不很多，掌握一些常用的图形符号，读图的速度会明显提高。表 4-15 为部分常用的图形符号。

常用的图形符号（部分）   表 4-15

序号	图例	说明	序号	图例	说明
1		电力配电箱	17		风扇开关
2		照明配电箱	18		单管荧光灯
3		一般配电箱符号	19		双管荧光灯
4		事故照明配电箱	20		花灯
5		断路器箱	21		壁灯
6	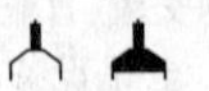	单相带熔丝两极插座	22		顶棚灯
7		单相两极插座	23	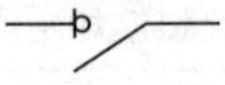	负荷开关
8		单相带接地三极插座	24		断路器
9		单相密闭两极插座	25	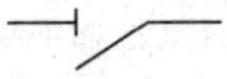	隔离开关
10	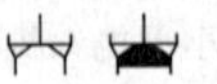	三相四极插座	26		带熔丝负荷开关
11		单相两极加三极插座	27	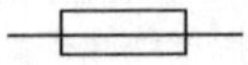	熔断器
12		单控两联开关	28	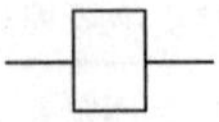	线圈
13	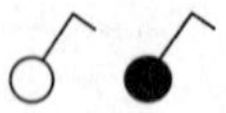	单控单联开关	29	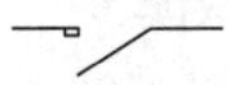	触点开关
14		单控单联密闭开关	30	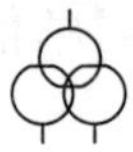	电压互感器
15	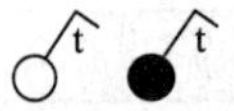	单控延时开关	31		变压器
16	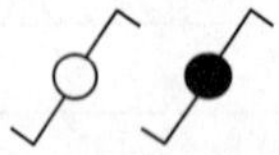	双控单联开关	32		电流互感器

3. 如何看实例

电气平面图如图 4-33 所示，从插座布置中可以看出插座的数量、类型，其中，根据常用图形符号表可以看出各符号代表的设备名称；从照明布置中可以看出所有灯具的连接线路、每个开关控制的灯的数量及开关类型，以及每条支路上导线的具体数量。

五、单线图的识读

建筑电气施工图中大部分是以单线图绘制电气线路的，也就是同一回路的导线仅用一根图线来表示。单线图是电气施工图纸识读的一个难点，识读时要判断导线根数、性质和接线等问题。图中导线的根数用短斜线加数字表示，一般三根及以上导线根数才标注。只有熟悉设备接线方式，才能读懂单线图。如图 4-35 列举了几种照明线路的单线图及其对应的接线图。

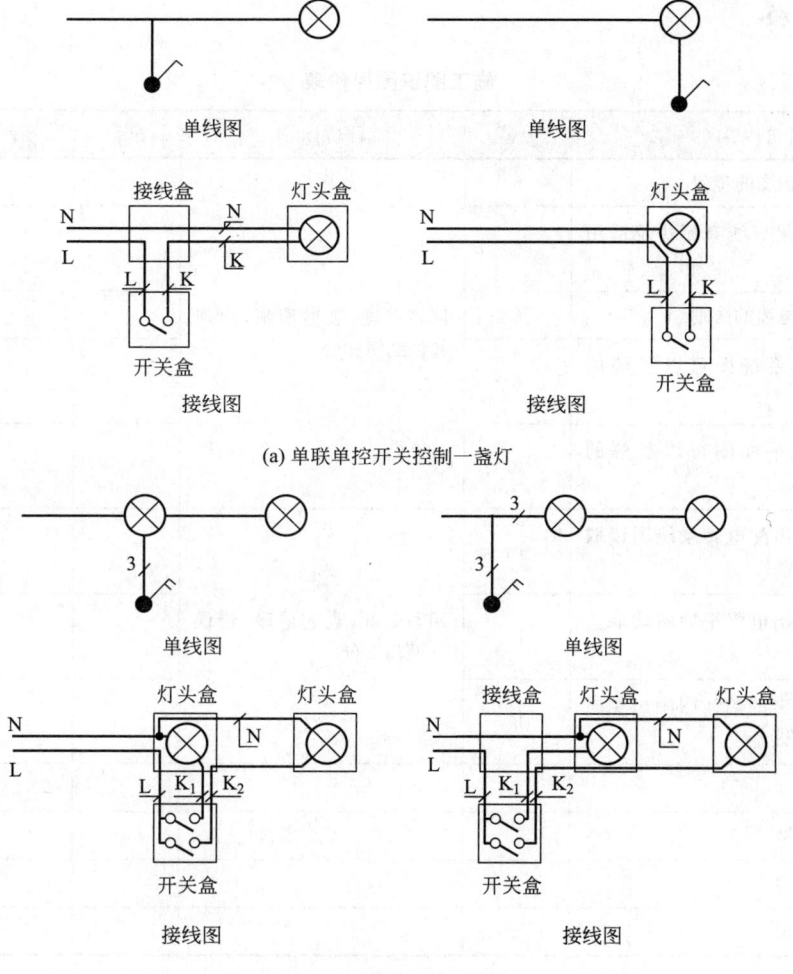

(a) 单联单控开关控制一盏灯

(b) 双联单控开关控制两灯

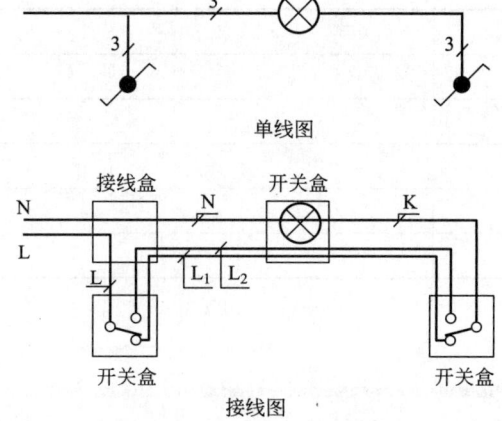

(c) 单联双控开关两地控制一盏灯

图 4-35　单线图与相应接线图

L—火线；N—零线；K—控制线

任务评价

施工图识图评价表　　　　　　　表 4-16

	评价内容	分值	评价标准	自评	互评	教师评价
基础知识	施工图识图的步骤	6	回答正确，表述清晰，出现错误酌情扣分			
	常用绝缘导线有哪些及适用场合	6				
	导线和电缆的区别	6				
	看配电系统图可以了解的信息	6				
	看电气平面图可以了解的信息	8				
操作要点	按照给出配电箱系统图读取正确信息	16	回答全面，表述清晰，错误一处扣2分			
	按照给出电气平面图读取正确信息	17				
	根据给出的单线图画出相应的接线图	17				
职业素养	工作态度	5				
	协作精神	5				
	表达能力	5				
	创新意识	5				

任务总结

掌握的基础知识	
掌握的操作要点	
遇到的问题	
解决问题的方法和途径	
心得体会	
其他	

任务二　线管敷设

任务描述

本任务是在完成施工图识图的基础上，按照施工图完成线管敷设的工作，如图 4-36 所示。线管敷设的工作一般需要配合土建工作来完成，线管敷设的施工程序包括线管选

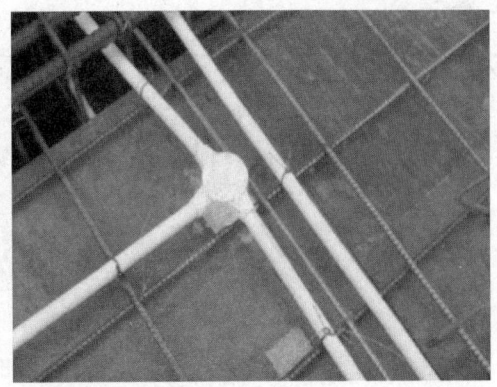

图 4-36　线管敷设图

择、线管加工、敷设线管等工序。线管敷设操作中，要求操作者熟悉线管的型号、线管敷设的原则和具体的操作方法。

任务分析

分析线管敷设的工作流程，完成表 4-17。

线管敷设的工作流程表　　　　　　　　　　　表 4-17

序号	工作内容	操作方法	精度要求	设备、工具、量具

任务目标

1. 知识目标

（1）了解电气配管中常用的管材分类和使用场合。

（2）掌握配管过程中的加工步骤和注意事项，掌握管内穿线的施工步骤和方法。

2. 能力目标

（1）能根据图纸来选用合适的管材进行加工和敷设。

（2）能正确进行线管穿线的操作。

3. 职业素养目标

（1）工作态度端正，纪律观念强。

（2）善于思考问题和敢于解决问题的能力。

（3）良好的协作精神和创新意识。

（4）遵守安全文明生产的要求。

任务实施

工作内容	操作方法	说明	设备、工具、量具
1. 线管的选择与加工	手锯切割相应尺寸的线管；将弯簧插入管内需煨弯处，用适中的力度，用手扳逐步煨出所需弯度	弯曲弧度不应小于 90°	
任务知识点			
2. 测定箱盒位置	以土建弹出的水平线为基准，挂线找正，确定盒、箱实际尺寸位置	按照图纸设计要求确定箱盒位置	
任务知识点			
3. 敷设线管	配管随土建预埋进行，砖混结构则一边砌砖一边敷设管路	铁丝绑扎点的间隔距离直线段一般为 1m，拐弯处为 0.5m	
	钢筋混凝土则是浇灌前用铁丝将加工好的线管直接绑扎在钢筋上		
任务知识点			
4. 线管连接	管子两端插入套管，并使连接管的对口处在套管的中心	连接时要注意接口的严密性处理	
任务知识点			

任务实施加油站

一、线管的选择与加工

暗配线是指敷设建筑物墙壁、顶棚、地面及楼板等处时内部的一种配件方式。它常用的材料有硬塑料管、PVC 波纹管、水煤气管等线管。

需要敷设的线管，应在敷设前进行一系列的加工，如除锈、切割、套丝和弯曲。

1. 除锈涂漆

对于钢管，为防止生锈，在配管前应对管子进行除锈、刷防腐漆。管子内壁除锈，可用圆形钢丝刷，两头各绑一根铁丝，穿过管子，来回拉动钢丝刷，把管内铁锈清除干净。管子外壁除锈，可用钢丝刷打磨，也可用电动除锈机。除锈后，将管子的内、外表面涂以防锈漆。但钢管外壁刷漆要求与敷设方式及钢管种类有关。

（1）埋入混凝土内的钢管不刷防腐漆。

（2）埋入道渣垫层和土层内的钢管应刷两道沥青或使用镀锌钢管。

（3）埋入砖墙内的钢管应刷红丹漆等防腐漆。

（4）钢管明敷时，焊接钢管应刷一道防腐漆、一道面漆（若设计无规定颜色，一般用灰色漆）。

（5）埋入有腐蚀的土层中的钢管，应按设计规定进行防腐处理。电线管一般因为已刷防腐黑漆，故只需在管子焊接处和连接处及漆脱落处补刷同样色漆。

2. 切割

在配管时，应根据实际情况对管子进行切割。管子切割时严禁用气割，应使用手锯或电动无齿锯进行切割（图4-37）。

3. 套丝

管子和管子的连接，管子和接线盒、配电箱的连接，都需要在管子端部进行套丝。焊接钢管套丝，可用管子铰板（俗称代丝）或电动套丝机。电线管和硬塑料管套丝，可用圆丝板。

套丝时，先将管子固定在管子台虎钳上压紧，然后套丝。如果利用电动套丝机套丝，可提高工效。电线管和硬塑料管的套丝与此类似，比较方便。套完丝后，应立即清扫管口，以免割破导线绝缘。

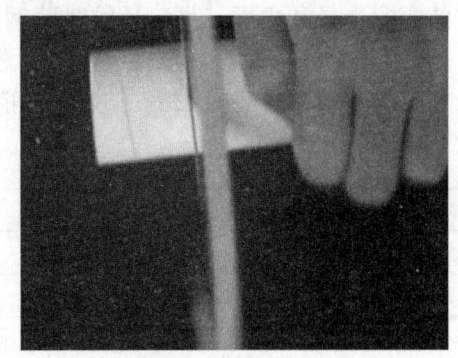

图4-37　塑料线管切割

4. 弯曲

根据线路敷设的需要，线管改变方向需要将管子弯曲。但在线路中，管子弯曲多会给穿线和维护换线带来困难。因此，施工时要尽量减少弯头。为便于穿线，管子弯曲后的角度，一般不应小于 $90°$，如图4-38所示。管子弯曲半径，明配时，一般不小于管外径的6倍，只有一个弯时，可不小于管外径的4倍。暗配时，不应小于管外径的6倍，埋于地下或混凝土楼板内时，不应小于管外径的10倍。为了穿线方便，在电线管路长度和弯曲超过下列数值时，中间应增设接线盒。

（1）管子长度每超过30m，无弯曲时。

（2）管子长度每超过20m，有1个弯时。

（3）管子长度每超过15m，有2个弯时。

（4）管子长度每超过8m，有3个弯时。

1）镀锌钢管的弯曲

管子弯曲，可采用弯管器、弯管机或用热煨法。一般直径小于50mm的管子，可用弯

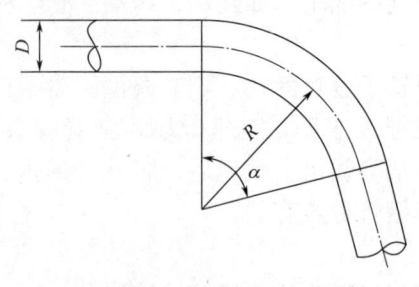

D—管子直径；α—弯曲角度；R—弯曲半径

图 4-38 钢管的弯曲半径和用弯管器弯管的情况

管器，这种方法比较简单方便，如图 4-38 所示，操作时，先将管子需要弯曲部位的前段放在弯管器内，管子的焊缝放在弯曲方向的背面或侧面，以防管子弯扁，然后用脚踩住管子，手扳弯管器柄，稍加一定的力，使管子略有弯曲，再逐点移动弯管器，使管子弯成所需的弯曲半径和角度。小口径的厚壁钢管也可用氧乙炔焰加热、弯制。

2）阻燃塑料管的弯曲

阻燃塑料管管径在 25mm 及以下可用冷煨法，操作方法见表 4-18。

阻燃塑料管冷煨法操作方法

表 4-18

(1)选择适配线管的弯簧	
(2)将弯簧连接一段 2.5mm² 的导线	
(3)将弯簧的中心准确地插入管内需煨弯处	
(4)两手抓住弯簧两端头，膝盖顶在被弯处，用适中的力度，用手扳逐步煨出所需弯度	
(5)抽出弹簧	

热煨法：将弯管弹簧放到煨弯处，用电炉子、热风机等加热均匀，烘烤管子煨弯处，等管被加热到可随意弯曲时立即将管子放在平整处，固定管子一头，逐步煨出所需弯度，并用湿布抹擦使弯曲部位冷却定型，然后抽出弯簧。

阻燃塑料管弯曲用专门的弯曲弹簧是工程中最常用的办法。

二、测定箱盒位置

根据设计图纸要求确定盒、箱轴线位置，以土建弹出的水平线为基准，挂线找正，在砖墙、大模板混凝土墙、滑模板混凝土墙、木模板混凝土墙、组合模板混凝土墙等处，确定盒、箱实际尺寸位置（无特殊要求的普通插座距地 0.3m，柜机插座距地 0.3m，挂机空调、排风扇插座距地 1.9～2.0m，洗衣机插座距地 1.2～1.5m；开关距地 1.2～1.4m，一般安装高度 1.3m，距门框边 0.15～0.20m）。

根据设计图灯位要求，在混凝土板、预应力空心板、现浇混凝土楼板、预制薄混凝土楼板上进行测量后，标注出灯头盒的准确位置。

三、敷设线管

线管敷设俗称配管，一般从配电箱端开始逐段配置到用电设备处。配管工作的核心是必须保证整个管路畅通无阻。

1. 砖混结构配管

在砖混结构内配管时，一般是随同土建砌砖时预埋，否则，应事先在砖墙上留槽或开槽。给墙体插座的配管，如图 4-39 所示，一边砌砖一边敷设管路。线管下端应按设计要求放在预留的开关插座盒处，线管则应放在墙体中央。线管在砖墙内的固定方法，可先在砖缝里打入木楔，再在木楔上钉钉子，用铁丝将管子绑扎在钉子上，再将钉子打入，使管子充分嵌入槽内。应保证管子离墙表面净距不小于 15mm。

图 4-39　砖混结构配管

2. 钢筋混凝土结构配管

在现场浇制的钢筋混凝土构件内配管，通常是在浇灌前用铁丝将加工好的线管直接绑扎在钢筋上，也可以用钉子将管子钉在木模板上，将管子用垫块垫起，用铁丝绑牢，如图 4-40 所示。垫块可用碎石块，垫高 15mm 以上。此项工作是在浇灌前进行的。在地坪内，须在土建浇制混凝土前埋设，固定方法是用木桩或圆钢等打入地中，用铁丝将管子绑牢。为使管子全部埋设在地坪混凝土层内，应将管子垫高，离土层 15～20mm，这样，可减少地下湿土对管子的腐蚀作用。埋于地下的电线管路不宜穿过设备基础，在穿过建筑物基础时，应加保护管保护。当许多管子并排敷设在一起时，必须使各个管子离开一定距离，以保证管子间也灌上混凝土。进入落地式配电箱的管子应排列整齐，管口应高出基础面不小于 50mm。为避免管口堵塞影响穿线，管子配好后应将管口用木塞或牛皮纸堵好。管子连接处及钢管接线盒连接处，要做好接地处理。

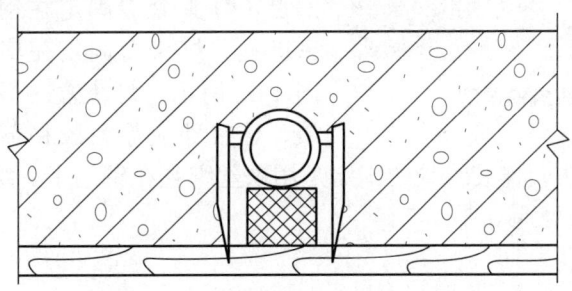

图 4-40　木模板上管子的固定方法

当电线管路遇到建筑物伸缩缝、沉降缝时，必须相应做伸缩、沉降处理。一般是装设补偿盒。在补偿盒的侧面开一个长孔，将管端穿入长孔中，而另一端用六角螺母与接线盒拧紧固定，如图 4-41 所示。

当采用阻燃塑料管进行墙体插座盒线路的敷设时，首先是找出盒体的位置，盒体的垂直水平距离应符合设计要求，然后是固定盒体，用铁丝将盒体上下两端同时固定在钢筋上，最后再固定线管。线管的绑扎间隔距离通常是 1m。如线管有弯曲，则间隔距离为 0.5m，同时应当注意，线管应固定在墙体内部，也就是两层钢筋之间。

3. 现浇楼板配管的方法

现浇楼板配管的工作程序是，首先用拉线的方法找出屋面几何中心点的位置。这个中

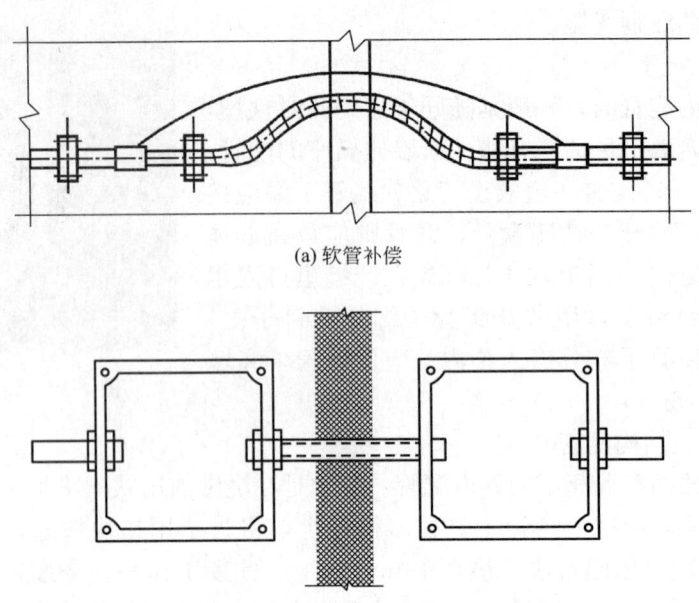

(a) 软管补偿

(b) 装设补偿盒补偿

图 4-41　线管经过伸缩缝补偿装置

图 4-42　灯头盒的固定

心点也是灯头盒的固定点，在固定灯头盒前，首先应固定灯头管，并盖好护口，然后在灯头盒中放入填充物，以防浇灌混凝土时灯头盒被堵塞，接下来就可以固定灯头盒了。应当注意的是，灯头盒应固定在钢筋下方，并用铁丝紧密绑扎，灯头盒固定完毕后进行管线敷设，如图 4-42 所示。灯头盒一般是通过灯叉弯线管连接，连接处应涂上胶粘剂，线管与线管的连接同样应采用套管的方法，连接线管的固定是用铁丝绑扎在钢筋上，绑扎点的间隔距离，直线段一般为 1m，拐弯处为 0.5m。

四、线管连接

1. 钢管连接

无论是明敷还是暗敷，一般都采用管箍连接，特别是潮湿场所，以及埋地和防爆线管。为了保证管接口的严密性，管子的丝扣部分应涂上铅油、缠上麻丝，用管钳拧紧，使两管端间吻合。不允许将管子对焊连接。在干燥少尘的厂房内对于直径 50mm 及以上的管端也可采用套管焊接的方式，套管长度为连接管外径的 1.5～3 倍，焊接前，先将管子两端插入套管，并使连接管的对口处在套管的中心，然后在两端焊接牢固。钢管采用管箍连接时，要用圆钢或扁钢做跨接线焊在接头处，使管子之间有良好的电气连接，以保证接地的可靠性，如图 4-43 所示。

跨接线焊接应整齐一致，焊接面不得小于接地线截面的 6 倍，且不得将管箍焊死。跨接线的规格可参照表 4-19 来选择。

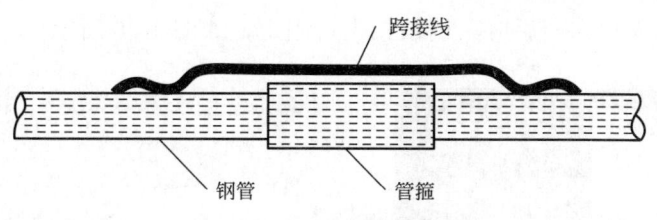

图 4-43 钢管连接处接地

跨接线规格表 表 4-19

公称直径(mm)		跨接线(mm)	
电线管	钢管	圆钢	扁钢
≤32	≤25	Φ6	—
40	32	Φ8	—
50	40～50	Φ10	—
70～80	70～80	Φ12	25×4

钢管进入灯头盒、开关盒、接线盒及配电箱时，暗配管可用焊接固定，管口露出盒（箱）应小于 5mm，明配管应用锁紧螺母或护帽固定，露出锁紧螺母的丝扣为 2～4 扣。

2. 塑料管连接

硬塑料管连接通常为套接法。

先把同直径的硬塑料管加热扩大成套管，然后把需要连接的两管端倒角，并用汽油或酒精将插接端擦干净，待汽油挥发后，涂上胶合剂，迅速插入热套管中，并用湿布冷却。套接情况如图 4-44 所示，也可以用焊接方法予以焊牢密封。

半硬塑料管应使用套管粘接法连接，如图 4-45 所示。套管的长度不应小于连接管外径的 2 倍，做法是在承口和插口涂上胶粘剂，插口挤压入承口，待胶粘剂固化后即连接完成。

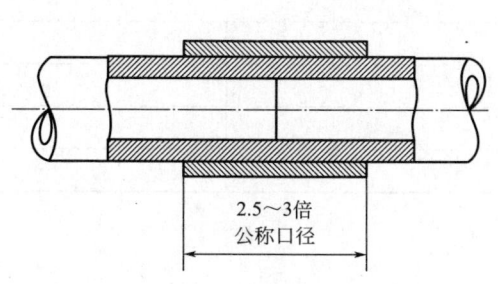

图 4-44 塑料管套接法连接

2.5～3倍
公称口径

图 4-45 塑料管粘接法连接

3. 线管进盒、箱的连接

盒、箱开孔应整齐并与管径吻合，盒、箱上的开孔用开孔器开孔，保证开孔无毛刺，要求一管一孔，不得开长孔。铁制盒、箱严禁用电焊、气焊开孔。钢管进入盒、箱，管口应用螺母锁紧，露出锁紧螺母的丝扣 2～3 扣，两根以上管进入盒、箱要长短一致，间距均匀、排列整齐。

阻燃塑料管进入盒、箱后应采用锁扣进行固定，如图 4-46 所示。

线管进线盒用锁母连接，线盒有防尘盖板

图 4-46　阻燃塑料管与线管的连接

任务评价

线管敷设评价表　　　　　　　　　　　　　　表 4-20

评价内容		分值	评价标准	自评	互评	教师评价
基础知识	电气配管中常用的管材分类和使用场合	8	回答正确，表述清晰，出现错误酌情扣分			
	阻燃塑料管的弯曲方法	8				
	钢管连接的方法	8				
	塑料管连接的方法	8				
操作要点	钢管除锈	10	动作规范，操作正确，错误一处扣 2 分			
	阻燃塑料管的弯曲	16				
	塑料管连接	16				
	锁母的正确选择及使用	6				
职业素养	工作态度	5				
	协作精神	5				
	安全文明生产	5				
	创新意识	5				

任务总结

掌握的基础知识	
掌握的操作要点	
遇到的问题	
解决问题的方法和途径	
心得体会	
其他	

任务三 管内穿线

任务描述

本任务是在前期敷设的线管中穿入绝缘导线，如图 4-47 所示。管内穿线工作一般应在管子全部敷设完毕及土建地坪和粉刷工程结束后进行。在穿线前应将管中的积水及杂物清除干净。管内穿线操作中，要求操作者熟悉导线的型号、管内穿线的原则和具体的操作方法。操作中需要注意绝缘导线的保护，避免损伤导线的绝缘层。

图 4-47 管内穿线

任务分析

分析管内穿线的工作流程，完成表 4-21。

管内穿线的工作流程表   表 4-21

序号	工作内容	操作方法	精度要求	设备、工具、量具

任务目标

1. 知识目标

（1）了解管内穿线中常用的导线分类和使用场合。

（2）了解常用的导线连接方法和种类。

（3）掌握不同材质类型绝缘导线间连接的方法。

（4）掌握不同导线之间连接完后绝缘恢复的方法。

（5）掌握管内穿线的施工步骤和方法。

（6）掌握兆欧表的使用方法及注意事项。

2. 能力目标

（1）能识别不同绝缘导线型号。

（2）能根据设计图纸要求，正确选择导线规格、型号及数量。

（3）能正确进行线管穿线的操作。

（4）能根据不同场合正确选择导线连接的方法和绝缘恢复。

（5）能正确使用兆欧表进行导线绝缘测试。

3. 职业素养目标

（1）工作态度端正，纪律观念强。

（2）善于思考问题和敢于解决问题的能力。

（3）良好的协作精神和创新意识。

（4）遵守安全文明生产的要求。

任务实施

工作内容	操作方法	说明	设备、工具、量具
1. 选择导线	查看设计图纸要求；选择导线规格、型号及数量	选择导线时注意正确选择导线的颜色	
任务知识点			
2. 穿带线	（1）将铁丝的一端弯成不封口圆圈	在管路较长或转弯较多时，可以在敷设管路的同时将带线穿好	
	（2）利用穿线器将带线穿入管路		
任务知识点			
3. 扫管	将布条两端牢固地绑扎在带线上	注意两人合作，一拉一送	
	两人来回拉动带线，将管内杂物清净		
任务知识点			
4. 放线与断线	导线应置于放线架上，按照敷设长度加预留长度后剪断导线	断线时注意导线需要预留一定的长度	
任务知识点			
5. 导线与带线的绑扎	将引线的一端与需穿管的导线结扎在一起		
任务知识点			

续表

工作内容	操作方法	说明	设备、工具、量具
6. 管内穿线	两人操作，一人送线，另一人拉线	导线管内都不得有接头和扭结	
任务知识点			
7. 绝缘导线的连接	判定导线连接方式，将导线进行相应连接	注意导线连接的电气可靠性	
任务知识点			
8. 锡焊	清除铜芯线接头部位的氧化层和黏污物 实施锡焊	较细的铜导线用电烙铁进行焊接，较粗的铜导线用浇焊法连接	
任务知识点			
9. 恢复导线绝缘	使每圈压叠带宽的半幅 第一层绕完后，再另一斜叠方向缠绕第二层 使绝缘层的缠绕厚度达到电压等级绝缘要求	包缠时，要用力拉紧，使其包缠紧密坚实，以免潮气浸入	
任务知识点			
10. 绝缘测试	测相线与保护线（包括与箱体）之间的绝缘电阻 测中线与保护线之间的绝缘电阻	测量前应先将兆欧表进行一次开路和短路试验	
任务知识点			

任务实施加油站

一、选择导线

（1）应根据设计图纸要求，正确选择导线规格、型号及数量。

（2）相线、零线及保护地线的颜色应加以区分，用绿黄双色线做保护地线（PE 线），淡蓝色为中性线（N 线），黄、绿、红色为相线（A 相、B 相、C 相）。

（3）穿在管内绝缘导线的额定电压不低于 450V。

二、穿带线

导线穿管时，应先穿一根钢线做带线。穿带线的同时，应检查管路是否畅通，管路的走向及盒、箱的位置是否符合设计及施工图的要求。

穿带线的方法如下：

（1）带线一般均采用 $\phi 1.2 \sim 2.0$mm 的铁丝或钢丝。先将铁丝的一端弯成不封口圆圈，再利用穿线器将带线穿入管路内，管路的两端均应留有 $100 \sim 150$mm 的余量。

（2）在管路较长或转弯较多时，可以在敷设管路的同时将带线穿好。

（3）穿带线受阻时，应用两根铁丝分别在两端同时搅动，使两根铁丝的端头互相钩绞在一起，然后将带线拉出。

三、扫管

（1）清扫管路的目的：清除管路中的灰尘、泥水、浮锈等杂物。

（2）清扫管路的方法：将布条两端牢固地绑扎在带线上，两人来回拉动带线，将管内杂物清净。

四、放线与断线

1. 放线

（1）放线前应根据施工图对导线的规格、型号、颜色进行确认。

（2）放线时导线应置于放线架上。

（3）放线时应边放边整理，不应出现挤压背扣、扭结、损伤绝缘等现象，并应将导线按回路绑扎成捆，绑扎时应采用尼龙绑扎带，不允许使用导线绑扎。

2. 断线

剪断导线时，导线的预留长度应按以下情况考虑：

（1）接线盒、开关盒、插销盒及灯头盒内导线的预留长度应为 150mm。

（2）配电箱内导线的预留长度应为配电箱体周长的 1/2。

（3）出户导线的预留长度应为 1.5m。

五、导线与带线的绑扎

此时就可以将引线的一端与需穿管的导线结扎在一起。

导线根数较少时，例如 2 至 3 根，可将导线前端绝缘层削去，然后将线芯直接插入带线的盘圈内并折回压实，绑扎牢固，使绑扎处形成一个平滑的锥形过渡部位。

导线根数较多或导线截面较大时，可将导线端部的绝缘层削去，然后将线芯斜错排列在带线上，用绑线缠绕绑扎牢固，使绑扎接头处形成一个平滑的锥形过渡部位，便于穿线。在所穿导线根数较多时，可以将导线分段结扎，如图 4-48 所示。

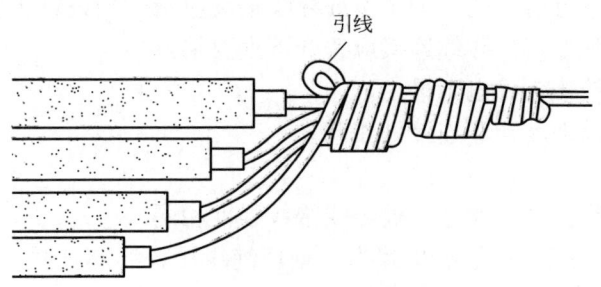

图 4-48　多根导线的绑法

六、管内穿线

在穿线前，应首先检查各个管口的护口是否齐全，如有遗漏或破损，应补齐和更换。管路较长或转弯较多时，要在穿线的同时往管内吹入适量的滑石粉。

拉线时，应由两人操作，较熟练的一人送线，另一人拉线，两人送、拉动作要配合协调，不可硬送硬拉。当导线拉不动时，两人应反复来回拉 1～2 次再向前拉，不可过分勉强而将带线或导线拉断。

穿线时应注意的问题：

穿线时应严格按照规范要求进行，不同回路、不同电压和交流与直流的导线，不得穿入同一根管子内。但下列回路可以除外：

（1）电压为 50V 以下的回路。

（2）同一台设备的电动机回路和无抗干扰要求的控制回路。

（3）照明花灯的所有回路。

（4）同类照明的几个回路，但管内导线总数不应多于 8 根。对于同一交流回路的导线必须穿于同一根管内。不论何种情况，导线管内都不得有接头和扭结，接头应放在接线盒内。

钢管与设备连接时，应将钢管敷设到设备内。若不能直接进入设备，可在钢管出口处加金属软管或塑料软管引入设备。金属软管和接线盒等连接要用软管接头，如图 4-49 所示。

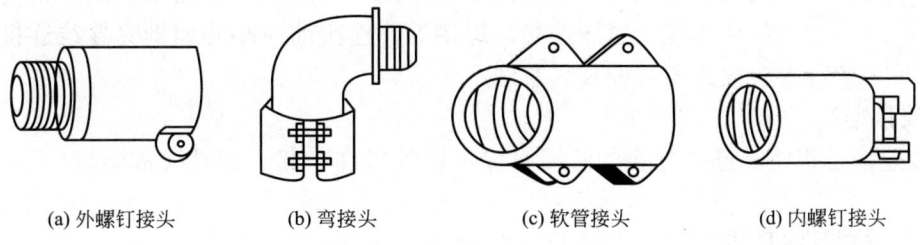

(a) 外螺钉接头　　　　(b) 弯接头　　　　(c) 软管接头　　　　(d) 内螺钉接头

图 4-49　金属软管的各种管接头

穿线完毕，即可进行电器安装和导线连接。

七、绝缘导线的连接

导线与导线间的连接及导线与电器间的连接，称为导线的接头。在室内配线工程中应尽量减少导线接头，并应特别注意接头的质量。因为导线一般发生的故障，多数是在接头上，但必要的连接是不可避免的。为了保证导线接头质量，当设计无特殊规定时，应采用焊接、压板压接或套管连接。导线连接应符合下列要求：

（1）接触紧密，使接头处电阻最小。

（2）连接处的机械强度与非连接处相同。

（3）耐腐蚀。

（4）接头处的绝缘强度与非连接处导线绝缘强度相同。

对于绝缘导线的连接，其基本步骤为：剥切绝缘层，线芯连接（焊接或压接），恢复绝缘层。

绝缘导线连接前，必须把导线端头的绝缘层剥掉，绝缘层的剥切长度因接头方式和导线截面的不同而不同。绝缘层的剥切方法要正确，通常有单层剥法、分段剥法和斜削法三种，如图 4-50 所示。一般塑料绝缘线用单层剥法，$6mm^2$ 以下的单层导线使用剥线钳。橡皮绝缘线采用分段剥法或斜削法。斜削法是用电工刀以 45°角倾斜切绝缘层，当切近线芯时就停止用力，接着应使刀面的倾斜角度改为 15°左右，沿着线芯表面向前头端部推出，然后把残存的绝缘层剥离线芯，用刀口插入背部以 45°角削断。剥切绝缘层时，不应损伤线芯。

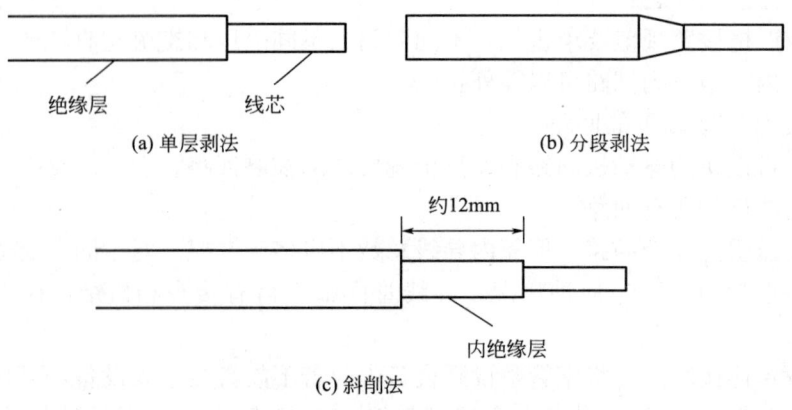

(a) 单层剥法　　　　绝缘层　　　线芯　　　　(b) 分段剥法

约12mm

内绝缘层

(c) 斜削法

图 4-50　导线绝缘层剥切方法

单股导线
直线连接

需连接的导线种类和连接形式不同，其连接的方法也不同。常用的连接方法有绞接连接、紧压连接、焊接等。连接前应小心地剥除导线连接部位的绝缘层，注意不可损伤其芯线。

1. 绞接连接

绞接连接是指将需连接导线的芯线直接紧密绞接在一起。铜导线常用绞接连接。

1）单股铜导线直线连接

小截面单股铜导线直线连接方法见表 4-22。

单芯线直线连接	表 4-22
将两导线的芯线线头作"X"形交叉	X形交叉 绝缘层　芯线

续表

| 将它们相互缠绕 2~3 圈后扳直两线 | 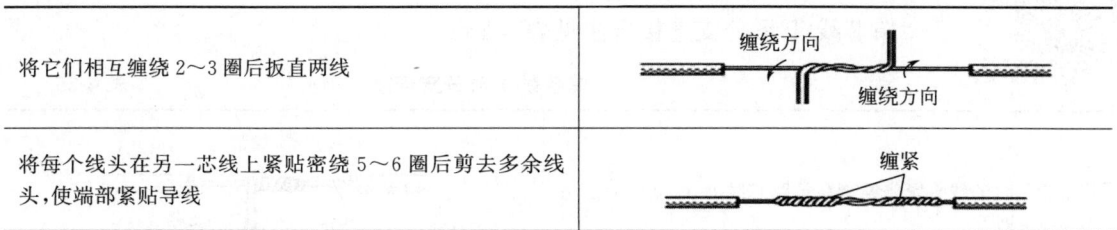 |
| 将每个线头在另一芯线上紧贴密绕 5~6 圈后剪去多余线头，使端部紧贴导线 | |

2）大截面单股铜导线直线连接

大截面单股铜导线直线连接绑接法见表 4-23。

大截面单股铜导线直线绑接　　　　　　　　　　表 4-23

先在两导线的芯线重叠处填入一根相同直径的芯线，再用一根截面约 1.5mm 的裸铜线做绑线，从中间开始缠绕	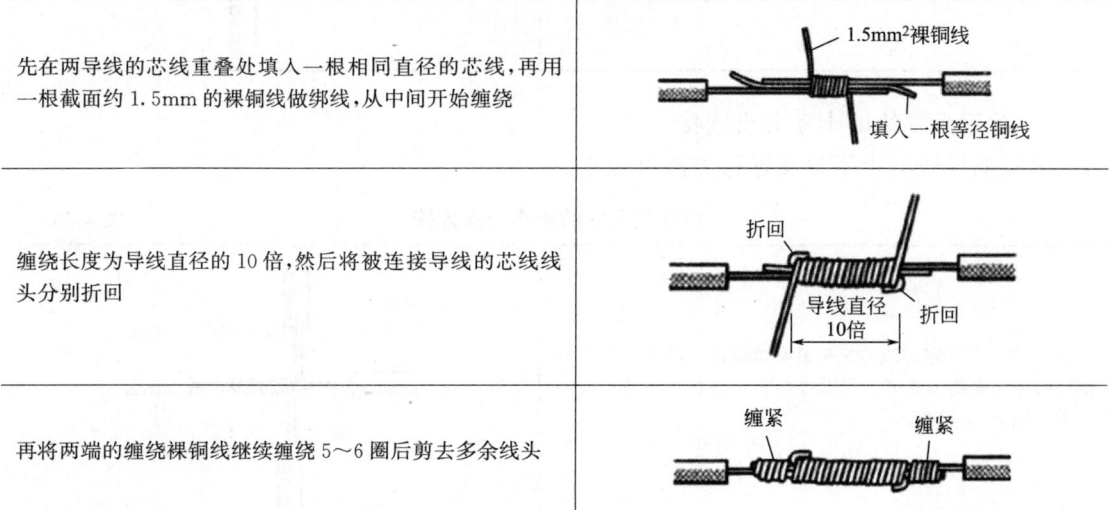
缠绕长度为导线直径的 10 倍，然后将被连接导线的芯线线头分别折回	
再将两端的缠绕裸铜线继续缠绕 5~6 圈后剪去多余线头	

3）不等径单股铜导线连接

粗细不等单股铜导线的连接操作步骤见表 4-24。

不等径单股铜导线连接　　　　　　　　　　表 4-24

将细导线的芯线在粗导线的芯线上紧密缠绕 5~6 圈	缠紧　粗线　细线
将粗导线芯线的线头折回紧压在细导线缠绕层上	折回压紧
再用细导线芯线在其上继续缠绕 3~4 圈后，剪去多余线头即可	紧固缠绕

4）单股铜导线的分支连接

单芯线 T 形分支连接方法见表 4-25。

单芯线 T 形分支连接 表 4-25

将支路芯线的线头紧密缠绕在干路芯线上 5～8 圈后剪去多余线头即可	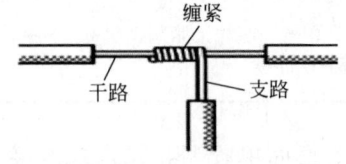
对于较小截面的芯线，可先将支路芯线的线头在干路芯线上打一个环绕结，再紧密缠绕 5～8 圈后剪去多余线头即可	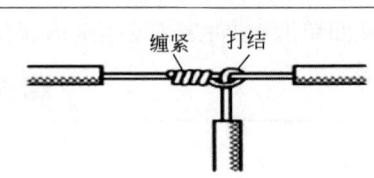

5）单股铜导线的十字分支连接

单股铜导线的十字分支连接方法见表 4-26。

单股铜导线的十字分支连接 表 4-26

方法 1：将上下支路芯线的线头紧密缠绕在干路芯线上 5～8 圈后剪去多余线头即可。可以将上下支路芯线的线头向一个方向缠绕，余线割弃	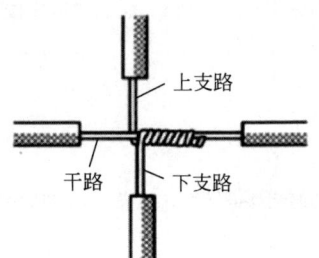
方法 2：也可以向左右两个方向缠绕，左右各缠绕五圈，余线割弃	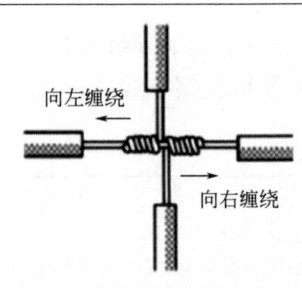

6）多股铜导线的直线连接

多股铜导线中用的最多的是七芯线的导线，它的连接方法见表 4-27。

多股铜导线的直线连接 表 4-27

把线头的绝缘层剥去（注意不同金属导线不能连接），把线芯的 2/3L 松开并扳直，把靠近绝缘层线芯的 1/3L 绞紧再把松开的线芯扳成伞骨状，另一根需连接的导线线芯也做如此处理	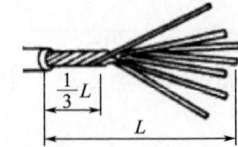

续表

把两个伞骨形线芯一根隔一根地交叉在一起	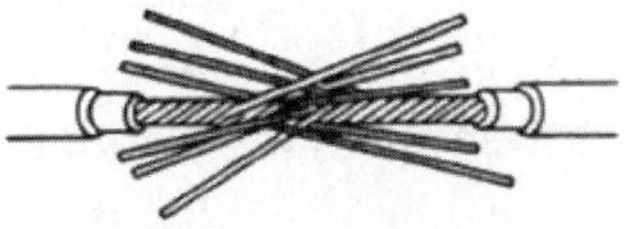
摆平互相交叉插入的线芯并夹紧	
把左边线头任意两根相邻的线芯扳直,并按箭头方向(顺时针方向)缠绕	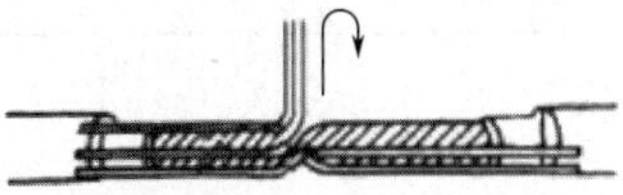
缠绕两圈后,把余下的线头向右折弯 90°(紧靠并平行导线)	
在上两线头的左侧把任意两根相邻的线头扳直,按箭头方向紧紧地压住前两根折弯的线头进行缠绕	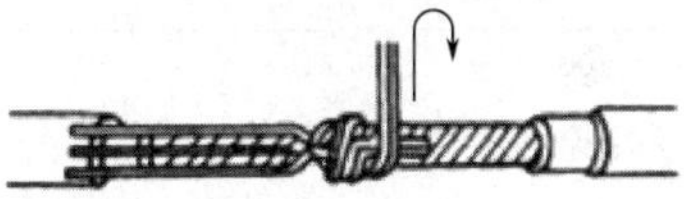
缠绕两圈后,把余下的线头向右折弯 90°(紧靠并平行导线),再把左边余下的三根芯线扳直按同样的方法缠绕	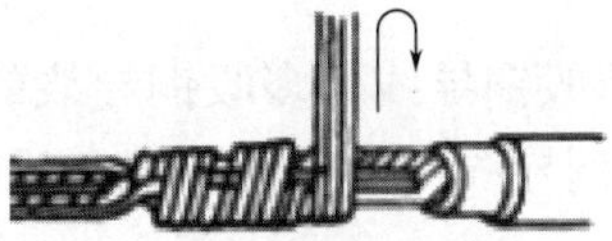
缠绕 3 圈后剪掉多余线芯,并整平端头	
用以上方法再缠绕右边线头的线芯(注意使用钢丝钳缠绕导线时要掌握好力度,不要严重损伤导线或夹断	

7)多股铜导线的分支连接

多股铜导线的分支连接方法有两种,具体操作步骤见表 4-28 和表 4-29。

多股导线的分支连接

多股铜导线的分支连接 1	表 4-28
将支路芯线 90°折弯后与干路芯线并行	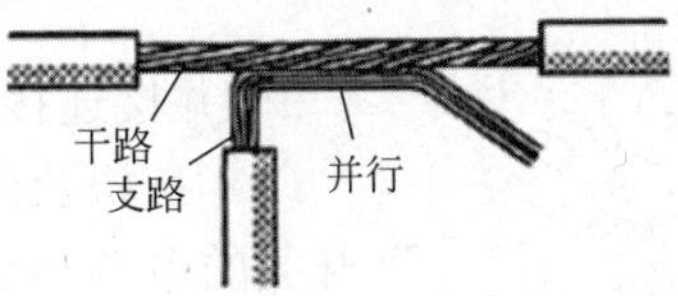 干路 支路　　并行
将线头折回并紧密缠绕在芯线上即可	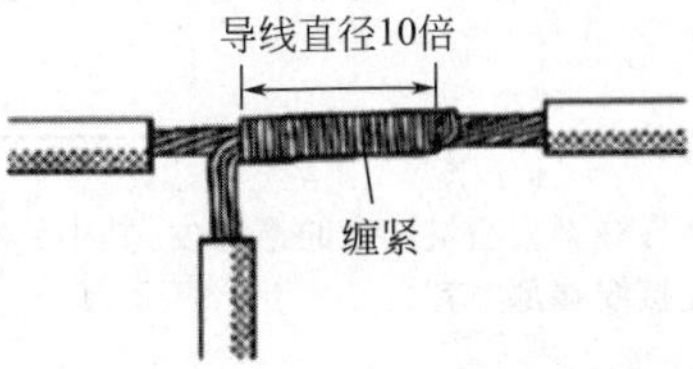 导线直径10倍 缠紧

<table>
<tr><td colspan="2" align="center">多股铜导线的分支连接 2</td><td align="right">表 4-29</td></tr>
</table>

将支路芯线靠近绝缘层的约 1/8 芯线绞合拧紧，其余 7/8 芯线分为两组	分为两组 拧紧 $\frac{7}{8}$ $\frac{1}{8}$
一组插入干路芯线当中	干路 缠绕方向 中间插入 支路
另一组放在干路芯线前面，并朝右边方向（按右图所示）缠绕 4～5 圈	
剪去多余线芯	
将插入干路芯线当中的那一组朝左边方向缠绕 4～5 圈	缠绕方向 缠紧
缠绕完剪去多余线芯，连接好的导线如右图所示	

8）单股铜导线与多股铜导线的连接

单股铜导线与多股铜导线的连接方法见表 4-30。

<table>
<tr><td colspan="2" align="center">单股铜导线与多股铜导线的连接</td><td align="right">表 4-30</td></tr>
</table>

将多股导线的芯线绞合拧紧成单股状	拧紧 多股导线
(1)将多股导线紧密缠绕在单股导线的芯线上 5～8 圈。 (2)最后将单股芯线线头折回并压紧在缠绕部位即可	缠紧 单股导线 多股导线

导线的
并接连接

9）并接连接（并接头）

（1）三根及以上单股导线的线盒内并接，在现场的应用是较多的（如多联开关的电源相线的分支连接）。连接时应注意计算好导线端头的预留长度和剥切绝缘的长度，连接方法见表 4-31。

<table>
<tr><td colspan="2" align="center">单芯线并接</td><td align="right">表 4-31</td></tr>
</table>

将导线剥去适量长度的绝缘皮，其中一导线剥去的绝缘皮适当长些，并将连接线端部并齐	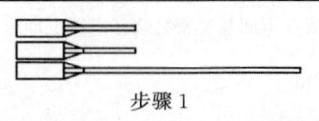 步骤 1

在距导线绝缘层 15mm 处用第三根线芯在其连接线端缠绕	步骤2
在其连接线端缠绕 5～8 圈后剪断缠绕线余线	步骤3
把被缠绕线余线头折回压在缠绕线上	步骤4

（2）不同直径的导线并接，若细导线为软线，则应先进行挂锡处理。如表 4-32 所示为软线与单股导线连接。先将细线在粗线上距离绝缘层 15mm 处交叉，并将线端部向粗线端缠卷 5 圈，将粗线端头折回，压在细线上。

不同直径导线并接　　　　　　　　　　　表 4-32

将细线在粗线上距离绝缘层 15mm 处交叉，并将线端部向粗线端缠卷 5～8 圈	
将粗线端头折回，压在细线上	

10）双芯或多芯电线电缆的连接

双芯护套线、三芯护套线或电缆、多芯电缆在连接时，应注意尽可能将各芯线的连接点互相错开位置，可以更好地防止线间漏电或短路。

2. 紧压连接

铝导线虽然也可采用绞接连接，但铝芯线的表面极易氧化，日久将造成线路故障，因此铝导线通常采用紧压连接。

铝导线连接工艺比铜导线复杂，稍不注意，就会影响接头质量。铝导线的连接方法很多，施工中常用的是机械冷态压接。

机械冷态压接的简单原理是：用相应的模具在一定压力下，将套在导线两端的铝连接管紧压在导线上，使导线与铝连接管间形成金属相互渗透，两者成为一体，构成导电通路。

铝导线的压接可分为局部压接和整体压接两种。局部压接的优点是：需要的压力小，容易使局部接触处达到金属表面渗透。整体压接的优点是：压接后连接管形状平直，容易解决高压电缆连接处形成电场过分集中的问题。下面主要介绍施工中常用的局部压接法。

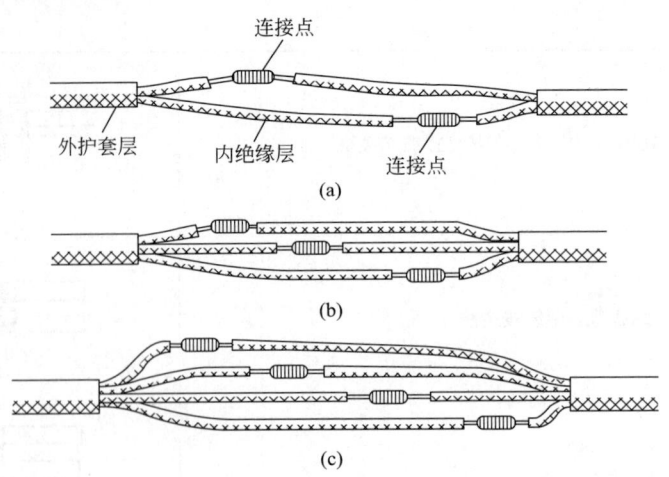

图 4-51　双芯、多芯线连接

1）单股铝导线连接

小截面单股铝导线，主要以铝压接管进行局部压接。压接所用的压线钳如图 4-52（a）所示。这种形式的压线钳，适用于 $0.5\sim6mm^2$ 管形端子。铝压接管的截面与铜压接管一样也有圆形和椭圆形两种。

大截面多股铝导线，可使用接线端子进行局部压接，即压线鼻子的制作。压接所用的工具是液压钳如图 4-52（b）所示。

2）压线帽接线法

导线并接可用奶嘴压线帽，如图 4-53（a）所示。压线帽接线法操作方法：（1）先将导线用剥线钳剥去适量长度的绝缘皮。

（2）再用斜口钳把导线线芯修剪整齐；接着，将线芯拧四到五圈，不能有一点的松动。

（3）将线缆的接头进行搪锡操作。

（4）导线冷却后，将压线帽套在线芯处，再用专用压线钳把压线帽固定并用力压紧。

导线并接也可采用绝缘螺旋压线帽，如图 4-53（b）所示。

压线鼻子的制作	
压线帽接线法	
绝缘螺旋接线扭接线法	

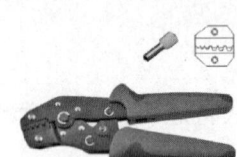
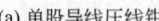

（a）单股导线压线钳　　　　（b）液压钳

图 4-52　压接工具

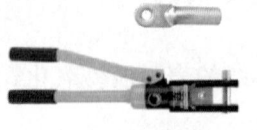
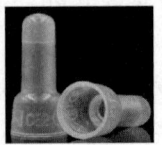

（a）奶嘴压线帽

（b）绝缘螺旋压线帽

图 4-53　压线帽

绝缘螺旋压线帽接线法的做法见表 4-33。

绝缘螺旋压线帽接线法操作顺序　　　　　　　　　　表 4-33

剥线：将导线剥去绝缘层	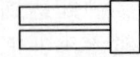

续表

捻绞:把连接芯线并齐捻绞	
剪断:保留芯线约 15mm,剪去前端,使之整齐	
旋紧:选择合适的接线钮顺时针方向旋紧,要把导线绝缘部分拧入接线钮的导线空腔内	

3）多股铝导线的连接

（1）压接连接

截面为 16～240mm² 的铝导线可采用机械压钳或手动油压钳压接。铝压接管的铝纯度应高于 99.5%。压接前,先把两根导线端部的绝缘层剥去。每端剥去长度为连接管长度的一半加上 5mm,然后敞开线芯,用钢丝刷将每根导线表面的氧化膜刷去,并立即在线芯上涂以石英粉和中性凡士林油膏,再把线芯恢复为原来的绞合形状。同时用圆锉除去连接管内壁的氧化膜和油垢,并涂一薄层石英粉和中性凡士林油膏。涂上石英粉-中性凡士林油膏后,分别将两根导线插入连接管内,插入长度各为连接管的一半,并相应画好压坑的标记。根据连接导线截面的大小,选好压模装到钳口内。

压接时,可按如图 4-54 所示的顺序进行,共压 4 个坑,先压管两端的坑,然后压中间两个坑。4 个坑的中心线应在同一条直线上。压接时,应该一次压成,中间不能停顿,直到上、下相接触为止。压完一个坑后,稍停 10～15min,待局部变形完成稳定后,就可松开压口,再压第二个口,依次进行。压接深度、压口数量和压接长度应符合产品技术文件的有关规定。压完后,用细齿锉刀锉去压坑边缘及连接端部因被压而翘起的棱角,并用砂布打光,再用浸蘸汽油的抹布擦净。

（2）分支线压接

压接操作基本与上述相同。压接时,可采用两种方法,一种是将干线断开,与分支线同时插入连接管内进行压接,如图 4-55 所示。为使线芯与线管内壁接触紧密,线芯在插入前除应尽量保持圆形外,线芯与管子空隙部分可补填一些铝线。铝接管规格的选择,可根据主线与支线总的截面积考虑。

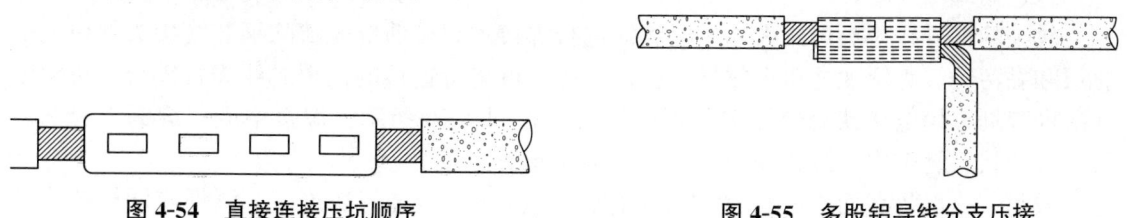

图 4-54　直接连接压坑顺序　　　　图 4-55　多股铝导线分支压接

另一种方法是不断开主干线,采用围环法压接,也就是用开口的铝环,套在并在一起的主线和支线上,将铝环的开口卷紧折叠后,再进行压接。

4）铜导线与铝导线的压接

由于铜与铝接触在一起时,铝会产生电化腐蚀,因此,多股铜导线与铝导线连接应采用铜铝过渡连接管。使用时，连接管的铜端插入铜导线，铝端插入铝导线，采用局部压接法压接。其压接方法同前所述。

3. 导线接触不良故障检修方法

导线在进行连接时，在接触面上会形成接触电阻。处理良好的接点，接触电阻小；若连接不牢或其他原因使接点接触不良，则会导致局部接触不良，发生过热，加具接触面的氧化，使接触电阻更大，发热更剧烈，温度不断升高，造成恶性循环，致使接触处金属变色甚至融化，引起绝缘材料老化、燃烧，从而引起火灾。

低压电气线路中出现导线接触不良的原因主要有以下几个：

（1）接点松动

连接点由于长期振动或冷热变化而松动，造成导线与导线、导线与电气设备连接不牢。大致有 4 种原因导致接点松动：

① 接点在安装时就未连接牢固。

② 金属具有蠕变性，导致金属蠕变的原因有四季气温变化、金属受热膨胀、遇冷收缩等。

③ 接点位于长期存在机械振动的环境。

④ 金属疲劳化，机械强度降低。

（2）接点处有污垢

导线的连接处有杂质，如氧化层、泥土、油垢等。这些杂质并非电的良好导体，甚至有些具有良好的绝缘性能，但却阻止了导体的良好接触，形成接触电阻。

（3）铜铝接触点处理不当

铜铝接触点处理不当，在电腐蚀作用下接触电阻会很快增大。因为接点的保护绝缘层失效后，就可能会产生电腐蚀，即铜铝两种导体相接时，在空气湿度较大的湿度条件下，铜铝导体之间会发生极化现象，产生电势差，该电势差可达 1.69V，由于电势差的长期存在，就会在金属导体之间发生电解现象，故称为电腐蚀。

（4）接触点过小

接触点过小主要是指接触面不光滑或接触面小而形成的接触不良的故障。接触处金属导体出现的异常弯曲、变形和凹凸不平，会使接触点处相互接触面积减小，产生接触电阻。

八、锡焊

较细的铜导线接头可用大功率电烙铁进行焊接。焊接前应先清除铜芯线接头部位的氧化层和黏污物。为增加连接可靠性和机械强度，可将待连接的两根芯线先行绞合，再涂上无酸助焊剂，用电烙铁蘸焊锡进行焊接即可，如图 4-56 所示。焊接中应使焊锡充分熔融渗入导线接头缝隙中，焊接完成的接点应牢固光滑。

较粗（一般指截面 16mm² 以上）的铜导线接头可用浇焊法连接。浇焊前同样应先清除铜芯线接头部位的氧化层和黏污物，涂上无酸助焊剂，并将线头绞合。将焊锡放在化锡锅内加热熔化，当熔化的焊锡表面呈磷黄色说明锡液已达符合要求的高温，即可进行浇焊。浇焊时将导线接头置于化锡锅上方，用耐高温勺子盛上锡液从导线接头上面浇下，如图 4-57 所示。刚开始浇焊时因导线接头温度较低，锡液在接头部位不会很好渗入，应反复浇焊，直至完全焊牢为止。浇焊的接头表面也应光洁平滑。

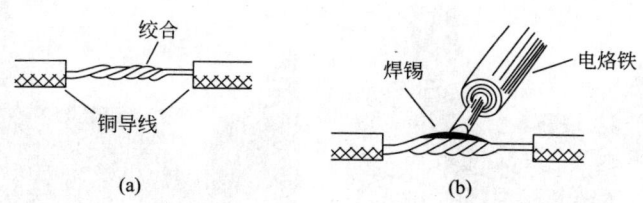

图 4-56　铜导线接头的锡焊

九、恢复导线绝缘

所有导线连接好后，均应采用绝缘胶带包扎，以恢复其绝缘性。经常使用的绝缘胶带有黑胶布、自黏性橡胶带、塑料带和黄蜡带等。应根据接头处环境和对绝缘的要求，结合各绝缘带的性能进行选用。包缠时采用斜叠法，使每圈压叠带宽的半幅。第一层绕完后，再另一斜叠方向缠绕第二层，使绝缘层的缠绕厚度达到电压等级绝缘要求。包缠时，要用力拉紧，使其包缠紧密坚实，以免潮气浸入。如图 4-58（a）所示为并接头绝缘包扎方法。如图 4-58（b）所示为直线接头绝缘包扎方法，如图 4-58（c）所示为 T 字接头绝缘包扎方法。

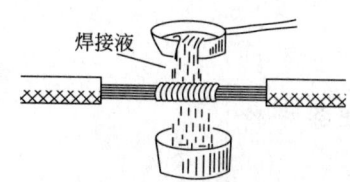

图 4-57　浇焊法连接

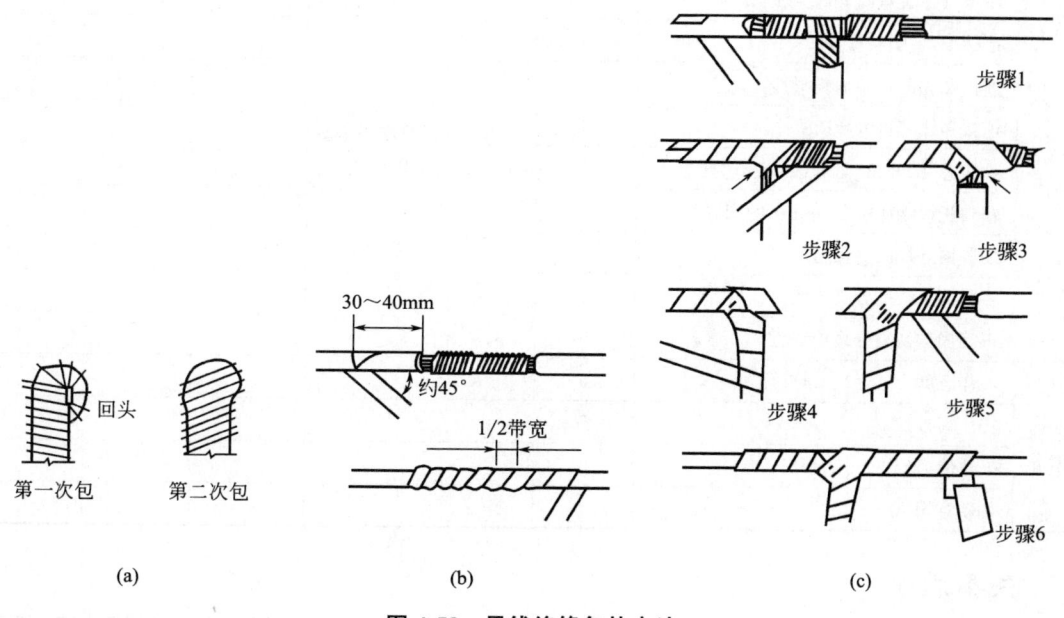

图 4-58　导线绝缘包扎方法

十、绝缘测试

配线完毕后，用 500V 兆欧表进行绝缘测试，操作方法如图 4-59 所示。检测前应先对摇表进行开路和短路试验，测试项目包括：相线与相线之间，相线与中性线之间，相线与保护线之间，中线与保护线之间。绝缘电阻不小于 0.5MΩ。做好记录，作为资料存档。

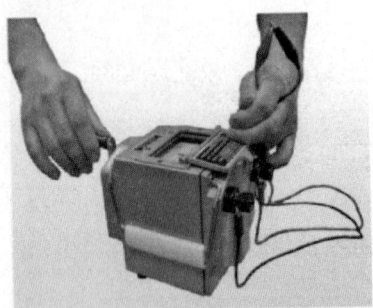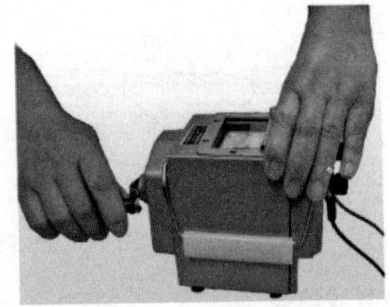

图 4-59　兆欧表操作方法

任务评价

管内穿线评价表　　　　　　　　　　　表 4-34

评价内容		分值	评价标准	自评	互评	教师评价
基础知识	常用管材的种类	5	回答正确，表述清晰，出现错误酌情扣分			
	简述管材的弯曲方法	5				
	焊接钢管的连接方法	5				
	管内穿线的施工条件	5				
操作要点	用弯管弹簧弯曲 PVC 电线管	8	动作规范，操作正确，错误一处扣 2 分			
	连接 PVC 塑料管	8				
	连接 2.5mm² 单股铜导线	6				
	连接多线芯直线导线	8				
	单线芯 2.5mm² 铜导线 T 形连接	6				
	塑料压线帽压接 2.5mm² 的铜导线	6				
	多股铜导线的直接连接	7				
	多股铜导线的分支连接	6				
	正确操作恢复导线绝缘性	5				
职业素养	工作态度	5				
	协作精神	5				
	表达能力	5				
	创新意识	5				

任务总结

掌握的基础知识	
掌握的操作要点	
遇到的问题	
解决问题的方法和途径	
心得体会	
其他	

任务四 开关和插座的安装

任务描述

本任务是土建地面工程、墙面工程基本完成且门窗可以上锁后开始进行，在安装开关插座前应先将盒中的杂物清理干净并理清线头。安装开关插座时，要求操作者清楚开关插座的类型和具体操作方法。操作中注意绝缘导线线芯不得外露以及成品保护。常见插座和开关种类如图 4-60 所示。

单联单控开关
（单联双控开关）

双联单控开关
（双联双控开关）

三联单控开关
（三联双控开关）

四联单控开关

单相二位二、三极插座

单相一位三极插座

三相四极插座

图 4-60 开关和插座的种类

任务分析

分析开关、插座安装的工作流程，完成表 4-35。

开关、插座安装的工作流程表　　　　　　　　　　表 4-35

序号	工作内容	操作方法	精度要求	设备、工具、量具

任务目标

1. 知识目标

（1）了解常用开关和插座的种类。

（2）熟悉插座安装的基本要求。

（3）掌握开关和插座的安装步骤。

2. 能力目标

（1）能根据图纸正确选择开关和插座。

（2）能根据施工规范正确安装开关和插座。

3. 职业素养目标

（1）工作态度端正，纪律观念强。

（2）善于思考问题和敢于解决问题的能力。

（3）良好的协作精神和创新意识。

（4）遵守安全文明生产的要求。

任务实施

工作内容	操作方法	说明	设备、工具、量具
1. 接线盒检查清理	用錾子清理,用小号油漆刷清扫	熟记开关和插座安装的基本要求	
任务知识点			
2. 安装插座和开关	插座安装步骤见表 4-36	注意线芯不得外露	
	开关接线步骤见表 4-37		
任务知识点			

任务实施加油站

一、开关和插座安装的基本要求

1. 开关安装的基本要求

（1）同一场所开关的切断位置应一致，操作应灵活可靠，接点应接触良好。

（2）开关安装位置应便于操作，各种开关距地面一般为 1.3m，距门框为 0.15～0.2m。

（3）成排安装的开关高度应一致，高低差不大于 2mm。

（4）电器、灯具的相线应经开关控制，民用住宅禁止装设床头开关。

（5）跷板开关的盖板应端正严密，紧贴墙面。

（6）在多尘、潮湿场所和户外应用防水拉线开关或加装保护箱。

（7）在易燃、易爆场所，开关一般应装在其他场所控制，或用防爆型开关。

（8）明装开关应安装在符合规格的圆木或方木上。

2. 插座安装的基本要求

（1）交、直流或不同电压的插座应分别采用不同的形式，并有明显标志，且其插头与插座均不能互相插入。

（2）单相电源一般应用单相三极三孔插座，三相电源就用三相四极四孔插座，在室内不导电地面可用两孔或三孔插座，禁止使用等边的圆孔插座。

（3）插座的安装高度应符合以下要求：

① 一般距地面高度为 0.3m，在托儿所、幼儿园、住宅及小学等场所不应低于 1.8m，同一场所安装的插座高度应尽量一致。

② 车间及试验室的明、暗插座一般距地面高度不低于 0.3m，特殊场所暗装插座一般应不低于 0.15m，同一室安装的插座高低差应不大于 5mm，成排安装的插座高低差应不大于 2mm。

（4）舞台上的落地插座应有保护盖板。

（5）在特别潮湿及有易燃、易爆气体和粉尘较多的场所，不应装设插座。

（6）明装插座应安装在符合规格的圆木或木方上。

（7）插座的额定容量应与用电负荷相适应。

（8）单相二孔插座接线时，面对插座左孔接工作零线，右孔接相线。单相三孔插座接线时，面对插座左孔接工作零线，右孔接相线，上孔接保护零线或接地线，严禁将上孔与左孔用导线相连。三相四孔插座接线时，面对插座左、下、右三孔分别接 A、B、C 相线，上孔接保护零线或接地线。

（9）接地线在插座间不应串联，如图 4-61 所示，即接地线不能剪断直接串接在插座上，而应该在剥头处再并一根接地线接在插座上，不是插座的接地线都是单独的一个回路，为了安全，若某插座检修时，不至于拆除接地线时断开其他插座的接地线，保证其他插座的接地线能起到安全保护作用。

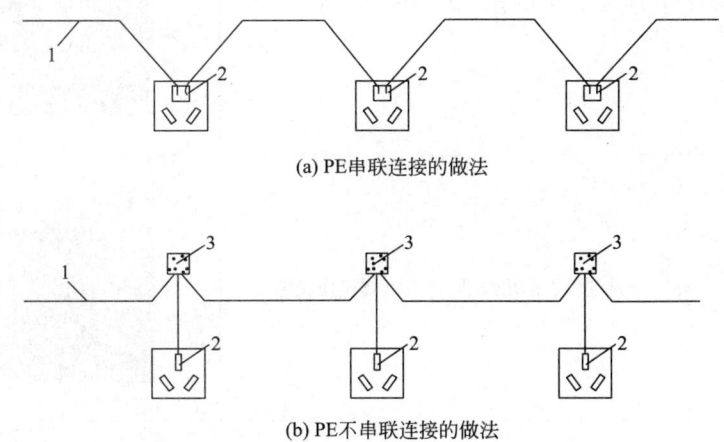

(a) PE串联连接的做法

(b) PE不串联连接的做法

图 4-61　插座 PE 线不串接连接做法示意图

（10）暗装的插座应有专用盒，盖板应端正、紧贴墙面。

二、接线盒检查清理

用錾子轻轻地将盒子内残留的水泥、灰块等杂物剔除，用小号油漆刷将接线盒内杂物清理干净。清理时注意检查有无接线盒预进安装位置错位（即螺丝安装孔错位 90°）、螺丝安装孔耳缺失、相邻接线盒高差超标等现象，应及时修整。如接线盒埋入较深，超过1.5mm时，应加装套盒。

三、插座的安装

将盒内导线留出维修长度后剪除余线，用剥线钳剥出适宜长度，以刚好能完全插入接线孔的长度为宜；再将预留接线盒中的相线、保护线、保护地线连接到五孔电源插座相应标识的接线端子（L、N、PE）内，并用螺钉旋具拧紧固定螺钉，五孔插座接线图如图4-62所示，插座安装步骤及方法见表4-36。

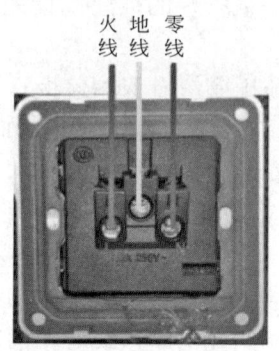

火线　地线　零线

图 4-62　五孔插座接线图

插座安装步骤及方法　　　　　　　　　　表 4-36

用一字形螺丝刀插入插座边沿的缺口，撬开边框，分离面板和底座	
将盒内甩出的导线留足够的维修长度，剥削出线芯，注意不要碰伤线芯	
将导线按顺时针方向盘绕在插座对应的接线柱上，然后旋紧压头。如果是单芯导线，可将线头直接插入接线孔内，再用螺钉将其压紧，注意线芯不得外露	

续表

将插座面板推入暗盒内，对正盒眼，用螺钉固定牢固。固定时要使面板端正，并与墙面平齐	
把面板放在底座上，用力按下即可	

四、开关的安装

将盒内导线留出维修长度后剪除余线，用剥线钳剥出适宜长度，以刚好能完全插入接线孔的长度为宜；再将预留接线盒中的相线、控制线连接到开关相应标识的接线端子（L、L1、L2、L3 等）内，这里注意电源进线接 L，控制线接 L1、L2、L3 等接线柱，并用螺钉旋具拧紧固定螺钉，开关接线示意图如图 4-63、图 4-64 所示。开关接线步骤见表 4-37。

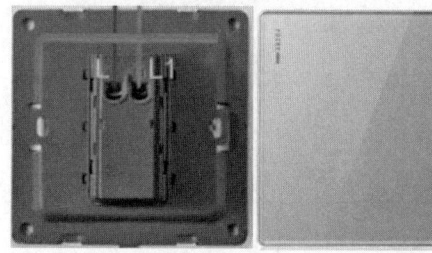

图 4-63　单联单控开关接线图

图 4-64　双联单控开关接线图

开关接线步骤　　　　　　　　　　　　　　　　表 4-37

用錾子轻轻地将盒子内残留的水泥、灰块等杂物剔除，用小号油漆刷将接线盒内杂物清理干净	
用剥线钳将导线剥出适宜长度线芯	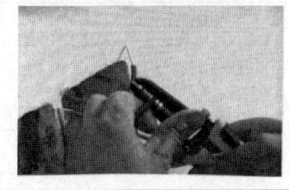

将线头直接插入背面接线孔内,再用螺钉将其压紧。 注意线芯不得外露,力度要适中,用力太大容易损伤开关,用力太小则会造成线头虚连或脱落	
按照开关上的标志摆正方向(一般会有箭头或是 UP 标志)。 将排列好的电线推入线盒,再试试开关的背板能否全部放进去	
调整开关的角度,使其端正,再用螺丝将开关固定在线盒上	
将盖板扣到开关上,听到清脆的咬合声即说明盖板已完全扣上	

任务评价

开关和插座安装评价表　　　　　　　　　　　　表 4-38

开关和插座安装	

评价内容		分值	评价标准	自评	互评	教师评价
基础知识	开关的种类	8	回答正确,表述清晰,出现错误酌情扣分			
	插座的种类	8				
	插座安装的基本要求	8				
	开关、插座的安装步骤	12				

	评价内容	分值	评价标准	自评	互评	教师评价
操作 要点	正确选择开关和插座	8	动作规范,操作正确, 错误一处扣2分			
	安装插座	12				
	安装单联单控开关	8				
	安装双联单控开关	8				
	安装双联双控开关	8				
职业 素养	工作态度	5				
	协作精神	5				
	表达能力	5				
	创新意识	5				

任务总结

掌握的基础知识	
掌握的操作要点	
遇到的问题	
解决问题的方法和途径	
心得体会	
其他	

任务五　照明灯具的安装

任务描述

如图 4-65 所示，照明灯具是照明设备中最常用的电气设备，本次任务主要学习常用灯具的安装步骤及注意事项，进一步练习测量定位、导线连接、绝缘测试等技能，安装中要注意灯具及风扇连接的可靠性。

  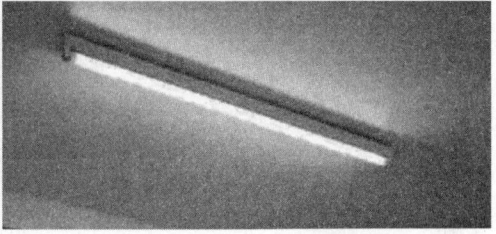

图 4-65　常见照明灯具

任务分析

分析灯具和风扇安装的工作流程，完成表 4-39。

灯具和风扇安装的工作流程表

表 4-39

序号	工作内容	操作方法	精度要求	设备、工具、量具

任务目标

1. 知识目标

（1）了解常用灯具的种类。

（2）熟悉灯具和风扇安装的基本要求。

（3）掌握灯具和风扇的安装步骤。

2. 能力目标

（1）能根据图纸正确选择灯具和风扇。

（2）能根据施工规范正确安装灯具和风扇。

3. 职业素养目标

（1）工作态度端正，纪律观念强。

（2）善于思考问题和敢于解决问题的能力。

（3）良好的协作精神和创新意识。

（4）遵守安全文明生产的要求。

任务实施

工作内容	操作方法	说明	设备、工具、量具
1. 吸顶灯的安装	按照吸顶灯灯具的安装步骤表 4-40 安装吸顶灯	特定插座连接启辉器和灯管，要确保连接紧固	
任务知识点			
2. 日光灯的安装	学习日光灯接线图	接线后整理连接线，注意美观；晃动灯架，确保安装坚固可靠	
	按照表 4-41 安装日光灯		
任务知识点			

续表

工作内容	操作方法	说明	设备、工具、量具
3. 吊扇灯的安装	按照表 4-42 安装吊扇灯	确保吊扇灯安装坚固可靠	
任务知识点			
4. 通电试验	绝缘电阻测试	巡视中发现问题必须先断电,再查找修复	
	检查和巡视		
任务知识点			

任务实施加油站

照明灯具是较为常见的电气设备之一,照明灯具的安装是电工人员必须掌握的基本技能。这里将介绍几种室内常用照明灯具的安装,包括吸顶灯、日光灯及吊扇灯的安装。

一、吸顶灯的安装

灯具按光源和安装方式种类多样,但其安装工艺流程大致遵循以下步骤,如图 6-66 所示。

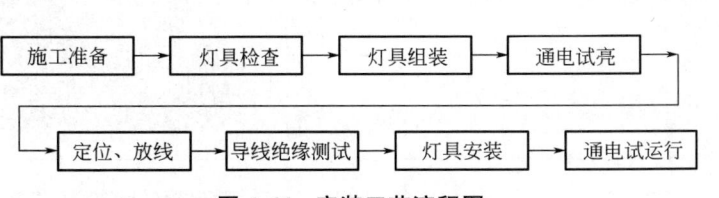

图 4-66　安装工艺流程图

下面介绍吸顶灯灯具的安装,吸顶灯灯具的安装步骤见表 4-40。

吸顶灯灯具的安装步骤　　　　　　　　　　　　　表 4-40

用一只手将灯的底座托住并按在需要安装的位置上,然后用铅笔插入螺丝孔,画出螺丝的位置	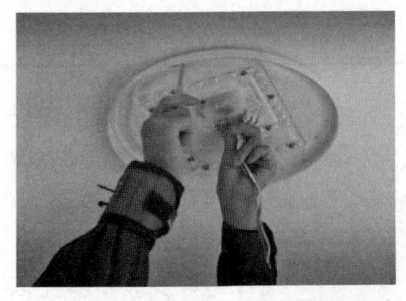

续表

使用电钻在之前画好钻孔位置的地方打孔(实际的钻孔数根据灯座的固定孔确定,一般不少于3个)	
孔位打好之后,将塑料膨胀管按入孔内,然后将预留的线穿过电线孔,并将底座放在之前的位置,螺丝孔位要对上	
用螺钉旋具把螺丝拧入其中的一个空位,但是不要拧死,固定一个螺丝之后,重新查看安装的位置,并适当调节。确定好后,将其余的螺丝也拧好	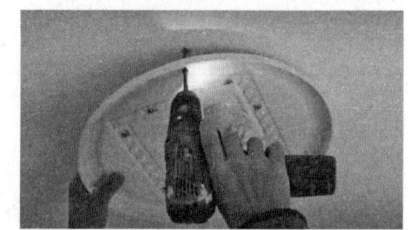
吸顶灯底座固定牢固后,将相线、零线与预留孔中的供电引线连接	
扣紧灯罩,吸顶灯安装完成	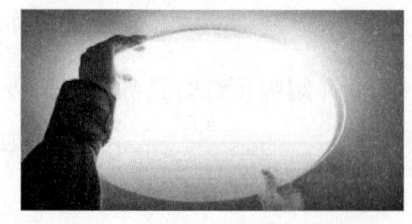

二、日光灯的安装

LED日光灯安装方式比较简单,一般直接将LED日光灯接线端与交流220V照明控制线路(经控制开关)预留的相线和零线连接即可,如图4-67所示。日光灯的安装方式有吸顶式、吊链式、嵌入顶棚式等几种,其中吸顶式日光灯安装步骤见表4-41。

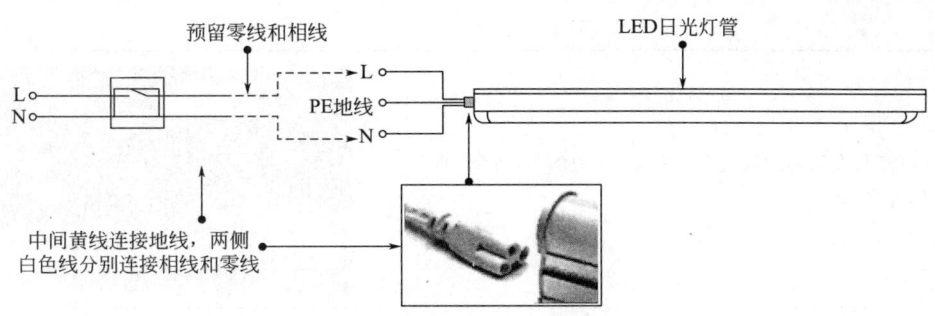

图 4-67　LED 日光灯接线图

1. 吸顶式日光灯的安装

吸顶式日光灯的安装步骤　　　　　　　　　　　　　　　表 4-41

在天花板上量出安装打孔位置(实际孔距要小于灯管支架的长度)	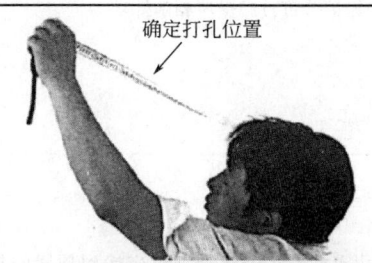
借助冲击钻在选定的位置上钻两个固定孔位,钻孔位置即灯管支架的安装位置,注意测量与预留零线和相线的距离	
在钻好孔的位置敲入胀管或木塞,且应确保胀管或木塞胀紧在钻孔内	
用木牙螺丝把安装支架用的固定夹子锁紧在塞好胀管或木塞的孔位上	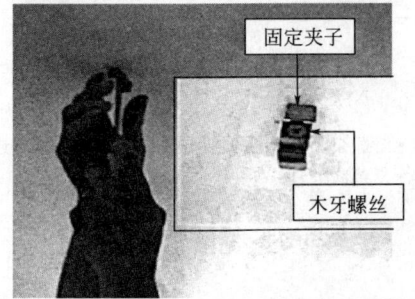

把一体化灯管及支架扣到固定夹上扣紧,用力均匀,听到"咔"声,表示已经卡入固定夹内	
把一体化灯管、支架配套三孔插头的三条线及天花板预留相线、零线、保护线进行绝缘层剥削处理	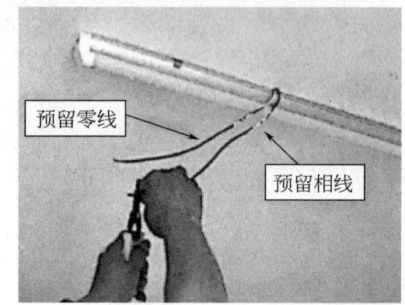
把三孔插头的三条线分别对应接到预留的相线 L、零线和地线上。 注意:一体化灯管及支架三孔插头中间的黄色线为地线,地线绝对不能与预留相线或零线连接,三孔插头两侧白色线分别与相线 L,零线 N 连接即可	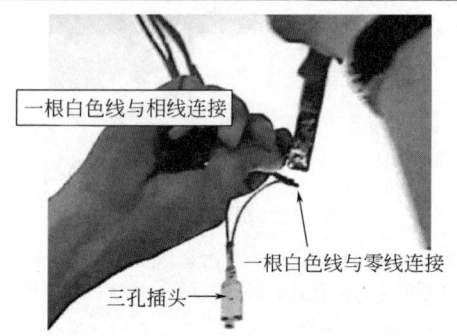
将三孔插头插入一体化灯管及支架的连接端,灯管另一端塞入防触电堵头盖子	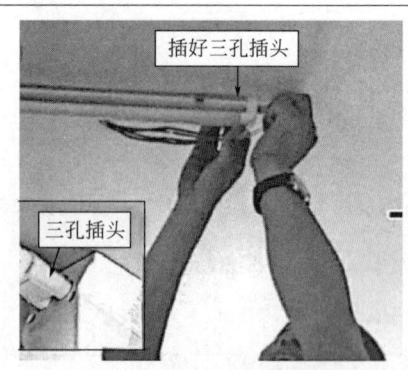
用绝缘胶带将三孔插头线与预留相线、零线的连接处进行严格的恢复绝缘处理	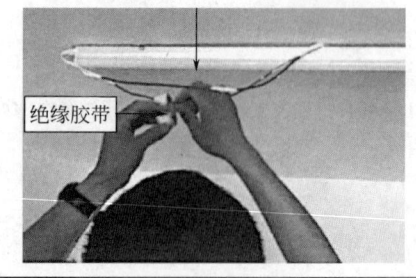

续表

整理连接线,使其贴服到灯架附近,避免线路过长悬吊而影响美观。 晃动灯架,确保坚固可靠	
确保LED日光灯连接无误、固定牢固,且工作人员均已离开作业现场后,通电检查,LED灯亮,安装完成	

2. 吊链日光灯安装

首先根据灯具至顶板的距离,截好吊链,把吊链一端挂在灯箱挂钩上,另一端固定在吊线盒内,将导线依顺序编叉在吊链内,并引入灯箱,在灯箱的进线孔处应套上橡胶绝缘胶圈或套上阻燃黄蜡管以保护导线,在灯箱内的端子板(瓷接头)上压牢。导线连接应涮锡,并用绝缘套管进行保护。最后将灯具的反光板用镀锌机螺丝固定在灯箱上,调整好灯脚,装好灯管,如图4-68所示。

3. 嵌入式荧光灯安装

根据灯具与吊顶内接线盒之间的距离,进行断线及配制金属软管,但金属软管必须与盒、灯具可靠接地,金属软管长度不得大于1.2m,如果采用阻燃喷塑金属软管可不做跨接地线。金属软管连接必须采用配套的软管接头与接线盒及灯箱可靠连接,吊顶内严禁有导线明露,如图4-69所示。

图4-68 吊链日光灯

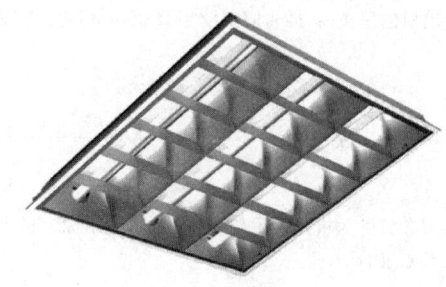

图4-69 嵌入式日光灯

三、吊扇灯的安装

1. 吊扇灯的安装

吊扇灯将照明灯具与吊扇结合在一起,同时具有实用性和装饰性,可以实现照明和调节空气的双重功能。安装时,需要特别注意吊扇灯的固定必须牢固,吊扇灯安装步骤见表4-42。

吊扇灯的安装

吊扇的安装

吊扇灯安装步骤 表 4-42

将吊架放到天花板适当位置,在固定孔处做好标记	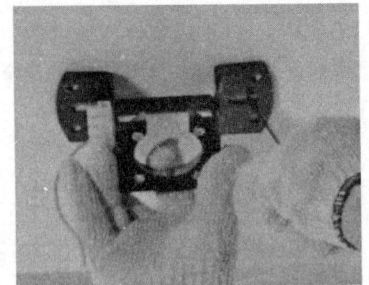
然后借助冲击钻在标记处钻孔	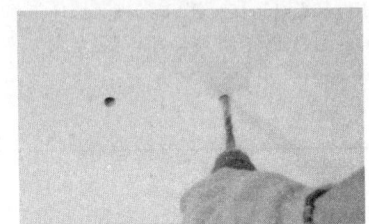
将膨胀螺丝跟吊架一起固定在天花板上,并用扳手拧紧膨胀螺丝	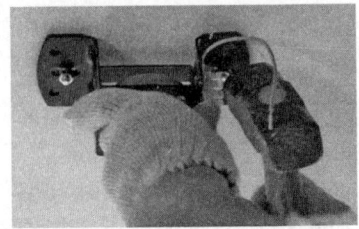
将电动机上的导线穿过吊杆后,将吊杆带有两个孔的一头放进电动机的吊头内,插入固定栓和 R 销,并将螺丝拧紧	
将安装好的主机挂入吊架,转动吊球把吊球上的凹槽与吊架内的凸点啮合	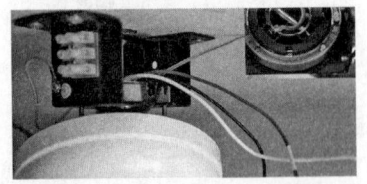
固定灯盘,将灯盘对准螺丝孔位并把螺丝锁紧	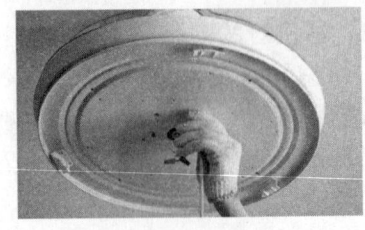

续表

连接灯线,将 LED 灯的两根进线与主机上灯线对接,放好 LED 灯吸盘	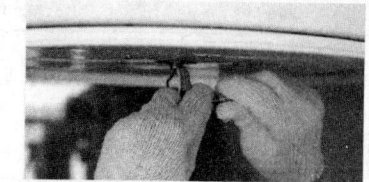
安装灯罩,将灯罩卡口的位置对准灯盘的卡点安装	
在预留电源线断电的状态下,根据接线图将控制器与电机主线及天花板中的预留导线连接,一端的三根线与电机主线连接,一端两根进线与预留火线和零线连接,最后再接上地线	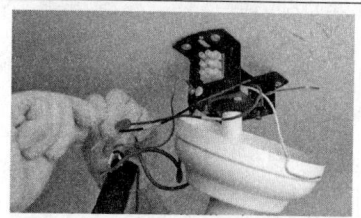
将线整理好,把吊钟往上盖好后再拧紧螺丝,完成吊扇灯的安装	

2. 吊扇灯安装应符合的规定

（1）吊扇灯的扇叶距地高度最低不小于 2.2m，且不低于灯光源高度。

（2）吊扇灯中的扇叶墙面的间距最少为 0.6m。

（3）吊扇组装不得改变扇叶角度，扇叶固定螺栓、防松零件齐全。

（4）吊扇灯接线正确，当运转时扇叶无明显颤动和异常声响。

任务评价

常用灯具安装评价表　　　　　　　　　　　　表 4-43

常用灯具安装示意图	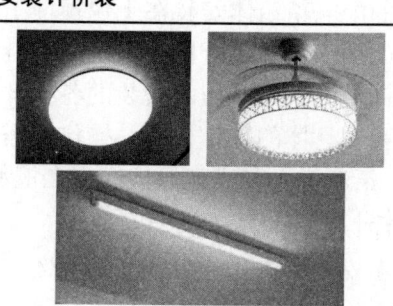

	评价内容	分值	评价标准	自评	互评	教师评价
基础知识	灯具安装方式主要有哪几种? 举例说明其分别适用的场所	7	回答正确,表述清晰,出现错误酌情扣分			
	日光灯接线原理	6				
	日光灯安装步骤	8				
	吸顶灯安装步骤	8				
	吊扇灯的安装要求	6				
操作要点	安装普通吸顶灯	15	动作规范,操作正确,错误一处扣2分			
	安装吸顶日光灯	15				
	安装吊扇灯	15				
职业素养	工作态度	5				
	协作精神	5				
	表达能力	5				
	创新意识	5				

任务总结

掌握的基础知识	
掌握的操作要点	
遇到的问题	
解决问题的方法和途径	
心得体会	
其他	

任务六 照明配电箱的安装

任务描述

本任务中的配电箱箱体安装在土建预埋工作时已经完成,安装配电箱箱体内部前,应对箱体和线管的预埋质量进行检查,确认符合设计要求后,再进行板的安装。安装时,先清除杂物、补齐护帽、检查板面安装的各种部件是否齐全、牢固。要求操作者熟悉配电箱内部接线的原则和具体的操作方法,操作中需要注意照明配电箱内应分别设置零线和保护地线(PE线)汇流排,零线和保护线应在汇流排上连接,不得绞接。

任务分析

分析配电箱安装的工作流程,完成表4-44。

配电箱安装的工作流程表 表 4-44

序号	工作内容	操作方法	精度要求	设备、工具、量具

任务目标

1. 知识目标

(1) 了解照明配电箱的分类和安装方法。

(2) 掌握配电箱明装和暗装的工艺流程。

2. 技能目标

(1) 掌握配电箱的安装过程和步骤。

(2) 掌握配电箱内配线的有关要求。

3. 职业素养目标

(1) 工作态度端正，纪律观念强。

(2) 善于思考问题和敢于解决问题的能力。

(3) 良好的协作精神和创新意识。

(4) 遵守安全文明生产的要求。

任务实施

工作内容	操作方法	说明	设备、工具、量具
配电箱安装	施工前准备工作,配电箱安装步骤见表 4-46	按照配电箱系统进行配电箱内部接线	
任务知识点			

任务实施加油站

一、施工前准备

1. 材料、设备进场检验

配电箱应符合设计要求并达到国家现行技术标准，要有产品出厂合格证、生产许可证、检验报告、CCC 认证标识等。箱体有铭牌，附件应齐全，无机械损伤、油漆脱落、生锈等现象。

2. 工具配备齐全

3. 施工作业条件

配电箱的预留洞、预埋件的位置尺寸符合设计要求。安装箱面时，土建装修完毕。

4. 技术准备

(1) 施工图纸和技术资料齐全。施工图纸见附图。

(2) 编制施工方案，并经审批完毕。

(3) 技术交底。施工前组织施工人员熟悉图纸、方案等。

二、照明配电箱概述

电气照明线路的配电级数一般不超过三级，即总配电箱、分配电箱和用户配电箱。配电级数过多，线路过于复杂，不便于维护。

1. 配电箱的作用

配电箱是将断路器、刀开关、熔断器、电度表等设备、仪表集中设置在一个箱体内的成套电气设备。配电箱在电气工程中主要起电能的分配、线路的控制等作用，是建筑物内电气线路中连接电源和用电设备的重要电气组成装置。

2. 配电箱的种类

低压配电箱根据用途不同分为电力配电箱和照明配电箱两种。根据安装方式分为悬挂式、嵌入式和半嵌入式三种。根据材质分为铁制、木制和塑料制品，其中铁制配电箱使用较为广泛。

照明配电箱有标准型和非标准型两种：标准配电箱可向生产厂家直接订购或在市场上直接购买。非标准配电箱可自行制作。照明配电箱的安装方式有明装、嵌入式安装和落地式安装，下面针对配电箱安装的要求及三种安装方法的实施做简单介绍。

3. 照明配电箱安装要求

(1) 在配电箱内，有交、直流或不同电压时，应有明显的标志或分设在单独的板面上。

(2) 导线引出板面，均应套设绝缘管。

(3) 配电箱安装垂直偏差不应大于 3mm。暗设时，其面板四周边缘应紧贴墙面，箱体与建筑物接触的部分应刷防腐漆。

(4) 照明配电箱安装高度，底边距地面一般为 1.5m。配电板安装高度，底边距地面不应小于 1.8m。

(5) 三相四线制供电的照明工程，其各相负荷应均匀分配。

(6) 配电箱内装设的螺旋式熔断器的电源线应接在中间触点的端子上，负荷线接在螺纹的端子上。

(7) 配电箱上应标明用电回路名称。

三、照明配电箱的安装流程

(一) 施工工艺流程

1. 明装配电箱安装工艺流程如图 4-70 所示。

2. 暗装配电箱安装工艺流程如图 4-71 所示。

(二) 明装配电箱的安装

照明配电箱有标准型和非标准型两种，标准配电箱可向生产厂家直接订购或在市场上直接购买。非标准配电箱可自行制作。照明配电箱的安装方式有明装、嵌入式安装和落地式安装。

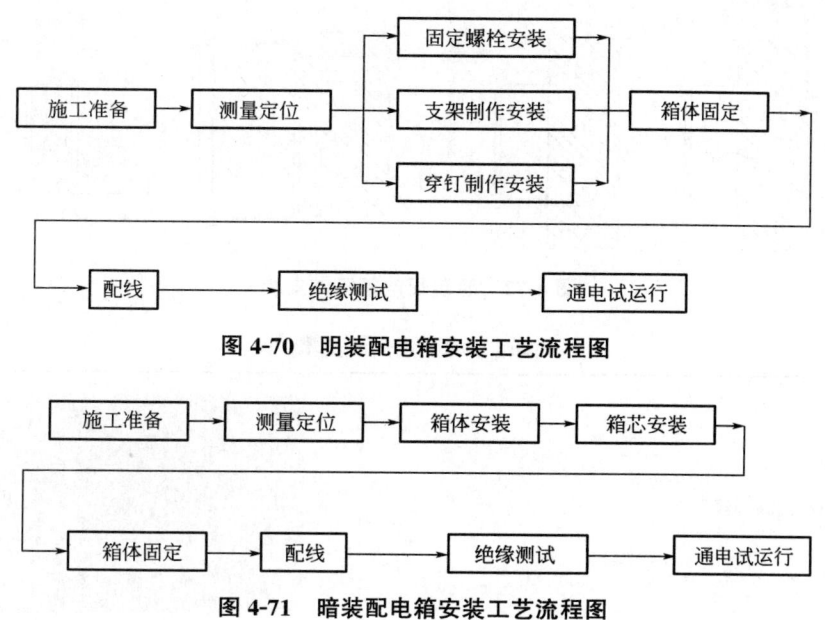

图 4-70　明装配电箱安装工艺流程图

图 4-71　暗装配电箱安装工艺流程图

1. 固定件的安装

1）支架制作安装

根据配电箱的安装尺寸，将角钢量好尺寸、下料、钻孔，埋入墙体内的端部做成燕尾形状，然后除锈、刷防腐漆。埋入墙内后，用水泥砂浆填实抹平。

2）固定螺栓安装

根据配电箱固定点位置在墙上做好记号，按选用的膨胀螺栓的规格用冲击钻钻孔，钻孔的规格见表 4-45。

膨胀螺栓钻孔规格表　　　　　　　　　　　　　　　表 4-45

螺栓规格	M6	M8	M10	M12	M16
钻孔直径(mm)	10.5	12.5	14.5	19	23
钻孔深度(mm)	40	50	60	70	100

孔径和深度应刚好埋入螺栓的胀管部分，孔洞应平直。

3）穿钉制作安装

穿钉用于空心砖墙。根据墙体厚度截取适当长度的圆钢制作穿钉，背板可用角钢或钢板，与穿钉焊接或用螺栓连接。

2. 箱体固定

将箱体固定在紧固件上，方法如图 4-72 所示。

（三）暗装配电箱的安装

配电箱箱体暗装通常是配合土建砌墙时将箱体预埋在墙内。面板四周边缘应紧贴墙面，箱体与墙体接触部分应刷防腐漆，按需要砸下敲落孔压片，有贴脸的配电箱，应把贴脸揭掉。一般当主体工程砌至安装高度就可以预埋配电箱，配电箱的宽度超过 300mm 时，箱上应加过梁，避免安装后受压变形。配电箱的配线安装步骤见表 4-46。

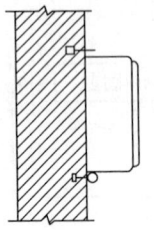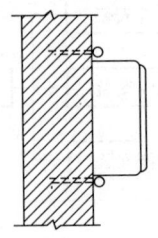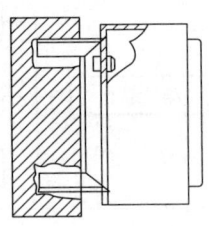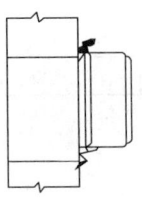

图 4-72　明装配电箱箱体安装

配电箱的配线安装步骤　　　　　　　　　　　　　　　表 4-46

检查各进线、出线回路导线	
对开关板进行检查,检查各部件是否完整无缺、开关的接通与分断是否符合要求、各部位接头有无松动	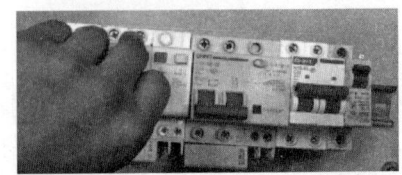
剥去导线绝缘,把线先插入端子板,拧紧固定螺丝。剥出的线芯不宜过长,并逐个压牢。 箱内导线应排列整齐,用尼龙绑带绑扎成束。 进出箱体导线应留出适量余量,便于检修。 照明配电箱内,应分别设置零线和保护地线(PE 线)汇流排,零线和保护线应在汇流排上连接,不得绞接	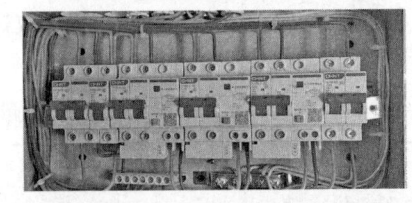
用摇表测试绝缘电阻,相线与相线间、相线与工作零线间、相线与保护地线间的绝缘电阻都应一一分别测试,确保所有的数据都正确无误	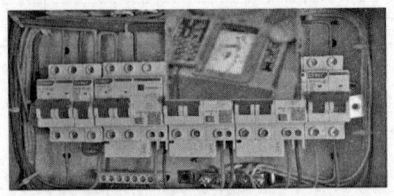
先用仪表校对各回路接线,无差错后试送电,检查各开关设备、仪表指示是否正常,并将卡片框内的卡片填写好线路编号及用途。 盖上面板,拧好螺丝,贴脸(门)平正,不歪斜,锁好门,做好成品保护	

任务评价

配电箱安装评价表　　　　　　　　　表 4-47

评价内容		分值	评价标准	自评	互评	教师评价
基础知识	配电箱的作用	6	回答正确，表述清晰，出现错误酌情扣分			
	配电箱的种类	6				
	配电箱安装前的准备工作	8				
	配电箱安装流程	8				
操作要点	正确安装配电箱明装箱体	12	动作规范，操作正确，错误一处扣 2 分			
	正确安装配电箱暗装箱体	12				
	配电盘正确配线	18				
	配电箱绝缘测试	10				
职业素养	工作态度	5				
	协作精神	5				
	安全文明生产	5				
	创新意识	5				

任务总结

掌握的基础知识	
掌握的操作要点	
遇到的问题	
解决问题的方法和途径	
心得体会	
其他	

钣金工

Chapter 05

学习任务	项目一　钣金工认知 项目二　通风管道的制作与安装	参考学时	12
能力目标	了解钣金工的基本知识，能按照要求进行钣金件的展开放样、剪切下料、折方、卷圆、金属薄板的连接、风管的安装等钣金工基本操作，最后能完成弯头、三通、变径管等常见钣金件的制作，以及风管的制作与安装		
教学资源与载体	多媒体网络平台，教材，动画，视频，理实一体化教室，工程图纸，评价考核表		
教学方法与策略	项目教学法，任务驱动法，引导法，演示法，理实一体化		
教学过程设计	设计典型的钣金工操作项目，按照工作过程分解任务。每个任务按照"任务描述—任务分析—任务目标—任务实施—任务评价—任务总结"的环节进行。任务描述，学生明确任务及其完成途径；任务分析，学生编制工艺过程；任务目标，学生明确完成任务后能达成的目标；任务实施，学生在优化后的工艺方案指导下，分步操作完成任务，并熟悉任务相关知识；任务评价，通过自评、互评、教师评价综合考核学生在完成任务过程中的基础知识、操作要点和职业素养；任务总结，学生在任务完成后的全面总结		
考核评价内容	从基础知识、操作要点和职业素养三个方面考核学生任务的完成情况，操作要点按工艺操作要点配分，重点考核任务实施的过程和成果		
评价方式	自我评价（　　　）小组评价（　　　）教师评价（　　　）		

项目一　钣金工认知

项目介绍

本项目是对钣金工进行认知，本项目具体介绍钣金工的主要工作任务，钣金工常用的设备、工具和量具，钣金工的基本制作工艺，钣金工安全文明生产的基本要求等一些基础知识。

项目分析

本项目是对钣金工入门基础知识的分析。通过学习本项目内容，分析钣金工需要掌握哪些基础知识，请思考以下问题：

(1) 在你的初次认知中，哪些工作是需要钣金工操作来完成的？

(2) 钣金工操作中需要用到哪些设备、工具和量具？

(3) 钣金工的基本制作工艺有哪些？

(4) 钣金工安全文明生产的基本要求有哪些？

任务　钣金工入门

任务描述

钣金是针对金属薄板的一种综合冷加工工艺，用金属板料制成各种钣金件，通常方法是根据制件的视图，在金属板料上划出其展开图，再按展开图落料、卷制或冲压等加工成型，最后通过焊接、咬接或铆接等加工成钣金件。本任务主要是了解钣金工的主要工作任务、常用设备、工具、量具、基本制作工艺和安全文明生产要求。

任务目标

1. 知识目标

(1) 了解钣金工的主要工作任务。

(2) 了解钣金工常用的设备、工具和量具。

(3) 熟悉钣金工的基本制作工艺。

2. 能力目标

对简单的钣金件，能简述其基本加工工艺。

3. 职业素养

(1) 工作态度端正，纪律观念强。

(2) 善于思考问题和敢于解决问题的能力。

(3) 良好的协作精神和创新意识。

(4) 遵守安全文明生产要求。

任务知识

钣金是针对金属薄板（通常在6mm以下）的一种综合冷加工工艺，包括剪、冲/切/复合、折、焊接、铆接、拼接、成型（如汽车车身）等。其显著的特征就是同一零件厚度一致。

金属板材加工就叫钣金加工。利用板材制作烟囱、铁桶、油箱油壶、通风管道、弯头大小头、天圆地方、漏斗形等，其主要工序是剪切、折弯扣边、弯曲成型、焊接、铆接等。

用金属板料制成各种钣金件，通常方法是根据制件的视图，在金属板料上划出其展开图，再按展开图落料、卷制或冲压等加工成型，最后通过焊接、咬接或铆接等加工成钣金件。其整个工艺流程可归纳为：备料→展开放样→下料→剪切→板材纵向连接→咬口制作→卷圆、折方→成型→法兰下料加工→焊接→打眼冲孔→铆法兰→成品喷漆→检验→出厂，图5-1是用金属板料制成的集粉筒。

一、钣金工的主要工作任务

1. 制作样板、样模。

2. 使用划线工具和样板，进行工件划线、号孔、放样。

3. 对薄板材进行矫平、下料、卷板、咬接或锡钎焊、铆接。

4. 使用铆接机械设备对金属构件进行拼接与调整。

5. 制作锥形筒体、四角斗形、等径三通、直角弯头等。

6. 进行板材的冷热弯曲成型及接装，矫正焊接工件的咬口、变形。

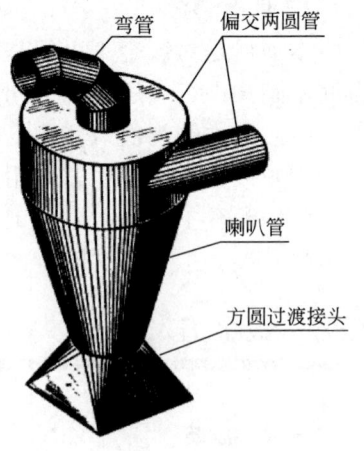

图 5-1 集粉筒

二、钣金工常用的设备、工具和量具

1. 常用设备

（1）基本设备：工作台、方杠、圆杠。

（2）常用机具：砂轮机、手砂轮、台钻等。

（3）常用夹具：台虎钳、卡兰。

（4）其他设备：倒角机、冲孔机、折方机、倒角机、卷圆机、电焊设备、气焊设备、型钢切割机、角（扁）钢卷圆机。

2. 常用工具

（1）划线工具、量具：划针、划规、样冲。

（2）剪切工具：手剪刀、台剪、手用电动剪、振动式曲线剪板机、龙门剪板机、电冲剪、手用电动剪、型钢切割机等。

（3）整形工具：铁锤、木槌、托铁、顶杆、铁砧等。

（4）铆接工具：手电钻、液压铆接机、手动拉铆枪、电动拉铆枪。

（5）咬接工具：咬口机、压筋机、合缝机、圆弯头咬口机、拍板。

3. 常用量具

不锈钢板尺、钢直尺、钢卷尺、角尺、量角器等。

三、钣金工的基本制作工艺

（一）风管和部件、配件的加工制作过程

通风管道及部件、配件的加工制作是通风空调工程安装施工的主要工序。其加工的基本工序可划分为：划线、剪切、成型（折方或卷圆）、连接和制作、安装法兰等步骤。总体来说，风管和部件、配件的加工制作可分为四个阶段：准备阶段、加工制作阶段、装配阶段和完成阶段。

（1）准备阶段。风管及配件在加工和制作前，应事先做好准备工作，为施工创造良好的条件。准备工作主要包括绘制加工草图、选料、配备好加工机具和人员、安排好运输工具、加工场地、板材的整平、除锈、划线等工作。

风管和部件、配件在加工制作之前，应对所选用的材料进行检查，不能有弯曲、扭曲、波浪形变形及凹凸不平等缺陷，否则它将会影响制作和安装的质量。对于有变形缺陷的材料，在放样加工之前必须进行校正。

板材的校正方法一般常用手工校正和机械校正。风管和配件的制作所采用的板材有时是供应卷材，常采用钢板校平机，用多辊反复弯曲来校正钢板。一般平板的弯曲变形则用锤击的手工校正法进行校正。

（2）加工制作阶段。加工制作阶段是风管加工制作过程的主要阶段，主要包括板材的剪切、折方或卷圆、连接等工序。

（3）装配阶段。装配阶段是将已经加工制作好的各种部件、配件和风管，组合装配成成品的过程。

（4）完成阶段。完成阶段是风管加工制作过程的收尾阶段，是对加工制作好的产品进行质量检查、刷油防腐、管段编号和运输等。

（二）风管制作工艺

风管制作工艺流程如图 5-2 所示。

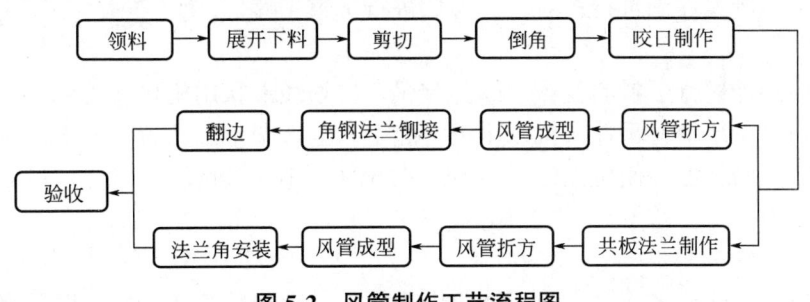

图 5-2 风管制作工艺流程图

1. 镀锌钢板选用

在下料加工之前，应根据不同的风管系统及风管尺寸，正确选用镀锌钢板厚度。镀锌钢板厚度选用见表 5-1。

镀锌钢板厚度选用 表 5-1

序号	矩形风管大边 b 或风管直径 D（mm）	钢板厚度（mm）	
		矩形风管	
		通风、空调	排烟
1	$D(b) \leqslant 320$	0.5	0.75
2	$320 < D(b) \leqslant 450$	0.6	0.75

2. 确定风管成型方式

对于矩形风管，其成型方式一般分为一片成型法、两片成型法和四片成型法，如图 5-3 所示。

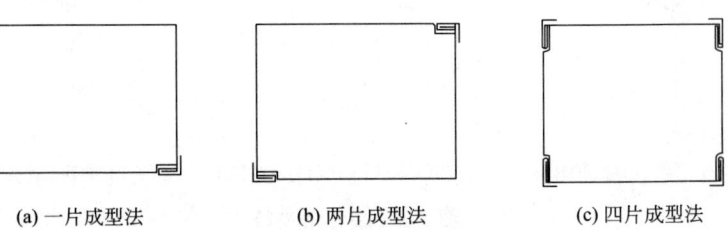

(a) 一片成型法　　　　　(b) 两片成型法　　　　　(c) 四片成型法

图 5-3 矩形风管的成型方式

对于矩形风管成型方式的选择，一般遵循以下几点：

（1）风管平面制作周长加富余量小于板宽时，采用一片成型法。

（2）板宽小于风管平面周长而大于其1/2周长时，可采用两片成型法。

（3）对于风管周长较大，或板材过小时，可根据现场实际情况，采用四片成型法。

3. 展开下料、压筋

划线展开方法宜采用平行线法、放射线法和三角线法。根据设计图及大样风管的不同几何形状和规格，分别进行划线展开。

将展开的镀锌钢板放入调平压筋机中，对板材进行调平及压筋。对于风管尺寸较小的板材，可不进行压筋处理。

调平压筋完成后，应在板材上划出各项控制线，如剪切线、倒角线、折方线、翻边线、咬口加工边缘线、铆钉开孔线等，划线要做到角直、线平、等分准确等。划线完成后，应对各项控制线仔细进行核对，无误后进行下道工序。

4. 剪切

板材剪切必须进行下料的复核，以免有误，按划线形状用机械剪刀和手工剪刀进行剪切。机械剪切时，严禁将手伸入机械压板空隙中。上刀架不准放置工具等物品，调整板料时，脚不能放在踏板上。使用固定式振动剪时两手要扶稳钢板，手离刀口不得小于5cm，用力要均匀适当。

5. 倒角

板材下料后在轧口之前，必须用倒角机或剪刀进行倒角工作。倒角时，必须核对风管成型尺寸，倒角严禁裁剪过大或过小，避免翻边、接缝处重叠。倒角形状如图5-4所示。

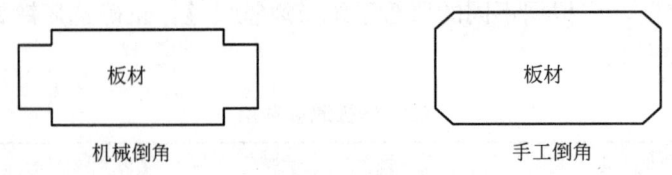

图5-4　倒角形状

6. 咬口制作

风管咬口方式多采用联合角咬口，其具体形式如图5-5所示。

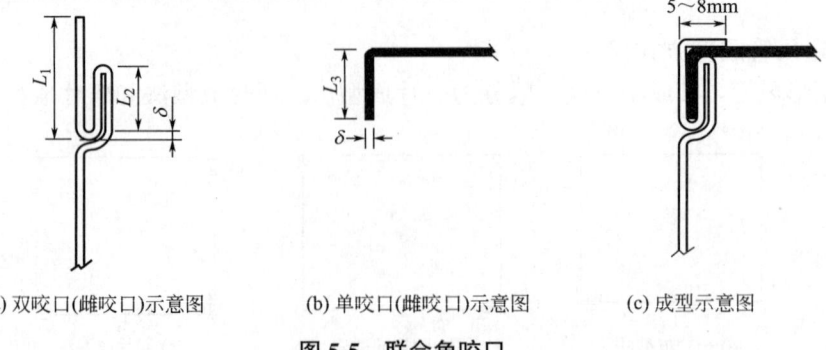

(a) 双咬口(雌咬口)示意图　　(b) 单咬口(雌咬口)示意图　　(c) 成型示意图

图5-5　联合角咬口

图中 L_1 为 13～16mm，L_2 为 7～10mm，L_3 为 6～8mm，厚度与板材相同。对于大口径风管，必须采用尺寸中的上限进行加工。

7. 折方

板料咬口后，将划好折方线的板材放在折方机上，置于下模的中心线。操作时使机械上刀片中心线与下模中心线重合，折成所需要的角度。折方时互相配合，并与折方机保持一定距离，以免被翻转的钢板或配重碰伤。

对于规格较小的风管，可采用手工折方。手工折方时，应先画好折方线，将折方线对准操作台边缘，压住板材，并折成 90°角，再用拍板修正，打出棱角，确保板材平整。

8. 风管成型

折方的钢板用合口机或手工进行合缝。操作时，用力均匀，不宜过重。单、双口确实咬合，无胀裂和半咬口现象。

手工合缝时，将子口插入母口，在风管内侧咬口处加上垫铁或硬木块，用拍板将子口敲击到位，敲击过程中，应使整个棱角均匀受力，以保证风管表面平整、缝隙一致。禁止使用榔头代替拍板拍击联合角母口包角边。

手工或机械合缝前，应先在雌咬口插口部位打入密封胶，密封胶高度为 $2/3\ L_2$ 为宜。

9. 风管加固

矩形风管边长大于 630mm，保温风管边长大于 800mm，管段长度大于 1250mm 或低压风管单边面积大于 1.2m^2，中、高压风管单边面积大于 1.0m^2，均应采取加固措施。

根据图集及规范要求，风管加固方式一般采用楞筋加固、角钢外加固及通丝杆内加固。

（1）楞筋加固

楞筋可在板材展开调平时使用调平压筋机进行压筋处理，压筋排列应规则，间隔均匀，板面不应有明显的变形，加固方式如图 5-6 所示。

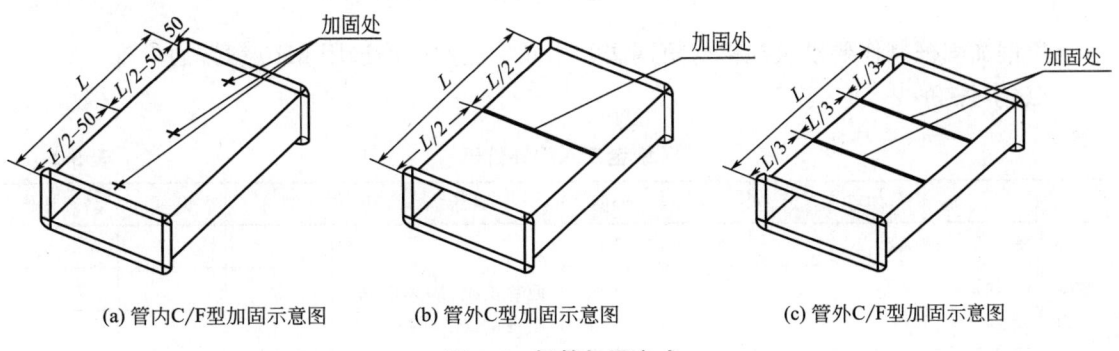

(a) 管内C/F型加固示意图　　(b) 管外C型加固示意图　　(c) 管外C/F型加固示意图

图 5-6　楞筋加固方式

（2）角钢外加固

风管边长较大、无法在压筋机进行压筋处理的，或有特殊强度等级要求的，采用角钢外加固，角钢加固应排列整齐、均匀对称，其高度应小于或等于风管的法兰宽度，角钢与风管铆接应牢固、间隔均匀，不应大于 220mm，角钢相交处应连接成一体，加固方式如图 5-7 所示。

图 5-7　角钢外加固方式

（3）通丝杆内加固

通丝杆内加固应与风管固定牢固，各支撑点之间或与风管的边沿或法兰的间距应均匀，不应大于950mm。加压送风管道均采用通丝杆内加固方式进行加固，加固方式如图 5-8 所示。

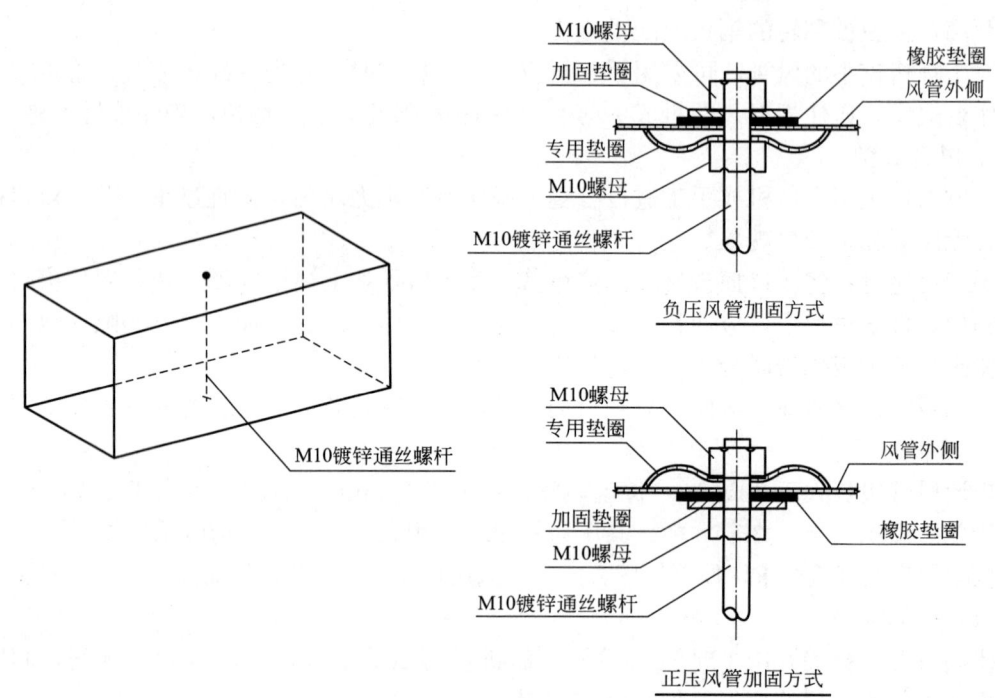

图 5-8　通丝杆内加固方式

角钢加固框制作要求及规格与角钢法兰相同，通丝杆均选用 M10 镀锌通丝杆。

任务评价

钡金工入门评价表　　　　　　　　　　　　　　　　　　　表 5-2

	评价内容	分值	评价标准	自评	互评	教师评价
基础知识	钡金工工种认知	10	回答正确，表述清晰，出现错误酌情扣分			
	钡金工常用设备	10				
	钡金工常用量具	15				
	钡金工的基本操作工艺	15				
操作要点	给定一个常用钡金件，制定其制作工艺过程	30	工艺合理，根据情况酌情扣分			
职业素养	工作态度	5				
	协作精神	5				
	表达能力	5				
	创新意识	5				

任务总结

掌握的基础知识	
掌握的操作要点	
遇到的问题	
解决问题的方法和途径	
心得体会	
其他	

项目二　通风管道的制作与安装

项目介绍

本项目通过完成图 5-9 所示通风管道的制作与安装，旨在了解钣金工操作基础知识，熟悉钣金工常用设备、工具和量具的使用，并掌握展开放样、剪切、弯曲、放边、收边、拨缘、卷边、折方、卷圆、咬接、铆接、焊接等钣金工基本操作技能。

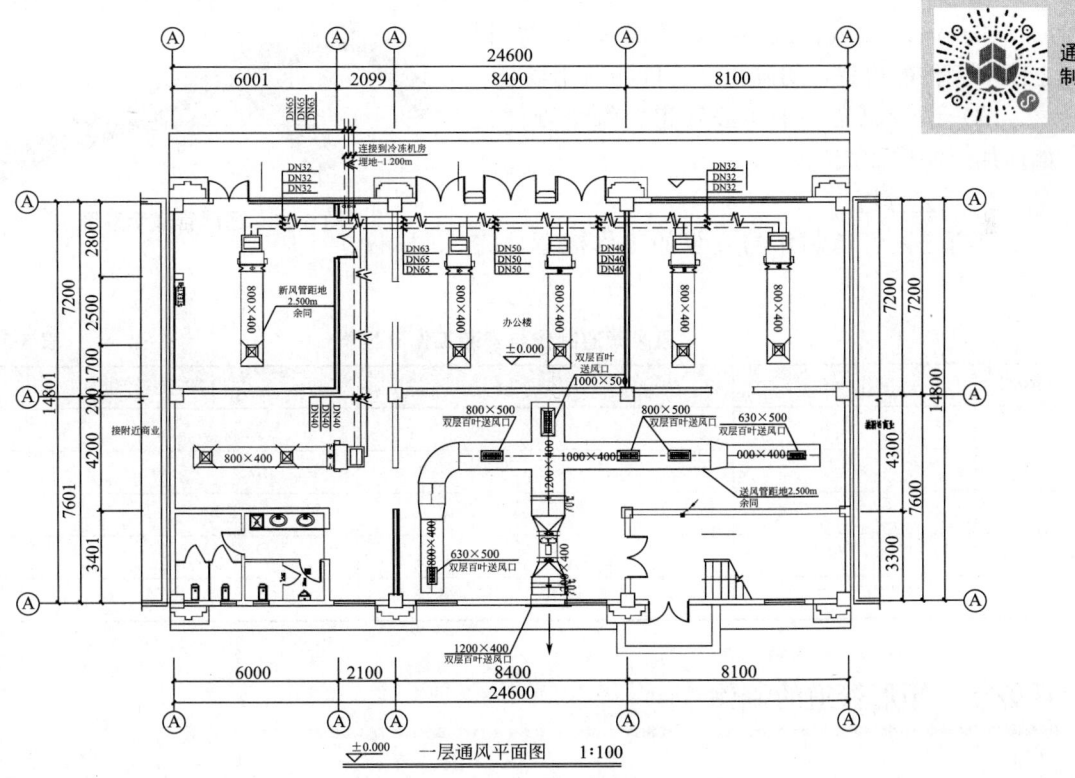

图 5-9　通风平面图（单位：mm）

通风管道的
制作与安装

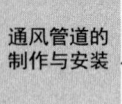

通风管道的
制作与安装

项目分析

1. 图样分析

分析图 5-10、图 5-11，完成以下问题：

（1）按照图 5-10 所示管道中的空气流向，识读、认识该段通风管道中的管道、管件及风口，明确每段管道的规格，以及管道和管件的连接方式。

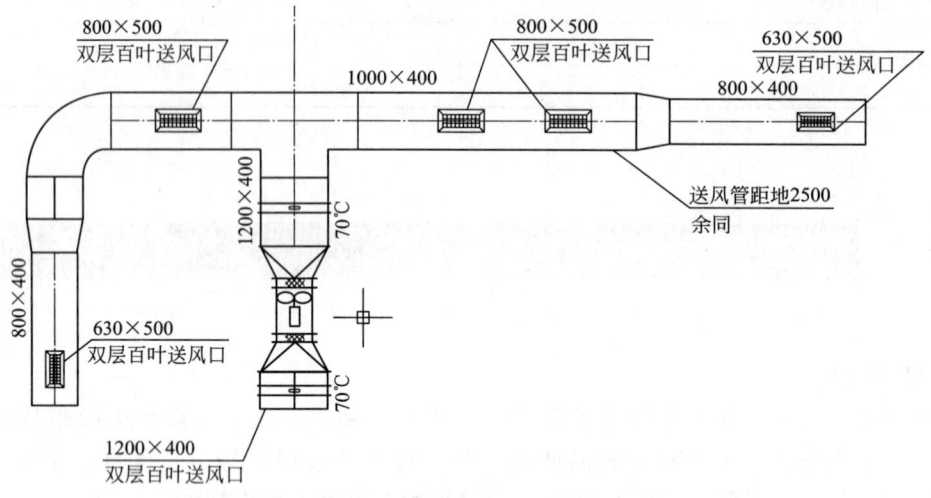

图 5-10　通风管道平面图（单位：mm）

（2）该段通风管道中用到了哪些管件？根据图中管件的位置，明确每个管件的适用场合。

（3）试着思考一下每段管道、每个管件是如何加工制作而成的？

2. 工艺分析

分析通风管道制作与安装的工作流程，完成表 5-3。

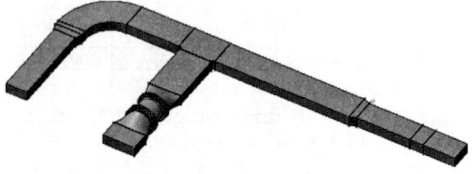

图 5-11　通风管道示意图

通风管道制作与安装工作流程表　　　　　　　　　　　表 5-3

序号	工作内容	操作方法	设备、工具、量具

任务一　矩形管道的制作

任务描述

本任务是对所示通风管道平面图中的矩形管道进行加工制作。法兰风管示意图如图 5-12

所示。制作过程主要包括展开放样、剪切下料、咬接等操作。展开放样时，需要根据管道、管件的形状，采用适合通风管道平面图中管道的展开方法绘制展开图，并选择合适的钣金加工设备和工具，对通风管道进行剪切下料，以达到图样所示的精度要求。在管道加工制作过程中将初步接触到展开放样、剪切、手工弯曲、放边、收边、拨缘、卷边、咬接、铆接、焊接等钣金工基本操作技能，加工中要注意钣金设备、工具和量具的正确使用。

矩形管道的制作

图 5-12　法兰风管示意图

任务分析

分析矩形管道的制作工艺流程，完成表 5-4。

矩形管道的制作流程表　　　　　　　　　　表 5-4

序号	工作内容	操作方法	精度要求	设备、工具、量具

任务目标

1. 知识目标

（1）熟悉钣金加工常用的设备、工具、量具。

（2）熟悉钣金件的剪切设备和冲裁设备。

（3）掌握钣金件展开放样方法——平行线展开法、放射线展开法、三角形展开法。

（4）掌握钣金件的剪切工艺和冲裁工艺。

（5）熟悉钣金件常见的咬接形式。

（6）熟悉铆接的相关知识。

（7）掌握咬口连接的操作方法。

（8）掌握铆接的基本操作。

（9）掌握钣金件的手工弯曲、放边、收边、拨缘、拱曲、卷边、折方、卷圆等加工技术。

2. 能力目标

（1）能用平行线展开法、放射线展开法、三角形展开法正确绘制钣金件展开图。

（2）能正确进行钣金件的剪切操作。

（3）能正确进行钣金件的冲裁操作。

（4）能正确进行常用钣金件的手工弯曲、放边、收边、拨缘、拱曲、卷边、折方、卷圆等操作。

（5）能正确进行钣金件常见的咬口连接操作。

（6）能正确进行钣金件铆接操作。

3. 职业素养

（1）工作态度端正，纪律观念强。

（2）善于思考问题和敢于解决问题的能力。

（3）良好的协作精神和创新意识。

（4）遵守安全文明生产的要求。

任务实施

工作内容	操作方法	说明	精度要求	设备、工具、量具
1. 矩形管道的展开放样	(1)用平行线展开法画矩形管道的展开图	①矩形管道的展开图是一个矩形。②展开图直角边要达到90°，每条边都不能倾斜。否则制作出来的风管一定会歪扭、翘角，组装成系统会使整个系统横不平、竖不直		
	(2)根据咬口形式，在展开矩形两侧留出咬口留量	①矩形风管大多需设置两个角咬口，即用两块板材制成，风管口径很大时，采用四块板材制成。②不论两块或四块，根据所选用的咬口种类，在展开图的两侧放出相应的单、双边咬口留量		
	(3)展开矩形两端放一段直边	直边高度应大于法兰角钢宽度加法兰翻边留量		
任务知识点				
2. 矩形管道的剪切下料	(1)检查根据咬口设置所放的咬口留量是否给出，留量是否正确，当确认无误后，即可剪切下料			
	(2)用手工或机械剪切工具将划线的板材按剪切线剪切			
	(3)在咬口两侧剪出翻边斜角			
任务知识点				

工作内容	操作方法	说明	精度要求	设备、工具、量具
3. 加工第三面	(1)将工件已加工好的第一、二面和两个端面分别靠在划线方箱上,划第三、四加工面的加工线			
	(2)夹持工件,锯削第三加工面			
	(3)锉削第三加工面			
4. 加工第四面	(1)夹持工件,锯削第四加工面			
	(2)锉削第四加工面			
5. 矩形管道的咬合	(1)咬口加工 在剪切好的板材上制作咬口	根据咬口形式加工单、双边		
	(2)折边 ①将板材放置工作台上折边,将折边线与工作台上型钢棱线重合,用拍板先把折边线两端拍制出棱线。 ②用左手持拍板压住板材折线的上方,右手向下揿压至90°。 ③用拍板将棱线修整,使折边棱角清晰,板面平整			
	(3)装配合缝 ①检查板材单、双边的加工情况,有无弯曲或单、双边咬死的情况,有则应先修整合格再进行装配。 ②将单边插入双边中,用拍板平行风管边线放置于咬口上,用方锤击打拍板,使单边插装到位,紧紧贴靠双边	根据咬口形式咬接		
	(4)打紧压实 ①用方锤将双边由两头包紧,中间选择3~5处包紧。 ②用拍板将双边全部包紧打实,至咬口平直、严密	注意拍打力度,不要将咬口打裂		
任务知识点				

任务实施加油站

一、钣金件的展开放样

制作通风管道时，展开下料是管道、管件及部件加工制作中的重要工序，是一项基本的操作技能。

按图样尺寸，用一定比例在放样台上确定构件尺寸、划出构件的实际形状，作为制造样板、加工和装配工作依据的过程称为放样（又叫放大样）。放样有实尺放样、光学放样和计算机放样等方法。

制作图 5-1 所示的集粉筒之前，需要将组成集粉筒各部分的表面按实际形状和大小，在金属板上依次划出图形，如图 5-13 所示为圆锥台筒的展开图。这种将构件的各个表面依次摊开在一个平面上的过程称为立体表面的展开。展开在平面上的图形称为构件的表面展开图，简称展开图，又叫放样图。作展开图的过程称为展开放样。

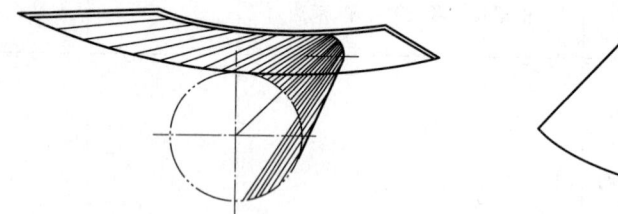

图 5-13 圆锥台筒展开图

通风管道及管件展开放样时，就是根据管道、管件及部件几何形状和外形尺寸，用作图的方法，按 1∶1 的比例将风管和管件及配件的展开图形划在金属薄板上，以作为下料剪切的依据。

作展开图的常用方法有平行线法、放射线法和三角形法。这些展开方法的共同特点是：先按立体表面的性质，把待展表面分割成许多小平面，即用这些小平面去逼近立体的表面；在展开时，再把这许多小平面的真实大小依次画在平面上，用这许多小平面组成立体表面的展开图。因此，展开的过程可以形象地比喻为"化整为零"和"积零为整"两个阶段。

作展开图的基本划法有平行线展开法、放射线展开法、三角形展开法（表 5-5）。

作展开图的原理及作法 表 5-5

展开图画法	适用钣金件表面	基本原理	展开方法
平行线展开法	柱状面、棱线平行面	将立体的表面看作由无数条相互平行的素线组成，取两相邻素线及其两端线所围成的微小面积作为平面，只要将每一小平面的真实大小，依次顺序地画在平面上，就得到了立体表面的展开图。所以，当立体表面具有平行的边线或棱线的构件，如圆管、矩形管、	（1）画出主视图和断面图。主视图表示构件的高度，断面图表示构件的周围长度。

展开图画法	适用钣金件表面	基本原理	展开方法
平行线展开法	柱状面、棱线平行面	椭圆管和棱柱管件,以及由这类管件所组成的各种金属构件,均可用平行线法作展开图	(2)将断面图分成若干等分(如果是多边形,则应以棱线作交点),当构件断面或表面上有折线时,需在折点处加画一条辅助平行线,如图中的1点。 (3)在平面上画一条水平线,等于断面图周围伸直长度,并画出各点。 (4)由水平线上各点向上引垂直线,取各线长对应等于主视图各素线高度。 (5)用直线或光滑曲线连接各点,就得出了构件的展开图
放射线展开法	锥状面,如圆锥、椭圆锥、棱锥	将立体的表面由锥顶作出一系列放射线,将锥面分成一系列小的三角形,每一小三角形作为一个平面,将所有小三角形依次展开,画在同一平面上,即得所求的展开图	(1)画出主视图及底断面图。 (2)将断面图圆周分成若干等分(棱锥取角点),由等分点或角点向主视图底边引垂线,再由垂足向锥顶引素线,将锥体分割成若干小三角形。 (3)求各素线的实长。 (4)将所有小三角形的实际大小,依次展开并画在平面上,即得所求展开图
三角形展开法	由若干平面与曲面、曲面与曲面、平面与平面构成	将立体的表面分成一定数量的三角形平面,然后再求出各个三角形每边的实长,并把它的实形依次画在平面上,从而得到整个立体表面的展开图	(1)画出主视图、俯视图或其他必要的辅助图。 (2)用三角形分割构件表面。 (3)求出各棱线或各素线的实长,若构件端面不反映实形时,必须先求出实形。 (4)按求出的实长线和断面实形,依三角形的先后次序画展开图

（一）平行线展开法

1. 柱状面的展开

（1）圆柱面的展开

圆柱面的展开过程见表 5-6。

圆柱面的展开过程　　　　　　　　　　　　　　　　表 5-6

步骤	做法	图示
1. 做三视图	画出三视图 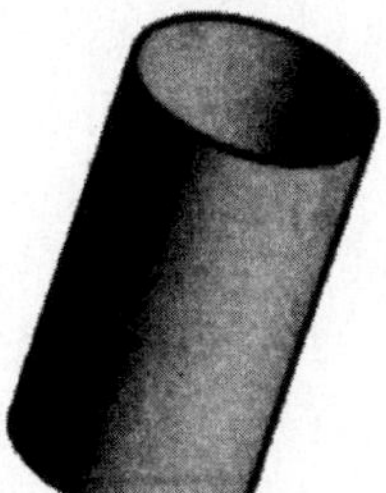 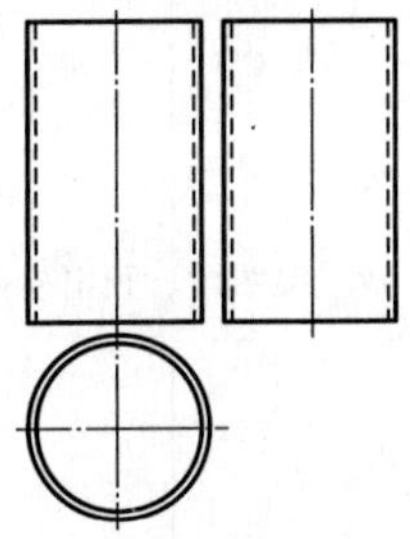	三维图　　　三视图

续表

步骤	做法	图示
2. 等分点	(1)将俯视图等分(本例 12 等分),得等分点 1、2、…、12。 (2)将圆周展开并进行相同的等分,画在 CD 的延长线上	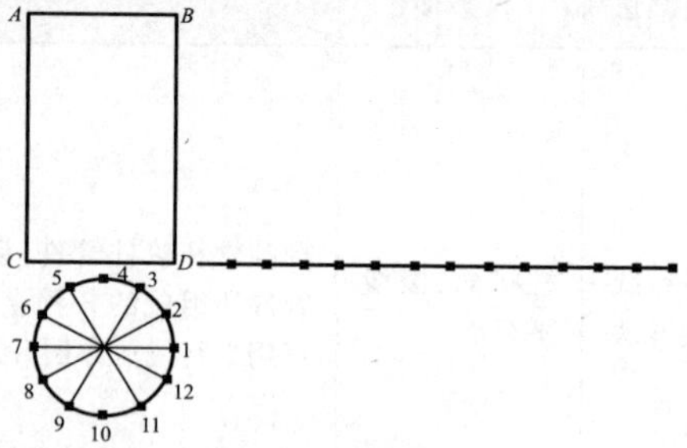
3. 做交点	(1)从俯视图等分点 1、2、…、12 作铅垂线,与主视图上、下投影面相交,得到相应的点。 (2)从圆周展开图上标出等分点号(本例从"7"点断开),从等分点做展开图的垂线	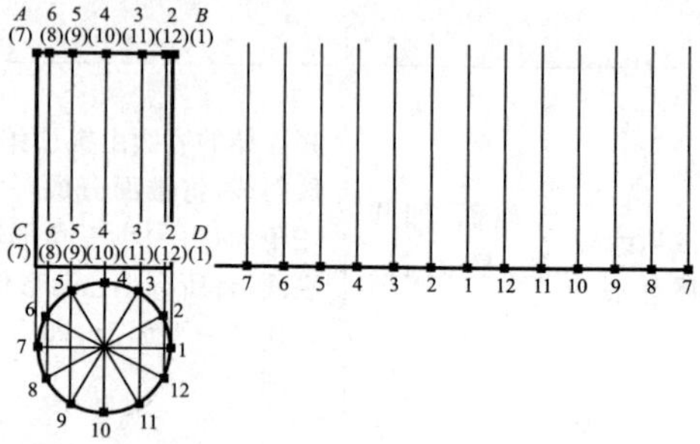
4. 做展开图	(1)从主视图的上、下投影面上相应的点向右作水平线与展开图的垂线相交,得相应的点。 (2)连接各个相交点,得所求的展开图。 圆柱面展开图作图简便方法:以圆柱面的高为外宽,以圆周面的展开长度为长所作的矩形,即为圆柱面的展开图	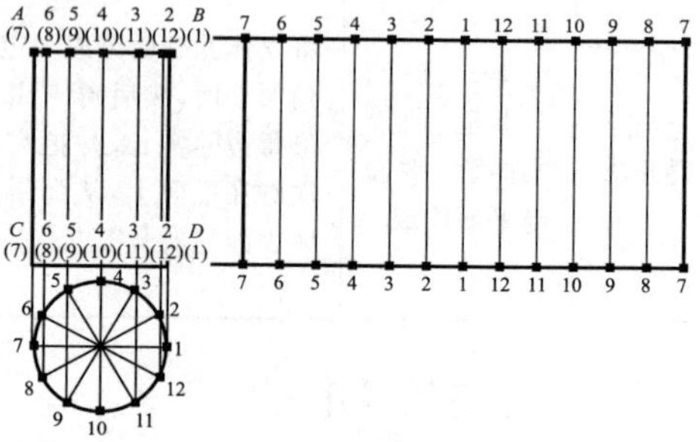

(2) 斜口圆柱面的展开

斜口圆柱面的展开过程见表 5-7。

斜口圆柱面的展开过程 **表 5-7**

步骤	做法	图示	
1. 做三视图	画出三视图	三维图 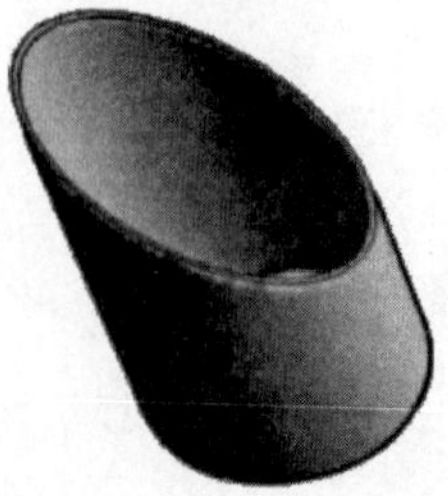	三视图 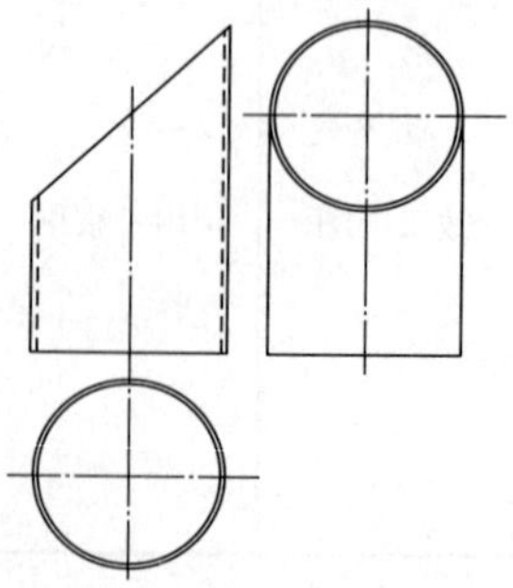

步骤	做法	图示
2. 等分圆周	(1)将俯视图等分(本例12等分),得等分点1、2、…、12。 (2)将圆周展开并进行相同的等分,画在 CD 的延长线上	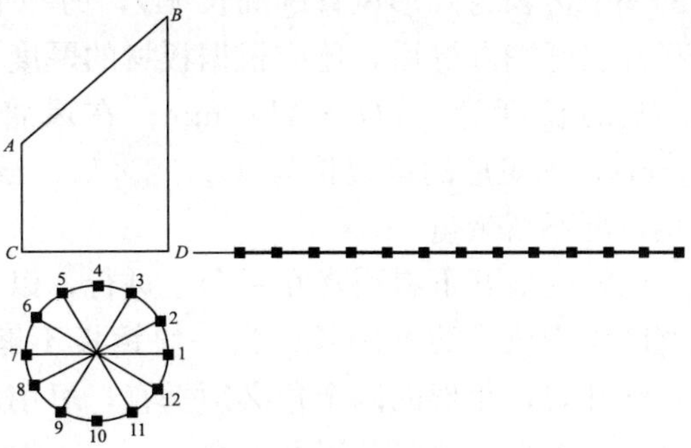
3. 做垂线	(1)从俯视图等分点1、2、…、12作铅垂线,与主视图上、下投影面相交,得到相应的点。 (2)从圆周展开图上标出等分点号(本例从"7"点断开),从等分点做展开图的垂线	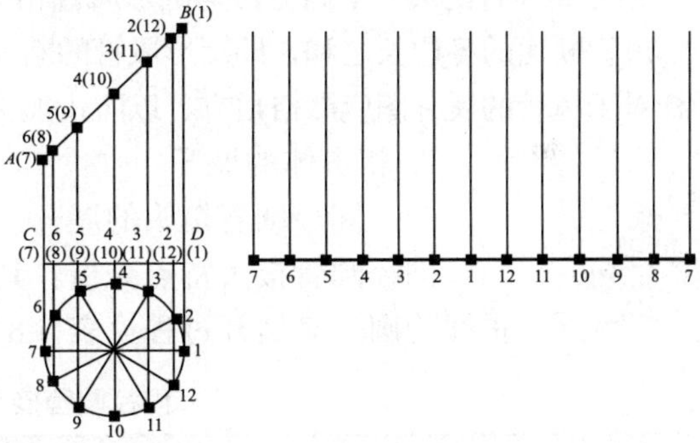
4. 求交点	(1)从主视图的上投影面 AB、下投影面 CD 上相应的点向右作水平线与展开图的垂线相交,得相应的点。 (2)光滑连接各个相交点,得所求的展开图	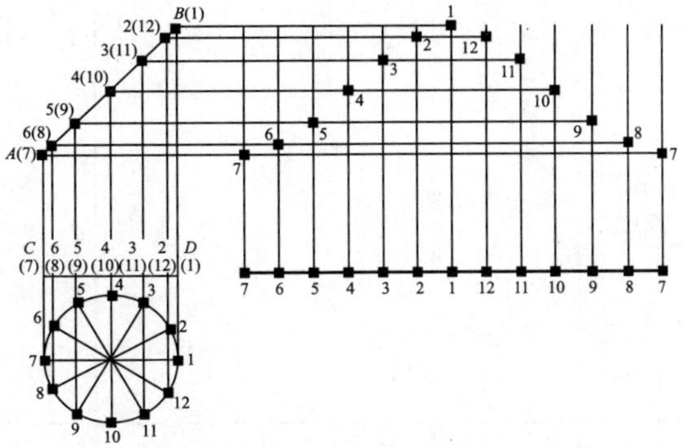
5. 连接交点	光滑连接各交点,得到所求的展开图	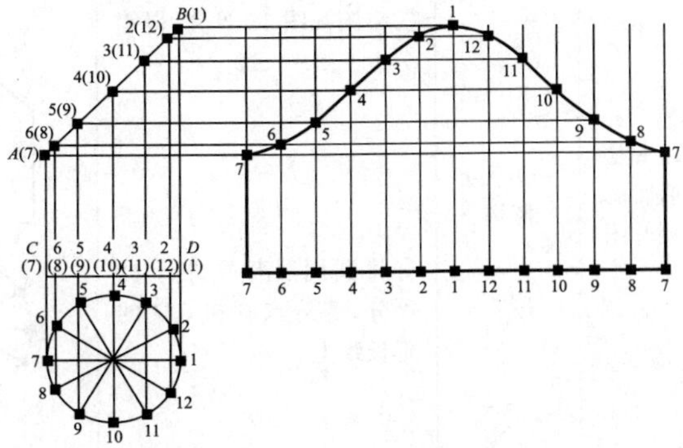

（3）圆形直风管的展开下料

圆形直风管的展开下料，可直接在板材上划线。圆形直风管的展开图是一个矩形，矩形的一个边长为圆形风管的周长 πD，另一个边长为风管的长度 L，其中 D 是圆形风管的外径。展开图画好后，还应根据板材的厚度在风管周长所在的边长上留出咬口留量 M，即该边长的长度为（$\pi D + M$）mm；在风管的长度方向上留出法兰的翻边量（一般为10mm），则矩形的该边长为（$L + 2 \times 10$）mm。较厚的钢板，每节风管的两端通常与法兰焊接，可不留余量。

风管的展开下料通常在平台上进行，以每块钢板的长度作为一节风管的长度，以钢板的宽度作为风管的圆周长，当一块钢板不够时，可用几块钢板拼接。为了保证风管的质量，展开时，矩形的四个角必须垂直，可用对角线法检验。

（4）矩形直风管的展开下料

矩形直风管的展开下料方法与圆形风管相同，其展开图也是一个矩形，矩形的一个边长为矩形风管断面的各边长之和，即矩形风管的断面周长 $2(A + B)$，另一个边长为风管的长度 L。同样对于风管的展开图应严格角方，以防止加工制作出的风管产生扭曲、翘角等变形现象。

2. 相贯体的展开

（1）同径圆管接头的展开

同径圆管接头特点分析：其主视图相贯线为一直线，俯视图和左视图相贯线为圆。其展开过程见表 5-8。

同径直角弯头的展开

同径圆管接头的展开过程　　　　　　　　　　　　表 5-8

步骤	做法		图示
1. 做三视图	画出三视图		
2. 做竖直管的展开图	（1）等分圆周	①将俯视图 12 等分,得等分点 1、2、…、12	
		②将圆周展开并进行 12 等分,等分点画在 CD 的延长线上	

步骤		做法	图示
2. 做竖直管的展开图	(2)做垂线	①从俯视图等分点1、2、…、12向上作铅垂线，与主视图下投影面CD、上投影面AB相交，得到相应的点	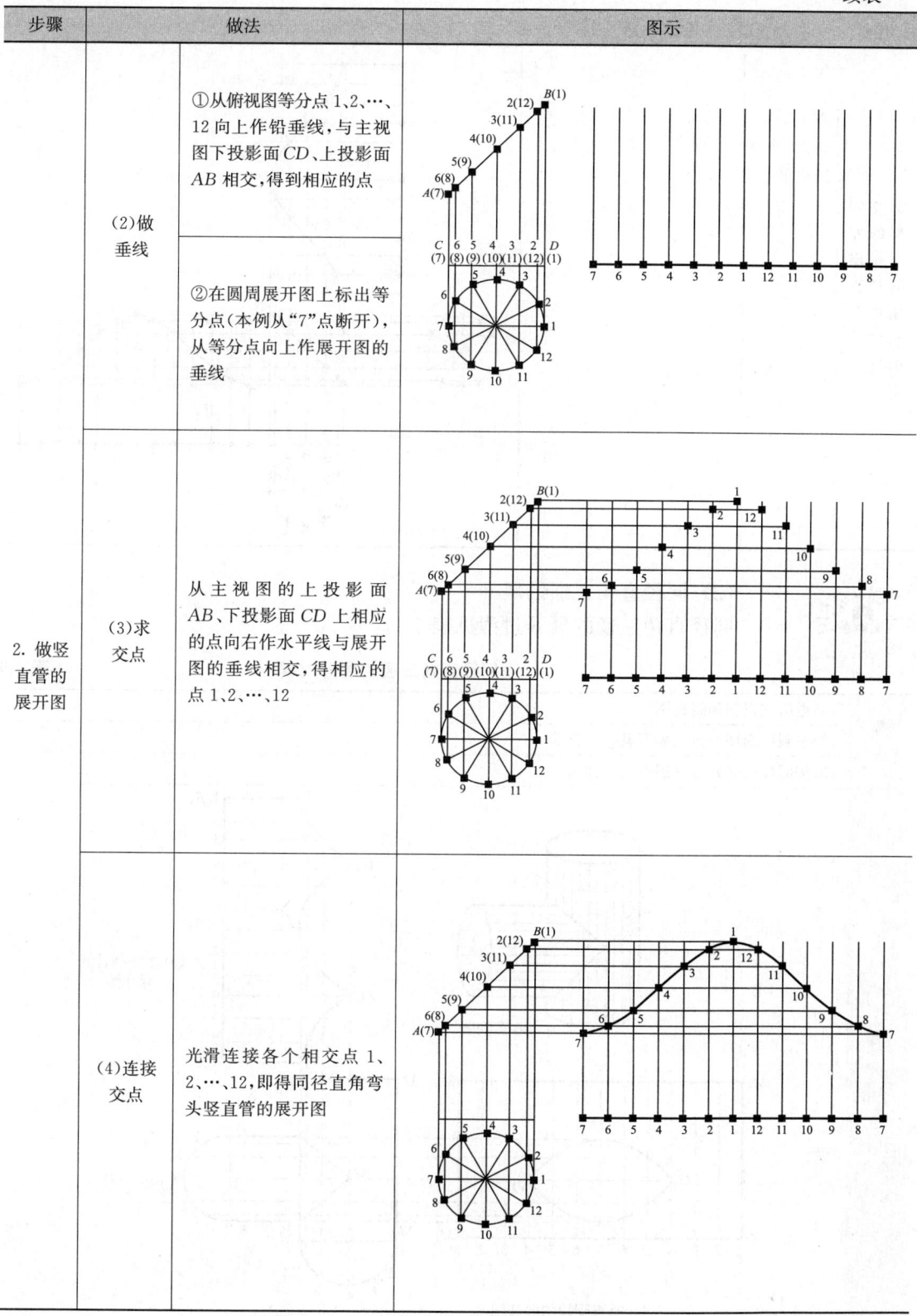
		②在圆周展开图上标出等分点（本例从"7"点断开），从等分点向上作展开图的垂线	
	(3)求交点	从主视图的上投影面AB、下投影面CD上相应的点向右作水平线与展开图的垂线相交，得相应的点1、2、…、12	
	(4)连接交点	光滑连接各个相交点1、2、…、12，即得同径直角弯头竖直管的展开图	

续表

步骤	做法	图示
3. 按同样的方法做出同径直角弯头水平管的展开图	— —	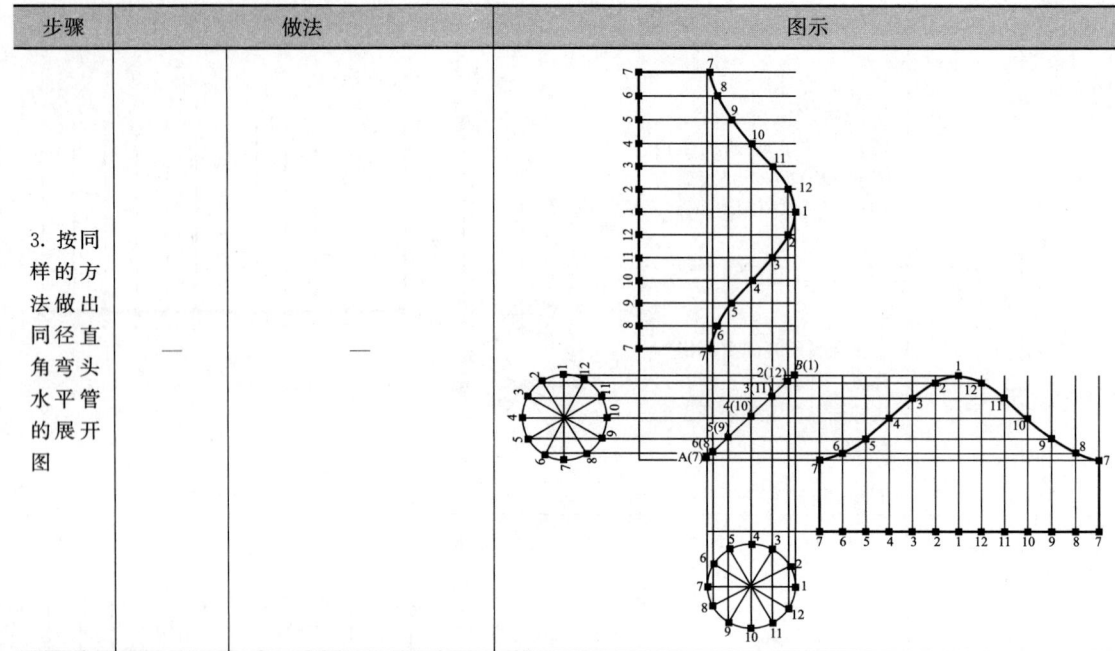

等直径圆管呈T形对接的展开

（2）同径直角三通的展开

同径直角三通的展开过程见表 5-9。

同径直角三通的展开过程 表 5-9

做法	(1)做出主视图和俯视图
	(2)按圆柱面展开方法展开其中一接头
	(3)按圆柱面展开方法展开另一接头
图示	(a) 实物图 (b) 水平圆管的展开图 (c) 垂直圆管的展开图 (d) 立面图

（3）三节等径圆管 90°弯头的展开

三节等径圆管 90°弯头的展开过程见表 5-10。

三节等径圆
管90°弯头
的制作

三节等径圆管 90°弯头的展开过程　　　　表 5-10

步骤	做法	图示
1. 做三视图	画出三视图	
2. 等分点	6 等分断面图半圆周,等分点为 1、2、…、7	
3. 做交点	由等分点引上垂线得与结合线的交点	
4. 做展开图	再由 CD 上的交点引与 DE 平行的线与 EF 相交	

为了使各节的断面形状和直径相同,在分节时,必使两端节的中心角为中间节的一半。做投影图时,首先根据弯头的角度做出各节的分角线,由于三节弯头相当于四个端节,所以,中节间的中心角 $\beta = \dfrac{90°}{N-1} = \dfrac{90°}{3-1} = 45°$（$N$ 为节数）,端节的中心角为 $\beta/2 = 22.5°$。然后根据弯头半径 R、直径 d 做出各节的轮廓线。端头一节为中间节的一半,所得大小也为中间节的一半。

用平行线法展开。由于端节为中间节的 $1/2$,所以,展开图的大小也为中间节的一半。如把中间节的展开图做出样板,则端节展开图就可以依据样板划出。为了合理用料,可将各节的接缝错开 180° 布置,则该三节的展开图拼起来后为一长方形。如果将弯头的三节圆管拼接时旋转 180°,可拼成一直管,故下料划线时可将样板旋转 180°,从而可节省原材料。

（二）放射线展开法

所有锥体的侧表面都是由交汇于顶点的直素线构成（把棱锥的侧棱也看作素线）,锥体表面可看作是由很多个三角形平面组成。锥面展开时,把所有三角形全部依次地铺平,则锥体面也就展开了。这种利用相交于一点的素线来画展开图的方法,称为放射线法。

1. 正圆锥面的展开

正圆锥面的展开过程见表 5-11。

正圆锥面的展开过程   表 5-11

步骤	做法	图示
1. 做视图	用已知尺寸画出主视图和俯视图	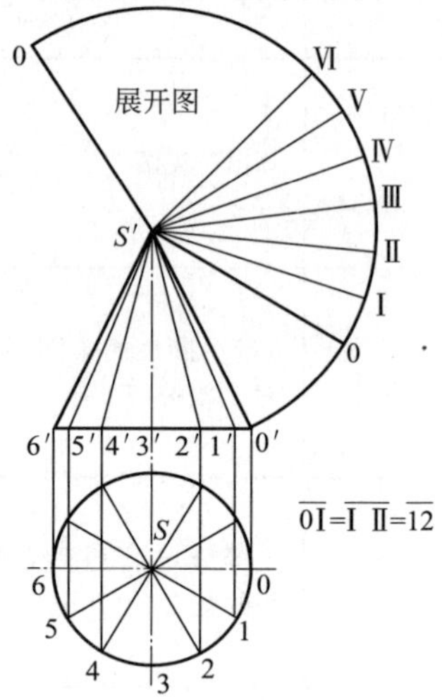
2. 等分点	(1)将俯视图等分12份。 (2)以主视图的 S' 点为圆心，以素线 $S'6'$ 为半径画弧	
3. 做垂线	(1)从俯视图各等分点做前垂线，与主视图 AB 相交，连接各相交点向 S' 点连线。 (2)在 S' 点为圆心、以 $0S'$ 为半径的弧上，做俯视图圆周的展开图(本例从第0点开始展开)	
4. 做展开图	(1)将俯视图圆周的展开图12等分，得各等分点。 (2)连接各等分点，得所求展开图。 圆锥面展开图简便作图：以 S' 点为圆心，以主视图素线为半径画弧，取弧长为俯视图圆周，取直长度即可	

2. 平口圆锥台的展开

平口圆锥台是无顶锥的圆锥，上下口平行且垂直于锥管的轴线，主视图的投影为等腰梯形。平口圆锥台的展开过程见表 5-12。

平口圆锥台的展开过程   表 5-12

步骤	做法	图示
1. 做三视图	画出三视图，用已知尺寸画出主视图和底断面半圆周	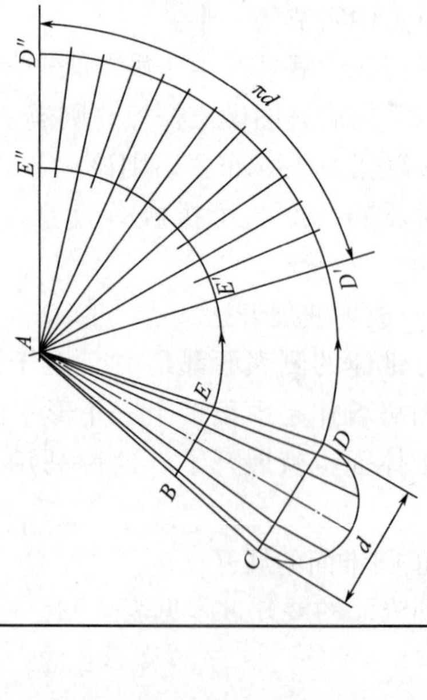
2. 做外弧	以 A 点为圆心，分别以 AE、AD 为半径画同心圆弧，在以 AD 为半径的圆弧上截取 $D'D''$ 等于底断面圆周长度	
3. 做内弧	以直线连接 A、D' 和 A、D''，与以 AE 为半径所画的弧交于 $E'E''$，则扇形 $E''D''D'E'$ 即为平口圆锥台的展开图	

3. 圆锥台下部斜切后的展开

圆锥台下部斜切，可以想象为由一只具有锥顶的正圆锥被上部正平面和下部斜平面截割后形成。其展开过程是先做平口圆锥台的展开图，然后做出被截割下部的展开图，则剩下部分即为所求的展开图。求圆锥斜切后展开图的主要问题在于求实长线，即求圆锥斜切后锥面上各素线的实长。不论是圆锥上部斜切还是下部斜切，均可用画纬线法求出斜切后各条素线的实长，便可以做出展开图。画纬线法原理如图 5-14 所示。圆锥台下部斜切后的展开过程见表 5-13。

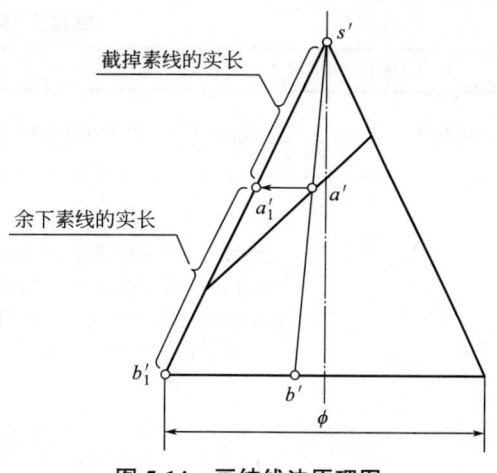

图 5-14　画纬线法原理图

圆锥台下部斜切后的展开过程　　　　　　　　表 5-13

步骤	做法	图示
1. 做视图	用已知尺寸画出主视图和俯视图	
2. 做等分点	在轴线 $O4'$ 延长线上，以 1-1 为直径画辅助断面，6 等分断面半圆周，等分点为 1、2、…、7	
3. 求交点	(1)由等分点向上引垂线与 1-1 相交，由交点向 O 点引素线并向下延长，交下部截切线于 $1'、2'、3'、…、7'$。 (2)过各点向右引水平线(纬线)与 $B7'$ 相交	
4. 做展开图	(1)以 O 点为圆心，$O1$ 为半径画圆弧，在其上截取圆弧等于辅助断面圆周长，并对应画出各等分点，通过各点向 O 连放射线并延长。 (2)以 O 点为圆心，以 O 到 $B7'$ 线上各点距离为半径，画同心圆弧与放射线对应相交。 (3)将各交点连成 $7''-1''-7''$ 光滑曲线，即为所求圆锥台下部斜切后的展开图	

4. 圆锥台上部斜切后的展开

圆锥台上部斜切后的展开过程见表 5-14。

圆锥台上部斜切后的展开过程 表 5-14

步骤	做法	图示
1. 做视图	画出完整的圆锥表面展开图	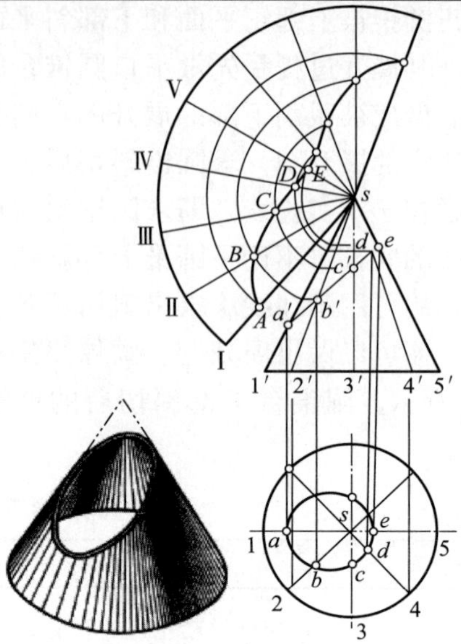
2. 求交点	用旋转法求出斜截后各素线实长，并将其转移到扇形展开图上，方法如右图所示。即可得到 A、B、C、D 等各端点	
3. 做展开图	用光滑曲线依次连接各端点，即可得到封闭的展开图	

5. 正四棱锥台的展开

正四棱锥台由锥面组合而成，它的主视图母线 $1'A'$ 和 $3'C'$ 反映实长，其俯视图为四个等腰梯形所组成的正方形，同时反映锥台上下口的实形。由于四个侧面均倾斜于基本投影面，因此，各面在主、俯视图中均不反映实形，可用放射线法做展开。正四棱锥台的展开过程见表 5-15。

正四棱锥台的展开过程 表 5-15

步骤	做法	图示
1. 做视图	用已知尺寸画出主视图和俯视图	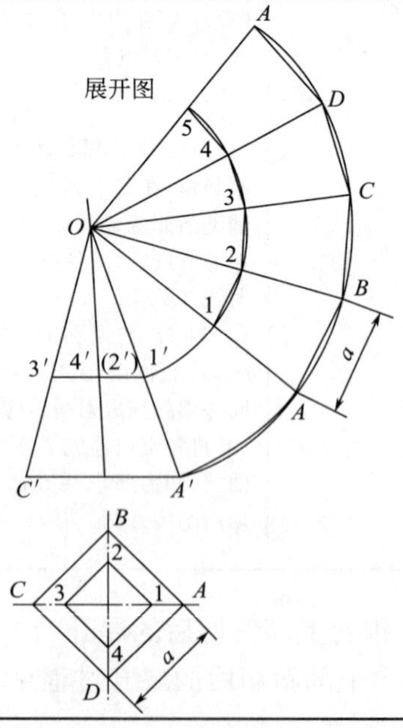
·2. 做等分点	(1)以 O 点为圆心，OA' 为半径画圆弧，在圆弧上以俯视图边长 a 为弦长，依次截取 4 等分，得 A、B、C、D、A 点，并与 O 连接。 (2)然后仍以 O 点为圆心，O1' 为半径画圆弧，得 2、3、4、5 点，以直线连接各点，即得正四棱锥台展开图	
3. 做展开图	以直线连接各点，即得正四棱锥台展开图	

（三）三角形展开法

用放射线法做展开图时，也是将锥体表面分成若干个三角形，但这些三角形均围绕着锥顶。而用三角形法展开时，三角形的划分是根据构件的形状特征进行的。用三角形法展开时，必须首先求出各素线的实长，这是准确地做好展开图的关键。

若构件表面既无平行线，又无集中于一点的斜边时，如各种过渡接头及表面形状较复杂的金属构件，均可用三角形法做出展开图。

1. 正四棱锥台的展开

正四棱锥台的侧面由四个等腰梯形组成，相对两面对称且大小相等。各面在主、俯视图中均不反映实形。如果用辅助线按对角线方向分割，则棱锥体的四个侧表面被分成 8 个三角形，只要求出每个三角形的边长，便能画出这些三角形的实形，按照次序将它们画在平面上，即为四棱锥体的展开图。正四棱锥台的展开过程见表 5-16。

正四棱锥台的展开过程
表 5-16

步骤	做法	图示
1. 做视图	用已知尺寸画出主视图和俯视图	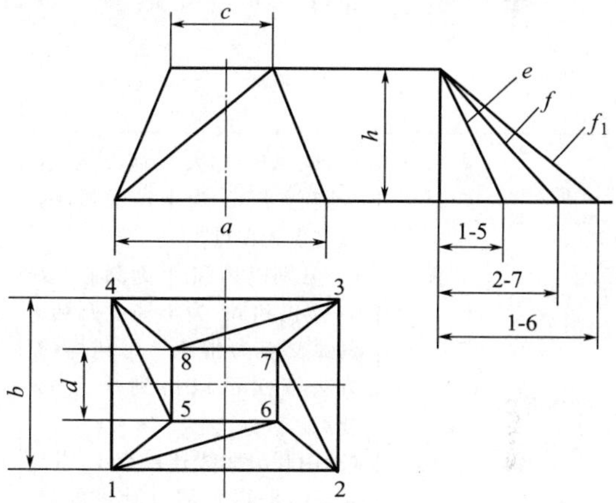
2. 分割构件表面	用三角形分割构件表面，即在俯视图上用细实线连接对角线	
3. 求实长	以主视图 h 为对边，取俯视图 1-5、1-6、2-7 为底边，做出直角三角形，则其斜边即反映各线的实长	
4. 做展开图	以 1-5 线为接口，按俯视图的三角形次序做展开图。 (1)画水平线 1-2 等于主视图底边 a。 (2)以 1 为圆心，对角实长线 f_1 为半径画圆弧，与以 2 为圆心，棱边实长线 e 为半径所画的圆弧相交于 6 点。 (3)以 6 为圆心、俯视图 c 长为半径画圆弧，与以 1 为圆心、棱边实长线 e 为半径所画的圆弧相交于 5 点。 (4)以直线连接点 1、2、5、6，得前板的展开。 (5)以此类推，即可依次画出各三角形，并以直线顺次连接，便可得所求的展开图	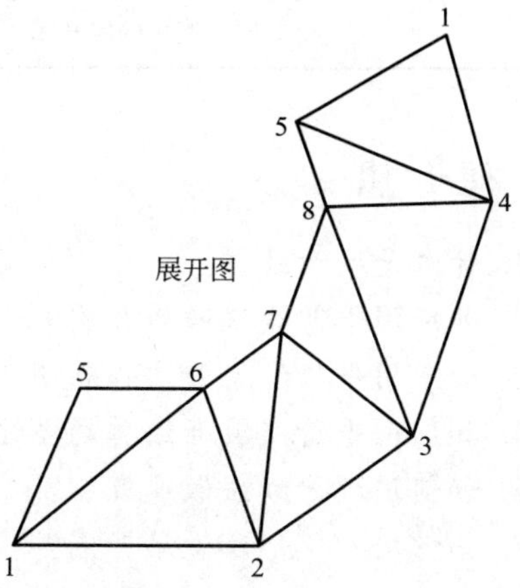

2. 正方圆过渡接头的展开

正方圆过渡接头的展开过程见表 5-17。

正方圆过渡接头的展开过程 表 5-17

步骤	做法	图示
1. 做视图	用已知尺寸画出主视图和俯视图	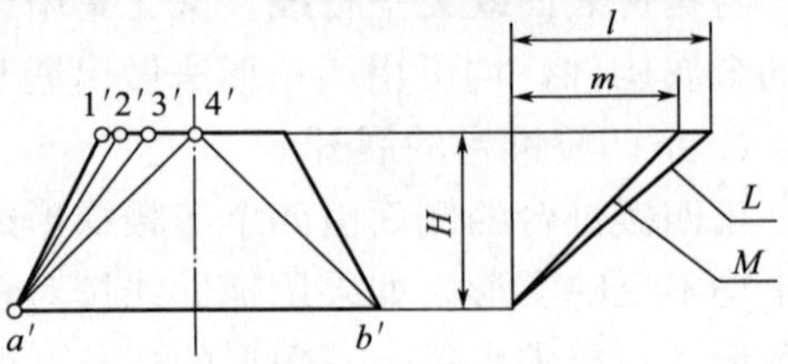
2. 求实长	将水平投影中 1/4 圆周等分，得点 1、2、3、4，将等分点和相近的角点连接，然后用直角三角形法求出素线的实长 L 和 M	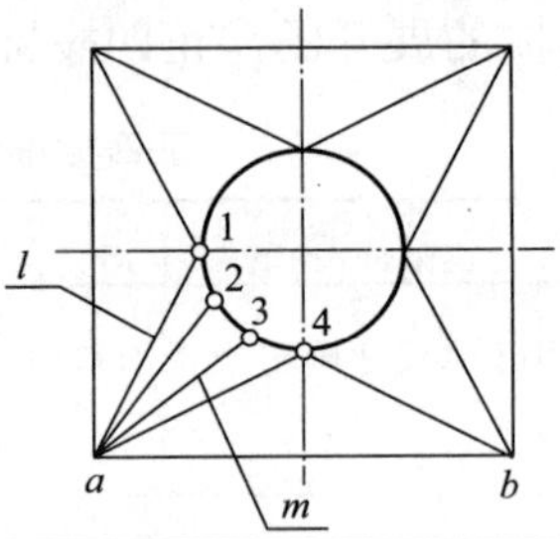
3. 做展开图	(1) 取 $AB=ab$，分别以 A、B 为圆心、以 L 为半径画弧，两弧交点为Ⅳ点。 (2) 分别以Ⅳ和 A 为圆心、以 34 弧长和 M 为半径画圆弧，两弧交点为Ⅲ点。用同样的方法依次可以得到Ⅰ点和Ⅱ点。 (3) 用圆滑曲线连接点Ⅰ、Ⅱ、Ⅲ、Ⅳ，即得到部分圆锥的展开图。 (4) 用同样的方法依次做出其他部分的展开图，即可得到整个方圆过渡头的展开图	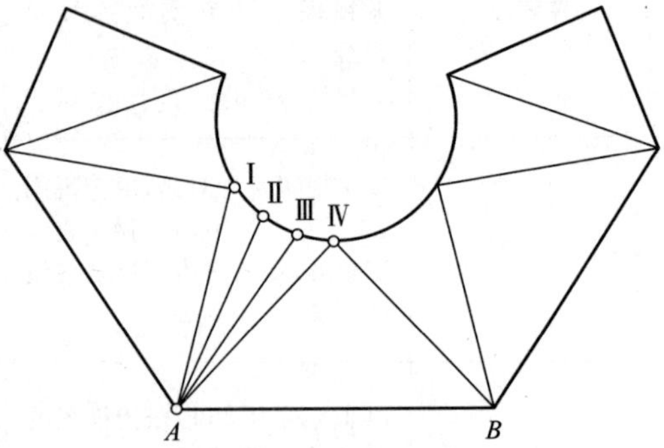

想一想

1. 什么是展开放样？
2. 如何用平行线法做展开图？
3. 如何用平行线展开法作题图 1 所示的两节等径直角弯头的展开图？
4. 如何用平行线展开法作题图 2 所示等径三通管Ⅰ、Ⅱ部分的展开图？
5. 如何用放射线法做展开图？
6. 如何用三角形法做展开图？
7. 如何用放射线法和三角形法做题图 3 所示正四棱锥台的侧表面展开图？

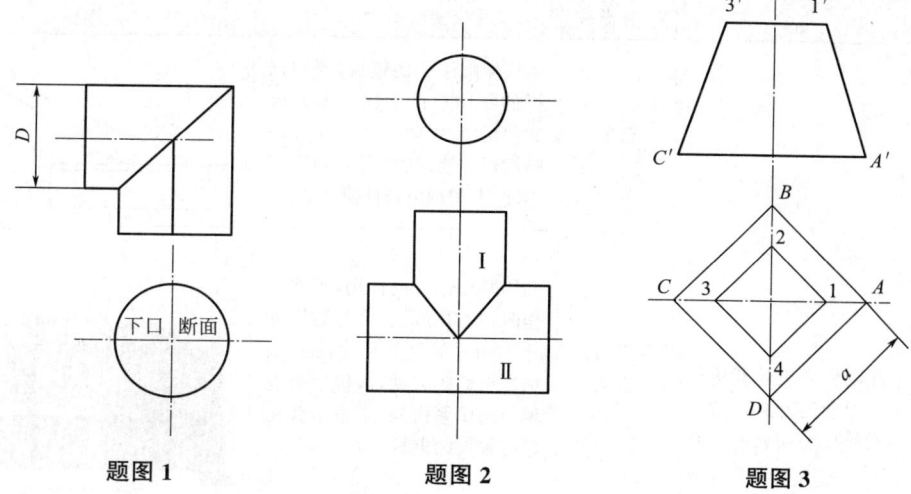

| 题图 1 | 题图 2 | 题图 3 |

二、展开下料

制作通风管道时，下料是管道、管件及部件加工制作中的重要工序，是一项基本的操作技能。此处主要介绍钣金件的剪切、冲裁等下料方法。

（一）剪切

剪切是利用上、下两剪刀的相对运动来切断钢材的加工方法，它是钣金工的主要下料方法。金属板材的剪切，就是加工制作通风管道和部件时，利用剪切工具对板材进行放样划线和裁剪下料。剪切时应核对划线的正确性，做到剪切位置正确、切口整齐。

根据施工条件可使用手工工具或机械对板材进行剪切，剪切可分为手工剪切和机械剪切两种。

1. 手工剪切

1）手工剪切工具

手工剪切工具见表 5-18。

手工剪切工具   表 5-18

分类	特点	分类	使用场合	图示
手剪刀	加工金属风管常用的剪切手工工具，适于手工剪切薄钢板的厚度，一般为 1.2mm 以下	直线剪刀	直线剪刀适用于剪切直线和曲线外圆。常见的有普通剪刀、大剪刀	(a) 普通剪刀 (b) 大剪刀
		弯剪刀	弯剪刀适用于剪切曲线的内圆	

续表

分类	特点	分类	使用场合	图示
手动剪切机	手动剪切机是利用杠杆原理进行剪切的一种简单剪切机械。它有一个固定的下刀刃和利用杠杆或杠杆系统的手动上刀刃，可用它剪切较薄的板材和型材	台剪	该机械由于手柄较长，利用杠杆的作用可产生比手剪刀大的剪切力，可剪切3~4mm厚的钢板。使用时，台剪的下刃不动，上刃则由长杆使之动作	
		杠杆式台剪	利用两级杠杆的作用，可将工作时的力矩放大，可剪切厚度达10mm的钢板。为防止板料在剪切时移动，该机装有能调节的压紧机构，它适于剪切厚度较大的板料	
		封闭式机架台剪	将可动刀片装在两个固定机架的中间，扳动手柄时，使剪刀板在机架中做上、下运动，刀板上制有圆形、方形及T形等形状的刀刃，与固定在机架上的刀刃形状一致，剪切时只要将被剪切材料置于相应的刀孔，并用止动螺钉或压板压紧，扳动手柄即可完成剪切。这种剪切机的特点是既能切割圆钢、方钢、扁钢，又能切割角钢及T形钢	

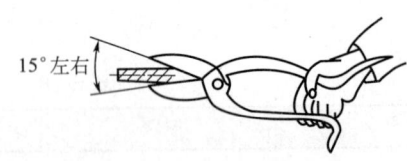

图 5-15 手剪刀的握持方法

2）手工剪切工艺

使用手剪刀剪切时握剪的方法很多。一般来说，右手要握持剪柄中后部，以增加力臂长度，既省力又利于向剪切方向推进。剪切时应使剪刀刃口张开约2/3的剪刃长度，用力时用拇指和手掌的虎口夹住上剪柄并向下，食指在剪柄的中间抵住上剪柄，其余三个手指握牢下剪柄向上并向手心内侧用力，使两剪刃彼此靠紧，如图5-15所示。还可以将剪刀的弯柄夹持在台钳上，如图5-16（a）所示。对于单柄固定式手剪，要将一柄固定起来，如图5-16（b）所示。

在剪切时，刀口必须垂直对准剪切线，剪口不要倾斜。刀片的倾角（张开的角度）要适当。倾角过大，板料过近地推向剪轴，在剪切时，板料就会往外沿移。这是因为剪刀对工件作用力的合力大于工件与刀口之间的摩擦力的缘故，如图5-17所示。倾角过小，工作面集中在剪刀的刀口前端，使得所需的剪切力矩增大，因而所需的剪切力也较大。手工剪切时，由于刀片倾角随着剪刀闭合而减小，则所需的剪切力会逐渐增大，刀口张开的角度一般在15°为宜，如图5-15所示。

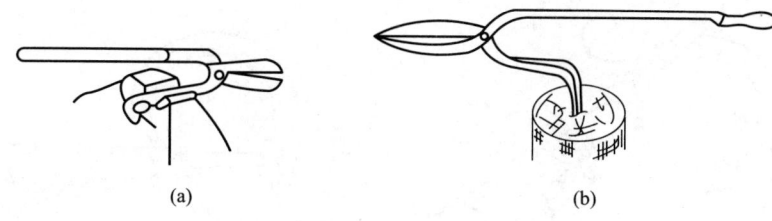

图 5-16 剪刀的固定

（1）直线剪切

剪切方法如图 5-18 所示，一般按划好的线进行剪切。剪短直料时，被剪去的部分一般都放在剪刀的右面。左手拿板料，右手握住剪刀柄的末端，如图 5-18 所示。剪切时，剪刀要张开大约 2/3 刀刃长。上下两刀片间不能有空隙，否则剪下的材料边上会有毛刺，若间隙过大，材料就会被刀口夹住而剪不下来。为此应把下柄往右拉，使上刀片往左移，上下刀片的间隙就能消除。

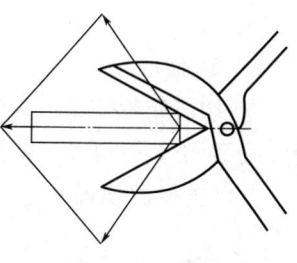

图 5-17 剪切倾角

当板料较宽、剪切长度超过 400mm，必须将被剪去的那部分放在左面，如图 5-18（b）所示。否则，板料较长，剪刀的刀口较短，剪切过程中把左面的大块板料向上弯曲，很费力。把被剪去的部分放在左边，容易向上弯曲。

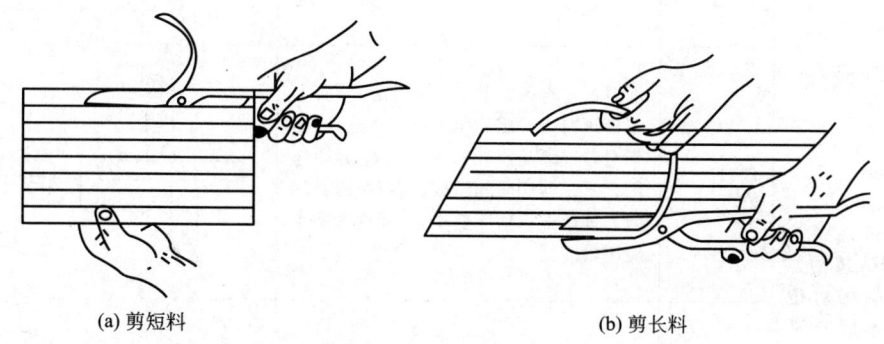

(a) 剪短料　　　　　　　　　　(b) 剪长料

图 5-18 手剪剪直料

（2）曲线剪切

在曲线剪切作业中，应注意使标记线始终能够看得清楚。在剪切曲线外形时，应逆时针方向进行；在剪切曲线内形时，应顺时针方向进行，如图 5-19 所示。这样操作，标记线就不会被剪刀遮住。

剪切圆料时，应按图 5-19（a）所示的逆时针剪切。操作时，左手持料沿顺时针方向转动，右手握剪沿逆时针方向前进。剪切过程中，上剪刀要翘起，并尽量加大上下剪刃间的夹角，用剪刀的根部来剪切。这是因为，剪刃间的夹角越大，与钢板的接触部位越少，剪刀的转动就越灵活，这也是用普通剪刀剪切曲线（尤其是曲率较大曲线）的操作要点。

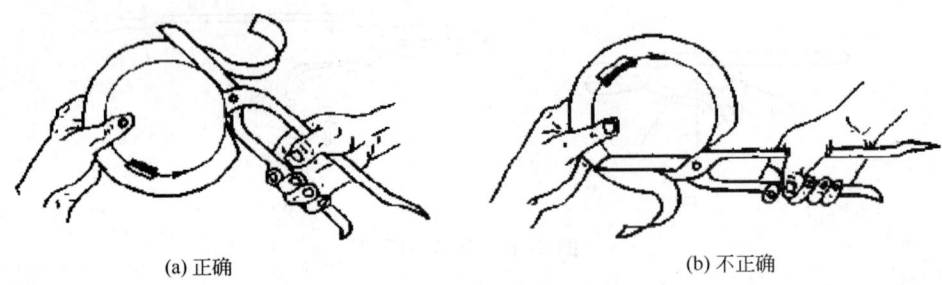

| | (a) 正确 | (b) 不正确 |

图 5-19　剪切圆料

2. 机械剪切

剪切机简称剪床，它的工作原理与人们日常使用的剪切方法相似。剪切机由机械传动，上、下两个剪刃很大，按其工作性质可分为直线剪切机和曲线剪切机两大类（表 5-19）。

1）机械剪切设备

机械剪切设备　　　　　　　　　　　　　　　　表 5-19

分类	功能	形式	特点	示意图
直线剪床	剪切直线的剪床，按两剪刀的相对位置不同有平口剪床、斜口剪床和圆盘剪床3种	平口剪床	上下刀板的刀口是平行的，剪切时，下刀板固定，上刀板做上下运动。这种剪床工作时受力较大，但剪切时间较短，适宜于剪切狭而厚的条钢	
		斜口剪床	下刀板成水平位置，一般固定不动，上刀板倾料成一定的角度做上下运动，由于刀口逐渐与材料接触而发生剪切作用。所以剪切时间虽较长，但所需要的剪力远比平口剪床要小，因而这种剪床应用较广泛	
		圆盘剪床	剪切时，上下滚刀做反向转动，材料在两滚刀间，一边剪切，一边给进。圆盘剪床适宜于剪切长度很长的条料，且剪床操作方便，生产效率高，所以应用较广泛。 剪切部分是由一对圆形滚刀组成的称单滚刀剪床，由多对滚刀组成的称多滚刀剪床	单滚刀剪床 多滚刀剪床

续表

分类	功能	形式	特点	示意图
曲线剪床	滚刀斜置式圆盘剪床	单斜滚刀圆盘剪床	单斜滚刀圆盘剪床的下滚刀是倾斜的,适用于剪切直线、圆、圆环	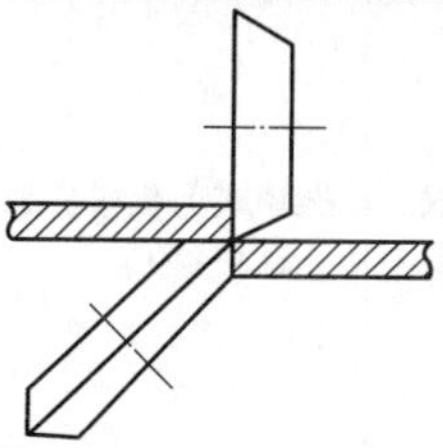
		双斜滚刀圆盘剪床	双斜滚刀圆盘剪床的上、下滚刀都是倾斜的,所以适用于剪切圆、圆环及任意曲线	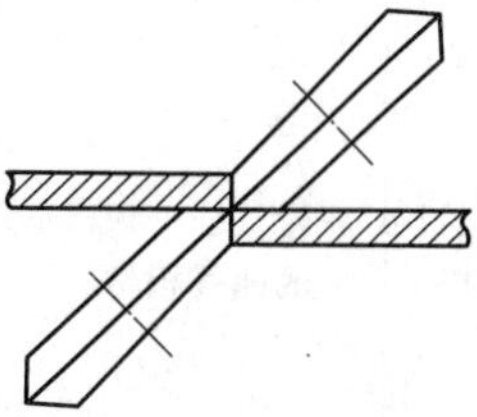
	振动式剪床	—	振动式剪床的上下刀板都是倾斜的,下刀板是固定的,其交角较大,剪切部分极短,工作时上刀板每分钟的行程数有数千次之多,所以工作时上刀板似振动状,这种剪床能剪切各种形状复杂的板料,并能在材料中间切割出各种形状的穿孔	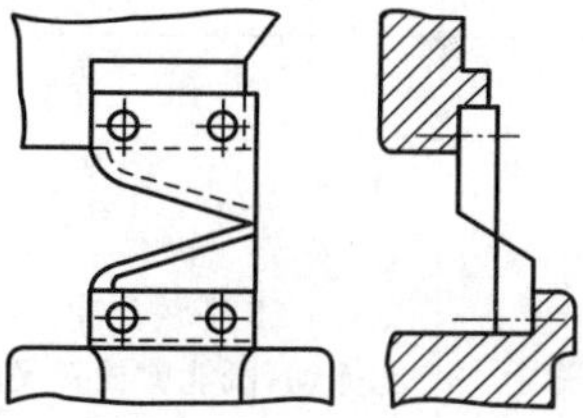

常用机械剪切设备见表 5-20。

常用机械剪切设备 表 5-20

分类	特点	示意图
电动剪	电动剪,如右图所示,主要用于剪切厚度为 2.5mm 以下的金属板材,方便修剪圆弧和边角,具有体形小、重量轻、操作简便、工效高等特点。因此,在金属板材的剪切、加工制作通风管道和部件时应用广泛。 电动剪使用前,先依据被剪板材厚度,调整好刀刃间的距离,避免出现卡剪故障。当剪切最大厚度时,两刃口的横向间隙为 0.5mm。剪切热轧薄钢板时,横向间隙为钢板厚度的 0.2 倍。 电动剪使用前,先空转 1min,检查转动部分是否灵活。剪切时,接上电源,前推开关,端平刀剪,并将剪口对准被剪切部位或依据划线位置向前推进。操作时要时刻注意,当发生卡剪时,不要用力扭动刀剪,防止损坏刀片等零件,只需停机后,重新调整两刃口间隙,卡剪现象即可排除。剪切时不要堵塞塑料机壳的通风孔,以免电动机过热而烧坏	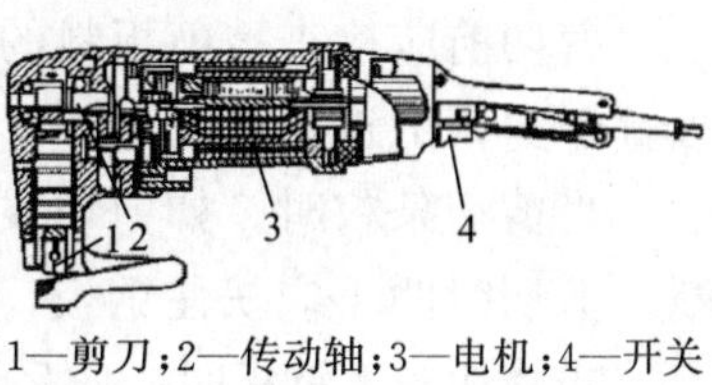 1—剪刀;2—传动轴;3—电机;4—开关
龙门剪床	龙门剪床可剪板料最大厚度为 4mm,可剪板宽为 2000～2500mm。使用前,应按剪切的板材厚度调整好上下刀片间的间隙。间隙一般取被剪板厚的 5%左右,例如,钢板厚小于 2.5mm时,间隙为 0.1mm;钢板厚小于 4mm 时,间隙为 0.16mm	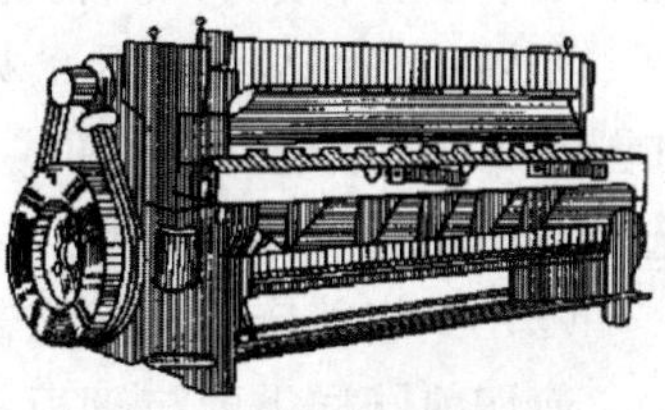

分类	特点	示意图
振动式剪板机	振动式剪板机主要用于剪切厚度为 2mm 以内的低碳钢及有色金属板材	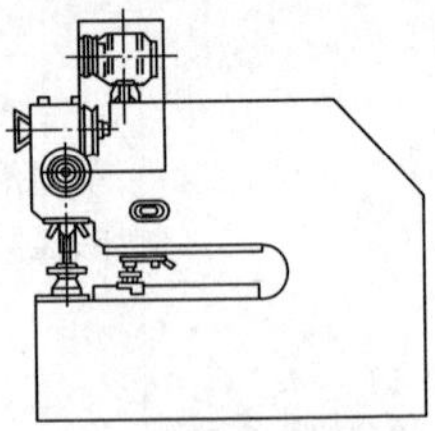
双轮直线剪板机	双轮直线剪板机适用于剪切厚度不大于 2mm 的直线和曲率不大的曲线板材	
联合冲剪机	QA34-25 型联合冲剪机的外形结构如右图所示,它既能冲孔又能剪切,既能剪板料又能切断型钢,也可用于冲孔和开三角凹槽等,适用范围比较广。通风工程使用的联合冲剪机截割钢材的最大厚度为 13mm	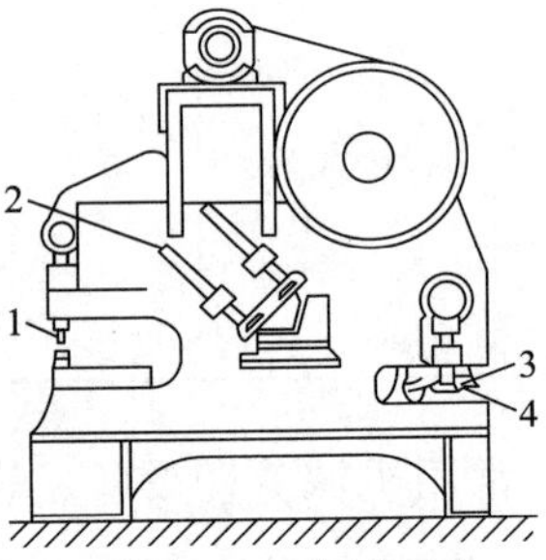 1—冲头;2—型材剪切头;3—上下刀板;4—压杆

2)机械剪切工艺

(1)斜口剪床上的剪切工艺

剪切前应检查被剪板料的剪切线是否清晰,钢板表面必须清理干净。然后才可以将钢板置于剪床上进行剪切。

当剪切条料时,如剪切线很短,仅有 100~200mm 时,应使剪切线对准下刀口一次剪断。剪切时两手应扶住钢板,以免在剪切时移动,影响工件质量。

当剪切较大钢板时,应采用吊车配合将板吊起,高度比下剪刀口略低,钢板四周由五至六人扶住。为使初剪能正确进行,应将钢板上的剪切线对准下刀口,第一次剪切长度不宜过长,约 3~5mm,以后再以 20~30mm 的长度进行剪切,待钢板的剪开长度达 200mm 左右,能足以卡住上下剪刀时,初剪才算完成,以后可将钢板推走,对准剪切线进行剪切。

如果一张钢板上有几条相交的剪切线时,必须确定剪切的先后顺序,不能任意剪切,如图 5-20 所示的几条剪切线,应按图中数字先后次序剪切为宜,否则会使剪切造成困难。选择剪切先后次序的原则:应使每次剪切能将钢板分成两块。

(2)龙门剪床的剪切工艺

剪切前同样需要将钢板表面清理干净,并划出剪切线。接着,将钢板吊至剪床的工作台面上，并使钢板重的一端放在剪床的台面上，以提高它的稳定性。然后调整钢板，使剪切线的两端对准下刀口。剪切应由两人操作，分别站立在钢板两旁，其中一人指挥。剪切线对准后，控制操纵机构，剪床的压紧机构先将钢板压牢，接着进行剪切。龙门剪床一次就可以完成线段的剪切。

当剪切狭长料时，如果压料架压不住板料，可用垫板和压板压紧，如图 5-21 所示。但必须保证垫块和板料的厚度相等，否则会因压不紧而使板料产生移动。

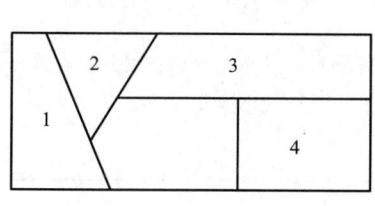

图 5-20 剪切顺序的选择

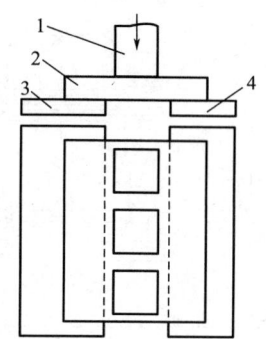

图 5-21 利用垫板压紧剪切

1—压料架；2—压板；3—剪切的狭料；4—垫扳

（二）冲裁

利用装在冲床上的冲模，使板料相互分离，制成一定形状与尺寸的成品零件，或为弯曲、压延及其他成型工序准备坯料，这种加工方法叫作冲裁。

冲裁可以制成成品零件，也可以作为弯曲压延和成型等工艺准备的毛坯。冲裁用的主要设备是曲柄压力机和摩擦压力机等。

1. 冲裁的分类

冲裁分为冲孔和落料，见表 5-21。

冲裁的分类 表 5-21

冲孔	以封闭曲线以外的部分作为制件时,称为冲孔(冲出的材料为废料)
落料	若以封闭曲线以内的部分作为制件时,称为落料(周边的材料为废料)。例如冲制一个平板垫圈,冲其外形时称为落料,冲内孔时称为冲孔

2. 冲裁的过程

冲裁时板料分离的变形过程分为弹性变形阶段、塑性变形阶段和剪裂分离阶段三个阶段（表 5-22）。

冲裁变形过程的三个阶段 表 5-22

名称	简图	说明
弹性变形阶段		(1)坯料表面承受拉伸和压缩,形成墙角。 (2)坯料上翘,间隙越大上翘越严重

续表

名称	简图	说明
塑性变形阶段		(1)坯料内部应力达到屈服极限，凹模压入坯料出现光亮带。 (2)纤维产生弯曲与拉伸，间隙越大弯曲和拉伸越严重
剪裂分离阶段		(1)坯料内部应力达到屈服极限，冲裁力达到最大值，受剪处光亮带终止。 (2)由于拉应力和压应力集中，靠近凸模和凹模刃口处首先出现裂缝。 (3)在合理间隙情况下，上下裂缝向内扩展到最后重合，冲裁件被分离，形成粗糙纤维剪裂带

想一想

1. 简述钣金剪切下料时的设备和工具。
2. 剪长料和剪短料的方法有什么不同？
3. 剪切圆料时如何操作？为什么图 5-19（b）的做法是错误的？
4. 落料和冲孔有什么不同？
5. 冲裁过程包括哪几个阶段？

三、钣金手工加工技术

钣金件手工加工技术

钣金制品往往通过手工加工成型，钣金件常用的手工加工技术主要有手工弯曲、放边、收边、拨缘、卷边、拱曲等。

（一）手工弯曲

手工弯曲在钣金制品中是常见的加工方法，手工弯曲是采用必要的工夹具，通过手工操作来弯曲板料。下面举例介绍手工弯曲操作的过程。

1. 角形件的弯曲

首先按板厚里皮计算出毛坯料的展开长度，然后在板料上划出弯曲位置线，用样冲打出印迹。弯曲时，如图 5-22（a）所示，将钢板放在规铁上，并压上压铁，要注意板料的弯曲线与规铁、压铁的棱边相重合。用手锤或拍板将板料的两端弯成一定角度方便定位，防止板料在锤击中发生移位。然后，一点挨着一点地从一端向另一端移动，锤击时要轻。所要求的弯曲角度要分多次锤击而成。弯曲后的工件如图 5-22（b）所示。如果弯曲后直角不足，可以放于如图 5-22（c）所示的角钢模上用形锤整形。图 5-22（d）是在铁轨上用拍板折弯的情况。

2. 弯制封闭的形件

如图 5-23 所示，弯曲口形工件时，首先在展开料上划线，然后以线定位，用规铁夹

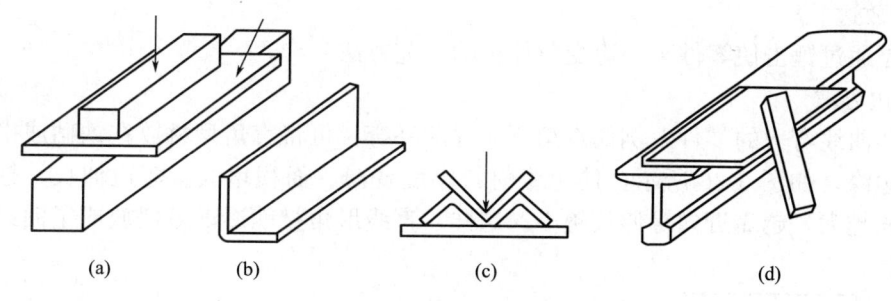

（a） （b） （c） （d）

图 5-22 直角弯曲件的手工弯曲

在虎钳上，并使弯曲线与规铁的棱边相重合，规铁高出垫板 2～3mm，然后用手锤锤击。

锤击时用力要均匀，并有向下的分力，以免把弯曲线拉出而跑线，然后再弯曲合拢边。这时使用的规铁的形状尺寸必须和图样上的口形工件内部尺寸相同。弯曲两面后，将规铁放在 U 形工件里，底部与工件靠严，规铁上部仍要高出垫板 2～3mm，下部加垫块，夹紧后，用手锤弯曲成型。

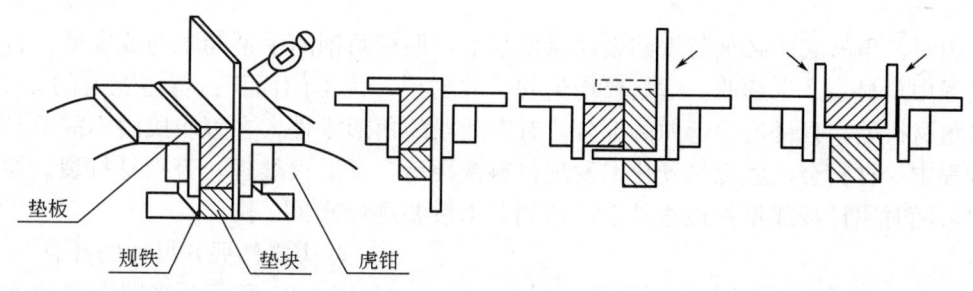

垫板 　规铁 　垫块 　虎钳

图 5-23 口形工件的手工弯曲

3. 圆筒形零件的弯曲

如将薄板料弯曲成圆筒，应事先取一段与所要弯曲零件尺寸相适应的钢轨或圆钢作胎具。如果圆筒的料较薄，尺寸较小，可以自制简易模具，如图 5-24 所示。弯曲时，应先将料的两端头弯制好。开始弯曲时应使板料的边缘始终与胎具保持平行，逐渐向内直至形成中心弯曲。当钢板两边缘接触时，进行点固焊对接。焊接后再在钢轨或钢管上修圆。为了避免工件表面被击伤，留下锤痕，影响工件的表面质量，要用木质拍板或木锤、胶质锤。弯曲板厚1mm 以下的圆筒时，一般情况下将零件垫在钢管上或钢轨上手工弯曲。

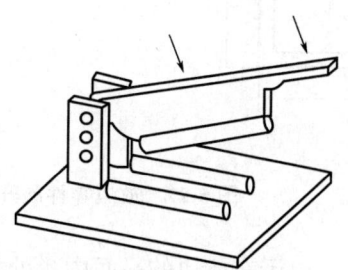

图 5-24 薄板料弯曲圆筒形零件的简易手压模具

4. 锥形工件的弯曲

圆锥台的毛坯料呈扇形。首先均分上下口的圆弧长，画上若干条素线，即将坯料等分成若干个压制区，目的是控制弯曲方向和压线的疏密度。然后用弧锤和大锤按弯曲素线锤击，模具如图 5-25 所示。在手工弯曲过程中，应经常用样板检查弯曲程度，如果出现扭歪、错口等现象，要及时找正。

（二）放边

放边是通过锤击使零件某一边变薄伸长的工艺方法。

1. 放边方法

制造凹曲线弯边的零件，例如直角弯曲件的外弯，可将直角型材放在铁砧或平台边上捶放角材边缘，如图 5-26 所示，使边缘材料厚度变薄、面积增大、弯边伸长，越靠近角材边缘伸长越大，越靠近内缘伸长越小。这样，直线形角材就逐渐被捶放成了曲线弯边的角材。

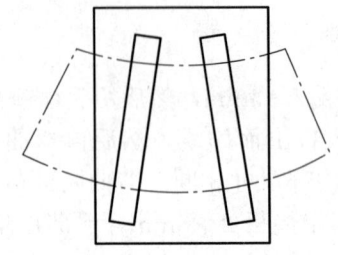

图 5-25　弯曲圆锥台

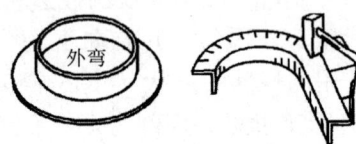

图 5-26　放边

放边时，角材底面必须与铁砧表面保持水平，握持角钢的手不能太高或太低，否则在放边过程中角材会产生翘曲。锤痕要均匀并呈放射形，锤击的面积占弯边宽度的 3/4，不能锤击角材根处，只锤击要弯曲的部分，有直线段的角形零件，在直线段内不能敲打。在放边过程中，材料会产生冷作硬化，发现材料变硬后，要退火处理，否则易打裂。在操作过程中，随时用样板或量具检查外形，达到要求后要进行修整、校正。

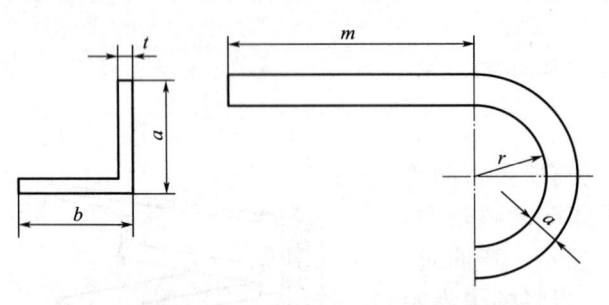

图 5-27　放边零件展开尺寸的计算

2. 放边零件展开尺寸的计算

如图 5-27 所示，半圆形零件的展开长度可用弯曲型材展开长度的公式计算。

角材展开料的宽度按里皮计算，即展开料宽度为：

$$B = a + b - 2t \qquad (5-1)$$

式中　B——展开料宽度；

　　　a、b——角钢边宽；

　　　t——板厚。

由于在放边的平面中各处材料伸展程度不同，外缘变薄量大、伸展得多，内缘变薄量小、伸展得少，所以展开长度取放边宽度 a 的一半处的弧长来计算。

$$L = m + \pi(R + a/2) \qquad (5-2)$$

式中　L——半圆加直边形零件展开料长度；

　　　R——零件弯曲内半径；

　　　a——放边一边的宽度；

　　　m——零件直边长。

（三）收边

收边是指角形件某一边材料被收缩，用长度减小、厚度增大的方法来制造内弯的零件。收边方法如下：

（1）先用折皱钳起皱，将板边起皱后，再收边，在规铁上用木槌敲平，使板边变厚，如图5-28（a）所示是成品图；图5-28（b）是用折皱钳折皱，折皱钳用直径8～10mm的圆钢弯曲后焊成，圆钢表面要光滑，以免划伤工件表面；图5-28（c）是折皱并弯曲后的状态。

（2）使用橡皮打板进行收边，如图5-28（d）所示。在修整零件时，用橡皮抽打，使材料收缩。橡皮打板用中等硬度、宽度60～70mm、厚15～40mm的橡皮板制造，长度可根据需要确定。然后用木槌打平，如图5-28（e）所示。

（3）"搂"弯边，如图5-28（f）所示，将坯料夹在形胎上，用铝锤顶住坯料，用木槌敲打顶住部分，这样坯料逐渐被收缩靠胎。

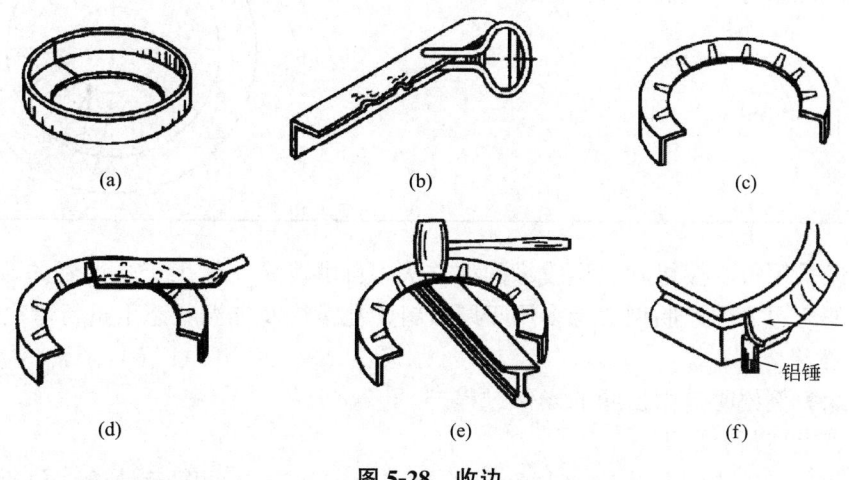

|(a)|(b)|(c)|
|(d)|(e)|(f)|

铝锤

图5-28　收边

收边零件的展开计算与放边的计算方法相同，即按收边的中心计算圆弧展开长。

（四）拨缘

拨缘是指在板料的边缘，利用手工锤击的方法弯曲成弯边，其目的主要是增加刚性。拨缘分为内拨缘和外拨缘（表5-23）。

拨缘的种类　　　　　　　　　　　　　　　　　　　　　　　　　　表5-23

分类	特性	图示
外拨缘	由于受到其中三角形多余金属的阻碍,所以采用收边的方法,使外拨缘弯边增厚	d b D

分类	特性	图示
内拨缘	由于受到内孔圆周边缘的牵制不能顺利地延伸,所以采用放边的方法,使内拨缘弯边变薄	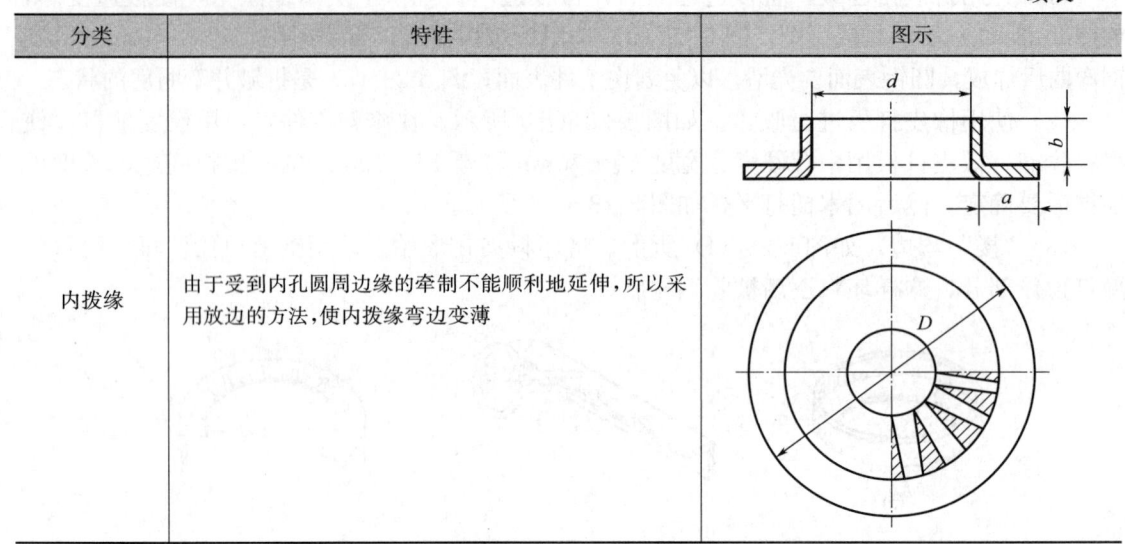

拨缘可以采用自由拨缘和胎型拨缘两种方法。自由拨缘一般用于塑性好的薄板料,在常温状态下的弯边零件;胎型拨缘多用于厚板料、孔拨缘及加温状态下进行弯边的零件。

1. 自由拨缘

以外拨缘为例说明自由拨缘的操作过程。

(1) 计算毛坯料直径 D

毛坯料的直径等于零件内直径加两倍拨缘宽度,如上表中图示的毛坯料直径:$D=d+2b$。一般零件直径与坯料直径之比为 $0.8\sim0.85$。

(2) 拨缘

计算出坯料直径后,划出加工的外缘宽度线,随后剪切、去毛刺。在铁砧上,按照零件外缘宽度线,用木槌敲打进行拨缘。首先将坯料周边弯曲,在弯边上起皱,然后打平,使弯边收缩成凸边。薄板拨缘时,必须经多次反复起皱打平,才能制成零件。拨缘时,锤击点的分布和锤击力的大小要稠密、均匀,不能操之过急,如锤击力量不匀,可能使弯边发生裂纹。操作过程如图 5-29 所示。

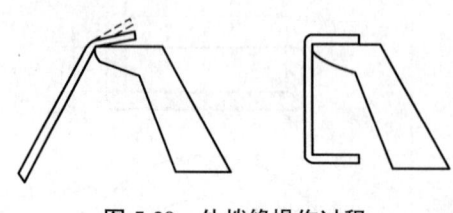

图 5-29 外拨缘操作过程

2. 胎具拨缘

(1) 利用胎具外拨缘时,一般采用加热拨缘的方法。拨缘前,先在坯料的中心焊装一个钢套,以便在胎具上固定坯料拨缘的位置,如图 5-30 (a) 所示。坯料加热温度 $750\sim780℃$,每次加热时间不宜过长,加热面略大于坯料边缘的宽度线,按照前述外拨缘过程分段依次进行,一次弯边成型。

(2) 利用胎具内拨缘过程弯边比较困难,如图 5-30 (b) 所示,内孔直径不超过 80mm 的薄板拨缘时,可采用一个圆形木槌一次冲出弯边;较大的圆孔和椭圆孔的厚板内拨缘时,可制作一个圆形的钢凸模进行一次冲出弯边。

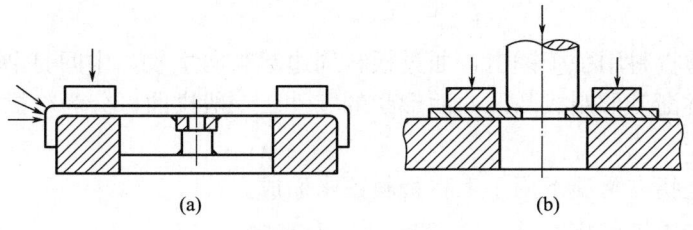

(a)　　　　　　　　(b)

图 5-30　胎具拨缘

（五）卷边

卷边是将薄板制成的工件边缘卷成圆弧的加工方法，一般适用于 1.2mm 以下的普通钢板和镀锌板、小于 1.5mm 的铝板以及小于 0.8mm 的不锈钢板。卷边的目的是消除薄板边锐利的锋口，并且能够提高薄板边缘的强度和刚度。

卷边的方法大致有三种，一是空心卷边，二是夹丝卷边，三是实折边。

1. 材料计算

图 5-31 为卷边长度计算原理。

由图可得，卷边部分的长度为

$$L = \frac{d}{2} + \frac{3}{4}\pi(d+t) \qquad (5-3)$$

式中　　d——卷丝直径；

　　　　t——板厚。

2. 卷边操作方法

夹丝卷边的操作过程见表 5-24。

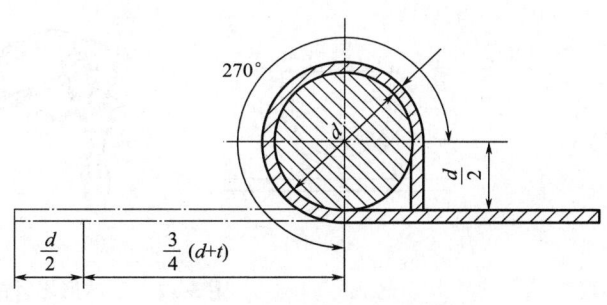

图 5-31　卷边长度计算原理

卷边操作过程　　　　　　　　　　　　　　　　表 5-24

步骤	做法	图示
1. 划线	在板料上划出卷边线	—
2. 折弯	将板料放在平台、方铁或钢轨上，左手压住板料，右手用木槌或拍板击打下弯 80°～90°，不要打实，形成圆弧	
3. 进一步折弯	将板料翻转，弯朝上，轻而均匀地拍打，卷边向里扣，使卷曲部分逐渐成半圆形	
4. 卷边	将铁丝放入卷边内，从端头开始扣好，将铁丝弯曲，弯曲程度大于所要求的曲率，以便于将铁丝靠紧。然后放一段扣一段，前面用钳子夹靠铁丝，后面用木槌或手锤扣打。扣完后，再依次轻轻敲打，使卷边紧裹金属丝	
5. 咬紧压实	翻转板料，使卷口靠住平台或钢轨的缘角，再次打靠，使边缘咬紧。在钢板的咬口处要去掉一些板料，只留一层用于包边	—

（六）拱曲

拱曲是指将薄板料用手工锤击，通过板料周边起皱向里收，中间打薄向外拉，这样反复进行，使薄板逐渐变形制成凸凹曲面形状的零件。一般拱曲可分为冷拱曲和热拱曲。

1. 冷拱曲

冷拱曲一般是指在常温下用手工将板料锤击而成。

（1）用顶杆手工拱曲法

拱曲深度较大的零件，主要是利用顶杆和手工锤击的方法制成弧形零件，如图 5-32 所示。图 5-32（a）是拱曲件的厚度变化，边缘变厚，中间变薄。操作顺序如图 5-32（b）、图 5-32（c）所示。首先将毛料边缘做出皱褶，然后在顶杆上将皱褶打平，使边缘的毛料因皱缩向内弯曲。此时可用木槌轻轻而均匀地锤击中部，使中间的毛坯料伸展拱曲。锤击时锤击点要均匀稠密，边锤击边旋转毛坯料。根据目视随时调整锤击部位，使表面光滑。出现局部凸出应立即停止锤击，否则越打越凸起。

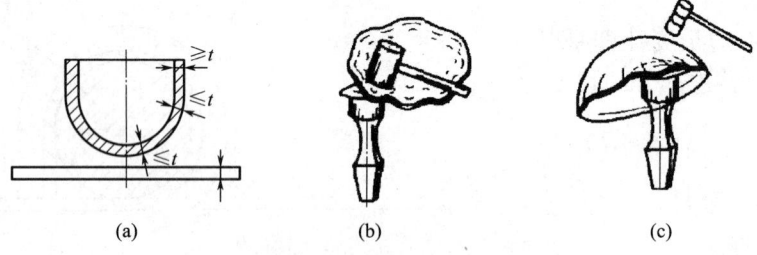

图 5-32　半球形零件的拱曲

锤击到毛料中心时，要沿圆周转动进行，不能集中到一处锤击，防止中心毛料伸展过多而凸起。依次收边锤击中部，并配合中间检查，直到符合要求为止。为考虑最后修光时要产生回向变形，一般拱曲度要稍大些。最后用平头锤在圆顶杆上把拱曲成型好的零件修光，再按要求划线切割，修光边缘。

（2）在胎具上手工拱曲法

拱曲尺寸较大而深度较浅的零件，可直接在胎具上加工。操作时，先将毛坯料压紧在胎具上，用手锤从边缘开始逐渐向中心部分锤击，如图 5-33 所示。图 5-33（a）、图 5-33（b）、图 5-33（c）表示拱曲过程；图 5-33（d）表示在橡皮上伸展坯料。

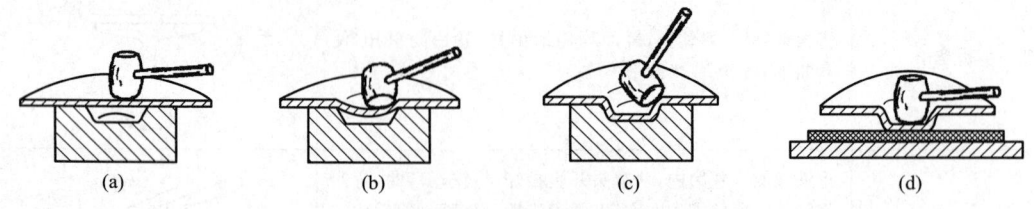

图 5-33　在胎膜上拱曲

在拱曲过程中，注意不能操之过急，锤击要轻而均匀，使整个加工表面均匀地伸展，形成下凹趋势，使毛坯料逐渐全部贴合在胎具上。最后用平头锤在顶杆上打光锤击凸痕，完成手工成型的全过程。

在胎模上进行较深的拱曲时，随着锤击的进行，制件的周边将会出现皱褶，此时应停止锤击中部，将皱褶的边缘贴紧模具，敲平皱褶。皱褶敲平之后，再继续对中部锤击拱曲。

精度较高的制件可以在步冲机上进行，如图 5-34 所示，上模不断地上下运动，同时手工移动制件完成拱曲。图 5-34（a）是压制示意图，图 5-34（b）和图 5-34（c）是多种上下模中的两个模具示意图。

2．热拱曲

热拱曲是将毛坯料加热后，利用冷却收缩产生拱起，主要用于零件尺寸比较大、钢板比较厚的制件。例如造船厂采用热拱曲的方法加工出扭曲的船边板。

热拱曲是利用金属热胀伸长量和冷却收缩量不均匀而产生构件变形，如图 5-35 所示，对毛坯料进行三角形局部加热，一般采用大号气焊枪加热。

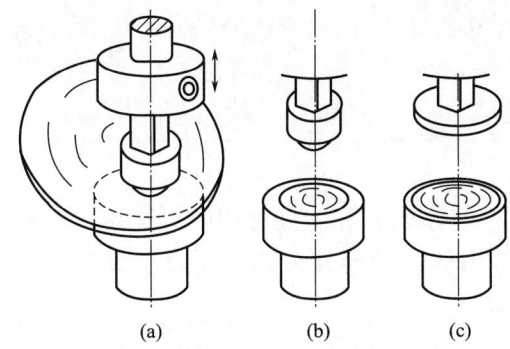

图 5-34　在步冲机上拱曲

图 5-35　局部加热产生拱曲

（七）风管的加工

1．圆形风管的加工

圆形风管的加工通常采用手工或机械进行。手工加工前应将剪切好的板材先做好咬口，然后将板材贴在工作台上的圆管垫铁上压圆，再用拍板修整，使咬口能互相扣合，再把咬口打紧打实，最后用拍板整圆，找圆时拍板用力应均匀，不宜过大以免出现明显的痕迹，直到风管的圆弧均匀为止。

机械加工是用卷圆机进行滚压，该机适用于厚度在 2mm 以内、板宽在 2000mm 以内的板材卷圆。卷圆机由电动机通过带轮和蜗轮减速，经齿轮带动两个下辊旋转，当板材送入辊轮间时，上辊因与板材之间的摩擦力而转动，从而将板材压成圆形。操作时，应先把咬口附近的板边在钢管上用手工拍圆，再把板材送入上、下辊之间，辊子带动板材转动，板材即被压成圆形。上、下辊的间距可以随时进行调节。板材经卷圆机卷圆后，再由咬口机压实，就成为圆形风管。

2．矩形风管的加工

在矩形风管的加工制作中，当风管的周长小于板宽时，即用整张钢板宽度折边成型，可设一个角咬口；当板宽小于周长、大于周长的一半时，可设两个角咬口；当周长很大时，可在风管的四个边角分别设一个角咬口。

矩形风管可采用手工加工或机械加工。手工加工前应将剪切好的板材先做好咬口，划好折曲线，再把板材放在工作台上，使折曲线与槽钢边对齐，一般较长的风管由两人操作，两人分别站在板材的两端，一手将板材压在工作台上，不使板材移动，一手把板材向下压成 90°直角，然后用拍板进行修整，直到打出棱角，使板材平整为止。最后将咬口相互咬合，打紧打实即可。

机械加工是用手动扳边机或折方机进行折方，再将咬口咬合打实后即成矩形风管。其操作方法简单、便捷。矩形风管可根据工程要求，采用转角咬口、联合角咬口或按扣式咬口等不同的咬口形式。

想一想

1. 如何弯制角形件？
2. 放边和收边有什么不同？
3. 外拔缘和内拔缘有什么不同？
4. 水桶的上边缘采用夹丝卷边，已知铁丝直径 $d=4mm$，铁皮厚 $t=0.5mm$，则水桶上边缘在下料时应预留的卷边余量为多少 mm？
5. 简述夹丝卷边的操作过程。

四、钣金件的连接

钣金件的连接

在通风空调工程中，用金属薄板制作风管和配件可用咬口连接（简称咬接）、铆接、焊接，其中咬接是最常用的一种连接方式。此处主要介绍钣金件的咬接、铆接和焊接等连接方法。

（一）咬口连接

咬口连接是采用折边法，将板材的板边折成曲线钩状，然后相互钩咬压紧的连接方法。板材咬接可分为手工咬接和机械咬接。

1. 咬接形式

根据钢板接头的构造，常用的咬接形式有：单咬接（单扣）、双咬接（双扣）、按扣式咬接、联合角咬接、转角咬接；根据钢板接头的外形可分为平咬接（卧扣）、立咬接（站扣）；根据钢板接头的位置可分为纵咬接、横咬接。常用咬接形式见表 5-25。

常用咬接形式　　表 5-25

咬接类型	连接形式	说明
单平咬接	普通咬接($2b+b$) 内平咬接($2b+b$) 外平咬接($2b+b$)	(1)这种咬接最简单，又具有一定的连接强度。常用于一般制件的咬口，板材的拼接缝、圆形风管或部件的纵向闭合缝，如圆柱形、圆锥形和长方形管子连接使用。(2)咬缝需附着在平面上或需要有气密性时使用光面咬缝，咬缝需要具有强度时才使用普通咬缝。(3)风道和烟道均采用平咬接，只要求不漏水即可。(4)适用于低、中、高压系统
双平咬接	$3b+b$	(1)用于板材的拼接缝、圆形风管或部件的纵向闭合缝。(2)因加工较为复杂，较少采用；在严密性要求较高的风管系统中，一般都以焊接或在咬口缝上涂抹密封胶等方法代替双咬口连接

390

续表

咬接类型	连接形式	说明
综合咬接	$3b+2b$	连接强度高,最为牢固,一般在建筑房屋时采用,用于屋顶的水沟等钣金制件
角式单咬接	$2b+b$	
角式双咬接	$2b+b$	(1)角式单咬接用于圆形弯头、来回弯及风管的横向缝,以及矩形风管或配件四角咬接。 (2)在制造折角联合肘管和盆、桶、壶等角形连接时用角式单咬缝或角式双咬缝。 (3)在工业通风管道和机床防护罩的角形连接时用角式复合咬缝。 (4)适用于低、中、高压系统
角式复合咬接(联合角咬接)	$3b+b$	
立式单咬接	$2b+b$	(1)在连接接管、肘管和从圆过渡到另一些截面时,用作各种过渡连接,主要用于圆形弯头、来回弯及风管的横向缝。 (2)立咬接在要求具备较大的刚性时采用,因弯制较难,一般多用单立咬接(站扣半咬),如房盖的纵咬接(纵扣)大多为单立咬接
立式双咬接	$3b+2b$	

2. 咬口宽度和留量

咬口宽度根据制作风管或部件的板材厚度和咬口机械性能确定,一般应符合表 5-26 的要求。咬口留量的大小、咬口宽度与重叠层数和使用的机械有关。

咬口宽度 表 5-26

板材厚度(mm)	咬口宽(mm)	角咬口宽(mm)
0.5 以下	6~8	6~7
0.5~1.0	8~10	7~8
1.0~1.2	10~12	9~10

一般来说，对于单平咬接、单立咬接、单角咬接的咬口留量在一块板材上等于咬口宽，而在另一块板材上是两倍咬口宽，总的咬口留量就等于 3 倍咬口宽。例如，厚度为 0.5mm 的钢板，咬口宽度为 7mm，其咬口留量等于 7×3＝21mm。

联合角咬接在一块板材上等于咬口宽，而在另一块板材上是 3 倍咬口宽，因此，联合角咬接的咬口留量就等于 4 倍咬口宽度。应根据咬口的形式和需要，分别在一块板材的两边或两块板材留各自的拼接边。咬口留量见表 5-27。

咬口留量 表 5-27

咬口形式	咬口宽度（mm）	线至板边距离（mm）
单平咬口	6	5
	8	7
	10	8
单立咬口	6	10
	8	13
	10	16

3. 手工咬接

手工咬接是使用手工工具，对下料板材进行折边、咬合、压实、连接的加工过程。手工咬接一般用于加工厚度小于 1.2mm 的普通薄钢板和镀锌薄钢板、厚度小于 1.5mm 的铝板、厚度小于 0.8mm 的不锈钢板。

1）手工咬接工具

手工咬接使用的工具有：手锤、木槌、拍板、扁口、规铁等。拍板也称打板，用硬木制成，拍板的大小要合适，太大不宜掌握，太小拍打力度不够，一般规格为 45mm×45mm×450mm。木槌多用于圆筒形制件的立咬口折边。除需要延展板边时采用钢制手锤外，凡是折曲或打实咬口时，都应采用拍板和木槌，以免在钢板上留下锤痕。

加工咬口在工作台上进行，将作为拍制咬口垫铁的槽钢或角钢、方钢固定在工作台上。各种型钢垫铁要求有尖固的棱角，并且平直。制作矩形风管时，用型钢作为垫铁。制作圆形风管时，可使用钢管作为垫铁，除咬口的垫铁外，还要使用手持衬铁和咬口套。

手工咬接常用工具如图 5-36 所示。

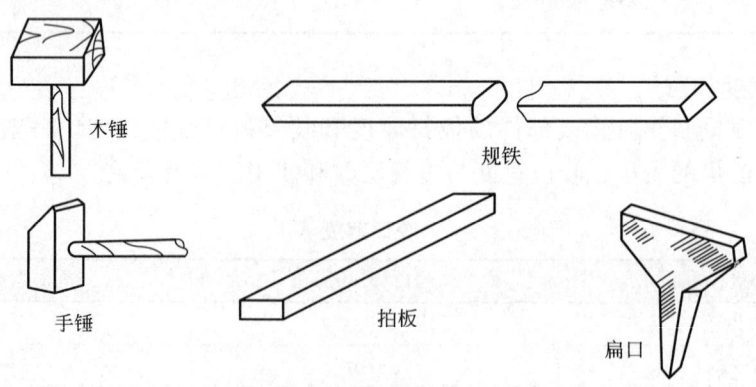

木锤　　　　规铁

手锤　　　　拍板　　　　扁口

图 5-36　手工咬接常用工具

2）手工咬接的操作

手工加工咬口的操作过程，主要是折边（打咬口）和压实咬合。折边应宽度一致、平直，保证在咬合压实时不出现半咬口和开裂现象，确保咬缝的严密牢固。

（1）单平咬接

将要连接的板材，放在固定有槽钢的工作台上，根据咬口宽度来确定折边宽度，实际上折边宽度比咬口宽度稍小，因为一部分留量变成了咬口厚度。其操作步骤见表 5-28。

单平咬接的操作步骤　　　　　　　　　　　　　　　　　　　表 5-28

步骤	做法	图示
1. 划折边线	根据板厚确定咬缝宽度,并放出 3 倍于咬缝宽度的咬接余量。在板料上分别划出折边线,一板边为咬缝宽度,另一板边为 2 倍于咬缝宽度	—
2. 折弯成直角	将板料放在规铁上,使板边的折弯线对准方杠的棱角或平台边棱,用拍板(打板)拍打折边线以外伸出的折边部分,使其成为 90°	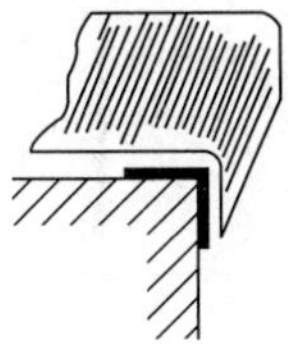
3. 进一步折弯	将板料翻身,使折边向上,用拍板(打板)拍打板边进一步折弯	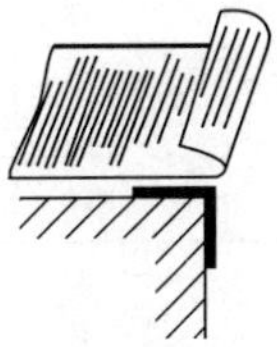
4. 折弯成 45°	将板料在规铁上伸出折边,用打板向里拍打折边,使其成为 30°~50°形状。注意不可将折边扣死,应留出大于板厚的间隙,否则另一板边无法插入而不能咬接	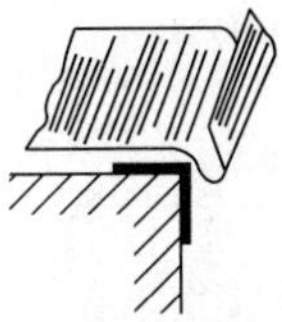
5. 两板扣合	用同样的方法,将第二块板料折边打好,并将其折边互相套合在一起	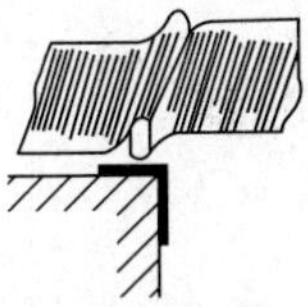
6. 敲紧咬合	用打板将两块板料敲合在一起。注意咬口边缘要敲凹,这样不仅便于敲打,而且不致将咬口打疵。为了使咬接紧密和严实,在拍打扣合后,还应用铁锤轻轻敲打一遍	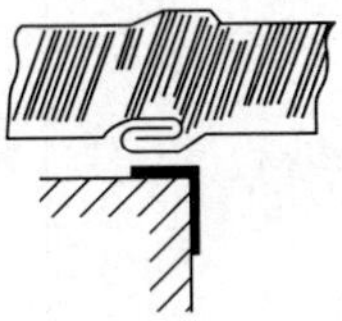
说明	为使制作的风管或部件表面平整,通常把一块板材加工成如右图所示的折边,另一块板加工成带钩的折边,相互钩挂	
	用木槌打平,再用咬口套把咬口压平、压实,加工成如右图所示的单平咬口	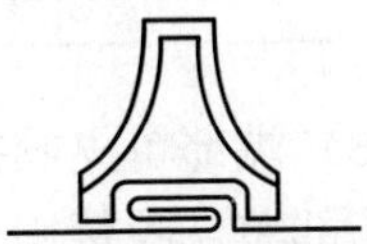

（2）立式单咬接

立式单咬接又称站扣半咬。立式单咬接的操作过程见表5-29。

立式单咬接的操作过程   表 5-29

步骤	做法	图示
1. 下料	将板料切成所需尺寸，并根据咬缝宽度划线	
2. 折弯成直角	将板料放在规铁上，使板边的折弯线对准方杠的棱角或平台边棱，用拍板（打板）拍打折边线以外伸出的折边部分，使其成为90°	
3. 进一步折弯	将板料翻身，使折边向上，用拍板（打板）拍打板边进一步折弯（用大于板厚的垫铁嵌入其中）	
4. 折弯成90°	将板料在规铁上伸出折边，用打板向里拍打折边，使其成为90°形状。 注意不可将折边扣死，应留出大于板厚的间隙，否则另一板边无法插入而不能咬接	
5. 折弯成直角	将另一块板料根据咬缝宽度划线，折弯成直角	
6. 两板扣合	将两块板料折边互相套合在一起	
7. 敲紧咬合	用打板将两块板料敲合在一起。 注意咬口边缘要敲凹，这样不仅便于敲打，而且不致将咬口打疵。为了使咬接紧密和严实，在拍打扣合后，还应用铁锤轻轻敲打一遍	—

（3）端部单立咬接

端部单立咬接用于圆形弯头或直管的横向缝，其加工操作过程见表5-30。

端部单立咬接的操作过程   表 5-30

步骤	做法	图示
1. 加工双扣	加工双扣时,根据咬口宽度划线,咬口宽度为 6mm 时,线至板边的距离为 10mm;咬口宽度为 8mm 时,线至板边的距离为 13mm;咬口宽度为 10mm 时,线至板边的距离为 16mm。划线后,将管子放在方钢上,慢慢地转动管子,同时用方锤在整个圆周均匀地錾出一条折印。 为了使管子圆正,錾折过程用力要均匀,并且应先用方锤的窄面把板边的外缘先展开,不要只做折线处,如只把折线处展延,而外缘处没有展延,就会产生裂缝	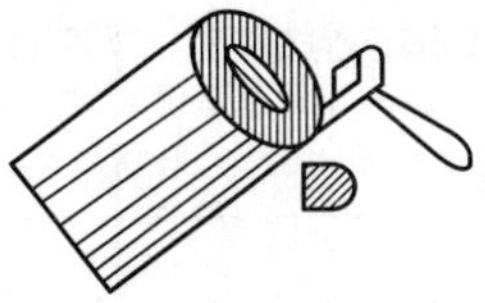
2. 折成直角	待逐步錾成直角后,用钢制方锤的平面把折边打平并整圆	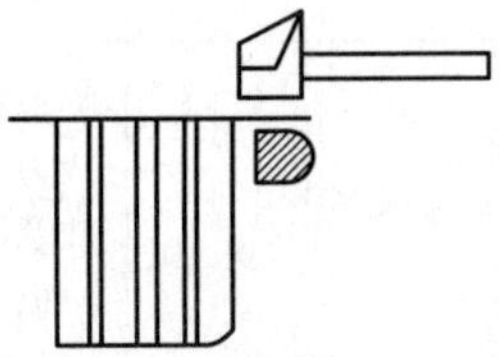
3. 进一步折直角	然后再在折边上折回一半,即成双扣	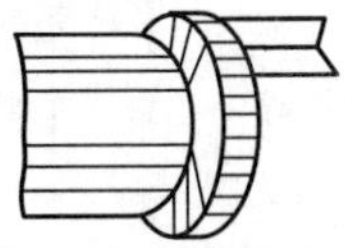
4. 制作单扣	制作单扣时,当咬口宽度为 6mm、8mm、10mm 时,卷边宽度分别为 5mm、7mm、8mm,用前述方法把管端折成直角	—
5. 两管扣合	然后将单扣放在双扣内	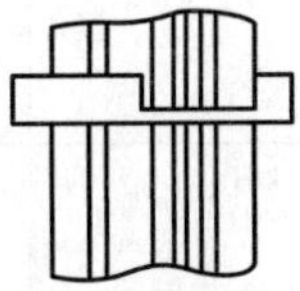
6. 敲紧咬合	用方锤在方钢上将两个管件紧密连接,即成单立咬口	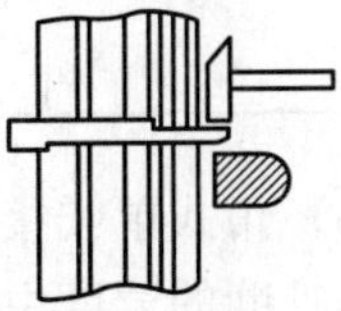
说明	如果需要单平咬接,可将立咬口放在方钢或圆管上用锤打平打实即可	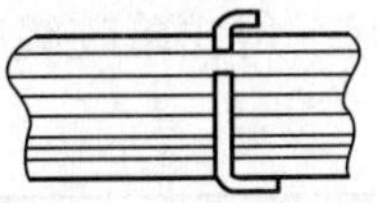

（4）立式双咬接

立式双咬接又称站扣整咬。双立咬接与单立咬接的操作方法基本相同。立式双咬接的操作过程见表 5-31。

立式双咬接的操作过程   表 5-31

步骤	做法	图示
1. 下料	将板料切成所需尺寸,在一块板料上根据咬缝宽度(双扣)划线	—

续表

步骤	做法	图示
2. 双扣折弯成直角	将板料放在规铁上,使板边的折弯线对准方杠的棱角或平台边棱,用拍板(打板)拍打折弯线以外伸出的折边部分,弯制出双扣,并将边缘完成直角使其成为90°	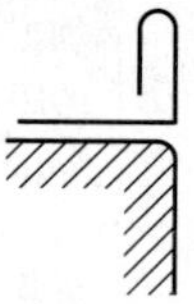
3. 进一步折弯	用拍板(打板)拍打板边进一步折弯成右图所示	
4. 折弯成90°	将板料在规铁上伸出折边,用打板向里拍打折边,使其成为90°形状。 注意不可将折边扣死,应留出大于板厚的间隙,否则另一板边无法插入而不能咬接	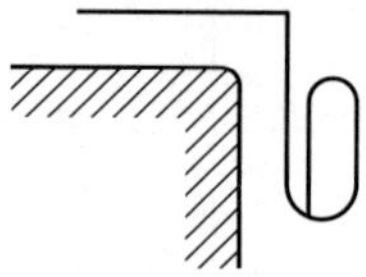
5. 单扣折弯	将另一块板料根据咬缝宽度(单扣)划线,折弯成单扣	
6. 单扣折弯成直角	进一步折弯成直角	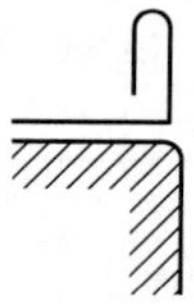
7. 两板扣合并敲紧	将两块板料折边互相套合在一起,用打板将两块板料敲合在一起	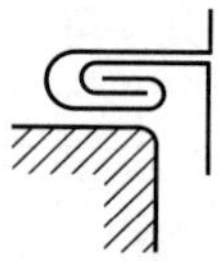

（5）角式单咬接

单咬缝的宽度由板料的厚薄来确定,一般在 3～8mm 之间,薄板取较小值,厚板则取较大值。角式单咬缝咬接余量为咬缝宽度的 3 倍。其操作过程见表 5-32。

角式单咬接的操作过程　　　　　　　　　　　表 5-32

步骤	做法	图示
1. 下料	根据板料的厚度确定咬缝宽度,放出咬接余量,一边为咬缝宽度,另一边为咬缝宽度的 2 倍,在板边划出折弯线	—
2. 折弯成直角	将折弯线对准平台或方杠棱角,用木槌折弯成直角	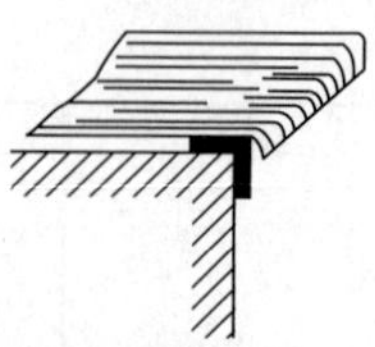

续表

步骤	做法	图示
3. 进一步折弯	然后将板料翻身,用木槌敲击折弯,留出大于板厚的间隙	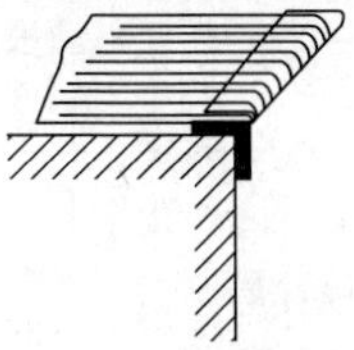
4. 两板扣合	将另一板折弯成直角,然后翻身让已折弯的板料挂扣于直边上	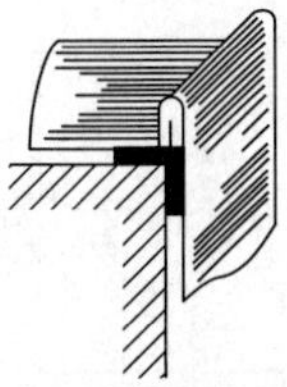
5. 敲紧咬合	将挂扣的直边部分折弯、压紧完成咬合	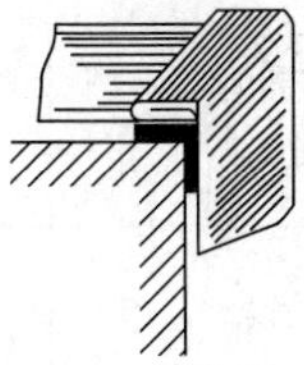

（6）联合角咬接

联合角咬接的加工操作步骤见表 5-33。

联合角咬接的操作过程　　　　表 5-33

做法	在固定有槽钢的工作台上,根据咬口宽度来确定折边宽度,用拍板沿水平方向把板边打成 90°,折成直角后,将板材翻转向下打成直角,形成 S 形。将折成 90°的片料 1′插入 S 形片料 5 口内,经锁缝加工成型
图示	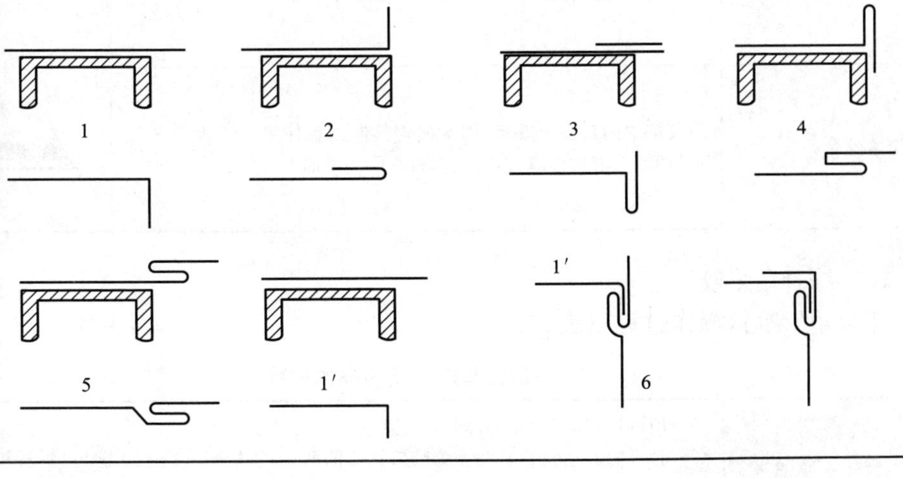

（7）综合平咬接

综合平咬接形式是单平咬接和双平咬接形式的综合应用。其目的是加强咬口的强度和密封性能。其操作过程见表 5-34。

综合平咬接的操作过程 表 5-34

步骤	做法	图示
1. 下料	根据板料的厚度确定咬缝宽度，放出咬接余量，一边为咬缝宽度，另一边为咬缝宽度的 3 倍，在板边划出折弯线	—
2. 折弯成直角	将折弯线对准平台或方杠棱角，用打板沿接口至边缘咬口宽度的 3 倍处打出直角折边	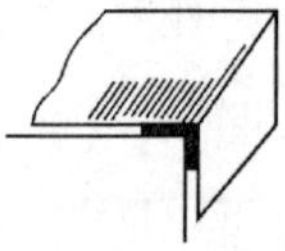
3. 向里折弯打平	然后将板料翻身，用木槌敲击折弯，将折边向里打平	
4. 进一步折弯	翻转板料向下，打出一个咬口宽度的折边	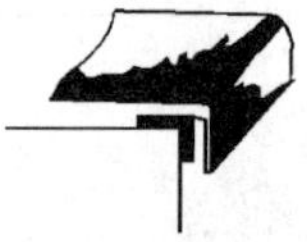
5. 向里折弯打平	然后翻转板料向里打平，注意折边处应留出大于一个板厚的间隙	
6. 另一板折弯	把另一块板料按咬接加工余量，打出一个具有一定间隙的折边，原则上其折边的宽度应等于第一块板料的第二次折边的宽度	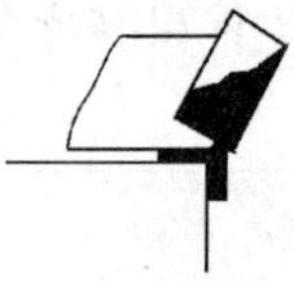
7. 两板扣合	然后两块板料互套在一起，并用木槌打紧	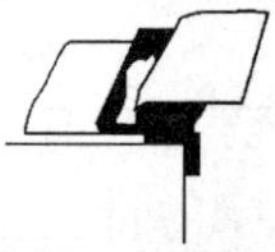
8. 敲紧咬合	将咬接中的自由边扳起，用木槌将其向上包住第二块板料并打平压紧，打出扣合缝，使两块板料在同一平面上	

（8）综合角形咬接

综合角形咬接操作过程见表 5-35。

综合角形咬接的操作过程 表 5-35

做法	(1)计算咬接加工余量，并划出折边线。 (2)将一块板料折边，其宽度为咬口宽度的两倍，折边至 30°～40°即可；翻转板料并向下再进行一次折边，其宽度等于咬口宽度，然后将板料再进行一次翻转，将第二次的折边打成叠边，并将第一次的折边扳向右边与整个板料位置平行，如图(a)～图(d)所示。 (3)将另一块板料打成直角折边，其宽度为咬口宽度的一倍，放入第一块板料的叠边内，用木槌将咬口敲合，并将第一块板料的伸出部分向下打平压紧，如图(e)所示

续表

图示	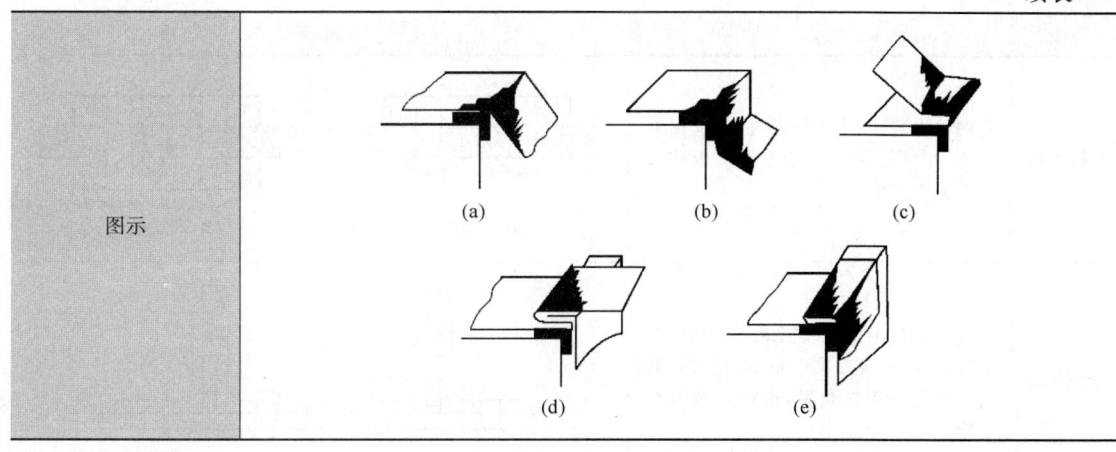
	(a)　　　(b)　　　(c)　　(d)　　(e)

（二）铆接

铆接，即铆钉连接，是指将两块需要连接的板材，按规定的尺寸用铆钉穿连铆合在一起的连接方法。在风管制作中，铆接常用于板材与板材之间的连接、板材与角钢法兰的连接。铆接操作可采用手工铆接或机械铆接。

1. 铆接的种类

根据对结构的要求不同，铆接的基本连接种类见表 5-36。

铆接的分类　　　　　　　　　　　　　　　　　　表 5-36

类型	特点	适用场合
强固连接	这种连接必须有足够的强度，才能承受强大的压力，但其接缝处的紧密度可不计较	各种钢架和各种桥梁结构的连接
紧密连接	这种连接不能承受大的压力，只能承受较小的均匀压力。但对其接缝处却要求是非常紧密的，以防止漏泄现象发生	气箱、水箱、油罐等结构的连接
强密连接	这种连接除了要求具有足够的强度来承受很大的外力之外，还要求它的接缝处必须非常紧密，即在一定压力的液体或气体作用下保持不渗漏	船舶、锅炉、压缩空气罐和其他高压容器等结构的连接

2. 铆接的基本形式

铆接的基本形式是由零件相互结合的位置所决定的，主要有下列三种（表 5-37）。

铆接的基本形式　　　　　　　　　　　　　　　　表 5-37

类型	特点	图示
搭接连接	这是铆接最简单的连接形式。把一块钢板搭在另一块钢板上的铆接，称为搭接，如图（a）所示。如果要求两板在一个平面上，应把一块板先进行折边，然后再连接，如图（b）所示	(a) 两块平板　　　(b) 一块折边

续表

类型	特点	图示
对接连接	将两块板置于同一平面内，其上覆有盖板，用铆钉铆合。分为单盖板式及双盖板式两种	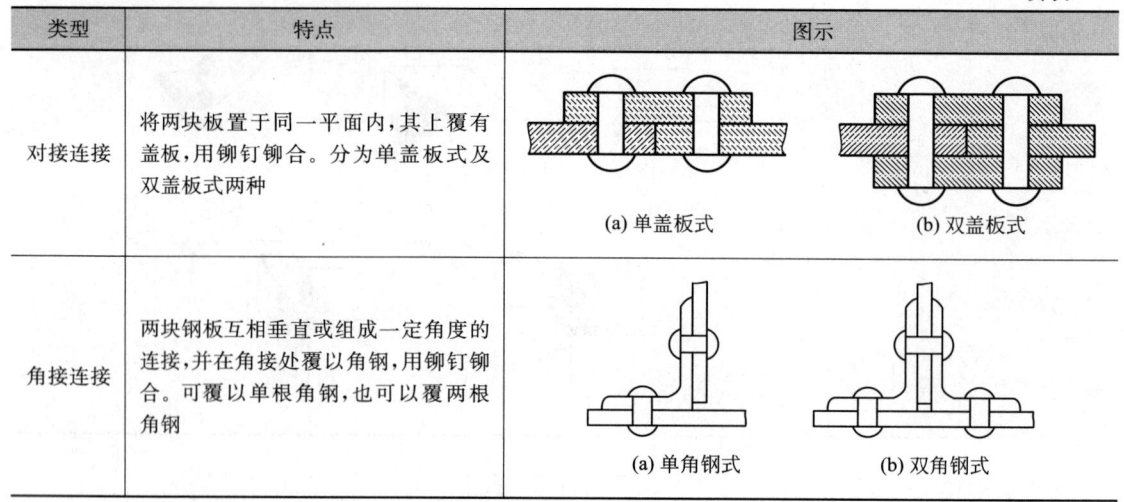（a）单盖板式　　（b）双盖板式
角接连接	两块钢板互相垂直或组成一定角度的连接，并在角接处覆以角钢，用铆钉铆合。可覆以单根角钢，也可以覆两根角钢	（a）单角钢式　　（b）双角钢式

3. 铆钉的排列

根据铆接缝的强度要求，可以把铆钉排列成单行、双行或多行不等。根据每一铆接缝上的铆钉排列行数，可分为单行铆钉连接、双行铆钉连接、多行铆钉连接。

在双行铆钉连接时，根据每一主板上铆钉的排列位置，可分为并列式连接和交错式连接（表 5-38）。

铆钉排列位置　　　　　　　　　　　　　　　　表 5-38

类型	特点	图示
并列式连接	相邻排中的铆钉成对排列	
交错式连接	相邻排中的铆钉交错排列	

铆接连接在结构中有三种隐蔽性的破坏情况：沿铆钉中心线的板被拉断、铆钉被剪切断和孔壁被铆钉压坏。根据上述三种破坏情况，以及结构和工艺上的要求，铆钉的排列一般有如下规定：

（1）铆钉并列式排列时，钉距 $t \geqslant 3d$（d 为铆钉直径）。

（2）铆钉交错式排列时，铆钉对角间距 $t \geqslant 3.5d$。

（3）由铆钉中心到板边的沿受力方向的距离大于等于 $2d$，垂直受力方向的距离大于等于 $1.5d$。

（4）为了保证板和板之间的紧密贴合，两个铆钉中心的最大距离 $L \leqslant 8d$ 或 $L \leqslant 12\delta$（δ

为被铆接构件的厚度）。对于中间排的铆钉和刚性很大的构件连接，铆钉中心距离可以加大一些。对于受拉构件的连接，可达到 $16d$ 或 24δ；对于受压构件的连接，可达到 $12d$ 或 16δ。

（5）为了保证板边的紧密贴合，由铆钉中心到板边的最大距离 $L \leqslant 4d$ 或 $L \leqslant 8\delta$。

4. 铆钉的确定

1）铆钉的种类

铆钉由钉头和圆柱钉杆组成，铆钉头多用锻模墩制而成，铆钉分实心铆钉和空心铆钉两种。实心铆钉的钉头形状有半圆头、沉头、半沉头、平锥头、平头等多种形式，见表 5-39。空心铆钉重量轻，铆接方便，但钉头强度小，适用于轻载构架，如电子线路及有色金属的连接。

常用铆钉的形状及其一般用途　　表 5-39

名称	形状	标准	规格范围（mm）		应用
			d	l	
半圆头	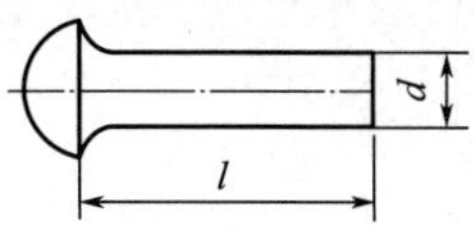	GB 863.1—1986（粗制）	12～36	20～200	用于承受较大横向载荷的铆缝
		GB 867—1986	0.6～16	1～110	
沉头	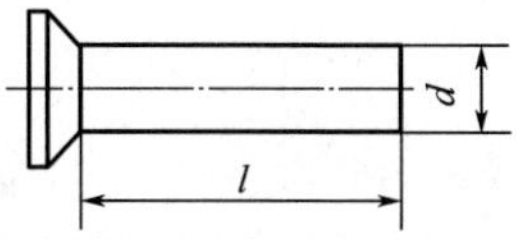	GB 865—1986（粗制）	12～36	20～200	表面须平滑、受载不大的铆缝
		GB 869—1986	1～16	2～100	
半沉头	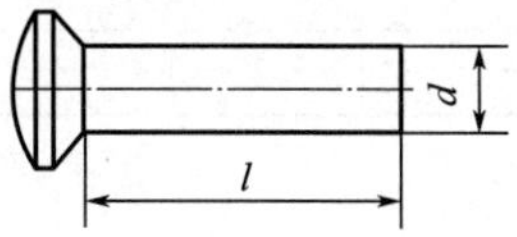	GB 866—1986（粗制）	12～36	20～200	表面须光滑、受载不大的铆缝
		GB/T 870—1986	1～16	2～100	
平锥头	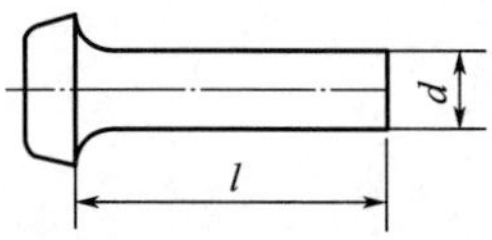	GB/T 864—1986（粗制）	12～36	20～200	常用在船壳、锅炉等腐蚀强烈处
		GB/T 868—1986	2～16	3～110	
平头	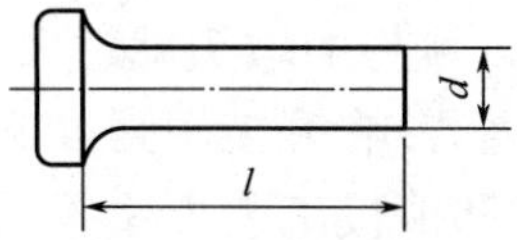	GB 109—1986	2～6	4～30	用于薄板、有色金属的连接，适用冷铆

用于风管铆接连接的铆钉，除了以上铆钉外还常用抽芯铆钉。抽芯铆钉是用于铆接两个零件，使之成为一个整体的一种特殊铆钉。其特点是单面进行铆接工作，但需使用专用工具——拉铆枪（手动、电动、气动），特别适用于不便采用普通铆钉（需从两面进行铆接）的零件。抽芯铆钉的结构如图 5-37 所示。

2）铆钉的直径

铆钉的直径和间距是由被铆钢板的厚度和结构的用途所决定的，因此，施工时必须按设计图纸的要求把钉孔的位置准确地号在钢板上，不应随意改动。一般情况下，铆钉直径可参考表 5-40 进行选择。

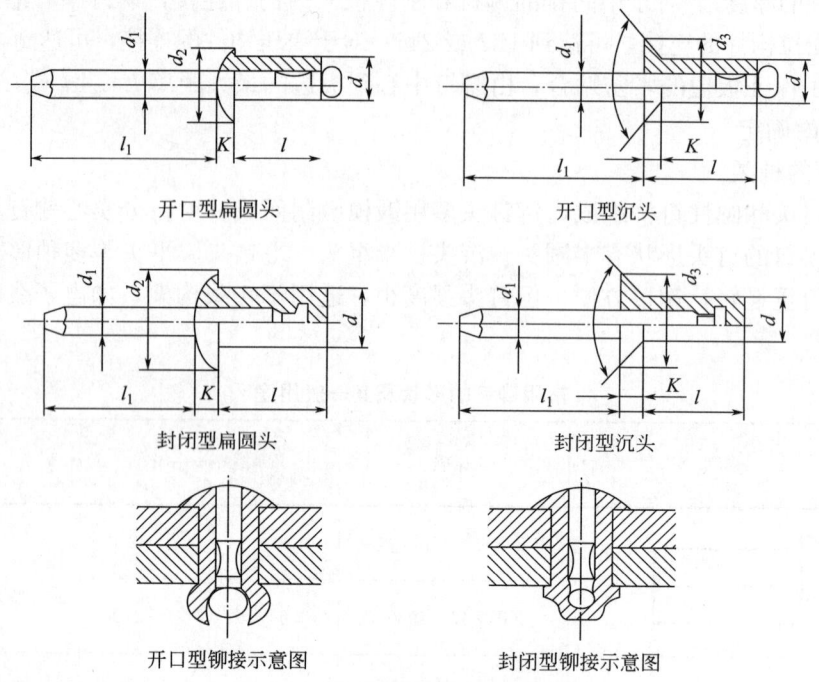

开口型扁圆头　　　　　　　　　开口型沉头

封闭型扁圆头　　　　　　　　　封闭型沉头

开口型铆接示意图　　　　　　　封闭型铆接示意图

图 5-37　抽芯铆钉结构原理图

铆钉直径的选择（mm）　　　　　　　　　　　　　表 5-40

板材厚度	5～6	7～9	9.5～12.5	13～18	19～24	25 以上
铆钉直径	10～12	14～25	20～22	24～27	27～30	30～36

表 5-40 中，构件的计算厚度可参照下列三条加以确定：

（1）钢板与钢板搭接铆接时，为较厚钢板的厚度。

（2）厚度相差较大的钢板相互铆接时，为较薄钢板的厚度。

（3）钢板与型钢铆接时，为两者的平均厚度。

3）铆钉的长度

铆接质量的好坏与铆钉长度有很大的关系。铆钉杆过长，铆钉的墩头就过大，钉杆容易弯曲；铆钉杆过短，则墩粗量不足，钉头成型不完整，将会影响铆接的强度和紧密性。铆钉杆长度应根据被连接件的总厚度、钉孔与钉杆直径间隙和铆接工艺方法等因素确定。采用标准孔径的铆钉杆长度可按下列公式计算：

半圆头铆钉：

$$L = (1.65 \sim 1.75)d + 1.1\Sigma\delta \qquad (5\text{-}4)$$

沉头铆钉：

$$L = 0.8d + 1.1\Sigma\delta \qquad (5\text{-}5)$$

半沉头铆钉：

$$L = 1.1d + 1.1\Sigma\delta = 1.1(d + \Sigma\delta) \qquad (5\text{-}6)$$

式中　L——铆钉杆长度，mm；

　　　d——铆钉杆直径，mm；

$\Sigma\delta$——被连接件总厚度，mm。

以上各式计算的钉杆长度都是近似值。因此，铆钉杆实际长度还需试铆后确定。

4）铆钉孔径的确定

钻孔铆接时，应使铆钉孔直径略大于铆钉直径，以使铆钉能顺利通过铆钉孔。钻孔时，应根据铆钉直径选择钻头，铆钉和钻孔直径的标准见表 5-41。

铆钉直径和钻孔直径（mm）　　　　　　　　　表 5-41

铆钉直径		4	5	6	7	8	10	11.5	13	16	19	22	25
钻孔直径	精配	4.1	5.2	6.2	7.2	8.2	10.5	12	13.5	16.5	20	23	26
	中等配合	4.2	5.5	6.5	7.5	8.5	10.5	12	13.5	16.5	20	23	26
	粗配	4.5	5.8	6.8	7.8	8.8	11	12.5	14	17	21	24	27

5. 铆接机具

1）电动液压铆接机

手提电动液压铆接机是风管制作中的小型机具，如图 5-38 所示，它主要用于风管与角钢法兰及其他部件的铆接。手提电动液压铆接机统一使用直径为 4mm 的铆钉，可以完成薄钢板冲孔和铆接工艺，铆接∟25×3～∟50×4 的角钢法兰。使用电动液压铆接机铆接的风管与法兰，如图 5-39 所示。

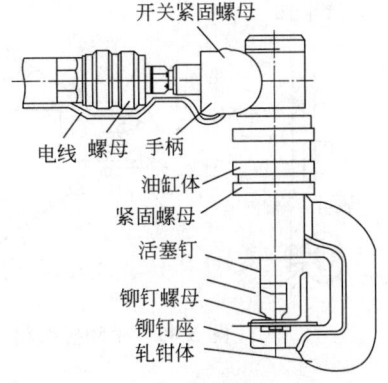

图 5-38　电动液压铆接机

2）拉铆枪

拉铆枪是进行拉铆铆接的常用工具，有手动拉铆枪和电动拉铆枪。拉铆连接常用于只有在一面操作，不能内外操作的场合，例如在风管上开三通、开风口，只能在风管外面操作，因而采用拉铆连接。

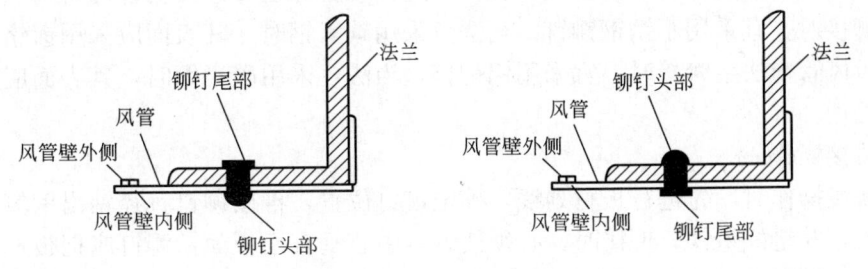

图 5-39　风管与法兰铆接

（1）手动拉铆枪

手动拉铆枪如图 5-40 所示，由手动做功机构和工作机构组成。手动做功机构采用杠杆原理，操作手柄使拉铆杆移动，进行拉铆操作时，将手动拉铆枪的手柄开至最大位置处，首先选用拉铆头子，用拉铆铆钉的钉轴去配拉铆头子的孔径，以滑动为宜，把铆钉轴插入拉铆头子的孔内，并将选用的拉铆头子拧紧在导管上；松开导管上的拼帽，将导管退出一些，使拉铆头子孔口朝上，同时旋转导管，使铆钉轴能自由落入，不能调节过松，以免损伤机件，然后扳紧拼帽；铆钉孔与铆钉的间隙宜为滑动配合，铆钉孔比铆钉只能大0.2mm，间隙过大将影响铆接强度；夹紧被铆钢板，将铆钉插入被铆接钢板孔内，扳动手柄带动工作机构的倒齿爪子自动夹紧铆钉轴，将铆钉轴拉断，完成铆接工序。有时一次不能拉断铆钉轴，可重复前面的动作；然后，将拉铆枪手柄张开，取出铆钉轴。抽芯铝铆钉拉铆范围为 $\phi 3 \sim \phi 5$，其拉铆头子孔径为 $\phi 2$、$\phi 2.5$、$\phi 3.5$。

（2）电动拉铆枪

电动拉铆枪如图 5-41 所示，其外形像手电钻。电动拉铆枪由电动机、拉伸机构、退钉机构及变速箱等部件组成，最大拉铆钉为 $\phi 5$。进行拉铆操作时，启动电动机旋转运动，经过齿轮减速由主轴传出，再通过拉伸机构将旋转扭力转变为轴向拉力，头部爪子夹紧铆钉轴，将铆钉轴拉断，完成铆接工序。拉伸机构回复原位，退钉机构将断芯退出机外。

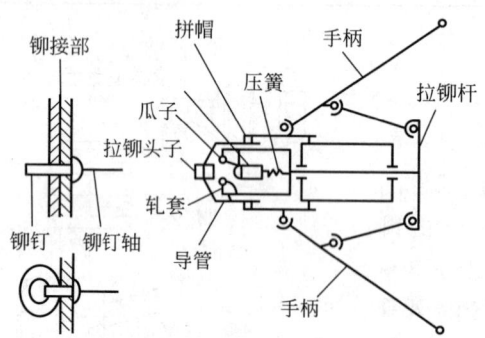

图 5-40　手动拉铆枪

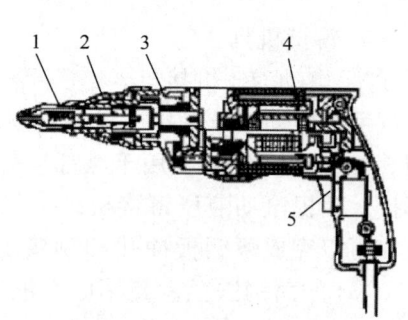

图 5-41　电动拉铆枪

1—退钉机构；2—拉伸机构；
3—变速箱；4—电动机；5—开关

6．铆接操作

（1）选择合适的铆钉

根据板材的厚度选择铆钉的直径、长度。选择铆钉时也要连接构件的材料，不锈钢风管与法兰铆接时，宜采用不锈钢铆钉。当法兰采用碳素钢时，其表面应采用镀铬或镀锌等处理。铝板风管与法兰铆接时，宜采用铝铆钉，当法兰采用碳素钢时，其表面应按设计要求做防腐处理。

（2）铆接操作

手工铆接操作时，先进行板材划线，确定铆钉位置，再按铆钉直径钻出铆钉孔，然后把铆钉穿入，并垫好垫铁，铆接时，必须使铆钉中心垂直于板面，铆钉应把板材压紧，使板缝密合，且铆钉排列应整齐。用手锤把钉尾打堆，最后用窝子（罩模或铆钉克子）把铆钉打成半圆形的铆钉帽。如铆沉头铆钉（平钉），用锤打平即可，如图 5-42 所示。

为防止铆接时板材移位造成错孔，可先钻出两端的铆钉孔，先铆好，然后再把中间的铆钉孔钻出并铆好。板材之间的铆接，中间一般可不加垫料。但设计有规定时，应按设计要求进行。

壁厚小于或等于 1.2mm 的风管套入角钢法兰后，应将风管端面翻边，用铆钉铆接。要求风管翻边平整、紧贴法兰、宽度均匀，翻边宽度不应小于 6mm；管折方线与法兰平

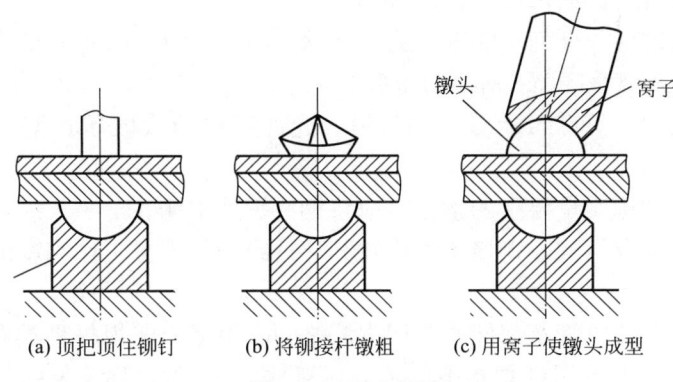

(a) 顶把顶住铆钉   (b) 将铆接杆镦粗   (c) 用窝子使镦头成型

图 5-42 手工铆接

面应垂直，然后用铆钉将风管与法兰铆固。咬缝及四角处应无开裂与孔洞，铆接连接应无脱铆和漏铆。

角钢法兰矩形风管的制作，连接螺栓和铆钉的规格及间距应符合表 5-42 的规定。

角钢法兰连接螺栓和铆钉的规格及间距（mm）   表 5-42

角钢规格	螺栓规格	铆钉规格	螺栓及铆钉间距	
			低、中压系统	高压系统
∟ 25×3	M6	Φ4	≤150	≤100
∟ 30×3	M8			
∟ 40×3	M8			
∟ 50×5	M8			

圆形风管采用法兰连接时，低压和中压系统风管法兰的螺栓及铆钉间距应小于或等于150mm；高压系统风管应小于或等于100mm。

抽芯铝铆钉必须用拉铆枪进行铆接。使用机械拉铆铆接操作，如图 5-43 所示。

7. 铆接的工艺要求

（1）铆接前应清除毛刺、铁锈、铁渣和钻孔时掉入的金属屑等脏物。

（2）铆接前，铆接部分应该用足够数量的螺栓把紧，板缝中预先刷好防锈油。在水密接头中，每隔 3～4 个钉孔设置一只螺栓；油密接头每隔 2～3 个钉孔设置一只螺栓；其他处每隔 4～5 个钉孔设置一只螺栓。

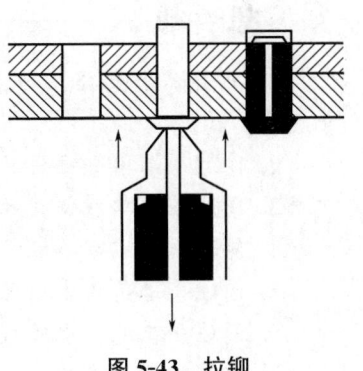

图 5-43 拉铆

（3）使用空气铆钉枪进行铆接工作时，正常的空气压力一般不能少于表 5-43 所规定的范围。

空气压力和铆钉直径的关系   表 5-43

铆钉直径(mm)	13	16	19	22
空气压力(kgf·cm^{-2})	3	4	5	6

（4）铆钉铆固后，其周围应与构件表面紧贴。

（5）铆固后的铆钉，任何一端都不允许有裂纹和深度大于 2mm 的压痕。铆钉周围的构件表面不允许有深度大于 0.5mm 的压痕。

（6）凡不松动的、只有间断漏水的铆钉，允许用捻缝或碾压止漏；但不允许用电焊点固。

（7）凡不符合结构质量要求的铆钉，应将铆钉拆掉重铆。

（8）对于铆焊混合结构，铆接工作应在其邻近结构的焊接工作和矫形完毕后进行。

（三）焊接

焊接是制作、安装风管及部件的常用方法之一。根据金属板材种类和设计要求确定焊接方式，钣金制品中常采用的焊接方式有：电弧焊、氧-乙炔焊、氢弧焊、点焊、缝焊和锡焊等。此处仅介绍锡焊。

锡焊是用加热的烙铁将焊锡熔化后，使焊锡在金属焊口凝固后连接的方法。由于锡耐温低、强度差，所以在风管及部件制作中很少单独使用，通常在镀锌钢板制作管件时配合咬口使用，以增加咬口的严密性。

钣金制品焊缝用锡焊密封的过程如图 5-44 所示。

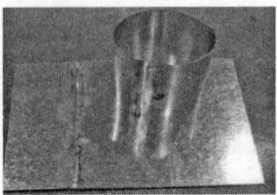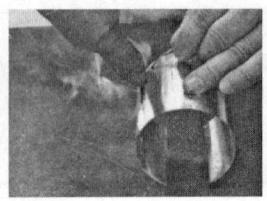

图 5-44　锡焊

想一想

1. 画出单平咬接、角式单咬接、角式双咬接、立式单咬接、立式双咬接的示意图。

2. 简述手工单平咬接的操作过程。

3. 简述手工单立咬接的操作过程。

4. 简述手工端部单立咬接的操作过程。

5. 简述手工角式单咬接的操作过程。

6. 简述手工综合平咬接的操作过程。

7. 铆接时强固连接、紧密连接和强密连接有什么不同？

8. 常用的铆钉有哪些类型？

9. 如何确定铆钉孔的大小？

10. 简述铆接的操作过程。

任务评价

矩形管道制作评价表　　　　　　　　　　　　　　表 5-44

评价内容		分值	评价标准	自评	互评	教师评价
基础知识	平行线法做展开图的方法	5	回答正确，表述清晰，出现错误酌情扣分			
	咬口连接的操作方法	5				
	铆接的基本操作方法	5				
操作要点	设备、工具、量具的使用	10	动作规范，使用正确，出现错误酌情扣分			
	展开图	13	尺寸准确，误差每超出 1mm 扣 2 分			
	剪切下料尺寸	13	尺寸准确，误差每超出 1mm 扣 2 分			
	咬口制作质量	10	尺寸符合要求，误差每超出 1mm 扣 2 分			
	咬接质量	12	咬口平滑均匀，压实紧密、无裂口，出现缺陷酌情扣分			
	操作姿势	7	动作规范，操作正确，出现错误酌情扣分			
职业素养	工作态度	5				
	协作精神	5				
	安全文明生产	5				
	创新意识	5				

任务总结

掌握的基础知识	
掌握的操作要点	
遇到的问题	
解决问题的方法和途径	
心得体会	
其他	

任务二　矩形弯头的制作

任务描述

本任务是对图 5-10 所示通风管道平面图中的矩形弯头进行加工制作，矩形弯头示意图及制作图如图 5-45、图 5-46 所示。制作过程主要包括展开放样、剪切下料、咬接等操作。展开放样时，需要根据管道、管件的形状，采用合适的展开方法绘制展开图，并选择合适的钣金加工设备、工具和量具，对其进行剪切下料，以达到图样所示的精度要求。在管件加工制作过程中将接触到展开放样、剪切、手工弯曲、放边、收边、拨缘、卷边、咬接、铆接、焊接等钣金工基本操作技能，加工中要注意钣金设备、工具和量具的正确使用。

图 5-45　矩形弯头示意图

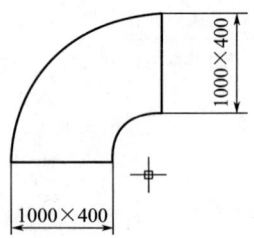

图 5-46　矩形弯头制作图（单位：mm）

任务分析

分析矩形弯头的制作工作流程，完成表 5-45。

矩形弯头的制作流程表　　　　　　　　　　　　　表 5-45

序号	工作内容	操作方法	精度要求	设备、工具、量具

任务目标

1. 知识目标

（1）掌握平行线法做展开图的方法。

（2）掌握咬口连接的操作方法。

（3）掌握铆接的基本操作。

（4）掌握钣金件的手工弯曲、放边、收边、拨缘、折方、卷圆等加工技术。

2. 能力目标

（1）能正确绘制矩形弯头的展开图。

（2）能正确进行钣金件的剪切操作。

（3）能正确进行钣金件的折方、卷圆等操作。

（4）能正确进行钣金件常见的咬口连接操作。

（5）能正确进行钣金件铆接操作。

3. 职业素养

（1）工作态度端正，纪律观念强。

（2）善于思考问题和敢于解决问题的能力。

（3）良好的协作精神和创新意识。

（4）遵守安全文明生产的要求。

任务实施

工作内容	操作方法	说明	精度要求	设备、工具、量具
1. 矩形弯头的展开放样	（1）画弯头里和弯头背的展开图，根据已知尺寸计算出里弧和背弧的长度，已知背板和里板的宽度，即可划出背板和里板的展开矩形	（1）侧板和背板、里板的咬口形式多为联合角咬口。 （2）在弯头里和弯头背两侧留出双边咬口留量，在两端留出法兰宽度加翻边留量，法兰宽度一般取50mm		
	（2）画侧板的展开图，根据已知里弧和背弧半径画弧，其在1/4圆周内的部分即是展开扇形	在侧板两侧留出单边咬口留量，在两端留出法兰宽度加翻边留量		
任务知识点				
2. 矩形弯头的剪切下料	（1）检查根据咬口设置所放的咬口留量是否给出，留量是否正确，当确认无误后，即可剪切下料			
	（2）用手工或机械剪切工具将划线的板材按剪切线剪切			
	（3）在咬口两侧剪出翻边斜角			
任务知识点				
3. 矩形弯头的组装咬合	（1）将弯头里、弯头背、侧板的板材打好咬口			
	（2）弯制背板、里板的弧度			
	（3）将弯头里、弯头背、侧板组装咬合在一起	根据咬口形式咬接		
	（4）将扣合的咬口打紧打实	注意拍打力度		
任务知识点				

任务实施加油站

通风与空调工程的安装，在预制加工直风管的同时，也要预制加工好各种部件、配件。风管配件和直风管一样，都具有一定的几何形状和外形尺寸，都是由平整的金属或非金属板材加工制作而成，所以必须把风管、配件或部件的实际表面按照1∶1的比例，依次展开并平摊在板材的平面上划成图形，在实际工程中不是以物求形，而是以图求物。

矩形弯头
的制作

弯头是风管转弯时必备的配件，其尺寸大小主要取决于风管的断面尺寸。根据弯头的断面形状可分为圆形弯头和矩形弯头。

1. 圆形弯头的制作

圆形弯头又称虾米腰，它是由两个端节和若干个中间节组成的，而端节尺寸是中间节尺寸的一半。圆形弯头的制作过程见表5-46。

圆形弯头的制作过程 表5-46

步骤	操作方法	说明
1. 弯曲半径及节数的确定	根据已知弯头的直径、弯曲角度，确定弯头的弯曲半径和节数	弯头要求阻力不能太大，同时根据安装要求，其加工尺寸也不能过大。弯头局部阻力的大小，主要取决于弯头转弯的平滑度，弯头的平滑度又取决于弯曲半径的大小和弯头的节数，应根据图纸要求进行施工
2. 展开放样	(1)用平行线展开法绘制圆形弯头的端节和中间节的展开图。 (2)在端节展开图上分别放出单平咬口、单立咬口和法兰翻边留量	平行线法见前文
3. 剪切下料	(1)经检查合格后，即可用手工或机械剪切的方法将端节剪裁。 (2)用剪好的端节展开图作样板，按需要的数量在板材上套剪所有的端节和中间节	注意，单平咬口的两侧端头均应剪斜角
4. 咬口加工	(1)将端节和中间节的板材拍好纵咬口。 (2)将端节和中间节的单平咬口加工好并卷圆咬口。 (3)加工端节和中间节单立咬口的单边、双边	—
5. 组对咬合	将单边放入双边中，核对背弧线待对正后，用方锤将端节和中间节的横立咬口进行包边咬紧，组对装配成圆形弯头	(1)要检查一下单边、双边的加工情况，必须使单边、双边在同一个平面内。 (2)注意应把各节的纵向咬口错开

2. 矩形弯头的制作

矩形弯头是由两块侧板、弯头背和弯头里四部分组成。

（1）矩形弯头的展开

弯头背和弯头里的宽度以 B 表示，侧壁的宽度以 A 表示，矩形弯头的弯曲半径一般为 $1.0 \times A$。

对于内外弧形矩形弯头，展开放样示意图如图5-47所示。弯头背的弯曲半径为 $R' =$

$1.5A$，弯头里的弯曲半径为 $R''=0.5A$。

矩形弯头的连接有咬口连接和焊接。咬口连接有单角咬口、联合角咬口和按扣式咬口三种，最常用的是联合角咬口。

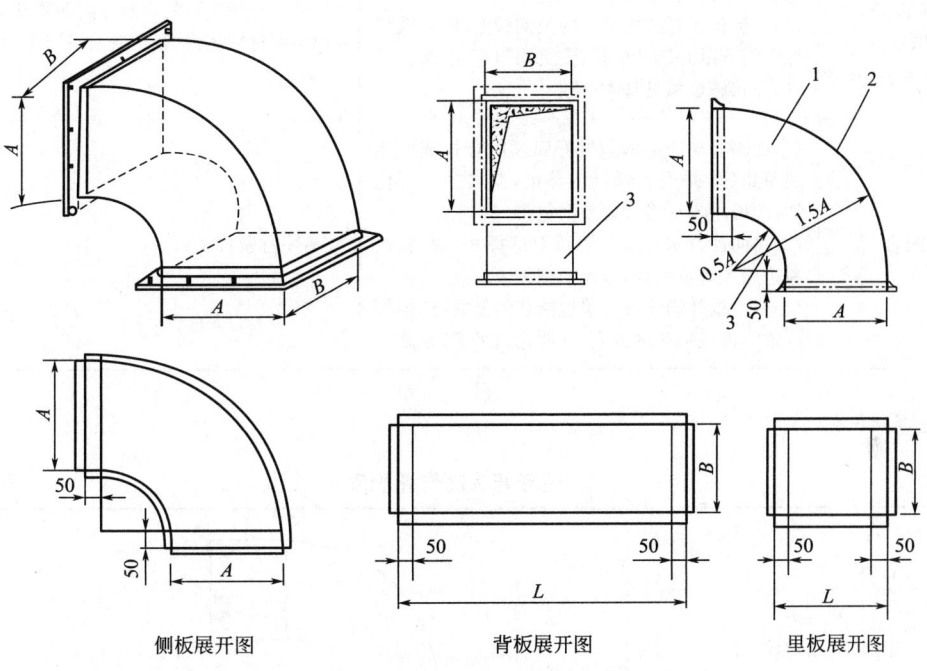

侧板展开图　　　　　　　背板展开图　　　　里板展开图

图 5-47　矩形弯头展开放样示意图（单位：mm）

（2）矩形弯头的制作

矩形弯头的制作过程见表 5-47。

矩形弯头的制作过程　　　　　　　　　　　　　　　　　　　表 5-47

步骤	操作方法	说明
1. 展开放样	绘制弯头里和弯头背的展开图。根据已知尺寸计算出里弧和背弧的长度，已知背板和里板的宽度，即可划出背板和里板的展开矩形	(1)弯头里和弯头背的展开图均为矩形，矩形的宽度为 B，弯头里的展开长度为 $L=2\pi R''/4=1.57R''=0.785A$，弯头背的展开长度为 $L'=2\pi R'/4=1.57R'=2.355A$。 (2)在弯头里和弯头背两侧留出双边咬口留量，在两端留出法兰宽度加翻边留量，法兰宽度一般取 50mm
	绘制侧板的展开图。分别以 R'、R'' 为半径画圆弧，并与顶点在圆心的一直角的两条边相交后，所形成的扇形即为侧板的展开图	在侧板两侧留出单边咬口留量，在两端留出法兰宽度加翻边留量
2. 剪切下料	检查根据咬口设置所放的咬口留量是否给出，留量是否正确，当确认无误后，即可用手工或机械剪切下料	—
3. 咬口加工	将弯头里、弯头背、侧板的板材打好咬口	—

续表

步骤	操作方法	说明
4. 弯制背板、里板的弧度	(1)用手工方法分别将背板、里板一次弯制成与弯头侧板弧度一致的1/4圆。 (2)将板料放置在大直径的圆钢管上,两手缓慢加力向下撬并转动板料,使之均匀弯曲,圆弧圆滑,并与侧板弧度基本一致	(1)注意板材咬口的弯制方向不要反了。 (2)不可过猛用力,以免造成局部死弯
5. 组装咬合	(1)把侧板单边插入弯制好弧度的背板或里板的单边中,并用方锤轻击单边,使之插入到位后,即可用方锤将包边扣倒包实。 (2)用同样方法在1/4圆弧上选择3~5处,待单边插入到位后,用方锤扣倒包边。 (3)待检查并确认所有单边插装到位后,用拍板或方锤将包边扣倒包实,并使包边平实、紧贴	咬口要打紧打实

任务评价

矩形弯头制作评价表　　　　　　　　　　　　　表 5-48

矩形弯头的制作图	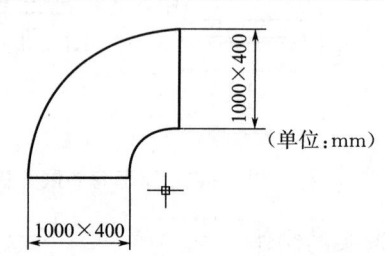（单位:mm）

	评价内容	分值	评价标准	自评	互评	教师评价
基础知识	平行线法做展开图的方法	5	回答正确,表述清晰,出现错误酌情扣分			
	咬口连接的操作方法	5				
	铆接的基本操作方法	5				
操作要点	设备、工具、量具的使用	10	动作规范,使用正确,出现错误酌情扣分			
	展开图	13	尺寸准确,误差每超出1mm扣2分			
	剪切下料尺寸	13	尺寸准确,误差每超出1mm扣2分			
	咬口制作质量	10	尺寸符合要求,误差每超出1mm扣2分			
	咬接质量	12	咬口平滑均匀,压实紧密、无裂口,出现缺陷酌情扣分			
	操作姿势	7	动作规范,操作正确,出现错误酌情扣分			

续表

评价内容		分值	评价标准	自评	互评	教师评价
职业素养	工作态度	5				
	协作精神	5				
	安全文明生产	5				
	创新意识	5				

任务总结

掌握的基础知识	
掌握的操作要点	
遇到的问题	
解决问题的方法和途径	
心得体会	
其他	

任务三　矩形变径管的制作

任务描述

本任务是对图 5-10 所示通风管道平面图中的矩形变径管进行加工制作，矩形变径管示意图及制作图如图 5-48、图 5-49 所示。制作过程主要包括展开放样、剪切下料、咬接等操作。展开放样时，需要根据管道、管件的形状，采用合适的展开方法绘制展开图，并选择合适的钣金加工设备、工具和量具，对其进行剪切下料，以达到图样所示的精度要求。在管件加工制作过程中将接触到展开放样、剪切、手工弯曲、放边、收边、拨缘、卷边、咬接、铆接、焊接等钣金工基本操作技能，加工中要注意钣金设备、工具和量具的正确使用。

图 5-48　矩形变径管示意图

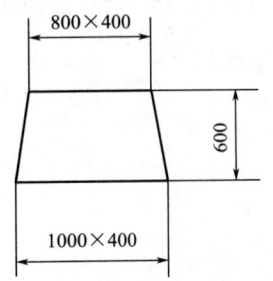

800×400

600

1000×400

图 5-49　矩形变径管制作图（单位：mm）

任务分析

分析矩形变径管的制作工艺流程，完成表 5-49。

矩形变径管的制作流程表 表 5-49

序号	工作内容	操作方法	精度要求	设备、工具、量具

任务目标

1. 知识目标

(1) 掌握平行线展开法的操作方法。

(2) 掌握咬口连接的操作方法。

(3) 掌握铆接的基本操作。

(4) 掌握钣金件的手工弯曲、放边、收边、折方、卷圆等加工技术。

2. 能力目标

(1) 能用平行线展开法正确做钣金件的展开图。

(2) 能正确进行钣金件的剪切操作。

(3) 能正确进行常用钣金件的手工弯曲、放边、收边、折方、卷圆等操作。

(4) 能正确进行钣金件常见的咬口连接操作。

(5) 能正确进行钣金件铆接操作。

3. 职业素养

(1) 工作态度端正，纪律观念强。

(2) 善于思考问题和敢于解决问题的能力。

(3) 良好的协作精神和创新意识。

(4) 遵守安全文明生产的要求。

任务实施

工作内容	操作方法	说明	精度要求	设备、工具、量具
1. 矩形变径管的展开放样	(1)用三角形法绘制矩形变径管的展开图			
	(2)在展开图的两侧放出单平咬口留量			
	(3)展开图两端放一段直边			
任务知识点				

工作内容	操作方法	说明	精度要求	设备、工具、量具
2. 矩形变径管的剪切下料	(1)检查根据咬口设置所放的咬口留量是否给出,留量是否正确,当确认无误后,即可用手工或机械剪切下料	①根据咬口形式(一般为单平咬口)留出合适的咬口留量。②两端留出与法兰直管的单立咬口留量加翻边留量之和。③样板法用于正圆变径管的展开		
	(2)用手工或机械剪切工具将划线的板材按剪切线剪切			
	(3)在咬口两侧剪出翻边斜角			
任务知识点				
3. 矩形变径管的咬合	(1)在剪切好的矩形弯头板材上制作咬口			
	(2)按照矩形边尺寸在板材上折出棱线,并将套法兰直边压出棱线			
	(3)将咬口相互扣合,并打紧压实	根据咬口形式咬接		
	(4)将变径管口径修整周正	注意拍打力度		
	(5)折出连接法兰的直角边			
任务知识点				

任务实施加油站

一、变径管的制作

变径管用来连接不同截面的风管,主要有圆形变径管和矩形变径管两种形式。

1. 圆形变径管的制作

圆形变径管的制作过程见表5-50。

圆形变径管的制作过程　　　　　　　　　　　　　　　表 5-50

步骤	操作方法	说明
1. 展开放样	(1)用放射线法绘制圆形变径管的展开图。 (2)在展开图的两侧放出单平咬口留量。 (3)展开图扇形上下放出相应留量	(1)放射线法见前文。 (2)根据展开图扇形上下放出的留量判断是否需要采取措施套法兰。若不需要采用措施套法兰,只分别放出法兰的翻边留量;若需要加设直管,应分别放出单立咬口的单、双边留量
2. 剪切下料	检查根据咬口设置所放的咬口留量是否给出,留量是否正确,当确认无误后,即可用手工或机械剪切下料	(1)根据咬口形式(一般为单平咬口)留出合适的咬口留量。 (2)两端留出与法兰直管的单立咬口留量加翻边留量之和。 (3)样板法用于正圆变径管的展开
3. 咬口加工	将剪切好的圆形变径管的板材打好咬口	—
4. 卷圆	将做好咬口的板材放在钢管上卷圆	应控制好力度和圆弧度,沿着放射线方向用力
5. 咬合压实	将咬口相互扣合,并打紧打实	注意打咬口时力度要掌握好,不要将咬口打裂
6. 整形	用拍板将咬合好的变径管在钢管上整形	—
7. 加工法兰直管	在变径管两端加工单立咬口的单、双边,在两直管端部用同样的方法加工出咬口,将其咬合压实	如果套法兰需要加设直管,在整形后可加直管

正矩形变径管的展开

2. 矩形变径管的制作

矩形变径管的制作过程见表 5-51。

矩形变径管的制作过程　　　　　　　　　　　　　　　表 5-51

步骤	操作方法	说明
1. 绘制展开图	(1)用三角形法绘制矩形变径管的展开图。 (2)在展开图的两侧放出单平咬口留量。 (3)展开图两端放一段直边	(1)三角形法见前文。 (2)矩形变径管的加工,可以用一块板材制成,为了节省板材,也可以采用四块板材制作。当采用四块板材制作时,其四条咬缝应采用角咬口连接。 (3)如果是角缝处咬接,多为联合角咬口,在展开图的两侧分别留出单边、双边。 (4)直边高度应大于法兰角钢宽度加法兰翻边留量
2. 剪切下料	(1)用剪好的矩形变径管的展开图作样板,在板材上划出剪切线。 (2)把划好线的板材用手工或机械剪切的方法剪开	—
3. 咬口加工	将剪切好的圆形变径管的板材打好咬口	—
4. 折边	按照矩形边尺寸在板材上折出棱线,并将套法兰直边压出棱线	—
5. 咬合压实	将咬口相互扣合,并打紧压实	注意打咬口时力度要掌握好,不要将咬口打裂
6. 整形	将变径管口径修整周正	—
7. 加工连接法兰的直边	折出连接法兰的直角边	注意留出翻边留量

二、变径管套法兰问题及解决措施

变径管套法兰问题：变径管在按具体尺寸划出实样时，应根据变径管坡度变化之缓急，决定是否采取相应措施来解决套法兰问题。

（1）当变径管采用扁钢法兰时，因扁钢厚度在 3～5mm，变径管在套法兰时不会发生太大困难，上下圆口只需用方锤收边或放边轻轻敲击使二者贴合，再扳出法兰的翻边即可，如图 5-50（a）所示。

（2）当变径管采用角钢法兰时，而变径管两口径变化又较大，高度相对低时，此时坡度较缓，若预先不采取措施处置，就会出现如图 5-50（b）所示的情形，即小口法兰不能套入，而大口法兰套入后不能与管壁贴合，铆钉无法铆接。

解决套法兰问题的具体措施：

（1）若是圆变径管，可在其两端各加设一段直管，管端高度在 50～80mm 左右，而圆变径管展开图则应放出相应咬口留量，然后用单立咬口加以连接。

（2）如是矩形变径管，则在矩形变径管展开图的两端各放出一段直边，此直边长度应大于法兰的角钢边宽加法兰翻边留量，制作中再将其折成直角边。

（3）方圆变径管，在圆口端加设一段短直管，高度同圆变径管短直管；而在矩形口一端则放出一段直边，长度同矩形变径管短直边。

上述三种变径管采取了具体措施，套法兰与铆接法兰就比较容易了，如图 5-50（c）所示。

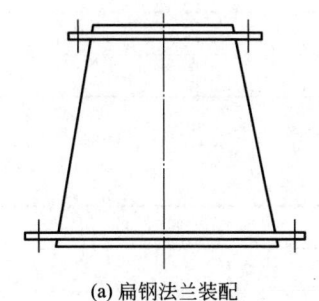

(a) 扁钢法兰装配　　　　　(b) 小口套不进，大口不能紧密结合　　　

(c) 加设短直管道

图 5-50　变径管装配法兰示意图

任务评价

矩形变径管制作评价表　　　　　　　　　　　　表 5-52

矩形变径管的制作图	800×400 600 1000×400 （单位：mm）

评价内容		分值	评价标准	自评	互评	教师评价
基础知识	平行线法做展开图的方法	5	回答正确，表述清晰，出现错误酌情扣分			
	咬口连接的操作方法	5				
	铆接的基本操作方法	5				
操作要点	设备、工具、量具的使用	10	动作规范，使用正确，出现错误酌情扣分			
	展开图质量	13	整体效果好，尺寸准确，误差每超出 1mm 扣 2 分			
	剪切下料尺寸	13	尺寸准确，误差每超出 1mm 扣 2 分			
	咬口制作质量	10	尺寸符合要求，误差每超出 1mm 扣 2 分			
	咬接质量	12	咬口平滑均匀，压实紧密、无裂口，出现缺陷酌情扣分			
	操作姿势	7	动作规范，操作正确，出现错误酌情扣分			
职业素养	工作态度	5				
	协作精神	5				
	安全文明生产	5				
	创新意识	5				

任务总结

掌握的基础知识	
掌握的操作要点	
遇到的问题	
解决问题的方法和途径	
心得体会	
其他	

任务四 方圆变径管的制作

任务描述

本任务是对图 5-10 所示通风管道平面图中的方圆变径管进行加工制作，方圆变径管示意图及制作图如图 5-51、图 5-52 所示。制作过程主要包括展开放样、剪切下料、咬接等操作。展开放样时，需要根据管道、管件的形状，采用合适的展开方法绘制展开图，并选择合适的钣金加工设备、工具和量具，对其进行剪切下料，以达到图样所示的精度要求。在管件加工制作过程中将接触到展开放样、剪切、手工弯曲、放边、收边、拨缘、卷边、咬接、铆接、焊接等钣金工基本操作技能，加工中要注意钣金设备、工具和量具的正确使用。

图 5-51 方圆变径管示意图

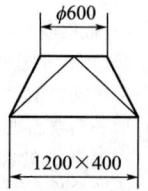

图 5-52 方圆变径管制作图（单位：mm）

任务分析

分析方圆变径管的制作工艺流程，完成表 5-53。

方圆变径管的制作流程表　　　　　　　　表 5-53

序号	工作内容	操作方法	精度要求	设备、工具、量具

任务目标

1. 知识目标

（1）掌握三角形展开法。

（2）掌握咬口连接的操作方法。

（3）掌握铆接的基本操作。

（4）掌握钣金件的手工弯曲、放边、收边、拨缘、折方、卷圆等加工技术。

2. 能力目标

（1）能用三角形法做钣金件的展开图。

（2）能正确进行常用钣金件的手工弯曲、放边、收边、卷边、折方、卷圆等操作。

（3）能正确进行钣金件常见的咬口连接操作。

（4）能正确进行钣金件铆接操作。

3. 职业素养

（1）工作态度端正，纪律观念强。

（2）善于思考问题和敢于解决问题的能力。

（3）良好的协作精神和创新意识。

（4）遵守安全文明生产的要求。

任务实施

工作内容	操作方法	说明	精度要求	设备、工具、量具
1. 方圆变径管的展开放样	(1)用三角形法绘制方圆变径管的展开图	方圆变径管(天圆地方)可以用一块板材制成,拼接缝设在平面三角形的高线处		
	(2)根据咬口形式放出咬口留量,在展开图的两侧放出纵缝单平咬口留量,在展开图的矩形一端放出加设法兰的直边,在展开图的圆口端放出加设法兰的圆直管	(1)展开图两侧连接处的纵缝采用单平咬口。(2)圆口端和短直管的连接采用单立咬口		
任务知识点				
2. 矩形变径管的剪切下料	(1)检查根据咬口形式设置所放的咬口留量是否给出,留量是否正确,当确认无误后,即可用手工或机械剪切下料			
	(2)用手工或机械剪切工具将划线的板材按剪切线剪切			
	(3)在咬口两侧剪出翻边斜角	矩形一端所放直边要剪去多余部分		
任务知识点				
3. 方圆变径管的咬合	(1)在剪切好的方圆变径管板材上加工咬口	按照划好的折边线打咬口		
	(2)卷圆和折方	矩形一端直边拍出棱线		
	(3)将每个咬口咬合并打紧压实	①根据咬口形式咬接。②注意拍打力度,不要将咬口打裂		
	(4)进行方圆变径管的修整工作			
任务知识点				

任务实施加油站

方圆变径管（天圆地方）用于圆形断面风管和矩形断面风管的连接，如风管与风机出口、送风口、排风口等的连接（图 5-53）。天圆地方有正心天圆地方和偏心天圆地方两种。

方圆变径管的展开

图 5-53　方圆变径管

方圆变径管的制作步骤见表 5-54。

方圆变径管的制作步骤　　　　　　　　　　　　　　　表 5-54

步骤	操作方法	说明
1. 展开放样	(1)用三角形法绘制方圆变径管的展开图。 (2)在展开图的两侧放出纵缝单平咬口留量。 (3)在展开图的矩形一端放出加设法兰的直边。 (4)在展开图的圆口端放出加设法兰的圆直管	(1)三角形法绘制方圆变径管展开图见前文。 (2)纵缝咬口形式一般为单平咬口，圆口端与圆直管咬接的咬口形式为单立咬口。 (3)圆口端留出圆直管长度为单立咬口留量加翻边留量之和。 (4)矩形一端留出的直边长度为法兰宽度加翻边留量。 (5)方圆变径可以用一块板材制成，也可以用两块或四块板材拼成
2. 剪切下料	检查根据咬口设置所放的咬口留量是否给出，留量是否正确，当确认无误后，即可用手工或机械剪切下料	(1)单平咬口留量处一定要剪斜角。 (2)矩形一端所放直边要剪去多余部分
3. 咬口加工	用手工或机械方法将方圆变径管和短直管的单平咬口加工好	—
4. 卷圆和折方	(1)先将方圆过渡线置于型钢棱线重合，用拍板由矩形一端向上拍出棱线约 2/3 长，八条线均用此法处理。 (2)将四个 1/4 圆放在圆钢管上揿按。 (3)将矩形一端直边拍出棱线	(1)在圆钢管上揿按时要控制好揿按深度，仅限圆口端。 (2)用上述方法处置直至矩形方正、圆口圆滑，单平咬口钩挂合适
5. 咬合压实	(1)将方圆变径管单平咬口咬合，用拍板将咬口打实。 (2)将短直管咬口咬合打实	—
6. 修整	(1)将方圆变径管圆口修圆。 (2)矩形一端直边修正	—
7. 加工法兰直管接口	(1)将方圆变径管圆口端和短直管用手工或机械方法加工好单立咬口的单、双边并进行咬合。 (2)修整两端口径	—

任务评价

方圆变径管制作评价表　　　　　　　　　　　　　　　　表 5-55

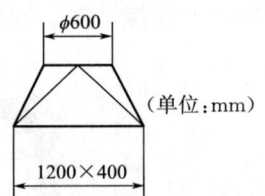

	评价内容	分值	评价标准	自评	互评	教师评价
	方圆变径管的制作图		φ600 （单位：mm） 1200×400			
基础知识	三角形法做展开图的方法	5	回答正确，表述清晰，出现错误酌情扣分			
	咬口连接的操作方法	5				
	铆接的基本操作方法	5				
操作要点	设备、工具、量具的使用	10	动作规范，使用正确，出现错误酌情扣分			
	展开图质量	13	整体效果好，尺寸准确，误差每超出 1mm 扣 2 分			
	剪切下料尺寸	13	尺寸准确，误差每超出 1mm 扣 2 分			
	咬口制作质量	10	尺寸符合要求，误差每超出 1mm 扣 2 分			
	咬接质量	12	咬口平滑均匀，压实紧密、无裂口，出现缺陷酌情扣分			
	操作姿势	7	动作规范，操作正确，出现错误酌情扣分			
职业素养	工作态度	5				
	协作精神	5				
	安全文明生产	5				
	创新意识	5				

任务总结

掌握的基础知识	
掌握的操作要点	
遇到的问题	
解决问题的方法和途径	
心得体会	
其他	

任务五　矩形三通的制作

任务描述

本任务是对图 5-10 所示通风管道平面图中的矩形三通进行加工制作。矩形三通示意图及制作图如图 5-54、图 5-55 所示。制作过程主要包括展开放样、剪切下料、咬接等操作。展开放样时，需要根据管道、管件的形状，采用合适的展开方法绘制展开图，并选择合适的钣金加工设备、工具和量具，对其进行剪切下料，以达到图样所示的精度要求。在管件加工制作过程中将用到展开放样、剪切、手工弯曲、放边、收边、拨缘、卷边、咬接、铆接、焊接等钣金工基本操作技能，加工中要注意钣金设备、工具和量具的正确使用。

图 5-54　矩形三通示意图

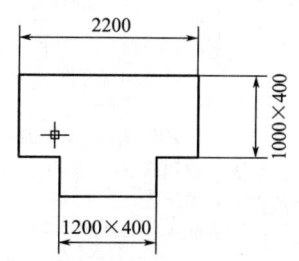

图 5-55　矩形三通制作图（单位：mm）

任务分析

分析矩形三通的制作工作流程，完成表 5-56。

矩形三通的制作流程表　　　　　　　　　　　　表 5-56

序号	工作内容	操作方法	精度要求	设备、工具、量具

任务目标

1. 知识目标

（1）掌握矩形三通的展开放样方法。

（2）掌握咬口连接的操作方法。

（3）掌握铆接的基本操作。

（4）掌握钣金件的手工弯曲、放边、收边、拨缘、拱曲、卷边、折方、卷圆等加工技术。

2. 能力目标

(1) 能正确进行矩形三通的展开放样。

(2) 能正确进行常用钣金件的手工弯曲、放边、收边、折方、卷圆等操作。

(3) 能正确进行钣金件常见的咬口连接操作。

(4) 能正确进行钣金件铆接操作。

3. 职业素养

(1) 工作态度端正，纪律观念强。

(2) 善于思考问题和敢于解决问题的能力。

(3) 良好的协作精神和创新意识。

(4) 遵守安全文明生产的要求。

任务实施

工作内容	操作方法	说明	精度要求	设备、工具、量具
1. 矩形三通的展开放样	(1)根据已知尺寸,划出矩形三通各部分的展开图	具体做法见本部分任务知识		划针、钢直尺、划规
	(2)用合适的放样方法(样板法或放射线法)在板材上划出各部分的展开图			
	(3)分别在三块侧面两边放出所选定咬口的大边咬量,在两块平面板三边放出选定咬口的单边			
任务知识点				
2. 矩形三通的剪切下料	(1)检查根据咬口设置所放的咬口留量是否给出,留量是否正确,当确认无误后,即可用手工或机械剪切下料		咬口宽度要一致,符合尺寸要求	手剪刀
	(2)用手工或机械剪切工具将划线的板材按剪切线剪切	根据咬口形式咬接		
	(3)在咬口两侧剪出翻边斜角	注意拍打力度,不要将咬口打裂		
任务知识点				

工作内容	操作方法	说明	精度要求	设备、工具、量具
3.矩形三通的咬合	(1)分别在三块侧面两边放出所选定咬口的大边咬量	按照划好的折边线打咬口	咬口宽度要一致，符合尺寸要求	拍板、木槌、方锤、方杠、钢直尺
	(2)在两块平面板三边放出选定咬口的单边			
	(3)分别将三块侧板的双边和两块平面板的单边用机械和手工方法加工好			
	(4)将斜侧板和角形侧板折弯至所需角度			
	(5)将两块平面板的咬口单边嵌入三块制板的双边中，用方锤、拍板将其打紧咬实	注意拍打力度，不要将咬口打裂		
	(6)进行矩形三通的修整工作			
任务知识点				

任务实施加油站

三通分为圆形三通和矩形三通两种，由主管和支管两部分构成。

1. 圆形三通的制作

根据圆形三通的主管和支管的夹角情况不同，可分为斜三通、正三通和丫形（裤衩）三通等，应根据工程实际情况选用。圆形三通的制作步骤见表 5-57。

圆形三通的制作步骤　　　　　　　　　　　　　　　　　表 5-57

步骤	操作方法	说明
1.展开放样	(1)用平行线法绘制圆形三通的展开图（先做主管展开图，再做支管部分的展开图）。 (2)用合适的放样方法（样板法或放射线法）在板材上划出主管和支管的展开图	(1)三角形法见前文。 (2)主、支管纵缝为单平咬口，分别由两侧放出。 (3)主、支管结合缝根据咬口形式分别放出咬口留量。 (4)如果需要解决法兰问题，应分别在主、支管两端放出咬口留量；如果不需要，可直接在主、支管两端放出法兰的翻边留量
2.剪切下料	检查根据咬口设置所放的咬口留量是否给出，留量是否正确，当确认无误后，即可用手工或机械剪切下料	——

步骤	操作方法	说明
3. 加工圆形三通	(1)把剪好的板材先拍制好纵缝咬口。 (2)把展开的主管平放在展开的支管上,将咬口立起。 (3)用手掰开主管和支管,把接合缝打紧、打平。 (4)把主管和支管进行卷圆,并打紧打平纵向闭合咬口。 (5)进行三通的找圆和修整工作	(1)圆形三通的接合缝可采用焊接或咬口连接。 (2)若采用焊接,可用对接缝形式。如果板材较薄,可将接合缝处扳起 5mm 左右的立边,再用气焊焊接。 (3)若采用咬口连接,可用覆盖法咬接。展开时,将纵向闭合缝咬口留在侧面

矩形三通
的制作

2. 矩形三通的制作

矩形三通有整体式、插管式和封板式三种形式,工程中常用的是整体式。整体式矩形三通一般由平侧板(背)、斜侧板、角形侧板和两块平面板五部分构成。矩形整体式三通构造及展开图如图 5-56 所示,其制作步骤见表 5-58。

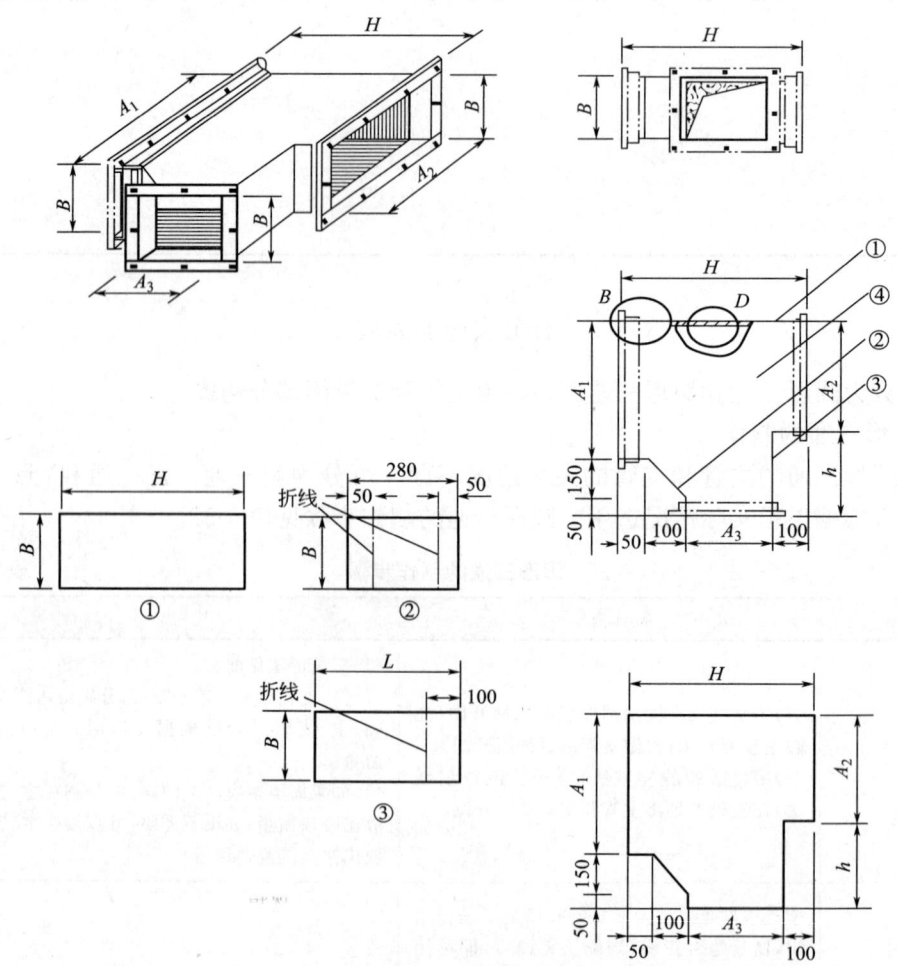

图 5-56　矩形整体式三通构造及展开图

426

矩形整体式三通的制作步骤　　　　　　　表 5-58

步骤	操作方法	说明
1. 展开放样	(1)根据已知的 A、A_2、A_3、B、H、L 等三通尺寸,画出各部分的展开图。 (2)用合适的放样方法(样板法或放射线法)在板材上划出各部分的展开图。 (3)分别在三块侧面两边放出所选定咬口的大边咬量,在两块平面板三边放出选定咬口的单边(例图中未放出)	(1)平侧板的展开图为一矩形,其尺寸为 $H×B$。 (2)斜侧板的展开图也是一个矩形,其一个边长为 B,另一个边长为 280mm,但在展开图中应画出折线,便于加工成型。 (3)角形侧板的展开图也是一个矩形,其一个边长为 B,另一个边长为 $L+100$mm,但在展开图中也应画出折线。 (4)两块平面板的尺寸是相同的,只需画出一个即可。 (5)由图分析可知,这种三通对制作后的法兰装配已经考虑,且已给出各为 50mm 和 100mm 的直边。 (6)三个口的法兰翻边留量可以不放
2. 剪切下料	检查根据咬口设置所放的咬口留量是否给出,留量是否正确,当确认无误后,即可用手工或机械剪切下料	—
3. 加工矩形三通	(1)分别在三块侧面两边放出所选定咬口的大边咬量。 (2)在两块平面板三边放出选定咬口的单边。 (3)分别将三块侧板的双边和两块平面板的单边用机械和手工方法加工好。 (4)将斜侧板和角形侧板折弯至所需角度。 (5)将两块平面板的咬口单边嵌入三块制板的双边中,用方锤、拍板将其打紧咬实。 (6)进行矩形三通的修整工作	(1)矩形三通的加工基本上与矩形直风管的加工方法相同,可采用转角咬口、联合角咬口或按扣式咬口连接。 (2)若采用焊接,可用对接缝形式。如果板材较薄,可将接合缝处扳起 5mm 左右的立边,再用气焊焊接。 (3)若采用咬口连接,可用覆盖法咬接。展开时,将纵向闭合缝咬口留在侧面

任务评价

矩形三通的制作评价表　　　　　　　表 5-59

	矩形三通的制作图	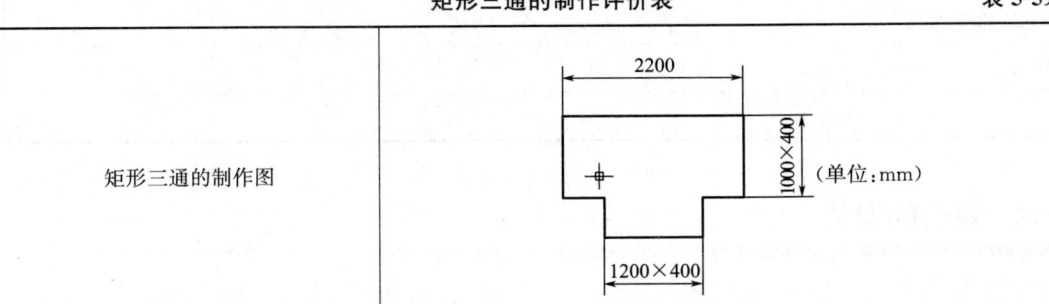

	评价内容	分值	评价标准	自评	互评	教师评价
基础知识	矩形三通展开图的做法	5	回答正确,表述清晰,出现错误酌情扣分			
	咬口连接的操作方法	5				
	铆接的基本操作方法	5				

	评价内容	分值	评价标准	自评	互评	教师评价
操作要点	设备、工具、量具的使用	10	动作规范,使用正确,出现错误酌情扣分			
	展开图质量	13	整体效果好,尺寸准确,误差每超出1mm扣2分			
	剪切下料尺寸	13	尺寸准确,误差每超出1mm扣2分			
	咬口制作质量	10	尺寸符合要求,误差每超出1mm扣2分			
	咬接质量	12	咬口平滑均匀,压实紧密、无裂口,出现缺陷酌情扣分			
	操作姿势	7	动作规范,操作正确,出现错误酌情扣分			
职业素养	工作态度	5				
	协作精神	5				
	安全文明生产	5				
	创新意识	5				

任务总结

掌握的基础知识	
掌握的操作要点	
遇到的问题	
解决问题的方法和途径	
心得体会	
其他	

任务六　风管的安装

任务描述

本任务是对图 5-10 所示通风管道平面图中风管进行安装,风管上架安装示意图如图 5-57 所示。风管的安装主要包括法兰的制作、法兰的连接、上架安装等操作。在风管的安装过程中将用到钻孔、铆接、焊接、风管无法兰连接等基本操作技能,安装过程中要注意设备、工具和量具的正确使用,以及安装质量要求。

图 5-57　风管上架安装示意图

任务分析

分析风管的安装工作流程，完成表 5-60。

风管的安装流程表　　　　　　　　　　　表 5-60

序号	工作内容	操作方法	精度要求	设备、工具、量具

任务目标

1. 知识目标

（1）掌握矩形法兰的制作方法。

（2）掌握圆形法兰的制作方法。

（3）掌握风管法兰连接的操作方法。

（4）掌握风管共板法兰连接的操作方法。

（5）了解风管无法兰连接的形式。

（6）了解风管安装的质量要求。

2. 技能目标

（1）能正确制作矩形法兰。

（2）能正确制作圆形法兰。

（3）能正确进行风管法兰连接的操作。

（4）能正确进行风管共板法兰连接的操作。

3. 职业素养目标

（1）工作态度端正，纪律观念强。

（2）善于思考问题和敢于解决问题的能力。

（3）良好的协作精神和创新意识。

（4）遵守安全文明生产的要求。

任务实施

工作内容	操作方法	说明	精度要求	设备、工具、量具
1. 矩形法兰的制作	(1)在角钢上量尺划线,沿线截断	下料时应注意使焊成后的法兰内径不能小于风管的外径,应比风管界面尺寸大2～3mm		
	(2)确定铆钉孔、螺栓孔的位置,冲眼钻孔	孔径和孔距符合要求		
	(3)将角钢组合成型,并点焊定型	点焊定型后,检验法兰的垂直度和平面度,如果不合格,可以敲掉焊点重新组合		
	(4)焊接法兰	焊接时应只焊接角钢内侧,外侧表面严禁焊接		
任务知识点				
2. 风管法兰连接	(1)将法兰套在风管上,用铆接将法兰和风管连接起来			
	(2)将风管翻边,在风管四个角涂抹密封胶	密封胶要均匀涂抹		
	(3)风管连接			
任务知识点				
3. 风管的上架安装	(1)确认现场标高	根据施工图确定安装方案		
	(2)安装支架,将风管吊装置于支架上	根据实际情况选择合适的托架和吊架		
	(3)连接风管	根据实际情况对风管进行加固、密封和保温		
任务知识点				

任务实施加油站

目前在通风系统中，风管与风管、风管与部件（配件）之间主要采用法兰连接的形式，因为法兰连接拆卸方便，并能增加风管的刚性。本任务知识主要介绍风管矩形法兰和圆形法兰的制作及风管的安装。

一、风管法兰的制作与连接

风管法兰的连接如图 5-58 所示。

风管的安装

（一）风管法兰的制作

风管法兰的加工顺序：量尺下料→成对钻孔→组合成型→焊接。

1. 矩形法兰的制作

矩形法兰一般采用四根角钢焊接而成，如图 5-59 所示。加工时应成对进行，同一批量加工的相同规格法兰的螺孔排列应一致，以便能方便地进行对口连接，其制作示意图如图 5-60 所示。

图 5-58　风管法兰连接示意图

图 5-59　矩形法兰风管

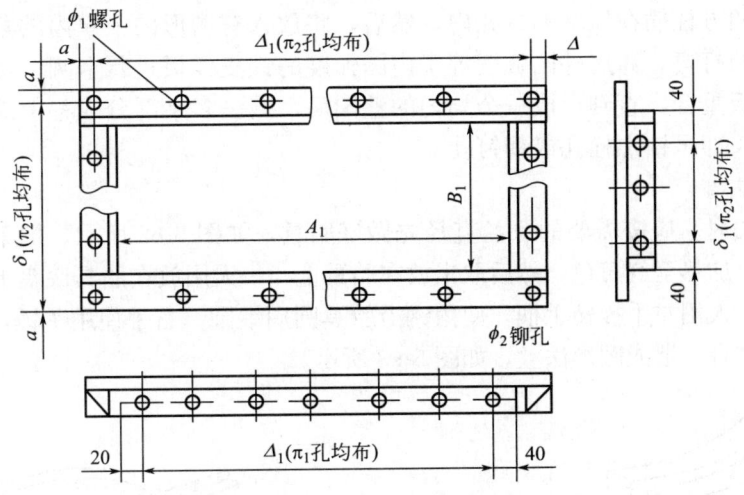

图 5-60　矩形法兰制作示意图

其一般施工工艺要求如下：

（1）下料加工

划线下料时应注意使焊成后的法兰内径不能小于风管的外径，应比风管界面尺寸大

2～3mm。用砂轮切割机按线切断，并对材料进行除锈处理。

（2）开孔

下料调直后放在钻床上钻出铆钉孔及螺栓孔，开孔位置应位于型钢面中心，中、低压系统孔距不应大于150mm，高压系统风管孔距不得大于100mm。矩形风管法兰的四角部位应设置螺栓孔。

（3）焊接

均匀冲孔后的角钢放在焊接平台上进行焊接，焊接时按各规格模具卡紧压平，确保法兰平面的平整度，且成型后应保证法兰长边包夹短边（长边四角开紧固螺栓孔）。

焊接时应只焊接角钢内侧，外侧表面严禁焊接。焊缝应熔合良好、饱满、无假焊和孔洞；同一批量加工的相同规格法兰的螺孔排列应一致，并其有互换性。

（4）防腐处理

法兰焊接组对完成后，应除去表面焊渣，进行防腐处理，刷防锈漆两遍，待油漆完全晾干后，再进行下步工序。

2. 圆形法兰的制作

（1）冷煨法

在现场加工时常采用等边角钢为原材料，对于圆形法兰，一般采用冷煨法进行加工，其下料长度为

$$L = \pi(D + B/2) \tag{5-7}$$

式中　L——法兰展开周长，mm；

　　　D——法兰内径，mm；

　　　B——角钢宽度，mm。

按下料长度，将角钢或扁钢切断后，用冷煨法兰的下模煨制法兰，如图5-61所示。先将下模下端的方柱插在铁墩的方孔内，然后，将放入有槽形的下模内的角钢或扁钢，使用手锤一点点的打弯，并用外圆弧度等于内圆弧度的铁皮样板进行卡圆。使整个角钢或扁钢的圆周与样板重合，直到形成一个均匀的整圆后，截去多余部分或补上缺角，用电焊焊牢并找圆平整，即可钻螺栓孔或铆钉孔。

（2）热煨法

采用热煨法时，应按需要的法兰直径先做好胎具，如图5-62所示。把角钢或扁钢切断后，放在炉子上加热至红黄色，然后取出放在胎具上，一人用放在胎具底盘上的钳子夹紧角钢的端部，另一人用左手扳转手柄，使角钢沿胎具圆周煨圆，右手使用手锤，使角钢更好地与胎具的圆周吻合，煨成圆形法兰，如图5-63所示。

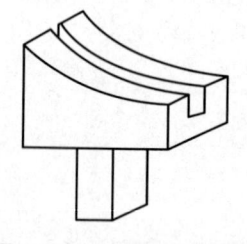

图 5-61　冷煨法兰的下模

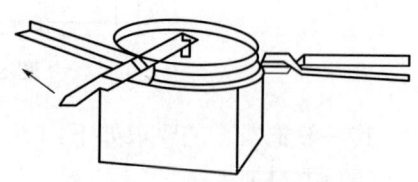

图 5-62　热煨法兰操作示意图

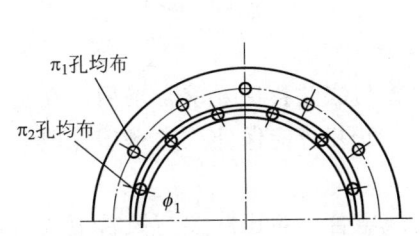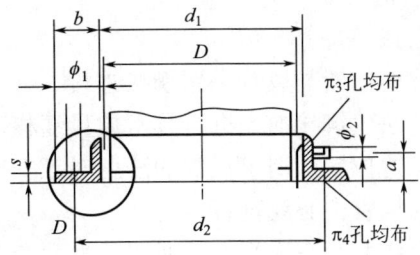

图 5-63　圆形法兰

3．制作风管法兰的注意事项

在加工风管法兰时应注意以下几点：

（1）金属风管法兰材料规格不应小于表 5-61 和表 5-62 的规定。

（2）矩形风管法兰的四角部位应设有螺孔。

（3）空气洁净系统法兰的螺栓间距不应大于 120mm，法兰铆钉间距不应大于 100mm。

金属风管法兰材料规格（mm）　　　　　　　　　　　　　　表 5-61

圆形法兰直径 D	材料规格	矩形法兰长边 b	材料规格
$D\leqslant140$	—20×4	$b\leqslant630$	∟25×3
$140<D\leqslant280$	—25×4	$630<b\leqslant1500$	∟30×3
$280<D\leqslant630$	∟25×3	$1500<b\leqslant2500$	∟40×4
$630<D\leqslant1250$	∟30×4	$2500<b\leqslant4000$	∟50×5
$1250<D\leqslant2000$	∟40×4		

金属风管法兰螺栓规格（mm）　　　　　　　　　　表 5-62

角钢规格	螺栓规格	螺栓间距	
∟25	M6	低、中压系统	高压系统
∟30	M8		
∟40	M8	≤150	≤100
∟50	M10		

（二）风管法兰连接

1．风管的类别

风管系统按其系统的工作压力划分为三个类别，见表 5-63。

风管系统类别划分　　　　　　　　　　　　表 5-63

系统类别	系统工作 P（Pa）	密封要求
低压系统	$P\leqslant500$	接缝和接管连接处严密
中压系统	$500<P\leqslant1500$	接缝和接管连接处增加密封措施
高压系统	$P>1500$	所有的拼接缝和接管连接处均应采取密封措施

2. 法兰的安装

（1）上法兰

角钢法兰一般与风管采用铆接连接。

风管与法兰铆接前先进行技术质量复核，风管与法兰各项要求合格后，在折方成型的风管外壁翻边位置，划出正确的法兰对正安装线，安装线应保证法兰铆接完成后法兰平面水平，并与风管中心线垂直。

然后将法兰套在风管上，使法兰平面与安装线重合，对正法兰与风管上的铆钉孔，然后使用液压铆钉钳或手动夹眼钳将风管铆固。

铆固过程中，应经常使用角尺、水平尺查验法兰与风管间的垂直度和法兰与法兰平面的水平度及平行度，以便及时调整，防止误差过大。

铆接时，应保证铆接牢固，不得有漏铆和脱铆现象。用钢铆钉，铆钉平头朝内，圆头在外。铆钉规格及铆钉孔尺寸见表 5-64。

风管法兰铆钉规格及铆钉孔尺寸 表 5-64

类型	风管规格（mm）	铆孔尺寸	铆钉规格
矩形法兰	120～630	φ4.5	φ4×8
	800～2000	φ5.5	φ5×10
圆法兰	200～500	φ4.5	φ4×8
	530～2000	φ5.5	φ5×10

风管法兰内侧的铆钉处应涂密封胶，涂胶前应清除铆钉处表面油污。铆钉应采用与风管材质相同或不产生电化学腐蚀的材料。

风管与法兰采用焊接连接时，风管端面不得高于法兰接口平面。当风管与法兰采用点焊固定连接时，焊点应熔合良好，间距不应大于 100mm；法兰与风管应紧贴，不应有穿透的缝隙或孔洞。

（2）翻边

法兰与风管铆接完成后，进行风管翻边。翻边应平整，紧贴法兰表面，其翻边宽度应一致，且不应小于 6mm，翻边四角不得有开裂和孔洞。

翻边完成后，应在风管四个角均匀涂抹密封胶，保证风管的严密性。

二、风管无法兰连接

无法兰连接施工工艺，是把法兰与附件取消，而采取直接咬合、加中间件咬合、辅助夹紧件等方式完成风管的横向连接。无法兰连接适用于通风与空调工程中的宽度小于1000mm 的风管。

风管无法兰连接形式包括：S 形插条、C 形插条、立插条、立咬口、包边立咬口、薄钢板法兰插条、薄钢板法兰弹簧夹、直角形平插条、立联合角形插条。

（一）矩形风管无法兰连接

1. 矩形风管无法兰连接的形式

可按不同情况采用承插式、插条式及薄钢板弹簧等形式。矩形风管的无法兰连接形式、接口要求及使用范围见表 5-65。

矩形风管无法兰连接形式及使用范围

表 5-65

无法兰连接方式		附件板厚(mm)	使用范围
S形插条	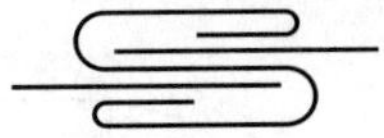	≥0.7	低压风管单独使用连接处 必须有固定措施
C形插条		≥0.7	中、低压风管
立插条	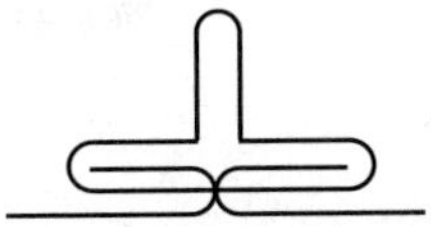	≥0.7	中、低压风管
立咬口	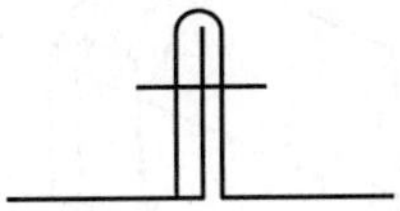	≥0.7	中、低压风管
包边立咬口	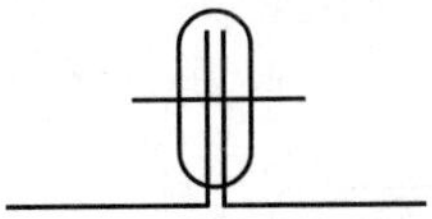	≥0.7	中、低压风管
薄钢板法兰插条		≥1.0	中、低压风管
薄钢板法兰弹簧夹		≥1.0	中、低压风管
直角形平插条	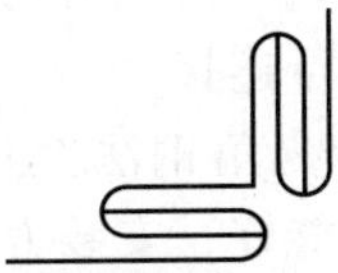	≥0.7	低压风管
立联合角形插条	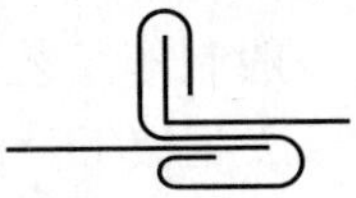	≥0.8	低压风管

注：薄钢板法兰风管也可采用铆接法兰条连接的方法。

C形平插条式连接固定法，一般用在小规格矩形风管的立面，在制作C形平插条风管时，下料要留出翻边量，即C形平法兰的一面要加长 10mm，并成 180°翻边，立面所用C形插条两端制成舌形接头，长度 30mm，如图 5-64、图 5-65 所示。

S形插条用来连接固定小规格矩形风管的平面，在制作S形插条风管时，风管的平面不需要翻边，但下料时要加长 28mm 的重叠量（即每边 14mm）。而立面两端下料时要留出与插条配合的 2×14mm×180°翻边量，如图 5-66 所示。

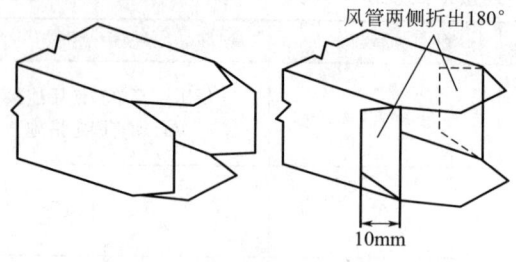

风管两侧折出180°

10mm

图 5-64 风管两侧折出 180°

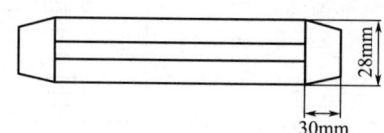

28mm

30mm

图 5-65 带舌接头 C 形法兰条

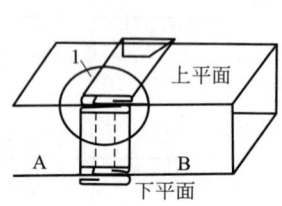

1

上平面

A B

下平面

S形法兰的应用及密封情况

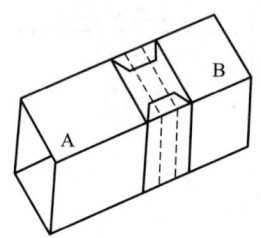

B

A

带舌法兰折弯情况

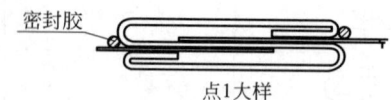

密封胶

点1大样

图 5-66 S 形插条风管

2. 共板法兰连接

共板法兰是金属薄钢板法兰风管的板面和法兰合为一体，是同一整体的镀锌板经过机械压制而成。采用合缝机辊轮滚压的方法进行合平缝与角缝。施工中，通常采用薄钢板矩形无法兰弹簧夹形式，其风管与风管之间采用法兰四角的角件螺栓和弹簧夹进行连接（图 5-67）。

其连接技术与传统角钢法兰连接技术相比，具有成型快、成本低、密封性能好、安装方便的特点，特别适用于截面面积不大的通风管道。

共板法兰连接的一般制作工艺：施工准备工作→材料进场检验→开卷压筋→剪板机下料→切角与咬口→共板法兰加工→法兰弹簧夹及角件制作→折方与检验→合缝→法兰角安装→现场检验与组装。

（1）施工准备工作

共板法兰风管加工需用很多专用设备，需设立 $100 \sim 300 m^2$ 左右的加工场地。将开卷机、压平压筋机、剪板机、咬口机、共板法兰加工机、折方机、制作管件的其他附属设备，按工艺流程安装就位使之形成流水作业线。测量器具有：钢卷尺、角尺、钢直尺、游标卡尺、厚度百分尺、划针、样冲等。

（2）材料进场检验

为了减少耗材，共板法兰风管一般需要用卷材，卷宽 $1000 \sim 1524 mm$，板厚 0.5～

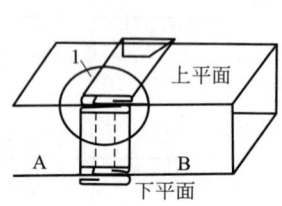

配件

螺丝

角码

卡条

图 5-67 共板法兰连接示意图

1.2mm，所用卷材应符合设计及国家相关产品标准的规定，并具有出厂检验合格证明文件。外观检查板材表面应平整光滑、厚度均匀，不得有裂纹、结疤及水印等缺陷。

（3）开卷压筋

将卷板装在开卷机上，经压筋机的导向板进入压筋机压平，同时进行纵向压筋，压筋的间距尺寸应根据板幅大小、厚度及设计的要求而定，压筋的形状与尺寸如图 5-68 所示。

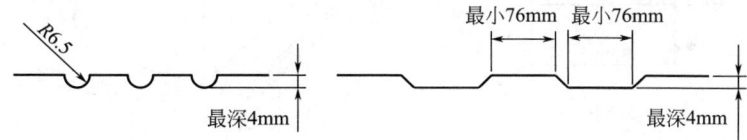

图 5-68　压筋的形状与尺寸

压筋成型参数见表 5-66。

压筋成型参数　　　　　　　　　　　　　　　　　表 5-66

序号	型号	参数	备注
1	最大间隔	305mm	76～305mm 可调
2	最小间隔	76mm	
3	最多压筋（条）	5 条	可调
4	压筋深度	4mm	可调

（4）剪板机下料

压筋后按风管尺寸进行下料，尺寸应准确。下料时应预留出咬口尺寸、共板法兰尺寸。直段风管下料尺寸如图 5-69 所示。

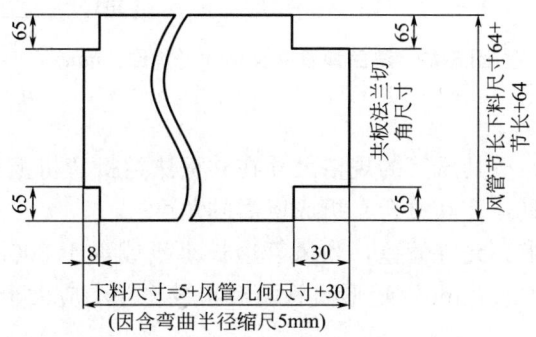

图 5-69　风管下料示意图（单位：mm）

（5）切角与咬口

剪板机下料后，用手动铡刀或铁剪子进行切角。图 5-69 是按联合角咬口形式展开下料，切角尺寸大小应按板材厚度或所使用的咬口机而定，需经试验验证。

（6）共板法兰加工

板材咬口加工完毕后，进行共板法兰制作。风管本身两端通过共板法兰成型机翻边自成法兰，法兰高度一般为 30mm 或 35mm，宽为 9～10mm。共板法兰一般采用内翻边带立面加固筋形式，其成型尺寸如图 5-70 所示。

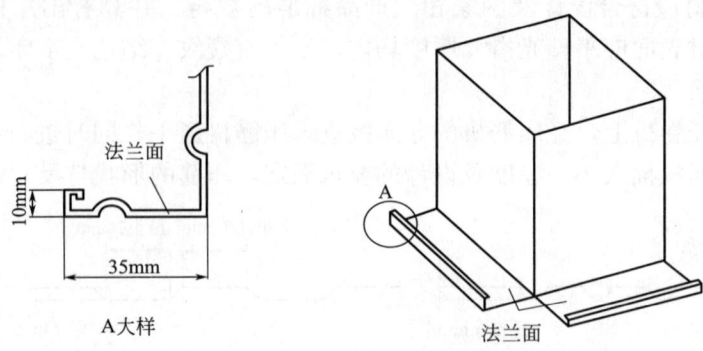

图 5-70　共板法兰基本构造

（7）法兰弹簧夹及角件制作

法兰弹簧夹在共板法兰机上加工，其断面尺寸如图 5-71 所示。法兰角采用专用机具或模具进行加工。长度为 105mm 角件的制作在 15t 以上冲床上制作，使用厚度为 1.2mm 的镀锌钢板冲压制成。先下料后成型，共用两套模具加工制作，其尺寸如图 5-71 所示。

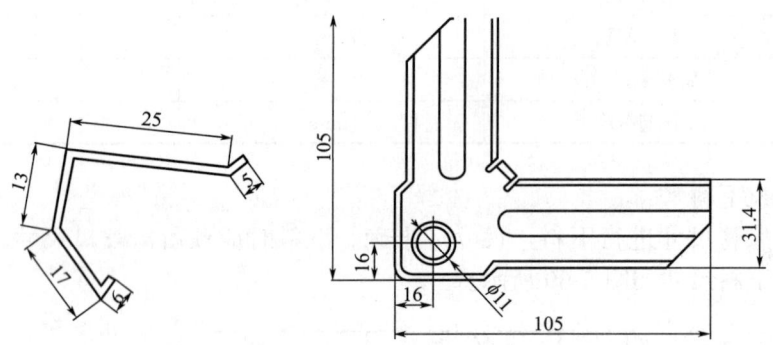

图 5-71　法兰弹簧夹及角件（单位：mm）

（8）折方与检验

共板法兰制作完后，按其风管的规格尺寸在共板法兰折弯机上折方。操作时，折方线要对正折方机的上下模具，使其重合，折成所需的角度。

尺寸应符合图纸要求，允许偏差，当风管边长小于或等于 300mm 时，为 −1～0mm；当大于 300mm 时，为 −2～0mm。矩形风管两对角线之差不应大于 3mm。

（9）合缝

合缝时主要采用机械合缝，局部配合采用手工合缝。

（10）法兰角安装

连体法兰风管折方成型后，将加工好的法兰角与风管上连体法兰进行连接，如图 5-72 所示。连接时，将法兰角与风管直角位置对正、放平，用小锤先将风管上一边连体法兰翻边与法兰角相应边中部砸实咬合，然后查看法兰角安装位置是否满足要求，合格后将另一边法兰翻边与法兰角中部砸实咬合，再次调整法兰角安装位置，满足要求后，沿法兰角边长方向，依次将对应的连体法兰翻边与其砸实咬合，确保法兰角固定牢固、平正。

法兰角安装合格后，将拐角处用密封胶涂抹均匀，将两者之间的缝隙涂满、密封。密封胶应保证固化后具有弹性，与板材和法兰角具有黏着性，并具有防霉性。法兰角密封如图 5-73 所示。

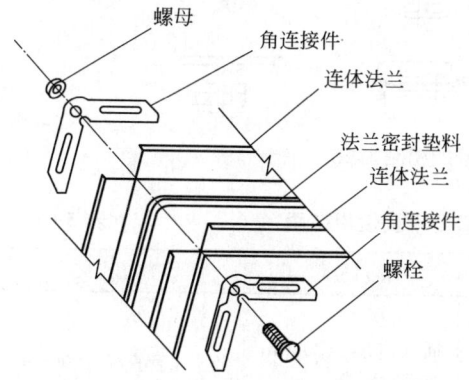

图 5-72　法兰角（角连接件）连接示意图

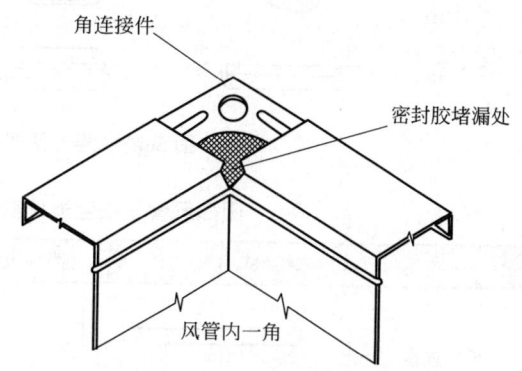

图 5-73　法兰角密封示意图

（11）现场检验与组装

现场安装人员要对半成品、成品进行核验，经核验各部件尺寸符合图纸的要求和都在规范允许误差之内，再进行组装。

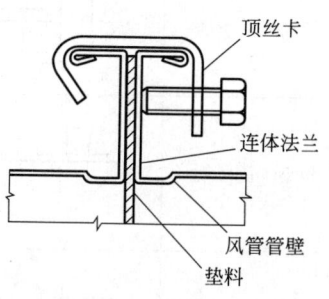

图 5-74　弹簧夹连接

共板法兰风管在组装时，现场操作人员将半成品通过咬口组成矩形风管，并在风管四角装上角法兰，在装角法兰时，应在底部与共板法兰接触面上打密封胶。在操作捶击时，要用顶砧顶在被击点，以免法兰受力变形，固定应牢固，端面两邻边应垂直，应与法兰盘端面处在同一平面。在节与节对接时，应在两组法兰面四周均匀地填密封胶，然后将两节风管用法兰卡条、弹簧夹或顶丝卡扣接起来，如图 5-74～图 5-76 所示。

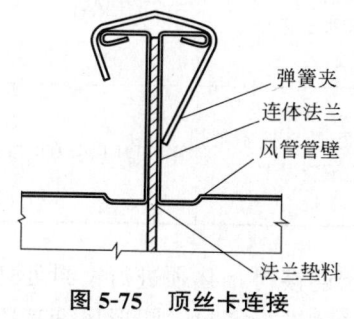

图 5-75　顶丝卡连接

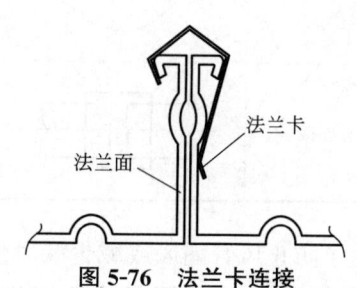

图 5-76　法兰卡连接

法兰卡距两边角法兰确保在 150mm 以内，法兰卡应均匀布置。弹簧卡长度为 150mm，不得超过 200mm，用手虎钳或自制工具将弹簧卡连同两节法兰一起钳紧。

矩形风管管段连接的密封形式，如图 5-77 所示。

（二）圆形风管无法兰连接

主要用于一般送排风系统的钢板圆风管和螺旋缝圆风管的连接。圆形风管无法兰连接形式、接口要求及使用范围见表 5-67。

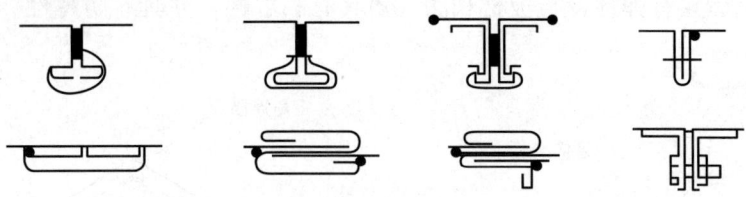

图 5-77　矩形风管管段连接的密封形式

圆形风管无法兰连接形式、接口要求及使用范围　　　　　　　　　　表 5-67

无法兰连接形式		附件板厚(mm)	接口要求	使用范围
承插连接		—	插入深度≥30mm，有密封要求	低压风管直径<700mm
带加强筋承插		—	插入深度≥20mm，有密封要求	中、低压风管
角钢加固承插		—	插入深度≥20mm，有密封要求	中、低压风管
芯管连接		≥管板厚	插入深度≥20mm，有密封要求	中、低压风管
立筋抱箍连接		≥管板厚	翻边与楞筋匹配一致，紧固严密	中、低压风管
抱箍连接		≥管板厚	对口尽量靠近不重叠，抱箍应居中	中、低压风管宽度≥100mm

　　为了防止风管漏风或减少漏风量，对于风管采用插条连接时，必须进行密封处理。一般采用玻璃丝布、铝箔密封带或密封胶，对风管的连接缝隙进行密封。圆形风管管段连接的密封形式，如图 5-78 所示。

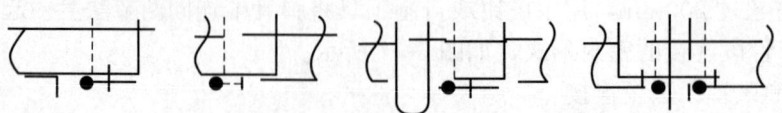

图 5-78　圆形风管管段连接的密封形式

（三）无法兰连接风管的制作要求

1. 薄钢板法兰矩形风管的接口及附件，其尺寸应准确，形状应规则，接口处应严密；薄钢板法兰的折边（或法兰条）应平直；弹性插条或弹簧夹应与薄钢板法兰相匹配；角件与风管薄钢板法兰四角接口的固定应稳固、紧贴，端面应平整；相连处不应有大于 2mm 的连续穿透缝。

2. 采用 C、S 形插条连接的矩形风管，其边长不应大于 630mm；插条与风管加工插口的宽度应匹配一致；连接应平整、严密，插条两端压倒长度不应小于 20mm。

3. 采用立咬口、包边立咬口连接的矩形风管，其立筋的高度应大于或等于同规格风管的角钢法兰宽度。同一规格风管的立咬口、包边立咬口的高度应一致；咬口连接铆钉的间距不应大于 150mm，间隔应均匀；立咬口四角连接处的铆固，应紧密、无孔洞。

三、制作风管时应符合以下质量标准

1. 风管的材料品种、规格、性能、厚度、严密性与成品外观质量等应符合设计和现行国家产品标准的规定。

2. 金属风管的制作：

（1）风管的咬口缝应紧密，宽度应一致，折角应平直，圆弧应均匀，两端面平行，风管无明显扭曲与翘角，表面应平整。

（2）焊接风管的焊缝应平整，不应有裂缝、凸瘤、穿透的夹渣、气孔及其他缺陷等。焊接后板材的变形应矫正，并将焊渣及飞溅物清除干净。

3. 风管安装操作工艺

风管的安装多采用在现场地面组装，再分段吊装的施工方法。

风管安装操作工艺：准备工作→确定标高→安装支托吊架→风管连接→风管加固→风管密封→检验→风管保温。

1）准备工作

检查风管及送回风口等部件预埋件、预留孔的位置。安装前，由技术人员向班组人员进行技术交底，包括有关技术、标准和措施以及相关的注意事项。

2）确定标高

认真检查风管在标高上有无交错重叠现象，土建在施工中有无变更，风管安装有无困难等。同时，对现场的标高进行实测，并绘制安装简图。

3）安装支架

风管一般是沿墙、楼板或靠柱子敷设的，支架的形式应根据风管安装的部位、风管截面大小及工程具体情况选择。常见的支架形式有托架和吊架两种类型，可根据管路的现场情况，按国标图选用和加工各类支、吊架。

（1）风管的托架

在风管沿墙、柱敷设时，常采用托架来承托管道系统的重量，风管能否安装得平直、稳定，主要取决于支架安装得是否合适。托架是由横梁和抱箍两部分构成的（图 5-79），当风管断面尺寸较大、重量较重时，在托架横梁和墙壁之间还应增加一个斜撑。安装时托架横梁固定在墙壁或柱子上，风管安装在横梁上，然后用抱箍将风管固定在

图 5-79 托架

托架横梁上。

（2）风管的吊架

当风管在梁、楼板、屋面及桁架等下面敷设时，可以采用吊架将风管吊装在梁或楼板上（图 5-80）。吊架分为单杆和双杆两种形式，矩形风管的吊架由吊杆和横梁构成，圆形风管的吊架由吊杆和抱箍构成。当吊杆较长时，中间可加装花篮螺钉，以便调节各杆段的长度。

（3）风管连接

法兰风管连接时，按设计要求确定垫料后，把两个法兰先对正，穿上几个螺栓并戴上螺母，暂时不要紧固。待所有螺栓都穿上后，再把螺栓拧紧。为避免螺栓滑扣，紧固螺栓时应十字交叉、对称均匀地拧紧。连接好的风管，应以两端法兰为准，拉线检查风管连接是否平直。

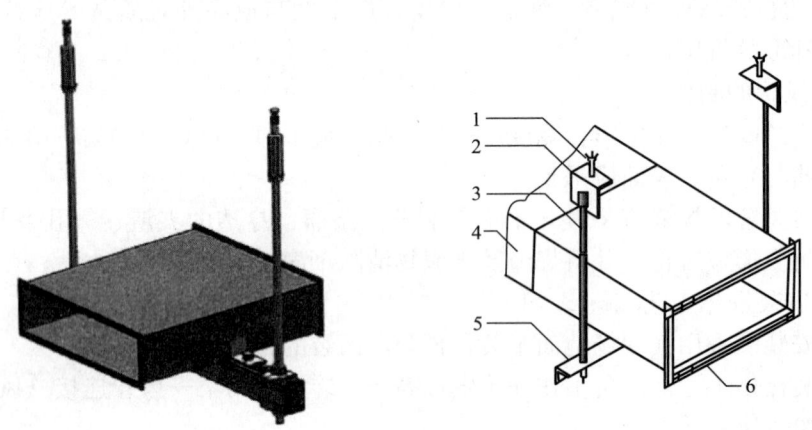

图 5-80　吊架安装示意图

1—膨胀螺栓；2—角钢（吊架根部）；3—吊杆；4—风管；5—角钢；6—法兰接口

（4）风管加固

对于管径较大的风管，为保证断面不变形且减少由管壁振动而产生的噪声，需要加固。圆形风管本身刚度较好，一般不需要加固。当管径大于 700mm，且管段较长时，每隔 1.2m，可用扁钢加固。矩形风管当边长大于或等于 630mm，管段大于 1.2m 时，均应采取加固措施。对边长小于或等于 800mm 的风管，宜采用相应的方法加固。当中、高压风管的管段长大于 1.2m 时，应采用加固框的形式加固。而对高压风管的单咬口缝应有加固、补强措施。

想一想

1. 如何制作风管圆法兰？
2. 如何制作风管矩形法兰？
3. 简述风管安装时的基本要求。

任务评价

风管安装评价表

表 5-68

	评价内容	分值	评价标准	自评	互评	教师评价
基础知识	制作矩形法兰的操作方法	5	回答正确,表达清晰,出现错误酌情扣分			
	制作圆形法兰的操作方法	5				
	风管安装法兰的操作方法	5				
	共板法兰连接的操作步骤	5				
	风管上架安装的步骤	5				
操作要点	设备、工具、量具的使用	10	动作规范,使用正确,出现错误酌情扣分			
	法兰下料尺寸	10	尺寸准确,误差每超出 1mm 扣 2 分			
	法兰制作的质量	9	整体效果好,尺寸准确,误差每超出 1mm 扣 2 分			
	法兰连接的质量	9	符合安装要求,出现错误酌情扣分			
	风管安装的质量	9	符合安装质量要求,出现错误酌情扣分			
	操作过程	8	规范操作,出现错误酌情扣分			
职业素养	工作态度	5				
	协作精神	5				
	安全文明生产	5				
	创新意识	5				

任务总结

掌握的基础知识	
掌握的操作要点	
遇到的问题	
解决问题的方法和途径	
心得体会	
其他	

参考文献

[1] 徐洪涛. 建筑设备安装基本技能 [M]. 西安：西安交通大学出版社，2016.

[2] 张鹏举，徐洪涛. 建筑设备基本技能训练 [M]. 西安：西北工业大学出版社，2013.

[3] 苏伟，姜庆华. 钳工实训与技能考核训练 [M]. 北京：机械工业出版社，2018.

[4] 张国军，彭磊. 钳工技术及技能训练（第2版）[M]. 北京：北京理工大学出版社，2017.

[5] 谢增明. 钳工技能训练（第四版）[M]. 北京：中国劳动社会保障出版社，2005.

[6] 徐冬元. 钳工工艺与技能训练（第二版）[M]. 北京：高等教育出版社，2005.

[7] 代纯军，王季民. 焊工（第2版）[M]. 北京：中国铁道出版社，2019.

[8] 单忠斌，李国庆，刘增峰. 国际焊工培训教程 [M]. 北京：机械工业出版社，2017.

[9] 刘娟，王培兴. 钢结构焊接技术 [M]. 南京：南京大学出版社，2017.

[10] 邱葭菲. 焊接方法与设备（第二版）[M]. 北京：化学工业出版社，2017.

[11] 黄继华. 焊接冶金原理 [M]. 北京：机械工业出版社，2015.

[12] 邓洪军. 焊接实训 [M]. 北京：机械工业出版社 2014.

[13] 王公儒. 管道安装训练教程 [M]. 北京：中国铁道出版社，2019.

[14] 朱向楠. 管工（初级）[M]. 北京：机械工业出版社，2020.

[15] 赵力电. 管工（中级）[M]. 北京：机械工业出版社，2020.

[16] 胡忆沩，刘欣中. 实用管工手册（第四版）[M]. 北京：化学工业出版社，2017.

[17] 高东旭. 管道工 [M]. 北京：中国建筑工业出版社，2015.

[18] 铁三，王海燕，李磊. 管道工操作技术要领图解 [M]. 济南：山东科学技术出版社，2007.

[19] 杨清德，胡萍，付波. 家庭水电气暖设计与施工轻松搞定 [M]. 北京：化学工业出版社，2020.

[20] 韩雪. 彩色图解家装水电工技能速成 [M]. 北京：化学工业出版社，2018.

[21] 任义. 实用电气工程安装技术手册 [M]. 北京：中国电力工业出版社，2006.

[22] 丁继斌. 钣金识图 [M]. 北京：化学工业出版社，2010.

[23] 邢玉林. 建筑设备基本技能操作训练 [M]. 北京：中国建筑工业出版社，2006.

[24] 邢玉晶，王维中，付文俊，等. 铆工（第二版）[M]. 北京：化学工业出版社，2011.

[25] 陈忠民. 钣金工操作技法与实例 [M]. 上海：上海科学技术出版社，2009.

[26] 汪显声. 冷作钣金工实用技术 [M]. 沈阳：辽宁科学技术出版社，2004.

[27] 闵庆凯，张立荣. 铆工实际操作手册 [M]. 沈阳：辽宁科学技术出版社，2007.

[28] 靳慧征，李斌. 建筑设备基础知识与识图（第三版）[M]. 北京：北京大学出版社，2020.

[29] 王东萍. 建筑设备与识图 [M]. 北京：机械工业出版社，2019.